Frank-Dieter Lemke

# Geschichte der Luftfahrtindustrie der DDR

Verlag Rockstuhl

Impressum

*Umschlaggestaltung:* Harald Rockstuhl

*Titelbilder:*
Oben links: Strahlverkehrsflugzeug 152 V-1 (DM-ZYA) auf dem Weg zur Bodenerprobung. Foto: Archiv Jochen Werner

Oben rechts: Erprobungsträger IL-14P (DM-ZZB) mit dem Höhenleitwerk des Strahlverkehrsflugzeuges 152/II. Foto: Gesellschaft zur Bewahrung von Stätten deutscher Luftfahrtgeschichte (GBSL)

Darunter: Strahlturbine Pirna 014 während der Serienfertigung in Ludwigsfelde. Foto: Archiv Klaus-Hermann Mewes

Unten links: Delphin-Luftschiff mit Wellpropellerantrieb.
Zeichnung: Otto Reich/Lengenfeld

Darunter: Lom 57 Libelle mit historischer Registrierung DM-2515 im Jahre 2018 in Finsterwalde. Foto: Frank-Dieter Lemke

Unten rechts: RL-3/5 aus Seifhennersdorf – siegreicher Sportfallschirm bei den Weltmeisterschaften 1966. Foto: Sammlung Gudrun Pistiak
Darunter: Leichtflugzeug FSS-100 Tourist. Foto: Günter Schmitt

1. Auflage 2019

**ISBN 978-3-95966-428-8**

*Innenlayout:* Frank-Dieter Lemke

*Druck und Bindearbeit:* Digital Print Group Oliver Schimek GmbH, Nürnberg/Mittelfranken

Gedruckt auf alterungsbeständigem Papier nach ISO 9706

*Die Deutsche Nationalbibliothek* verzeichnet diese Publikation in der Deutschen Nationalbibliografie. Detaillierte bibliografische Daten sind im Internet über *http://dnb.d-nb.de* abrufbar.

Verlag Rockstuhl
www.verlag-rockstuhl.de

*Inhaber: Harald Rockstuhl*
*Mitglied des Börsenvereins des Deutschen Buchhandels e.V.*
*Lange Brüdergasse 12 in D-99947 Bad Langensalza/Thüringen*
*Telefon: 03603 / 81 22 46   Telefax: 03603 / 81 22 47*
*www.verlag-rockstuhl.de*

# Inhaltsverzeichnis

# Prolog

Die Motive für das Schreiben eines Buches sind manchmal eher ungewöhnlich – wie selbst erlebt. Mit einem Flugschüler im Doppelsitzer ASK 21 entdeckte ich im Gegenanflug tief und weit entfernt in Höhe der dritten Kurve ein Motorflugzeug. Über Funk war es auf Englisch zu hören. Da die Landebahnen für Motor- und Segelflug in Strausberg eng beieinander liegen, ist Obacht angesagt, und weil ich im Landeanflug trotz suchendem Schulterblick das Motorflugzeug nicht rechts von mir entdecken konnte, leitete ich kurz entschlossen in 50 Meter Höhe den Slip aus und fuhr die Luftbremsen ein, worauf die ASK 21 ein paar Meter höher „sprang". Das war der Moment, als das Motorflugzeug unter uns hindurch glitt und wir die Verwirbelung durch die Luftschraube spürten... Das fremde Flugzeug hatte uns offenbar nicht bemerkt, als es bei starkem Gegenlicht durch die tief stehende Sonne bei Landerichtung West seine vierte Kurve zu zeitig geflogen und auf diese Weise unseren Landeanflug von hinten gekreuzt hatte. Alle am Flugbetrieb Beteiligten sahen diesen Fastzusammenstoß und fragten mich später, weshalb ich nicht mit dem Schreck in den Gliedern vor Angst schlottere. Aber ich war so tief nachdenklich wie noch nie: Wie unerwartet alles zu Ende sein kann und wie viel im Leben ungeschrieben bleiben würde!

# Vorbemerkungen

Den letzten Anstoß für das Fertigstellen des Buches gab die Gesellschaft zur Bewahrung von Stätten deutscher Luftfahrtgeschichte in Person von Hans-Dieter Tack und Ullrich Unger, die beide das Manuskript gelesen haben und beeindruckt von den vielen detaillierten Geschichten über die DDR-Luftfahrtindustrie waren. Das machte zusätzlich Mut und führte zu einer interessanten Themenvielfalt:

Als Symbol für das Schicksal der DDR-Luftfahrtindustrie vom hoffnungsvollen Beginn bis zum stillen Ende galt das erste deutsche strahlgetriebene Verkehrsflugzeug 152. Die Geschichte dieses Flugzeuges, seiner vorgesehenen Nachfolgemuster sowie die Gründe für die Einstellung des Flugzeugbaus in der DDR schildern auf bewegende Weise viele Spezialisten und Beteiligte.

Der erfolgreiche Serienbau des Mittelstreckenverkehrsflugzeuges IL-14P wurde vorschnell eingestellt, weil der Platz in den Fertigungshallen für den Bau der 152 benötigt wurde. Als aus China ein lukrativer Bauauftrag für die IL-14P eintraf, verrotteten deren Bauvorrichtungen bereits in einem Rinderoffenstall.

Die in Pirna entwickelten und bereits in kleiner Serie in Ludwigsfelde gebauten Strahlturbinen zählten zur Weltspitze. Mit dem Ende des Flugzeugbaus in der DDR wurde die reale Chance, der internationalen Konkurrenz im Strahltriebwerksbau Paroli bieten zu können, für immer vergeben.

Der zaghafte Versuch eines wirtschaftlich wesentlich sinnvolleren Baus von Kleinflugzeugen scheiterte. Ein einziges Flugzeug wurde konstruiert und gebaut, aber nicht von der Industrie, sondern von der Gesellschaft für Sport und Technik.

Der erfolgreiche Segelflugzeugbau geriet in den Strudel der Auflösung der DDR-Luftfahrtindustrie. Aber inzwischen fliegen – restauriert von Enthusiasten – wieder Segelflugzeuge aus der DDR. Deren Geschichten werden mit der Ewigen Rekordliste der DDR-Segelflieger, der Vorstellung der Rekordflieger im Bild und zahlreichen Episoden ergänzt.

Mit dem Delphin-Luftschiff und seinem Wellpropeller-Antrieb schien sich eine Renaissance der Luftfahrtindustrie anzubahnen. Aber es blieb bei interessanten Forschungen von wenigen Enthusiasten.

In Seifhennersdorf etablierte sich ein international erfolgreicher Fallschirmhersteller, der nicht nur das Aus der DDR-Luftfahrtindustrie überlebte, sondern auch das Ende der DDR.

Ich bedanke mich von ganzem Herzen bei den mehr als einhundertsiebzig Helfern, die zum Gelingen dieses Buches beigetragen haben.

Frank-Dieter Lemke im Juni 2019

FRANK-DIETER LEMKE / PETER STACHE / DR. ANDREAS KIESELBACH / EBERHARD KIEN

# DDR-Flugzeugbau: Aufstieg und Fall

## DAS ERSTE DEUTSCHE STRAHLGETRIEBENE VERKEHRSFLUGZEUG

*Zu Anfang der Stolz der Dresdner Flugzeugbauer, stand die 152 im Brennpunkt der Geschichte jenes Industriezweiges, dem eine steile Aufwärtsentwicklung zugedacht war und der tragisch endete. Foto: Sammlung Jochen Werner*

IM MÄRZ 1961 BEENDETE NACH NUR FÜNFJÄHRIGEM BESTEHEN EIN INDUSTRIEZWEIG SEINE VON VIELEN WIDERSPRÜCHEN BEGLEITETE EXISTENZ: DIE LUFTFAHRTINDUSTRIE. IHR WAR EINE MASSGEBLICHE ROLLE INNERHALB DES WIRTSCHAFTSGEFÜGES DER DDR ZUGEDACHT. IHR AUFSTIEG SOLLTE DAS ROHSTOFFARME LAND NICHT NUR ZU ENORMER WIRTSCHAFTSKRAFT VERHELFEN, SONDERN EBENSO DIE ÜBERLEGENHEIT DES SOZIALISMUS ÜBER DEN KAPITALISMUS BEWEISEN. DER FALL KAM MIT LEISEN SCHRITTEN, ABER UNAUFHALTSAM UND SCHLIESSLICH NICHT UNERWARTET. DIE DAFÜR VERANTWORTLICHEN DECKTEN VIELE JAHRE LANG ÜBER DAS SCHEITERN DIESES KÜHNEN UND EHRGEIZIGEN VORHABENS DEN MANTEL DES SCHWEIGENS.

Die 152 steht gewissermaßen als Symbol für das Schicksal der gesamten Luftfahrtindustrie der DDR von ihrer 1956 erfolgten offiziellen Gründung bis zur Einstellung im Jahre 1961: Ein steiler, hoffnungsvoller Aufstieg und ein Ende stiller Auflösung.

Die Pläne waren so hoch gesteckt, dass sie zwangsläufig mit den Realitäten kollidieren mussten. Dass die 152 dabei eine Schlüsselrolle spielte, ist unbestritten. Zwar war nicht der Absturz des ersten Versuchsmusters der Grund zur Einstellung des Flugzeugbaus in der DDR, doch beförderte die 152 angesichts ihres ungeklärten Absatzes diese Entscheidung.

Ihr Absturz läutete das Ende einer Ära ein, die für die begeisterten Menschen, deren Enthusiasmus eine ganze Region erfasste, so hoffnungsvoll begonnen hatte.

***Schon 1952 stellte die Regierung der DDR konkrete Überlegungen zum Aufbau einer Flugzeugindustrie an und es liefen bereits vorbereitende Schritte. Diese allerdings hatten mit dem Aufbau der zivilen Luftfahrtindustrie ab Mitte der 1950er Jahre noch nichts zu tun. Man begab sich zunächst auf Abwege.***

### *Luftrüstung in der DDR – ein Versuch*

Obwohl von vielen zunächst angezweifelt, belegen Dokumente aus den frühen 1950er Jahren eindeutig, dass vor Beginn der Aufnahme des zivilen Flugzeugbaus in der DDR Pläne zum Aufbau einer militärischen Luftfahrtindustrie ausgearbeitet wurden. Die Planungen verliefen unter strengster Geheimhaltung und schlugen (nach Unterlagen der Staatlichen Plankommission) eine Serienfertigung von 500 bis 1000 Flugzeugen jährlich vor. Damit wurde eine die Wiederbewaffnungspolitik weit übersteigende Größenordnung angestrebt. Zur Diskussion stand unter anderem die Produktion von Schulflugzeugen, Allwetterjägern, Jagdbombern, Transportern, Fernaufklärern und leichten Bombern sowjetischer Konstruktion.

Die Vorbereitungen für den militärischen Flugzeugbau bis hin zu einzelnen Arbeitsschritten verliefen ebenso wie die schnelle Abkehr von diesem Vorhaben unter direktem Einfluss durch die sowjetische Seite. Ziel dieser geheimen Planungen, die sich über einen Zeitraum von mehr als einem halben Jahr erstreckten, war die nahezu komplette Versorgung der Kasernierten Volkspolizei Luft (Vorläufer der Luftstreitkräfte/Luftverteidigung der NVA) mit Flugzeugen, Ersatzteilen und Ausrüstung. Einbezogen in die Überlegungen wurde auch die Entwicklung von DDR-Militärflugzeugen. Allerdings entstanden eigene Konstruktionsentwürfe nur für ein Übungsflugzeug und für das dazugehörige Triebwerk. Bei den Vorschlägen zur Infrastruktur des neuen Industriezweiges stand generell die umfangreiche Wiedernutzung von Produktionsstandorten der ehemaligen deutschen Luftrüstung einschließlich der früheren, bis 1945 verwendeten unterirdischen Fertigungsstätten im Vordergrund. Nach Abschluss der Planungsarbeiten setzten recht umfangreiche Vorbereitungen zum Aufbau des neuen Industriezweiges ein. Betriebe wurden übernommen, Fachkräfte gesucht und eingestellt. Ebenso wurde mit der Übersetzung sowjetischer Konstruktionsunterlagen begonnen. Noch im Jahre 1953 sollte die Produktion aufgenommen werden. Aber schon im selben Jahr wurde unter maßgeblicher Einflussnahme der UdSSR dem geheimen Rüstungsvorhaben aus politischen Gründen ein Ende gesetzt.

Eine wesentliche Rolle bei dieser Entscheidung spielten die Ereignisse am 17. Juni 1953 in der DDR, die das Vertrauen der UdSSR-Regierung zur DDR-Regierung erschütterten. Die technischen Unterlagen, Bauteile und inzwischen sogar Flugzeuge gingen, wiederum unter strengster Geheimhaltung, an die sowjetische Seite zurück. Nach einer raschen Umstellung nahmen auch die Betriebsstätten in der DDR wieder ihr ziviles Produktionsprogramm auf. Damit war eines der größten DDR-Rüstungsvorhaben bereits in der Anfangsphase wieder abgebrochen worden.

## *Aufstieg*

Erst ab 1954 orientierte die politische Führung der DDR auf die Förderung jener Industriezweige, die ihrer Meinung nach für den wissenschaftlich-technischen Fortschritt bei der künftigen Entwicklung der Volkswirtschaft zunehmend Gewicht erlangen sollten. In erster Linie ging es dabei darum, die Exportverpflichtungen gegenüber jenen Staaten einzuhalten, die der DDR durch zusätzliche Kredite und Abkommen Hilfe gewährt hatten. Und weil die DDR kaum über Rohstoffe verfügte, musste man zwangsläufig nach anderen Wegen suchen, um dieses Ziel zu erreichen. Deshalb plante man die Produktion und den Export von Erzeugnissen, die weniger materialintensiv, dafür aber um so arbeitsintensiver sind – so wie eben auch die hochveredelten Erzeugnisse der Luftfahrtindustrie.

*Hier wurden ab 1954 die Weichen für den Aufbau der DDR-Luftfahrtindustrie gestellt: auf dem Sonnenstein oberhalb der Stadt Pirna an der Elbe.*

*Foto: Archiv Klaus-Hermann Mewes*

### *Fakultät für Luftfahrtwesen an der Universität Rostock 1952–1953*

*Nach einem Artikel von Dieter Flohr im Fliegerkalender 2011 machte Anfang 1952 an der Rostocker Universität ein Gerücht die Runde: Es sollten Diplom-Ingenieure für den Flugzeugbau ausgebildet werden. Trotz des strikten Verbotes der Siegermächte?*

Am 4. September 1952 teilte das Staatssekretariat für Hochschulwesen offiziell mit, dass ab 1. September 1952 in Rostock eine Fakultät für Luftfahrtwesen zu errichten sei, die am 6. Oktober 1952 die Lehrtätigkeit aufzunehmen habe. Doch es gab buchstäblich nichts: Keinen kompletten Lehrkörper oder Studienplan, keine Seminarräume oder Labore. Nicht einmal Lehr- und Anschauungsmaterialien oder Zeichenbretter, Zirkelkästen, Rechenschieber und Reißschienen. Das alles wurde als Sonderkontingent angefordert. Dazu Zeitschriften und Bücher aus dem „Westen“ und auch ein sowjetisches Lehrbuch und dessen Übersetzung: A.N. Gawrilow, Technologie des Flugzeuggerätebaus, Moskau 1951.

Pünktlich zu Semesterbeginn trafen 250 junge Männer und auch einige Frauen ein, die von den Arbeiter- und Bauernfakultäten der DDR-Universitäten delegiert worden waren. Allerdings waren die Studenten teilweise noch vor ihrem ABF-Abschluss „abkommandiert“ worden und besaßen zum großen Teil noch gar nicht die mathematisch-physikalischen Grundlagen für das neue Studium, das folgende Fachgebiete enthielt: Grundlagenforschung, Flugzeug-, Triebwerks- und Messgerätebau, Meteorologie, Luftfahrtmedizin, Luftfahrtrecht, Hilfseinrichtungen für das Flugwesen (Plätze, Hallen, Katapulte, Fallschirme), Ausbildung von Flugzeugführern, Bodenpersonal und Flugbeobachtern. Die Studiendauer sollte fünf Jahre (zehn Semester) betragen.
Ein erster Stellenplan sah fünf Professoren, neun Dozenten, sechs Oberassistenten, 22 Assistenten bei 50 Studenten und 127 Personen Hilfspersonal vor. Erforderlich waren auch Neubauten wie Hörsäle, Labore, eine Werkstatthalle, eine Flugzeughalle und ein Windkanal – das Baugelände dafür war bereits ins Auge gefasst worden.

Aber völlig überraschend traf am 6. März 1953 ein Schreiben des Staatssekretärs für Hoch- und Fachschulwesen ein, in dem lakonisch mitgeteilt wurde, dass die Fakultät für Luftfahrtwesen der Universität Rostock ihre Tätigkeit mit Ende des Studienjahres 1952/53 wieder einzustellen habe. Die DDR-Regierung hätte neue Beschlüsse gefasst. Wohlgemerkt geschah das vor Verkündung des neuen Kurses am 9. Juni und auch vor den Ereignissen um den 17. Juni 1953. Vor den Betroffenen der Fakultät hielt man diese schlimme Nachricht so lange wie möglich geheim und der Studienbetrieb ging weiter, als sei nichts geschehen.

Mit der Abwicklung der Fakultät begann in Rostock das Kaderkarussell für den Lehrkörper und die Studenten. Jeder von ihnen wurde leistungsmäßig und politisch eingeschätzt. Danach wurden Vorschläge unterbreitet, wer von ihnen zu exmatrikulieren sei, wer umgeleitet werden sollte, zum Beispiel in den Schiffbau oder andere Technikstudien. Am Ende blieben 127 Studenten übrig, die zur Hochschule für Transportmaschinenbau in Dresden, Dürerstraße 24, delegiert wurden. Dort, an der TH Dresden, Fakultät für Maschinenwesen und Leichtbau, sogar mit einem Studiengang Aerodynamik, sollten die Rostocker ihr Studium als Flugzeugbau-Ingenieure fortsetzen.

Berechnungen zufolge sollten Produkte aus diesem Wirtschaftszweig etwa den sechsfachen Wert gegenüber Erzeugnissen des allgemeinen Maschinenbaus erreichen. Darüber hinaus versprach man sich sehr viel von der Rückwirkung des Flugzeugbaus auf die Forschung und Entwicklung auch in anderen Industriezweigen, besonders durch die Entwicklung neuer Werkstoffe und Technologien. Außerdem war mit der Gründung der Deutschen Lufthansa der DDR im Jahre 1954 und der Charterfluggesellschaft INTERFLUG vier Jahre später objektiv Bedarf an modernen Flugzeugen im Land entstanden. Und nicht zuletzt bedeutete die Aufnahme des Flugzeugbaus in der DDR wohl ebenso eine Frage des Prestiges – bestens geeignet, Stärke und Leistungsfähigkeit des Sozialismus zu demonstrieren.

## Vorgeschichte

Bis 1945 hatten mehr als 60 Prozent der deutschen Luftfahrt- bzw. Luftrüstungsindustrie ihren Standort auf dem späteren Gebiet der DDR. Für ein derart kleines Territorium eine beachtliche Konzentration! Insgesamt standen in der sowjetischen Besatzungszone ungefähr 600 Fabriken und Zulieferwerke, die für die deutsche Luftrüstung gearbeitet hatten, davon 213 Flugzeugwerke und 387 Einrichtungen, die erst im Verlaufe des Krieges auf die Produktion von Luftfahrtteilen umgestellt worden waren. Von diesen Werken und Betrieben war allerdings nach der militärischen Niederlage Deutschlands nicht mehr viel übrig geblieben. Der überwiegende Teil war den Bomben zum Opfer gefallen; das vergleichsweise wenige Erhaltengebliebene hatte man demontiert und als Reparationsleistung in die Sowjetunion verfrachtet.

Bis zur Jahresmitte 1946 wurden 123.000 Maschinen und andere Ausrüstungen verladen, davon 66.000 für das Ministerium für Luftfahrtindustrie der UdSSR. Übrig blieben die vielen gut ausgebildeten und erfahrenen Flugzeugbauer, Konstrukteure und Wissenschaftler, vorwiegend der Firmen Junkers, Heinkel, Siebel und Arado, sowie Triebwerksbauer der ehemaligen BMW- und Junkers-Flugmotorenwerke. Viele von ihnen wurden von den sowjetischen Besatzungsbehörden in einem Sonderkonstruktionsbüro und einem Fertigungsbetrieb in den ehemaligen Junkers-Flugzeugwerken Dessau zusammengezogen, wo sie unmittelbar nach Kriegsende aus Teilen des vierstrahligen Bombers Ju 287 das sechsstrahlige Entwicklungsflugzeug EF 131 fertigten. Es handelte sich dabei aber lediglich um ein Intermezzo, denn nach umfangreichen Bodentests wurde das Flugzeug wieder demontiert und samt Erprobungsmannschaft in die UdSSR überführt.

Im Oktober 1946 folgten dieser Gruppe – teils freiwillig, aber zumeist unfreiwillig – rund 1400 deutsche Flugzeugbauer (mit Familienangehörigen bis zu 3000 Personen), darunter auch eine Gruppe von Konstrukteuren. Eine von ihnen bildete unter der Leitung von Dipl.-Ing. Brunolf Baade das OKB-1 (Opytno-Konstruktorskoje Bjuro = Entwicklungs- und Konstruktionsbüro) in Berjosowo. Hier führte sie nicht nur die Arbeiten an der EF 131 erfolgreich zu Ende, sondern schuf auch weitere Konstruktionen, darunter den Frontbomber 150.

### *Samoljot 150*

Dimitri Sobolew beschreibt in seinem Buch „Deutsche Spuren in der sowjetischen Luftfahrtgeschichte“ ausführlich die Entstehung des Typs 150: Die letzte Arbeit des OKB-1 war die Schaffung eines Frontbombers mit Pfeilflügeln – die 150. Der prinzipielle Unterschied dieses Flugzeuges zu den vorher beschriebenen bestand darin, dass es keine Weiterentwicklung deutscher Flugzeuge des Zweiten Weltkrieges war, sondern eine vollständig neue Konstruktion, erarbeitet unter Verwendung der Erkenntnisse von Wissenschaft und Technik in der zweiten Hälfte der 1940er Jahre.

An seiner Entwicklung waren neben den deutschen Spezialisten des OKB-1 die Gelehrten des ZAGI B.N. Belajew, A.I. Makarewski, A.K. Martinow, G.P. Swischtschow, S.A. Christianowitsch sowie Vertreter des Zentralinstituts für Flugmotoren und einiger anderer Institutionen beteiligt. Als Grundlage diente das Bomberprojekt RB-2, das auf Initiative Baades und seiner Mitarbeiter im Jahre 1948 ausgearbeitet worden war. Nach den Berechnungen sollte das 30 Tonnen schwere Flugzeug mit zwei Turbinen vom Typ TR-2 eine Maximalgeschwindigkeit von 1000 km/h entwickeln. Das Projekt wurde im ZAGI geprüft und für gut befunden. Zur Verbesserung der Stabilität und Steuerbarkeit sollten einige Veränderungen am Leitwerk und am Steuersystem vorgenommen werden. Diese modifizierte Variante erhielt die Bezeichnung 150 statt bisher RB-2. Im Jahre 1949 war das Modell angefertigt, und es begann das Erstellen der Arbeitszeichnungen. Der Bomber 150 war ausgelegt mit Pfeilflügeln, einem T-förmigen Leitwerk und zwei Strahltriebwerken an Aufhängungen unter den Tragflügeln. Die Besatzung bestand aus vier Mann, als Bewaffnung waren drei Zwillingstürme eingebaut. Der Rumpf bestand aus drei Segmenten. Im vorderen Teil war die Druckkabine für drei Besatzungsmitglieder untergebracht: den Piloten, den Kopiloten, der gleichzeitig Navigator war, und den Bordschützen, welcher für die Waffenbedienung ein Periskopvisier benutzte.
Von unten war die Kabine durch Panzerung geschützt. Im Rumpfhinterteil befand sich eine weitere Druckkabine, in der ein Bordschütze/Bordfunker untergebracht war. Der Mittelteil des Rumpfes bestand aus dem Bomben-

*Der Anfang: Der von Deutschen in der Sowjetunion entwickelte Versuchsbomber EF 150 (später RB-2 bzw. Samoljot 150) war das Ausgangsmuster für das Strahlverkehrsflugzeug 152.*

*Foto: Archiv Hans-Dieter Tack*

schacht, dessen Größe die Mitnahme von 6000 kg Bomben ermöglichte. Dort konnten auch Kraftstoffzusatzbehälter untergebracht werden.

Die Pfeilung der Tragflächen betrug 35 Grad auf 1/4 der Flügeltiefe. Im Tragflügel war ein Torsionskasten zur Aufnahme des Kraftstoffes in Gummibehältern integriert. Die Start- und Landehilfen bestanden aus Fowler-Landeklappen, das Seitenruder aus zwei Sektionen. Die 150 fiel durch mehrere flugtechnische Neuerungen auf. Zunächst wurde darüber diskutiert, welche Triebwerke in das Flugzeug eingebaut werden sollten. Brunolf Baade sprach sich für die leistungsfähigen Triebwerke AM-03 von A.A. Mikulin aus. Dagegen schlug S.M. Alexejew die Triebwerke AL-5 von Ljulka vor, die zwar leistungsschwächer waren, dafür aber mit ihren kleineren Abmessungen einen geringeren Stirnwiderstand boten. Nach vergleichenden Untersuchungen fiel die Entscheidung für die zweite Variante.
Ungewöhnlich war die Steueranlage des Flugzeuges. Sie war als ein nichtumkehrbares hydromechanisches System ausgelegt.

Mit dem Ausschlag des Steuerknüppels und der Pedalen steuerte der Pilot die Ventile der Hydraulik. Dadurch strömte die Flüssigkeit jeweils zur einen oder anderen Seite der Hydraulikmotoren und änderte ihre Drehrichtung. Über Getriebe und Wellen wurden die Anstellwinkel der Ruderflächen verändert. Da es bis dahin analoge Systeme in der Luftfahrt nicht gab, sind die Funktions- und Zuverlässigkeitsprüfungen besonders sorgfältig vorgenommen worden. Sie wurden nicht nur über speziell dafür angefertigte Prüfstände geführt, sondern auch in einer Ju 88, dem „fliegenden Laboratorium" des Werkes.

### *Frontbomber Samoljot 150*

| | |
|---|---|
| Besatzung: | 4 |
| Triebwerk: | zwei TL Mikulin AL-5 |
| Leistung in kN: | je 49,5 |
| Spannweite in m: | 24,1 |
| Flügelfläche in m²: | 115 |
| Länge über alles in m: | 26,74 |
| Startmasse in t: | 38...47 |
| Nutzlast (Bomben) in kg: | 1500 |
| Kraftstoffvorrat in kg: | 9000 |
| Höchstgeschwindigkeit | |
| in 10000 m Höhe in km/h: | 970 |
| in Bodennähe in km/h: | 850 |
| Dienstgipfelhöhe in m: | 12500 |
| Reichweite mit | |
| maximaler Nutzlast in km: | 1500 |
| mit max. Kraftstoff in km: | 4500 |

Die 150 war das erste in der UdSSR entwickelte und gebaute Flugzeug mit Triebwerken an Flügelaufhängungen. Das gestattete es einerseits, den Tragflügel aerodynamisch vollkommen zu gestalten und seine Auftriebseigenschaften zu optimieren, andererseits die in Flugrichtung hervorstehenden Triebwerke als Antiflattergewichte zu nutzen. Neu für den Flugzeugbau in der UdSSR war auch das Tandemfahrwerk. Im Jahre 1949 wurde es am Versuchsjäger I-215 erprobt. Auf Vorschlag von Baade war die hintere Strebe des Fahrwerkes so konstruiert, dass ihre Höhe beim Start verändert werden konnte.

Auf diese Weise konnten der Anstellwinkel der Tragflügel um drei Grad vergrößert und die Startstrecke verringert werden. Unter den weiteren technischen Neuheiten muss auch die Wabenbauweise der Kraftstoffbehälter erwähnt werden, die das Ausfließen des Kraftstoffes bei Durchschüssen verhinderte; die T-Form des Leitwerkes; ein neuartiges Feuerlöschsystem und die

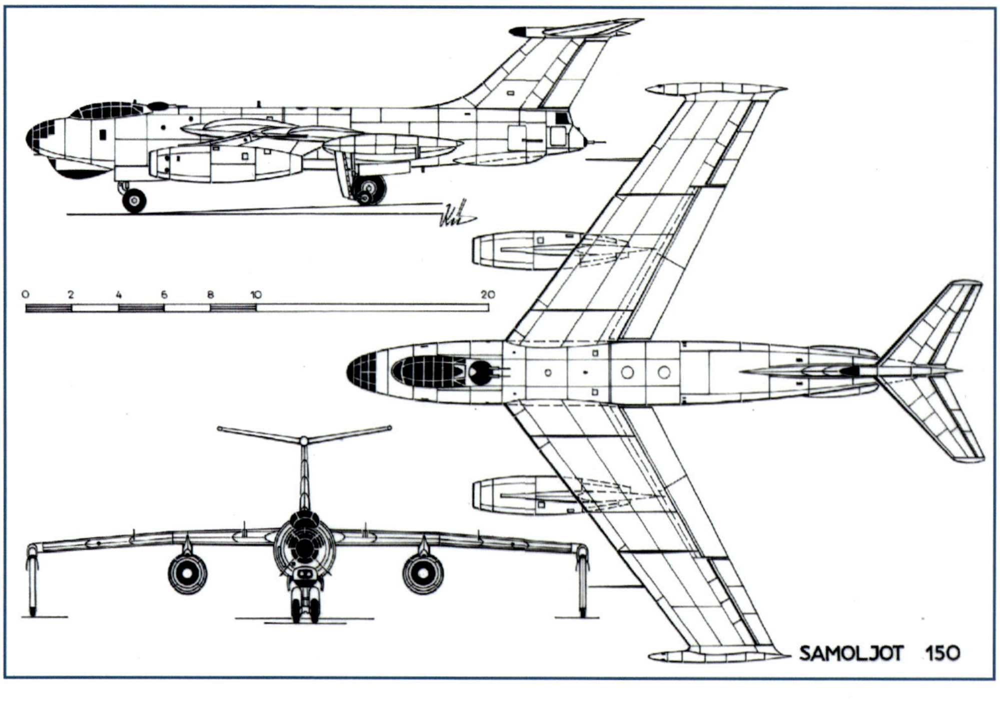


*Ein Knüller: Frontbomber RB-2 (später als Samoljot 150 bzw. EF 150 bezeichnet), der die vorgegebenen Leistungen weit überbot.*

*Zeichnung: Hans-Joachim Künzelmann*

weitestgehende Teilefertigung aus der neuen Legierung B-95. Der hohe Anteil konstruktiver, fertigungstechnischer und ausstattungsbezogener Neuheiten zog den Herstellungsverlauf in die Länge. Wenn vergleichsweise bei der Fertigung der Typen EF 131 und EF 140 die Möglichkeit bestand, Teile des Prototyps zu verwenden, musste jetzt alles von Grund auf neu hergestellt werden. Oftmals wurden andere Werke um Hilfe gebeten. Deshalb konnte die Montage des ersten Flugzeugmusters erst im Jahre 1951 beendet werden.

Bald danach war auch das zweite Exemplar für die Festigkeitsprüfungen fertiggestellt. Da der Flugplatz in Borki seinen Ausmaßen nach die Flugerprobung eines so schweren Bombers (sein Startgewicht von nahezu 38 Tonnen war mehr als 1,5 mal so groß wie das der EF 140) nicht zuließ, musste der Bomber nach der Bodenerprobung zerlegt und auf den neuen Werkflugplatz in Luchowitzy gebracht werden. Dieser Flugplatz lag rund 200 km vom Werk entfernt. Für die Demontage, den Transport, den Wiederzusammenbau und die Flugvorbereitung wurden mehrere Monate benötigt. Dann aber, am 5. Oktober 1952, startete die 150 erfolgreich zum Erstflug.

Danach gelang es noch, bis zum Ende des Jahres acht Flüge auszuführen (an denen als Flugversuchsingenieur auch Willi Lehmann, später Kommandant der 152 V-1, teilnahm; d.A.). Jedoch gestatteten es einsetzende Schneefälle nicht, die Tests zu beenden. Erst im Frühjahr 1953 wurden die Flüge fortgesetzt. Sie unternahm der Testpilot J.I. Wernikow.

Im April, zum Abschluss des 16. Fluges, setzte das Flugzeug wegen vorzeitigen Einschaltens der Bremsanlage mit blockierten Bremsen auf und „schlitterte" über die Landebahn. Der Vorfall ging aber glimpflich aus. Nach dem Austausch der beschädigten Räder konnten die Flüge fortgesetzt werden.

Ein Unglück geschah jedoch am 9. Mai 1953, einem Feiertag. Im Landeanflug gegen die Sonne beurteilte Wernikow den Gleitpfad nicht richtig und zog zu früh den Steuerknüppel an. Das Flugzeug schwebte auf, verlor an Geschwindigkeit und fiel aus fünf bis zehn Metern Höhe auf die Landebahn. Kein Besatzungsmitglied kam zu Schaden, aber das Fahrwerk brach ab. Der Rumpfboden und die Triebwerke wurden beschädigt. Trotz dieses unglücklichen Abschlusses der Flugerprobung hatten die Flüge bewiesen, dass der Bomber 150 die gestellten technischen Forderungen erfüllte, in einigen Punkten sogar übererfüllte. So war zum Beispiel die Maximalgeschwindigkeit in Bodennähe um 60 km/h höher als die in der Entwicklungsaufgabe geforderte Fluggeschwindigkeit. Trotzdem entschied das Ministerium, das beschädigte Flugzeug nicht wieder zu reparieren.

Es war ein vorbildliches Flugzeug, aber im Jahre 1953 hatte man an der 150 kein Interesse mehr. Zu dieser Zeit wurden die Erprobungen des strahlgetriebenen Bombers Tu-16 beendet, der in allen seinen Leistungsdaten das Flugzeug von Baade übertraf.
Soweit Sobolew in seinem Buch über den Frontbomber 150.

Darüber hinaus zeichnete sich die 150 dadurch aus, dass sie – schon damals – eine typisch marktwirtschaftliche Lösung mit hoher Ökonomie bei geringer Masse für eine vorgegebene Aufgabe darstellte. Die fehlende Reichweite wäre durch Rumpfverlängerung für die Aufnahme zusätzlichen Kraftstoffs in wenigen Monaten zu erreichen gewesen. Allerdings erforderte der Bau der 150 höchste Präzision, unter anderem bei der Vernietung. Die Tu-16 hingegen präsentierte sich als typische russische Lösung: einfacher in der Konstruktion mit robuster Vernietung und in jedem moderneren Werk in der UdSSR herstellbar. Dafür war sie aber auch schwerer, benötigte viel Kraftstoff und sehr starke Triebwerke.

Die deutschen Konstrukteure hatten jedoch wichtige Erkenntnisse für den Bau künftiger Strahlverkehrsflugzeuge gewinnen können, wovon auch die sowjetischen Flugzeugbauer profitierten. Beispielsweise fand das neuartige Tandemfahrwerk später in modifizierter Form auch bei anderen sowjetischen Flugzeugkonstruktionen Verwendung.

### *Flugzeug 15.2 mit vier Triebwerken 014*

Im Dezember 1953 erhielt die am längsten in der UdSSR verbliebene Gruppe von Flugzeugkonstrukteuren um Brunolf Baade vom Ministerium für Luftfahrtindustrie der Sowjetunion den Auftrag, ein Passagierflugzeug mit Turbinenluftstrahlantrieb für die Produktion in der DDR zu projektieren. Dieser erste Entwurf war für 24 Passagiere und fünf Besatzungsmitglieder sowie eine Stewardess ausgelegt und erhielt die Bezeichnung „Flugzeug 15.2 mit 4 Triebwerken 014".

Die geringe Passagierzahl spricht dafür, dass es sich dabei um ein Repräsentations- und auch Zubringerflugzeug handeln sollte. Auch wenn es auf dem Reißbrett verblieb, so stellte es doch eine wichtige Vorstudie für den Bau eines Verkehrsflugzeuges dar.

Parallel zu dieser Studie planten Technologen bereits die notwendigen Versuchs- und Produktionseinrichtungen. Bei der Zusammenstellung der Liste für die dazu erforderlichen Materialien und Geräte waren sie sich klar darüber, dass in der Heimat vieles von dem fehlen würde, was für eine zügige Arbeit notwendig wäre. So findet sich in dieser Aufstellung auch ein Hoch- und ein Niedergeschwindigkeitswindkanal, für die man noch in Moskau gemeinsam mit dem ZAGI Modelle entwickelte. Dass diese Vorbereitungsarbeiten keinesfalls auf eige-

*Verblieb auf dem Reißbrett: Samoljot 15.2, die noch in der Sowjetunion projektiert wurde.*

*Zeichnung: Hans-Joachim Künzelmann*

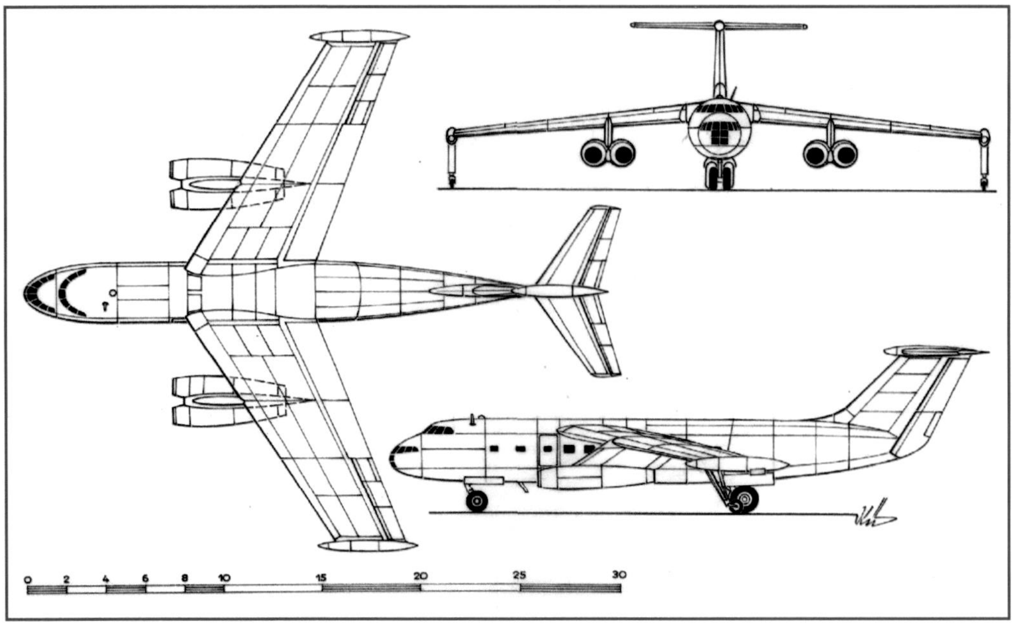


ne Faust betrieben wurden, wird durch die „Bestandseinleitung der VVB Flugzeugbau“ vom 27. September 1956 belegt, in der es heißt: „Bereits vor diesem Zeitpunkt (der Rückkehr der deutschen Spezialisten Ende Juni 1954 nach Deutschland; d.A.) wurde von der Regierung der DDR in Erwägung gezogen, eine Flugzeugindustrie aufzubauen. Die damalige Hauptverwaltung 18 in der Regierung – zuständig für Sonderaufgaben – erhielt den Auftrag, die in der DDR dafür vorhandenen Voraussetzungen zu überprüfen und zu analysieren. Es galt, die vorhandenen Fachkader zu sichten und zu erfassen sowie zu überprüfen, welche Produktionskapazität vorhanden ist und wo sich Möglichkeiten ergeben, diese zu schaffen. Weiterhin musste festgestellt werden, welche Materialien dafür in der DDR vorhanden sind und anderes mehr.

Für die Koordinierung dieser umfangreichen Aufgaben waren von der HV 18 in Pirna-Sonnenstein die Gebäudeverwaltung und das Materialamt gebildet worden.“

Ende Juni 1954 traf die Baade-Gruppe in der Heimat ein. In ihrem Gepäck befanden sich unter anderem die der DDR kostenlos überlassenen Bauunterlagen für das zweimotorige Verkehrsflugzeug Iljuschin IL-14P und den Doppelsternmotor ASch-82T. Aber nicht im Gepäck führten die Heimkehrer die Projektunterlagen für jenes Flugzeug mit, das symbolisch für den Aufstieg und Fall der Luftfahrtindustrie der DDR werden sollte: das vierstrahlige Exekutivflugzeug 15.2, bei dessen Entwicklung der Bomber 150 Pate gestanden hatte.

Die Konstruktionspläne lagen noch in Moskau – Baade hatte sie nicht in die DDR mitnehmen dürfen. Immer wieder ließ er später nachfragen und wurde vertröstet. Weil er nicht so viel Zeit verlieren wollte, ließ er seine Konstrukteure noch einmal entwerfen, die Zeichner noch einmal zeichnen. Damit wurde die 15.2 bzw. 152 das einzige Flugzeug der Welt, das zweimal konstruiert wurde. Gleichzeitig mussten die neuesten Erkenntnisse aus der internationalen Luftfahrt eingearbeitet werden.

*Im Schnitt: Exekutiv- oder Zubringerflugzeug 15.2*

*Zeichnung: Hans-Joachim Künzelmann*

| | |
|---|---|
| *1* | *Navigator* |
| *2* | *Co-Pilot* |
| *3* | *Kommandant* |
| *4* | *Bordingenieur* |
| *5* | *Bordfunker* |
| *6/7* | *Gepäckraum* |
| *8* | *WC für Besatzung* |
| *9* | *WC für Passagiere* |
| *10* | *Garderobe* |
| *11* | *Anrichte* |
| *12* | *Luke zum unteren Gepäckraum* |
| *13* | *Einstiegtür* |
| *14* | *Passagierkabine* |
| *15* | *Raum für Hauptfahrwerk* |
| *16* | *Frachtraum* |

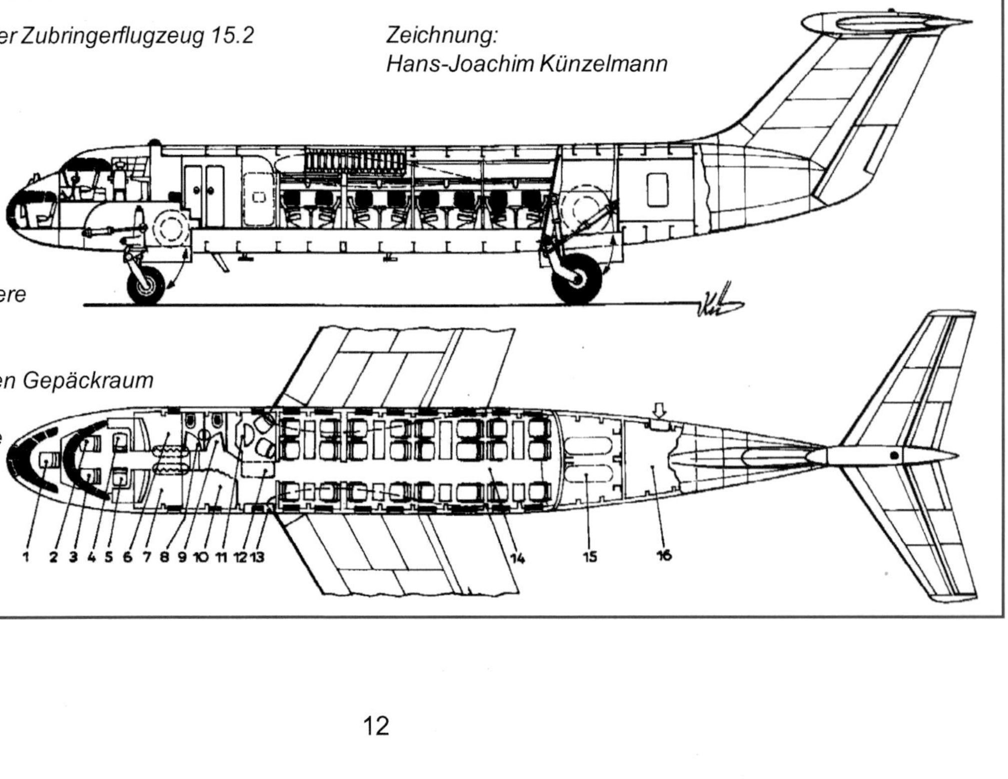

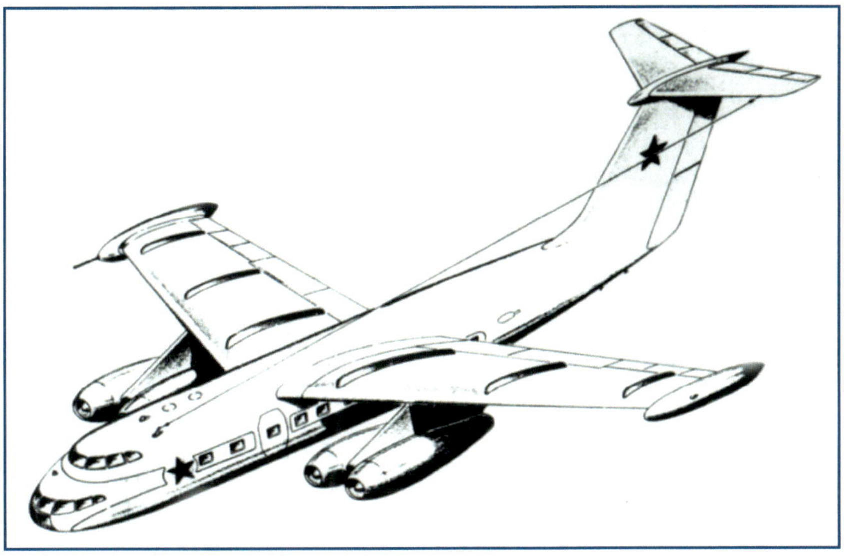

*Es blieb bei Zeichnungen:
Exekutiv- bzw. Zubringerflugzeug 15.2 mit vier 014-Turbinenluftstrahltriebwerken – entworfen in Sawjelowo. Auf der Zeichnung mit rotem Stern.*

*Zeichnungen: Archiv Frank-Dieter Lemke*

*Unten:
vorgesehene Innenausstattung der 15.2 als Repräsentationsflugzeug*

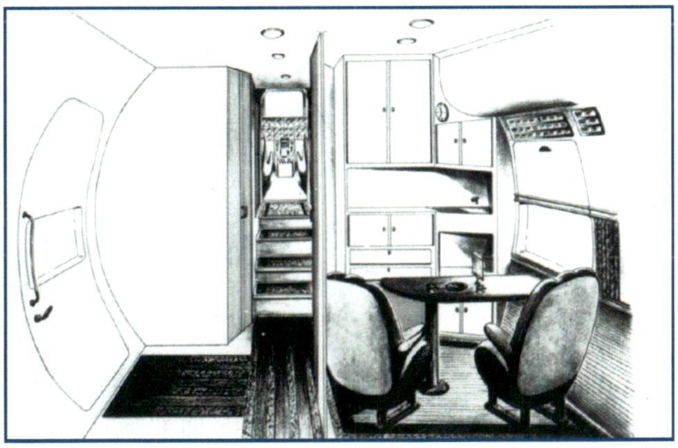

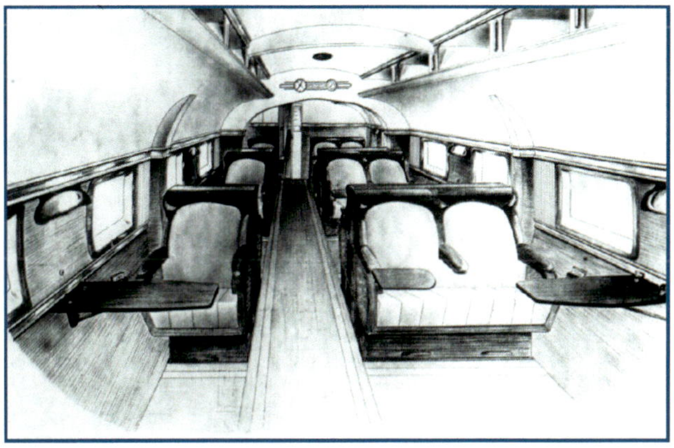

***Repräsentations- bzw. Zubringerflugzeug 15.2***

| | |
|---|---|
| Besatzung | 6 |
| Passagiere: | 24 |
| Triebwerk: | vier TL 014 |
| Leistung in kN: | 2 x 49,5/2 x 58,4 |
| Spannweite in m: | 26,3 |
| Flügelfläche in m²: | 138,0 |
| Länge über alles in m: | 30,0 |
| Höhe im Stand in m: | 8,5 |
| Rüstmasse in kg: | 26220 |
| Kraftstoffmasse in kg: | 15380 |
| Normale Startmasse in kg: | 41600 |
| Reisegeschwindigkeit in km/h: | 700...750 |
| Reiseflughöhe in m: | 10000 |
| Reichweite in km: | 2300 |

Daneben existierten bereits Vorabschätzungen für das Schnellverkehrsflugzeug 153 mit zwei PTL-Triebwerken, das Schnellverkehrsflugzeug 154 mit vier PTL-Triebwerken, das als eventuelles Nachfolgemuster für die IL-14P vorgesehene Kurzstreckenverkehrsflugzeug 155 mit zwei PTL-Triebwerken sowie das Langstreckenverkehrsflugzeug 160 mit vier Strahlturbinen.

Sie alle trugen die gleiche Handschrift und sollten die Grundlage für das Fertigungsprogramm des neuen Industriezweiges bilden.

## *Aufbau*

***Der von der DDR-Führung in Absprache mit sowjetischen Stellen im Jahre 1954 verkündete Beschluss über die Schaffung einer eigenen zivilen Luftfahrtindustrie löste sowohl in Partei- und Regierungskreisen als auch unter den aus der UdSSR zurückgekehrten Flugzeugbauspezialisten Aufbruchstimmung aus.***

Die DDR hatte bis zu diesem Zeitpunkt beim Aufbau ihrer Volkswirtschaft trotz schwerer Kriegsschäden, Spaltungsdisproportionen und hoher Reparationsleistungen unter den Bedingungen des Kalten Krieges beachtliche Ergebnisse erzielt. Jetzt wollte man auch den Flugzeugbau meistern.

Dafür glaubte man vor allem einen relativ leistungsfähigen Maschinenbau zur Verfügung zu haben.

Auch die Arbeitskräftesituation erschien nicht ungünstig, da außer den rund 200 „SU-Spezialisten" der Baade-Gruppe noch zahlreiche andere gut ausgebildete Facharbeiter und ingenieurtechnisches Personal für die Arbeit im Flugzeugbau gewonnen werden konnten.

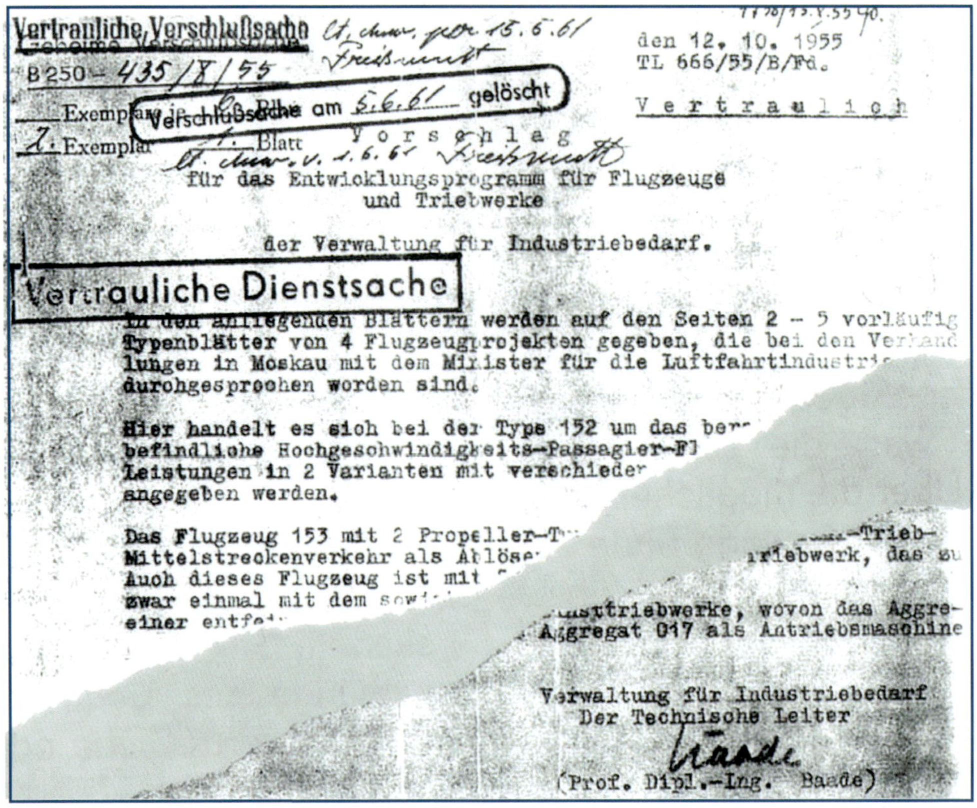

Vertrauliche Verschlußsache
Geheime Verschlußsache
B 250 – 435/8/55
Exemplar
1. Exemplar
1. Blatt
Verschlußsache am 5.6.61 gelöscht

den 12. 10. 1955
TL 666/55/B/Fd.

Vertraulich

Vorschlag
für das Entwicklungsprogramm für Flugzeuge
und Triebwerke

der Verwaltung für Industriebedarf.

Vertrauliche Dienstsache

In den anliegenden Blättern werden auf den Seiten 2 – 5 vorläufig Typenblätter von 4 Flugzeugprojekten gegeben, die bei den Verhandlungen in Moskau mit dem Minister für die Luftfahrtindustr… durchgesprochen worden sind.

Hier handelt es sich bei der Type 152 um das ber… befindliche Hochgeschwindigkeits-Passagier-Fl… Leistungen in 2 Varianten mit verschieder… angegeben werden.

Das Flugzeug 153 mit 2 Propeller-T… …-Trieb- Mittelstreckenverkehr als Ablöse… …triebwerk, das zu Auch dieses Flugzeug ist mit … zwar einmal mit dem sowj… einer entf… …strtriebwerke, wovon das Aggre… Aggregat 017 als Antriebsmaschine

Verwaltung für Industriebedarf
Der Technische Leiter
Baade
(Prof. Dipl.-Ing. Baade)

Vertrauliche Verschlusssache: „Vorschlag für das Entwicklungsprogramm für Flugzeuge und Triebwerke“ vom 12. Oktober 1955

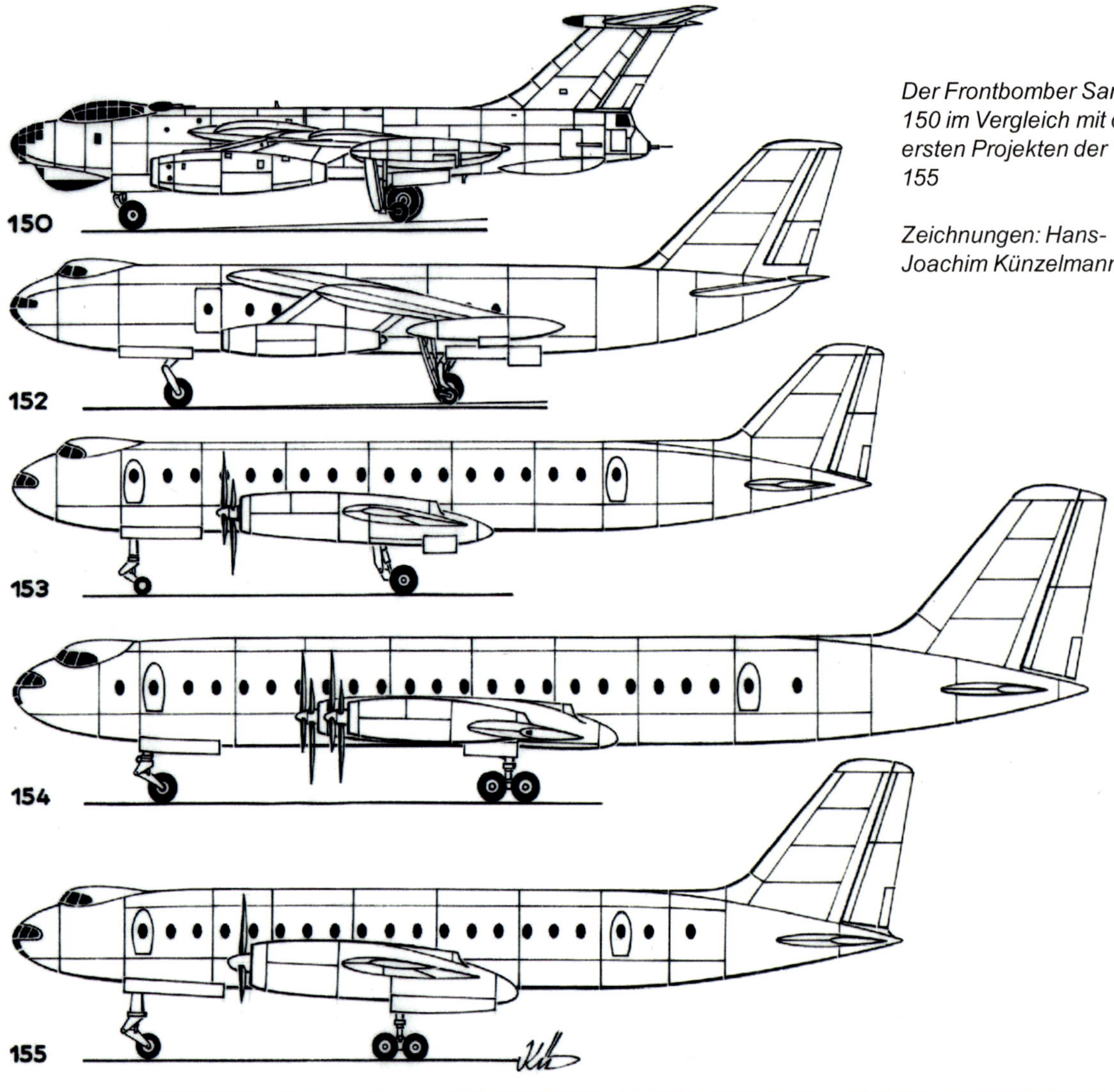


Der Frontbomber Samoljot 150 im Vergleich mit den ersten Projekten der 152 bis 155

Zeichnungen: Hans-Joachim Künzelmann

### *Leistungsvergleich zwischen*

| | 154 | IL-18B |
|---|---|---|
| Max. Passagierzahl: | 108 | 100 |
| Max. Nutzlast in kg: | 10400 | 13500 |
| Reichweite mit max. Nutzlast in kg: | 3000 | 3200 |
| Startmasse in kg: | 64700 | 61200 |
| Gesamt-Antriebsleistung kW: | 14710 | 12300 |
| Nutzlastanteil an Startmasse in %: | 16 | 22 |
| Leistungsaufwand | | |
| je kg Startmasse in kW: | 0,23 | 0,20 |
| je kg Nutzlast in kW: | 1,41 | 0,91 |
| je Passagier in kW: | 136 | 123 |
| Leistungsbelastung in kW: | 4,40 | 4,98 |

nannt sowie die Triebwerke 014, 015, 016, 017 und 018. Zum Typ 152 wurde gesagt, es handele sich um „das bereits in Bearbeitung befindliche Hochgeschwindigkeits-Passagier-Flugzeug, dessen Leistungen in 2 Varianten mit verschiedenen Triebwerkstypen angegeben werden" und das zum Ausgangspunkt der Strahlflugzeugentwicklung der DDR-Luftfahrtindustrie werden sollte.

Die 153 ist als ein mit zwei PTL-Triebwerken ausgerüstetes Mittelstreckenverkehrsflugzeug beschrieben. Auch hier sah man zwei Antriebsvarianten vor: zunächst sowjetische Triebwerke, später dann die Eigenentwicklung 018.

*Ein schönes Modell: Die 154. Mehr als das sollte sie auch nicht werden, denn mit der sowjetischen IL-18 war ein vergleichbares Muster bereits in der Entwicklung.*

*Foto: Sammlung Jochen Werner*

*Zwischen 1960 und 1970 kaufte die Deutsche Lufthansa der DDR/ INTERFLUG sechzehn Verkehrsflugzeuge vom Typ Iljuschin IL-18. Hier das erste Flugzeug, eine IL-18V.*

*Foto: Archiv Frank-Dieter Lemke*

Darüber hinaus wurde an der Technischen Hochschule Dresden und an anderen Bildungseinrichtungen Nachwuchs herangezogen. Außerdem hatte die UdSSR eine umfangreiche Unterstützung auf wissenschaftlich-technischem und materiellem Gebiet zugesichert. Parallel dazu war mit Vertretern der Luftfahrtindustrie der Sowjetunion auch das künftige Produktionsprofil besprochen worden. Dieser Abstimmung fielen die ursprünglichen Projekte der PTL-Verkehrsflugzeuge 154 und 155 zum Opfer. Dazu liegt ein aufschlussreiches Dokument vor: die Vertrauliche Verschlusssache Nr. B 250-435/X/55 vom 12. Oktober 1955 mit dem Titel „Vorschlag für das Entwicklungsprogramm für Flugzeuge und Triebwerke". In dieser von Brunolf Baade in seiner Eigenschaft als Technischer Leiter der Verwaltung Industriebedarf unterschriebenen Vorlage werden die bereits erwähnten Flugzeugmuster 152, 153, 154 und 155 ge-

Das dritte Projekt, das Schnellverkehrsflugzeug 154, sollte auf Strecken großen Verkehrsaufkommens über Distanzen von 2000 bis 3000 km zum Einsatz gelangen. Es war für 70 Passagiere in der Luxusklasse (mit Cocktailbar!) bzw. 80 in der 1. Klasse oder 108 in der Touristenklasse umrüstbar. Durch den Ausbau der Passagiereinrichtung konnte ein Frachtraum von 3,4 bis 3,7 m Breite und 26,5 m Länge mit einem Ladevolumen von 216 m³ für 11.850 kg Zuladung geschaffen werden. Als Antrieb waren vier PTL-Triebwerke zunächst sowjetischer Bauart, später 018 vorgesehen.

Die 155 schließlich wird als „großes Verkehrsflugzeug mit 2 Propeller-Turbinen von 6250 PS Leistung“ (4600 kW) beschrieben.

Interessanterweise heißt es jedoch weiter im Text des Vorschlags: „Es ist nicht beabsichtigt, die Flugzeuge 154 und 155 zur Durchführung zu bringen, da die Absatzmöglichkeit derart großer Maschinen fraglich erscheint, insbesondere weil derartige Entwicklungen in der Sowjetunion bereits laufen und zum anderen, weil zur eigenen Verwendung ebenfalls nur ein ganz kleiner Bedarf vorhanden sein dürfte.“

Die Erklärung für diese zunächst unlogisch erscheinende Passage (weshalb werden in einem solchen Dokument Projekte aufgeführt, die ohnehin nicht zur Realisierung bestimmt sind?) findet sich in einem Nebensatz: Es handele sich um Flugzeugprojekte, „die bei den Verhandlungen in Moskau mit dem Minister für Luftfahrtindustrie durchgesprochen worden sind.“

Zumindest im Fall der 154 sind die Hintergründe für die offensichtlich von sowjetischer Seite nachdrücklich empfohlene Streichung des Projekts offenkundig: Zu diesem Zeitpunkt befand sich im Konstruktionsbüro Iljuschin bereits die für annähernd gleiche Leistungsparameter konzipierte IL-18 mit PTL-Antrieb auf dem Reißbrett. (Die Tabelle mit den entsprechenden Daten beider Flugzeugmuster belegt im Nachhinein die Berechtigung der 1955 getroffenen Entscheidung zum Verzicht auf die Entwicklung der 154.)

### *PTL-Mittelstreckenverkehrsflugzeug 154*

| | |
|---|---|
| Besatzung: | 6 |
| Passagiere: | 80...108 |
| Triebwerk: | vier PTL Pirna 018 |
| Leistung in kW: | je 3677 |
| Spannweite in m: | 40,0 |
| Flügelfläche in m²: | 200,0 |
| Rumpfdurchmesser in m: | 4,0 |
| Länge über alles in m: | 41,2 |
| Höhe im Stand in m: | 11,5 |
| Rüstmasse in kg: | 39300 |
| Nutzlast/Passagiervariante in kg: | 10400 |
| Nutzlast/Frachtvariante in kg: | 11850 |
| Kraftstoffmasse in kg: | 15000 |
| Max. Startmasse in kg: | 64700 |
| Max. Landemasse in kg: | 55000 |
| Max. Reisegeschwindigkeit in km/h: | 700 |
| Reiseflughöhe in m: | 6000 |
| Reichweite in km: | 3000 |
| Startrollstrecke in m: | 650 |
| Landerollstrecke in m: | 600 |

Um jedoch die verbliebenen beiden Projekte, die 152 und die 153, überhaupt realisieren und den Serienbau der IL-14P durchführen zu können, bedurfte es noch einer weiteren Voraussetzung: der Aufhebung des den Flugzeugbau im besiegten Deutschland untersagenden Alliierten Kontrollratsgesetzes Nr. 25 des Potsdamer Abkommens. Einen entsprechenden Beschluss für die aus der sowjetischen Besatzungszone hervorgegangene DDR fasste der Ministerrat der UdSSR am 20. September 1955, also kurz nach dem von Brunolf Baade

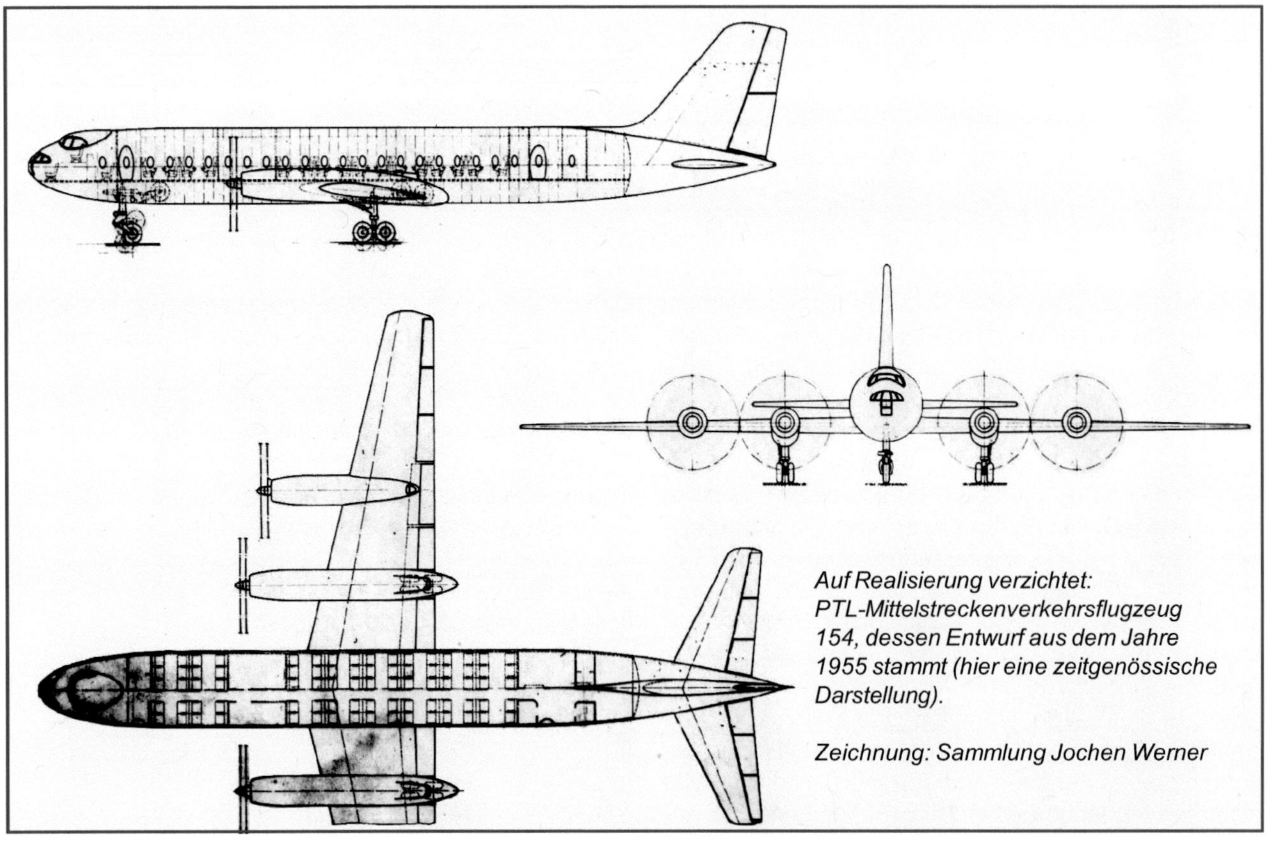

*Auf Realisierung verzichtet: PTL-Mittelstreckenverkehrsflugzeug 154, dessen Entwurf aus dem Jahre 1955 stammt (hier eine zeitgenössische Darstellung).*

*Zeichnung: Sammlung Jochen Werner*

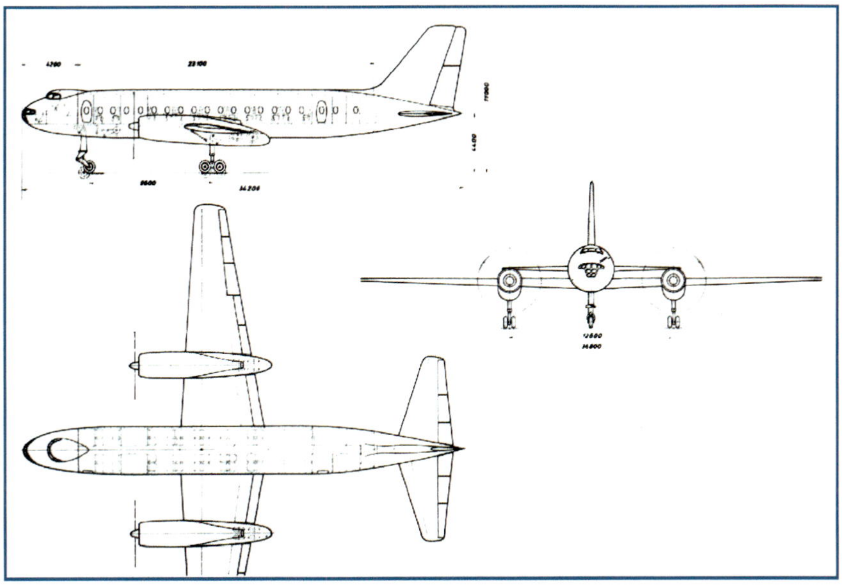

*Nach Rücksprache mit der Sowjetunion zu den Akten gelegt: das ursprüngliche Projekt der 155 aus dem Jahre 1955 (hier eine zeitgenössische Darstellung).*

*Zeichnung: Sammlung Jochen Werner*

zitierten Abstimmungsgespräch mit dem Minister für die Luftfahrtindustrie. Damit waren die letzten Hemmnisse für die Entwicklung eines solchen Industriezweiges auf dem Boden der DDR beseitigt.

Unter diesen Vorzeichen begann 1955 der Aufbau der zivilen Flugzeugindustrie in der DDR. In Dresden-Klotzsche wuchsen Hallen für den Bau der künftigen Flugzeuge aus dem Boden; Forschungs-, Entwicklungs- und Erprobungsstellen wurden errichtet. Parallel dazu wuchs in Pirna-Sonnenstein ein Entwicklungswerk für Strahltriebwerke mit den erforderlichen Prüfständen; in Ludwigsfelde entstand ab 1956 das dazugehörige Herstellerwerk, in Leipzig-Schkeuditz ein Gerätewerk, in Karl-Marx-Stadt (Chemnitz) ein Motorenwerk, das auch Hydraulikanlagen, Fahrwerke und Feuerlöschgeräte herstellen sollte, und in Lommatzsch schließlich eine Produktionsstätte für Segelflugzeuge.

1955 lief im VEB Industriewerke Dresden, wie sich das Flugzeugwerk zunächst konspirativ nennen musste, die Fertigung von Tragflächen und Rümpfen für die IL-14P an. Augenzeugen berichten, dass seinerzeit die Baugruppen auf der Königsbrücker Landstraße mit Tieflandern zum anderen Teil des Industriewerkes transportiert, dort montiert und mit den ASch-82T-Doppelsternmotoren, Luftschrauben und Fahrwerken aus dem VEB Industriewerke Karl-Marx-Stadt komplettiert wurden. In nahezu allen Bereichen traten dabei beträchtliche Anfangsschwierigkeiten auf. Dennoch absolvierte die erste in Dresden gebaute IL-14P am 26. April 1956 ihren Jungfernflug.

Zu diesem Zeitpunkt näherten sich auch die Arbeiten am technischen Projekt der 152 ihrem Abschluss. Es entsprach im wesentlichen dem 1955 vorgelegten Entwurf. 1957 konnte man sowohl mit der Vorkonstruktion als auch mit dem Bau einer originalgroßen Attrappe beginnen. Sie zeigte bereits die neue Gestaltung des Rumpfvorderteils: Die ursprünglich ähnlich wie beim Bomber 150 aufgesetzte Besatzungskabine war in die Rumpfkontur einbezogen, die Verglasung für den Navigatorsitz im Rumpfbug jedoch noch beibehalten worden. Sie fiel erst beim Entwurf 152/II fort.

Am 24. und 25. April 1957 begutachtete die Staatliche Attrappenkommission das Baumuster 152/I und empfahl, sofort die Weiterentwicklung vorzunehmen. Hier

*Die erste in Dresden gebaute IL-14P absolvierte am 26. April 1956 ihren Jungfernflug. Hier startet ein Flugzeug dieses Typs aus DDR-Fertigung; das Fahrwerk ist fast eingezogen.*

*Foto: Archiv Frank-Dieter Lemke*

***Strahltrainerprojekt (19.11.1956)***

| | |
|---|---|
| Besatzung: | 2 |
| Triebwerk: | ein TL Marboré II |
| Leistung in kN: | 3,9 |
| Spannweite in m: | 10,0 |
| Flügelfläche in m²: | 13,0 |
| Länge über alles in m: | 9,35 |
| Höhe im Stand in m: | 3,2 |
| Rüstmasse in kg: | 1400 |
| Kraftstoffmasse normal in kg: | 350 |
| Kraftstoffmasse maximal in kg: | 535 |
| Startmasse normal in kg: | 1950 |
| Startmasse maximal in kg: | 2150 |
| Höchstgeschwindigkeit in km/h: | 518 |
| Reisegeschwindigkeit in km/h: | 447 |
| Landegeschwindigkeit in km/h: | 117 |
| Max. Steigleistung in m/s: | 7,9 |
| Dienstgipfelhöhe in m: | 6000 |
| Max. Reichweite in km: | 930 |

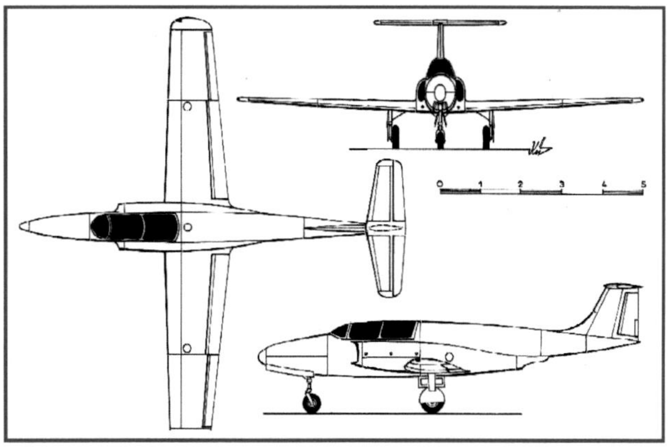


*Mini-Projekt: 1956 entstanden mehrere Entwürfe für einen zweisitzigen Strahltrainer. Eine Prämisse bestand in der Verwendung der französischen Kleingasturbinen Turboméca Aspin bzw. Marboré. Keiner der Entwürfe gelangte über das Reißbrettstadium hinaus. Der Dreiseitenriss zeigt eine der Varianten, datiert vom 19. November 1956.*

*Zeichnung: Hans-Joachim Künzelmann*

wurde auch festgelegt, von der 152/I nur drei Versuchsmuster für den Nachweis der Flugeigenschaften, der Flugleistungen und der Festigkeit zu bauen. Die Serie sollte unmittelbar mit der weiterentwickelten Variante 152/II anlaufen.

Die betreffende Sektion des Rates für Gegenseitige Wirtschaftshilfe (RGW) gab am 15. November 1957 auf ihrer Tagung in Moskau eine Stellungnahme zur Weiterarbeit an der 152/II ab und im bestätigten Protokoll 2/57 wurde folgender Satz aufgenommen: "Die Entwicklung und der Bau der Flugzeuge 152 und 153 in der DDR wird bei Gewährleistung ihres Absatzes als zweck-

***Das Strahltrainerprojekt***

Franz Gottschlich befasste sich in Schkeuditz als Aerodynamiker unter der Leitung von Adolf Jensen, mit der Auslegung des Strahltrainers. Am 5. April 1959 flog erstmals die CSR-Konstruktion Aero L-29 Delfin, worauf alle Aktivitäten für einen eigenen Strahltrainer in der DDR eingestellt wurden. Während der Arbeit an diesem Strahltrainer trat Elfried Schmerler, ein exzellenter Statiker, an Jensen heran und fragte ihn: „Adolf, weißt Du noch, wie schwer eine Spritze ist?" Mit Spritze meinte er ein Maschinengewehr.

Nach der Einstellung der Arbeiten für den Strahltrainer wurden die beiden Aerodynamiker nicht mehr benötgt. Adolf Jensen ging als Prüfer zur Prüfstelle für Luftfahrtgerät (PfL); Franz Gottschlich nach Klotzsche zu den Dresdner Flugzeugwerken. Bei Prof. Backhaus arbeitete er in einer Abteilung, die Kurzstartprojekte untersuchte. Nach der Schließung der Flugzeugentwicklung 1961 wandte er sich einem neuen Fachgebiet zu: der Automatisierung und Mikroelektronik.

Am 1. Mai 1955 erfolgte die offizielle Gründung der Betriebe der Verwaltung für Industriebedarf (VfI):

**Werk 801** VEB Maschinen- und Apparatebau Dresden (MAB), Entwicklungs- und Versuchswerk für Flugzeuge und Geräte
**Werk 802** VEB Entwicklungsbau Pirna, Entwicklungswerk für Strahltriebwerke
**Werk 803** VEB Industriewerk Dresden (IWD), Serienwerk und Flugerprobung
**Werk 804** VEB Industriewerke Karl-Marx-Stadt, Fertigung der ASch-82T-Motoren, Luftschrauben, Fahrwerke, Hydraulikanlagen und Anzeigeinstrumente
**Werk 805** VEB Maschinen- und Apparatebau Schkeuditz, Ausrüstungs- und Reparaturwerk
**Werk 806** VEB Apparatebau Lommatzsch, Segelflugzeugbau
**Werk 817** Forschungszentrum der Luftfahrtindustrie.

Ab 1. Januar 1957:
**Werk 807** VEB Industriewerke Ludwigsfelde (IWL), Serienwerk für Strahltriebwerke.

Am 1. Januar 1958 entstand aus dem
**Werk 801** VEB Maschinen- und Apparatebau Dresden und dem
**Werk 803** VEB Industriewerke Dresden (IWD) sowie der Aufbauleitung der Verwaltung der Luftfahrtindustrie das
**Werk 801** VEB Flugzeugwerke Dresden (FWD). Mit Wirkung desselben Datums wurde die Verwaltung für Industriebedarf in Vereinigung Volkseigener Betriebe (VVB) der Luftfahrtindustrie umbenannt.

Foto: Sammlung Hans-Dieter Tack

*Auf der Leipziger Frühjahrsmesse 1958: Chefkonstrukteur Dipl.-Ing. Fritz Freytag stellt die 152/II anhand des Modells im Maßstab 1:10, gebaut im MAB Schkeuditz, den Vertretern befreundeter Luftfahrtgesellschaften wie AEROFLOT, LOT, CSA, MALEV, TAROM oder TABSO vor.*

*Das Modell der 152/II entspricht dem ursprünglichen Entwurf von 1955. Die Spannweite beträg 2,7 m, die Länge 3,20 m. Den Bau leitete Rudi Bauermann, ein ehemaliger Siebel-Konstrukteur.*

*50 Jahre später wurde das Modell bei der DEFA in Babelsberg wiederentdeckt und der Flughafen Halle-Leipzig spendete 6000 Euro, damit es heute (2019) im Verkehrsmuseum Dresden besichtigt werden kann.*

*Foto: Sammlung Peter Stache*

### *Aufgaben des VEB MAB Schkeuditz*

Der MAB Schkeuditz baute die Leitwerke und Landeklappen für die IL-14P und 152 in Serie; darüber hinaus war er der Leitbetrieb für Passagier- und Besatzungsbestuhlungen; er produzierte Ausrüstungen für den Flugbetrieb, Bodengeräte wie Passagiertreppen, Gepäck- und Montagewagen sowie Bauvorrichtungen und widmete sich der Reparatur von Bordgeräten. Später, als zentrale Reparaturwerft im RGW, kamen die Generalreparatur und Modernisierung von IL-14P (Sonderausführungen als Salon-Variante oder Fotoflugzeug) sowie die Generalreparatur von Jak-11 oder Jak-18 sowie An-2 nebst Umbau zu Passagierflugzeugen hinzu.

mäßig erachtet." Das Protokoll enthält aber auch diesen Satz: "Die UdSSR verfügt über alle Klassen von Flugzeugen, deshalb tritt in der UdSSR kein Bedarf für diese Flugzeuge auf." Das war bereits deutlich.

Am 1. Januar 1958 erfolgte durch Zusammenschluss des VEB Industriewerke Dresden und des VEB Maschinen- und Anlagenbau Dresden die Gründung des VEB Flugzeugwerke Dresden; ein Jahr darauf lief mit der 80. Maschine die Serienproduktion der IL-14P aus, weil die Hallen mehr und mehr für die Endmontage der Vorserienmuster des Strahlverkehrsflugzeuges 152 benötigt wurden – eine Fehlentscheidung. Die Einstellung des Serienbaus der IL-14P und die Verschrottung aller dafür benötigten Bauvorrichtungen dürfte mit dazu beigetragen haben, dass nach der Einstellung des Strahlflugzeugbaus die DDR-Luftfahrtindustrie in die Bedeutungslosigkeit versank. Doch zunächst befand sie sich noch auf dem aufstrebenden Ast. Sie zählte, einschließlich ihres Forschungszentrums, 20.000 Beschäftigte, hatte sich also, ganz wie vorgesehen, zu einem (zumindest zahlenmäßig) starken Wirtschaftszweig entwickelt. Als die Luftfahrtindustrie der DDR auf der Leipziger Frühjahrsmesse 1959 mit einer Rumpfattrappe des ersten deutschen Strahlverkehrsflugzeuges 152 an die Öffentlichkeit trat, war die internationale Resonanz groß. Viele potentielle Kunden aus Ost und West zeigten starkes Interesse an Geschäftskontakten mit den DDR-Flugzeugbauern, denn das geplante Mittelstreckenverkehrsflugzeug 152 entsprach in seinen vorgestellten technischen Daten dem damals fortgeschrittenen Entwicklungsniveau im internationalen Flugzeugbau. Die "Times" bemerkte seinerzeit, dass im Angebot der DDR das Modell des Turbinenverkehrsflugzeuges für 72 Fluggäste überraschte und beeindruckte. "Den Eindruck, den das Flugzeug vor allem in Westdeutschland machen wird, wo nur leichte Maschinen gebaut werden, wird wahrscheinlich der Wirkung des ersten Sputnik nicht viel nachstehen."

Daneben waren weitere Verkehrsflugzeuge in Vorbereitung: die Muster 153, 154 und 155. Während die PTL-getriebene 153 eine modernisierte Weiterentwicklung des Entwurfs von 1955 darstellte, hatten die beiden anderen Flugzeuge mit den Projekten aus jenem Jahr außer der Bezeichnung nichts mehr gemein. Nach dem Verzicht auf diese ursprünglichen PTL-Projekte waren die Typennummern neu vergeben worden, und zwar an die 154 für ein als Nachfolgemuster der 152 konzipiertes vierstrahliges und an die 155 für ein mit zwei Zweikreistriebwerken ausgerüstetes Mittelstreckenverkehrsflugzeug.

Foto: Sammlung Peter Stache

*Modell der 152 nach ursprünglichem Entwurf von 1955. Das Flugzeug versprach nach den Windkanalversuchen sehr günstige Langsamflugeigenschaften.*

Foto: Sammlung Manfred Jurleit

*Am Kranhaken: der Rumpf des ersten Prototyps 152 V-1 vor der Endmontage.*

Foto: Sammlung Jochen Werner

*Auf dem Rücken: Die IL-14P DM-ZZB diente als Erprobungsträger für das Höhenleitwerk der 152. Diese Flüge fanden ohne Einstiegstür statt und längs durch den Rumpf war ein Seil gespannt, an dem die Besatzung im Notfall schnell das Rumpfinnere hätte durchqueren und somit das Flugzeug ungehindert verlassen können.*

Foto: Archiv Frank-Dieter Lemke

*Zwei „Väter" des DDR-Jets 152: Chefkonstrukteur Fritz Freytag (Mitte) und Typenleiter Peter Bonin (links).*

## Turbulenz

**Die Entwicklung des ersten deutschen Strahlverkehrsflugzeuges stand ebenso wie der Weg der DDR-Luftfahrtindustrie von Anfang an im Zeichen der Turbulenz.**

Der Weg, den das Mittelstreckenverkehrsflugzeug 152 nahm, gleicht in gewisser Hinsicht dem einer Sternschnuppe. Ebenso wie einer solchen war auch der Entwicklung aus Dresden nach strahlendhellem, alle Aufmerksamkeit auf sich lenkendem Aufleuchten ein nur kurzes Leben beschieden. Geraten jedoch Konstruktionen, die kaum über ihre Jungfernflüge hinausgelangen, in der Regel schnell in Vergessenheit, so war dies bei der 152 keineswegs der Fall. Bis heute ist sie nicht aus der Erinnerung zu verbannen, und das nicht zuletzt wohl deshalb, weil die Hoffnungen und Wünsche der meisten DDR-Flugzeugbauer dieses Mittelstreckenverkehrsflugzeug auf's Engste mit einer erfolgreichen Luftfahrtindustrie verbanden. So gesehen, ist die Geschichte um dieses Flugzeug eine ganz besondere.

Die Auslegung der 152 entsprach hinsichtlich Wirtschaftlichkeit und Flugsicherheit durchaus den damals neuesten Erkenntnissen im Flugzeugbau. Allerdings stellten die Teilnehmer der ersten Gerätetagung der Luftfahrtindustrie am 4./5. Dezember 1958 fest, dass die 152 in der Ausrüstung und in den Geräten nicht mehr dem modernsten Stand entspräche. Eine Reihe dort getroffener Maßnahmen sollte dazu beitragen, diesen Rückstand schnell aufzuholen. Als Verkehrsflugzeug für mittlere Strecken vorgesehen, war von den Konstrukteuren eine reine Passagiervariante ebenso in Betracht gezogen worden wie eine gemischte Passagier-/Fracht- sowie eine reine Frachtversion. Bei der Projektierung der Zelle wurde insbesondere der Forderung nach hoher Ermüdungsfestigkeit und damit langer Lebensdauer des Flugzeugs große Aufmerksamkeit geschenkt. Für vier Triebwerke entschied man sich, um sowohl beim Start als auch im Reiseflug ein hohes Maß an Flugsicherheit zu gewährleisten. Bei Ausfall eines Triebwerkes im Moment des Abhebens hätte der Start problemlos fortgesetzt werden können.

Die Flügel-, Triebwerks- und Leitwerksnasen besaßen Warmluftenteisungsanlagen; die Kraftstoffanlage einen 4-Minuten-Schnellablass für etwaige Notlandungen. Die später für die 152/II vorgesehenen Pirna-014-Triebwerke waren zudem unter dem Gesichtspunkt sparsamsten Verbrauchs konzipiert worden, und die gepfeilten Flügel und Leitwerke besaßen Hochgeschwindigkeitsprofile.

*Links oben und in der Mitte – in der Folterkammer: Die 152 V-2 wurde während der statischen Erprobung in der Halle 219 eingehenden Belastungsversuchen unterzogen. Auf dem Bild in der Mitte links noch ohne Seitenleitwerk.*

*Fotos: Archiv Klaus Hermann Mewes, Sammlung Peter Stache*

*Attrappe des Cockpits der 152*

*Foto: Archiv Frank-Dieter Lemke*

*Endmontage der 152 V-1 DM-ZYA in der Halle 222. Noch läuft die Serienproduktion der IL-14P.*

*Foto: Archiv Klaus-Hermann Mewes*

*Vor dem Roll-out: der erste Prototyp 152 V-1. Im Vordergrund eine IL-14P in der Endmontage.*

*Foto: Archiv Frank-Dieter Lemke*

### *Roll-out des ersten Prototyps*

Am 30. April 1958 war es soweit. Vor illustrem Publikum und mit großem Propagandaaufwand absolvierte die 152 V-1 – sie hatte das Kennzeichen DM-ZYA erhalten – ihr Roll-out. Allerdings waren die für den ersten Prototyp vorgesehenen sowjetischen RD-9B-Triebwerke noch nicht installiert und das Fahrwerk musste mit festen Attrappenstäben eingebaut werden, weil die Original-Federstreben noch nicht verfügbar waren.

Bis Ende August standen die einzelnen Baugruppen und Anlagen im wesentlichen zur Verfügung, und die Systeme konnten fertiggestellt werden, obwohl durch schleppende Gerätelieferungen und das Fehlen von Normteilen immer wieder Rückschläge aufgetreten waren. Verzögert wurden die Arbeiten auch durch Sabotageakte: Geräte wurden gestohlen oder zerstört, falsche Schrauben eingebaut und Turbinen beschädigt.

Mit dem Triebwerkseinbau war im Juli 1958 begonnen worden. Bereits lange vorher hatte man sich dafür entschieden, für das erste Versuchsmuster der 152 nicht die in der Entwicklung befindliche Strahlturbine vom Typ Pirna 014 zu verwenden, sondern bei der Erprobung des neuen Flugzeuges auf das in der MiG-19 ebenso wie in der Jak-25 bewährte Tumanski RD-9B zurückzugreifen.

Für den Einsatz im Linienflugverkehr kam dieses Triebwerk natürlich nicht in Frage: Zum einen entwickelte es seinen Maximalschub nur mit Nachbrenner, zum anderen war der Kraftstoffverbrauch des RD-9B für einen unter wirtschaftlichen Gesichtspunkten angesiedelten Einsatzzweck viel zu hoch.

Die Bodenerprobung der 152 V-1 auf dem fast fertiggestellten Flughafen Dresden-Klotzsche, dessen 2500 m lange und 80 m breite Piste, dessen Rollbahnen, Flugplatzbefeuerungs- und Radaranlagen unter modernsten Gesichtspunkten gestaltet worden waren, wurde Ende September aufgenommen, aber damit war der ursprünglich für den 13. August 1958 festgelegte Termin für den Erstflug bereits überschritten.

*Roll-out der 152 V-1, als der Traum vom Erfolg des ersten deutschen Strahlverkehrsflugzeuges noch erreichbar schien.*

*Foto: Archiv Frank-Dieter Lemke*

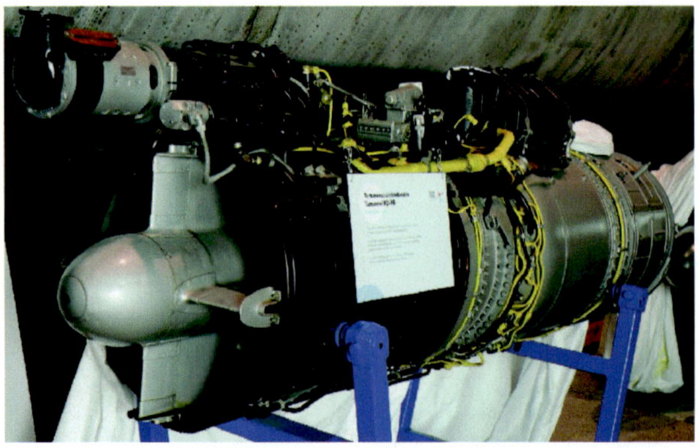

*Foto: Frank-Dieter Lemke*

*Nach ihrem Roll-out erhielt die 152 V-1 ihre vier Triebwerke Tumanski RD-9B – die erste Strahlturbine, die vollständig in der Sowjetunion entwickelt worden war und die Serienreife erreicht hatte. Bis 1956 hieß das RD-9B noch Mikulin AM-9.*

*Roll-out des ersten deutschen Strahlverkehrsflugzeuges am 30. April 1958 vor höchsten Politikern und begeisterten Mitarbeitern*

*Foto: Archiv Klaus-Hermann Mewes*

*Roll-out: Im Beisein höchster Politprominenz mit Walter Ulbricht an der Spitze wurde die 152 V-1 am 30. April 1958 aus der Halle gerollt – allerdings ohne Triebwerke.*

*Das Roll-out wurde wenig später in den DEFA-Film „Leute mit Flügeln" als Schlussszene eingefügt. Dieser Film schildert Probleme des DDR-Flugzeugbaus und war mit Erwin Geschonneck und Wilhelm Koch-Hooge auch attraktiv besetzt.*

*Foto: Archiv Frank-Dieter Lemke*

*Walter Ulbricht mit leitenden Mitarbeitern des DDR-Flugzeugbaus in Dresden-Klotzsche.*

*Foto: Sammlung Siegfried Wriecz*

*Rollversuche: Sie bildeten einen wesentlichen Bestandteil der Bodenerprobung, die im Spätsommer 1958 begann.*

*Foto: Sammlung Jochen Werner*

*Zeichnung: Hans-Joachim Künzelmann*

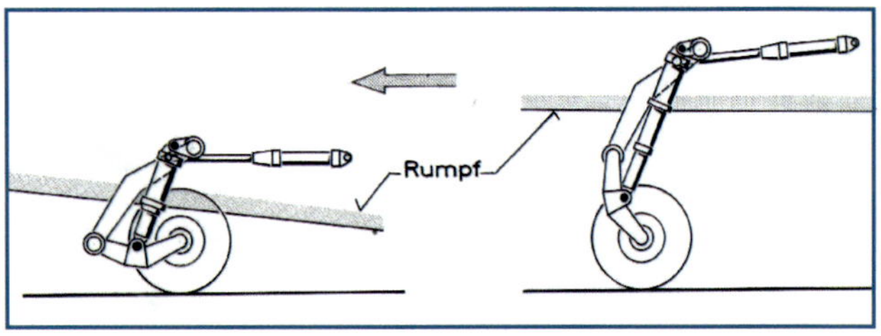


*Absenkbar: das hintere Fahrwerk des Tandemfahrwerks der 152 V-1. Durch Verkürzen der Federbeine am hinteren Fahrwerk senkte sich beim Anrollen das Rumpfheck und damit vergrößerte sich der Anstellwinkel – das Tragwerk lieferte schneller den nötigen Auftrieb. Auf diese Weise verringerte sich die Startrollstrecke. Allerdings wurde dieses System bei den beiden Starts der 152 V-1 nicht erprobt.*

**Die 152 V-1 auf dem Weg zur Bodenerprobung**

*Fotos: Sammlung Jochen Werner*

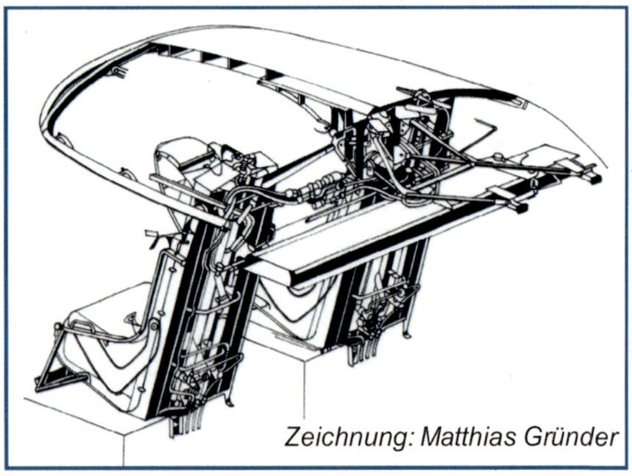

*Zeichnung: Matthias Gründer*

*Auf dem Feuerstuhl (links): Schleudersitze für die Piloten der 152 V-1 und später auch V-4 und V-5, eingebaut für die Dauer der Flugerprobung. Im Notfall sollten die Schleudersitze kurz nacheinander nach oben durch das Dach geschossen werden; der Bordingenieur hatte das Flugzeug auf seinem Sitz nach unten durch die Notausstiegsklappe zu verlassen.*

*Die 152 V-1 vor der Bodenerprobung*

Foto: Sammlung Jochen Werner

***Erstflug: Mit viermonatiger Verspätung hob der erste Prototyp 152 V-1 am 4. Dezember 1958 von der SLB des Flughafens Dresden-Klotzsche zum Erstflug ab.***

## *Die 152 fliegt*

Am 4. Dezember 1958 startete die 152 V-1 in Dresden-Klotzsche zu ihrem ersten Flug. Die dreiköpfige Besatzung (Willi Lehmann, Kurt Bemme und Paul Heerling) stieg mit der Maschine auf 1000 m Höhe und flog eine erweiterte Platzrunde; dabei blieben das Fahrwerk und die Landeklappen ausgefahren. Die einzige offiziell bekannt gewordene Beanstandung seitens der Besatzung nach der Landung: Die Höhenrudertrimmung war nicht voll wirksam. In der mehr als dreißig Jahre später entstandenen Fernsehdokumentation „Die Wahrheit über Ikarus“ wurde jedoch deutlich, dass bereits im Fluge eine ganze Reihe von Mängeln aufgetreten sein müssen. Die Witwe von Kommandant Willi Lehmann präsentierte in diesem Film sein Notizbuch, in dem die zwei wichtigsten Seiten fehlten, aber am Rand verbliebene Aufzählungszeichen einen deutlichen Hinweis auf Notizen gaben, die Willi Lehmann während des Fluges angefertigt hatte. Der Inhalt dieser entfernten Seiten sollte wohl aus gutem Grund auf gar keinen Fall publik werden.

Wie nach Erstflügen allgemein üblich, wurden wichtige Baugruppen des Flugzeuges einer genauen Kontrolle unterzogen. Dabei zeigte sich nach der Demontage der Fahrwerke, dass einige Buchsen und Kugeln in den Hauptlagern Fressstellen zeigten. Neue Lager wurden angefertigt und eingebaut. Dann folgte eine sogenannte Baupause, in der unter anderem der Bereich des Stiel-Tragflächenübergang als Ergebnis von Belastungsversuchen mit der Bruchzelle verstärkt wurde. Des Weiteren unterzogen die Versuchsingenieure alle Systeme einer neuerlichen Funktionsprobe und fuhren Schüttelversuche, um die Festigkeit der Zelle beim Flug mit Höchstgeschwindigkeit beurteilen zu können.

Nach zahlreichen Änderungen an den Fahrwerksklappenverriegelungen, Landeklappengetrieben und einigen Geräten sowie dem Abdrücken des hermetisierten Rumpfteiles, weiteren Brems- und Rollversuchen sowie einer kleinen Reparatur am hinteren Fahrwerk war die Maschine Mitte Februar 1959 wieder startbereit. Allerdings wurden, wie wir heute wissen, nicht alle Auflagen der PfL erfüllt. Mängel wiesen noch die Hydraulik, das Kraftstoffsystem und die Sauerstoffanlage auf.

FORTSETZUNG AUF SEITE 29

*In der Luft: Die 152 V-1 während ihres Jungfernfluges am 4. Dezember 1958 mit der Besatzung Willi Lehmann, Kurt Bemme und Paul Heerling*

*Foto: Sammlung Jochen Werner*

# Die 152: Erstes deutsches Turbinen-Verkehrsflugzeug

***Oberingenieur Fritz Freytag, Chefkonstrukteur der 152, stellte im März 1958 in der Zeitschrift „Wissenschaft und Fortschritt" die 152, die neue Errungenschaft der DDR-Luftfahrtindustrie, ausführlich vor. Hier die auszugsweise Wiedergabe seines Artikels:***

*Fritz Freytag, der Chefkonstrukteur des Strahlverkehrsflugzeuges 152*

*Foto: Archiv Frank-Dieter Lemke*

Das Flugzeug 152 ist für den Einsatz auf mittleren Flugstrecken (2000 bis 3000 km) bestimmt und geeignet, auf normalen Flugplätzen bis zur Größenklasse E (1300 m Startbahn) zu starten und zu landen. Gerade durch diese Eigenschaft zeichnet sich die 152 gegenüber allen bisher entwickelten und in Entwicklung befindlichen Verkehrsflugzeugen mit Turbinen-Luftstrahl-Triebwerken aus.

Um das Flugzeug vielseitig verwenden zu können, ist eine Ausstattung für 48, 56 und 72 Fluggäste vorgesehen. Darüber hinaus kann die Fluggästezahl auf 76 erhöht werden. Selbstverständlich sind auch verschiedene Varianten von Luxusausführungen mit beliebig gewünschten Anordnungen zu verwirklichen. Außerdem ist eine Variante als reiner Transporter ebenso wie jede Kombination zwischen Transporter- und Passagierausrüstung möglich. Im folgenden ein Überblick über die Baugruppen.

Für die einzelnen Bauteile wird eine hochfeste Aluminiumlegierung verwendet, wobei die lebenswichtigen Anschlüsse aus vergütetem legierten Stahl hergestellt werden. Die Einzelteile sind durch Genauigkeitsnietung zu großen Baugruppen zusammengefügt, die ihrerseits wiederum durch besondere Spannungsverbindungen mit Bolzen miteinander verbunden sind. Zur Sicherstellung der aerodynamischen Güte der gesamten Flugzeugzelle müssen die Nietverbindungen mit Genauigkeiten bis zu 1/100 mm hergestellt werden. Da Genauigkeiten in ähnlicher Größenordnung für alle Konturen gefordert werden müssen, wurde für alle Bauteile die Schalenbauweise angewendet. Die hauptsächlichen tragenden Bauglieder werden durch die Außenhaut selbst gebildet, die durch zweckmäßige Stützung mit Spanten und Pfetten ausgesteift wird.

*Mittelstreckenverkehrsflugzeug 152 V-1 (DM-ZYA). Der erste Prototyp dieser Entwicklung des VEB Flugzeugwerke Dresden absolvierte seinen Jungfernflug am 4. Dezember 1958 und stürzte bei seinem zweiten Flug am 4. März 1959 ab. Zeichnung: Otto Reich/Lengenfeld*

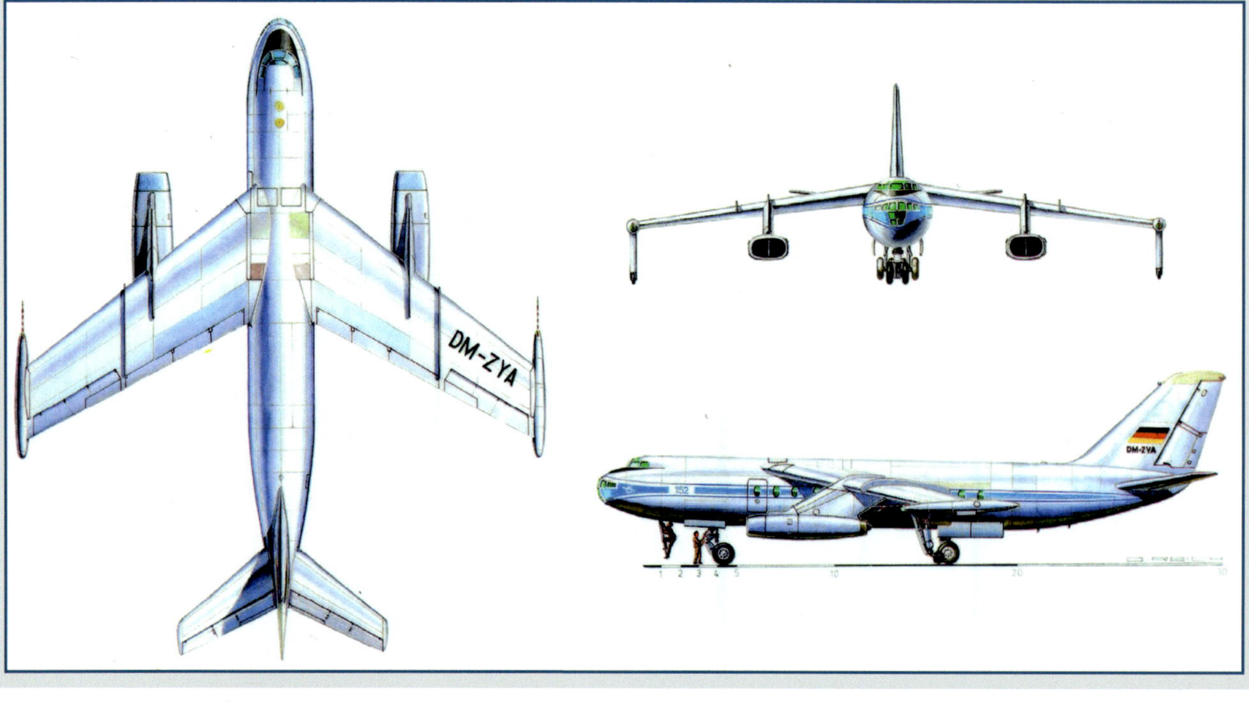

*Bau der Musterflugzeuge für die vorgesehene Serie 152 in der Halle 218 des VEB Flugzeugwerke Dresden*

*Foto: Kurt Häschel*

## *Rumpfwerk*

Der Rumpf enthält in seinem vorderen Teil einen Raum, der zur Unterbringung eines Kollisions- und Wetter-warn-Radar-Gerätes vorgesehen ist. Zu diesem Zweck ist dieser Abschnitt nicht in den druckdichten Teil des Rumpfes einbezogen, sondern mit einer Kunststoffkappe abgeschlossen. Im Anschluss daran befindet sich der Arbeitsraum für die normalerweise aus vier Personen bestehende Besatzung. Hinter den beiden Piloten sitzen der Funker und der Bordingenieur mit dem Rücken zur Flugrichtung. Im Bedarfsfall kann ein zusätzlicher Navigator zwischen dem Funker und dem Bordingenieur einen Arbeitsplatz erhalten. Die Besatzung hat einen separaten Eingang zum Besatzungsraum durch eine Bodenluke, die mit einer einziehbaren Leiter versehen ist. Im anschließenden Teil des Rumpfes befinden sich Garderoben für die Besatzung und die Passagiere sowie der vordere Gepäckraum.

Im nächsten Rumpfabschnitt, dessen Fußboden um zwei Stufen niedriger liegt, befindet sich der Eingangsraum, der durch eine Tür in der linken Rumpfseitenwand, die sich hydraulisch nach oben öffnet, zugänglich ist. Durch einen Mitteleingang ist die Fluggastkabine zu erreichen, in der den Fluggästen ein behaglicher, gegen Schall und Kälte reichlich isolierter, druckfester und komfortabel ausgestatteter Raum zur Verfügung steht. Die bequemen Polstersessel sind auf Gummipuffern gelagert, die die hochfrequenten Schwingungen absorbieren. Zur individuellen Anpassung haben die Sessel eine Verstellmöglichkeit für Sitz- und Rückenlehne. Um allen Eventualitäten gewachsen zu sein, ist eine Sauerstoffanlage vorhanden, die für jeden Fluggast eine genügende Dosierung vorsieht. Im hinteren Abschnitt der Fluggastkabine befinden sich zwei Toiletten; es folgt der hintere, ebenfalls druckdichte Gepäckraum, der sowohl von der Fluggastkabine als auch von außen zugänglich ist.

## *Trag- und Leitwerk*

Das Tragwerk besteht aus einem Mittelteil von etwa Rumpfbreite, an dem beiderseits mit Schubbuchsen und Zugankern die gepfeilten Außenflügel angeschlossen sind. Die Pfeilung und Profilierung des Tragwerkes ist für Fluggeschwindigkeiten bis etwa 950 km/h ausgelegt. Der tragende Flügelkasten ist mit Wellen und mit senkrechten Stegwänden durchkonstruiert. Der Schalenkasten des Tragwerkes nimmt in Gummibehältern den Brennstoff auf. Durch einfache Druckbelüftung der Behälter wird der Brennstoff den Triebwerken zugeführt oder kann im Notfall über einen Schnellablass ins Freie befördert werden. Der Nasenkasten des Tragwerkes ist mit einer Warmluftenteisung ausgestattet, die die erforderliche Heizleistung von den Triebwerken erhält. Außerdem laufen in der Nase Leitungen und Gestänge entlang sowie die Steuerung für die Querruder. Im Endkasten sind Hydraulikleitungen und elektrische Leitungen untergebracht und im inneren Teil die Betätigung für die Landeklappen. Die Landeklappen sind besonders gebaut. Sie werden durch ein sinnvoll gestaltetes Gestänge über Spindeln mit hydraulischer Betätigung gleichzeitig ausgeschlagen und nach hinten ausgefahren. Dadurch wird ermöglicht, dass der Auftriebsbeiwert so weit gesteigert wird, dass die Landegeschwindigkeit gering bleibt und die Startstrecke so verkürzt wird, wie es bisher noch bei keinem Flugzeug mit TL-Triebwerken erreicht wurde. Die Landeklappe ist auf beiden Flügelseiten ebenso wie das Querruder dreiteilig. Hierdurch wird auf einfache Weise erreicht, dass auch dann, wenn sich die Flügel stark durchbiegen, die Teilruder einwandfrei bewegt werden und sich nicht verklemmen können, da jedes Teilruder nur zwei Lagerpunkte an beiden Endrippen aufweist.

Das Leitwerk ist ähnlich wie das Tragwerk aufgebaut. Alle Flossennasen sind an die Warmluftenteisung angeschlossen. Die Höhenruder sind beiderseits aus den gleichen Gründen wie Landeklappen und Querruder dreiteilig. Dagegen ist das Seitenruder nur zweiteilig ausgeführt. Von allen Rudern ist jeweils ein Teilruder mit einer Trimmklappe versehen, die zur Herabsetzung der Ruderkräfte gleichzeitig als Ausgleichsruder angeschlossen ist. Sowohl die Querruder als auch die Ruder des Leitwerkes sind weitgehend aerodynamisch und massenmäßig ausgeglichen, um bei den hohen Geschwindigkeiten ausreichende Steuerfähigkeit und genügende Flattersicherheit zu gewährleisten.

Die Steuerung des Flugzeuges geschieht mit einer normalen mechanischen Handsteueranlage. Durch aerodynamischen Ausgleich der einzelnen Ruder wird das Kraftniveau so weit herabgesetzt, dass die Hand- und Fußkräfte in beherrschbaren Grenzen liegen. Es ist vorgesehen, bei weiterer Steigerung der Geschwindigkeit des Flugzeuges zur Unterstützung des Piloten in das Steuergestänge jeder Achse ein hydraulisches Servo-Steuer-Aggregat einzubauen. Zur Entlastung der Piloten während des Reisefluges ist eine komplette Dreiachsensteuereinrichtung vorhanden, die ihre Impulse von einer Steuerzentrale empfängt und das Flugzeug vollautomatisch auf Kurs hält.

### *Fahrwerk*

Für die ersten Flugzeuge ist ein Tandem-Fahrwerk vorgesehen, bei dem das gesamte Hauptfahrwerk im Rumpf untergebracht ist und die beiden Stützfahrwerke in Außengondeln an den Flügelenden liegen.

Mit Rücksicht auf eine wesentliche Vergrößerung der Fluggastkabine wird für die nächste Variante das hintere Hauptfahrwerk in zwei Einzelsysteme aufgeteilt, die zwischen den Zwillingstriebwerken unter dem Tragwerk angeordnet sind. Dadurch entfallen dann die Stützfahrwerke an den Flügelenden, wodurch wiederum die Möglichkeit besteht, in den Flügel-Endgondeln Raum für Brennstoff zu schaffen. Das wahlweise lenk- oder schwenkbare Bugfahrwerk hat Zwillingsräder. Es liegt unter dem vorderen Gepäckraum im Rumpf und wird hydraulisch nach vorn eingefahren. Die beiden Hauptfahrwerke tragen jeweils vier bremsbare Räder in Wagen-Anordnung und werden ebenfalls hydraulisch nach hinten in einen Körper eingezogen, der im hinteren Teil zwischen den Zwillingstriebwerken liegt. Alle drei Fahrwerke sind als Schwinghebelsysteme entworfen und mit ölgedämpften Luftfederbeinen ausgerüstet. Um eine angenehme Weichheit beim Landen und Rollen zu gewährleisten, haben die Fahrwerke einen sehr großen Federweg. Als Radbremsen werden Scheibenbremsen verwendet, und ein in jedem Rad vorhandener Entbremsautomat garantiert eine Bremsung des Flugzeuges auf kürzeste Entfernung.

### *Triebwerk*

Die in zwei Zwillingsgondeln jeweils an einem Stiel unter den Flügeln angeordneten Pirna 014 sind moderne Strahlturbinen. Sie zeichnen sich durch geringen spezifischen Kraftstoffverbrauch im Reiseflugbereich und hohe Lebensdauer aus. Die vollautomatische Regelung erlaubt eine Einhebelbedienung.

Durch einige wenige Anzeigegeräte ist die Überwachung sichergestellt, während der Bordingenieur anhand einer Reihe von Instrumenten und Anzeigen das einwandfreie Arbeiten der Triebwerke genau kontrollieren kann.

Der Brennstoff ist in leichten Gummibehältern in jeder Flügelseite untergebracht. Die Betankung wird normalerweise über zwei Außenbordanschlüsse, die in den beiden Flügeln liegen, durch Druckbetankung von jeweils einem Tankwagen in etwa zehn Minuten durchgeführt. Darüber hinaus sind auf der Rumpfoberseite zwei Tankanschlüsse vorgesehen, um durch einfache Fallbetankung das Auffüllen von Brennstoff auch auf den Flugplätzen zu ermöglichen, die keine Drucktankwagen zur Verfügung haben. Die Kraftstoffanzeige gibt die jeweils noch vorhandene Brennstoffmenge und den zeitlichen Verbrauch an. Vor dem völligen Leerfliegen der Behälter warnt eine sogenannte Restwarnanlage. Die Anordnung der Triebwerke in Gondeln ergibt für die Fluggäste geringe Belästigung durch Lärm und Vibrationen, verbürgt erhöhte Brandsicherheit und bequeme Wartbarkeit der Triebwerksanlage. Weiterhin ist durch diese Anordnung eine eventuelle Umstellung auf andere Triebwerksmuster bei geringstem Arbeitsaufwand möglich.

### *Hydraulik*

Alle Kraftbetätigungen werden durch eine Hydraulikanlage durchgeführt, wobei die Auslösung durch elektrische Übertragung erfolgt. Die Anzeige der ausgeführten Betätigung erfolgt durch elektrische Signalgabe. Der Druck im Hydrauliksystem wird durch vier Pumpen erzeugt, die von je einem Triebwerk angetrieben werden. Bei Ausfall des normalen Systems kann die Betätigung über ein elektrisch getriebenes Pumpenaggregat erfolgen, wobei jeder Vorgang einzeln gefahren wird.

### *Nachrichtenübermittlung und Navigation*

Die Navigations- und Funkanlage sieht eine Reihe von Stationen vor, die die Verständigung von Bord zu Bord

und zwischen Bord und Boden sicherstellt. Sende- und Empfangsanlage für den Kurzwellen- und Ultra-Kurzwellen-Bereich sind für Telephonie und Telegraphie vorhanden. Für die Verständigung der Besatzungsmitglieder untereinander sorgt eine Eigenverständigungs-Anlage.
Außer den üblichen Navigationsgeräten kann für Nacht- und Blindflüge sowie für Blindlandungen der Flugbetrieb über Funkanlagen durchgeführt werden. Hierfür stehen zwei Funkpeilanlagen für Eigenpeilung, ein Funk-Feinhöhenmesser, ein Funk-Entfernungsmesser und ein Markierungsempfänger zur Verfügung. An einem Kreuzzeigerinstrument wird von einem Kurs- und Gleitwegempfänger der richtige Gleitweg und der richtige Kurs während des Landeanfluges angezeigt. Alle Antennen der Funkanlage sind bündig in der Außenhaut eingebaut. Das hat nicht allein den Zweck, den Widerstand des Flugzeuges gering zu halten, sondern es wird dadurch auch der Eisansatz bei Vereisungsgefahr und damit der Ausfall der Antennen für den Funkbetrieb vermieden. Ein umfangreiches Entwicklungsprogramm war hierfür erforderlich. Ein äußerlich vollkommen glattes Flugzeug ist der große Erfolg der unendlich vielen Mühen der Entwicklung und Erprobung.

Als einige besonders zu erwähnende Merkmale des Flugzeuges 152 sei bemerkt, dass die Länge der Rollstrecke beim Start kleiner als 1000 m ist und der Start selbst bei Ausfall eines Triebwerkes fortgesetzt werden kann. Die Reisegeschwindigkeit kann auf über 800 km/h erhöht werden, ohne dass die Verkürzung der Flugstrecke praktisch ins Gewicht fällt.

Mit dem Strahlturbinen-Verkehrsflugzeug 152 wird der Deutschen Lufthansa eine Maschine zur Verfügung stehen, die einen Vergleich im internationalen Maßstab nicht zu fürchten braucht. Damit ist der Deutschen Demokratischen Republik die Entwicklung einer leistungsfähigen Luftfahrtindustrie in einer Zeit gelungen, die nur in einem sozialistischen Staat möglich ist.

Foto: Archiv Frank-Dieter Lemke

*Bordingenieur Paul Heerling (links) und Co-Pilot Kurt Bemme nach ihrem ersten Flug mit der 152 V-1*

FORTSETZUNG VON SEITE 25

## Absturz

Die für den nächsten Flug notwendige und ersehnte Wetterlage brachte der 4. März 1959. Um 12.56 Uhr hob die DM-ZYA mit einer vierköpfigen Besatzung an Bord – mit dabei war jetzt auch Flugversuchsingenieur Georg Eismann – von der Piste in Dresden-Klotzsche ab. Später ging das Flugzeug mit gedrosselten Triebwerken in den Sinkflug über – zunächst mit rund 12 m/s; aber in 2000 m Höhe betrug die Sinkgeschwindigkeit noch immer 7 m/s. Ebenso wie die Sinkflugrate nahm auch die Vorwärtsgeschwindigkeit ständig ab. Die Besatzung versuchte nun ganz offensichtlich, die Triebwerke wieder zu beschleunigen und hatte – das gilt als sicher – auch Erfolg damit. Allerdings zu spät. Die Zeit, die damals die Strahltriebwerke benötigten, um aus der Leerlaufdrehzahl heraus ihren vollen Schub zu entwikkeln, reichte einfach nicht mehr aus. Das Flugzeug war bereits zu tief. Etwa 8 km vor der Start- und Landebahn, kurz vor Ottendorf-Okrilla, kippte die DM-ZYA ab und schlug auf der Erde auf. Die vierköpfige Besatzung um Willi Lehmann starb. Was war geschehen? Wo lagen die Ursachen der Katastrophe?

### *Ein Zeuge berichtet:*

Am 4. März 1959 war ich als Kind Zeuge des Absturzes der 152 V-1. Meine Mutter hängte Wäsche auf dem Boden unseres Hauses auf; ich half ihr dabei. Plötzlich hörten wir eine mächtige Detonation und schauten aus dem Bodenfenster. In 250 m Entfernung stieg ein riesiger Feuerball auf.

Wie andere Bewohner des Ortes liefen wir sofort zur Unglücksstelle auf einem Feld zwischen Ottendorf-Okrilla und der Radeberger Straße sowie der Grünberger Siedlung. Die Entfernung zu den Häusern dieser Siedlung betrug nur 200 m. Die Maschine bestand nur noch aus Bruchstücken, und für die Besatzung kam jede Hilfe zu spät.

In kürzester Zeit wurde die Absturzstelle hermetisch abgeriegelt. Tag und Nacht wurde dieses Gebiet strengstens bewacht. Noch nach Jahren fanden wir kleine Aluminiumteile vom Flugzeug, die es bis in das Dorf hineingeschleudert hatte.
ANDREAS STANGE / OTTENDORF-OKRILLA

Die Untersuchungskommission stand vor vielen Fragen, auf die sie auch bei genauerer Untersuchung der verstreuten Trümmer zunächst keine schlüssige Antwort fand. Wie sich Otto Sachtleben, der damals in jener Kommission mitarbeitete, erinnert, bestätigten sich weder die Gerüchte, dass Sabotage mit im Spiel gewesen sei, noch wurden Fremdkörper in den Triebwerken gefunden. Offen blieb, ob es möglicherweise Schwierigkeiten mit der Kraftstoffversorgung gegeben habe.
Dr.-Ing. Walter Lehmann, seinerzeit Aerodynamiker der Flugzeugwerke, erzählte, dass "die Unterlagen zum Absturz, wie es damals leider praktiziert wurde, sehr rasch unter Verschluss genommen worden sind. Das erschwerte es uns später, den Unfall mit anderen Vorkommnissen vergleichen und analysieren zu können.

Feststellen mussten wir, dass der Flugauftrag nicht strikt eingehalten worden war. Zum Beispiel wollte die Besatzung die für den Flug aus Schwingungsgründen beschränkte Höchstgeschwindigkeit von 500 km/h überschreiten. Vom Boden aus erhielt sie jedoch keine Erlaubnis dafür. Nicht durchgeführt wurde ein im Flugauftrag gefordertes Gasgeben in 3000 m Höhe, um den Sinkflug zu stoppen und das Gasgeben in ausreichender Höhe zu erproben. Der Sinkflug wurde von 6000 m bis in Bodennähe ohne diese Maßnahme durchgeführt. Von der Besatzung wurde während des Sinkfluges angefragt, ob der Flugplatz in 100 m Höhe mit eingefahrenem Fahrwerk und Landeklappen überflogen werden dürfe. Das gehörte auch nicht zum Flugprogramm, aber ein Kamerateam und ein Fotograf standen für Werbeaufnahmen bereit. Keine erfahrene Besatzung würde bei Schwierigkeiten mit der Kraftstoffzufuhr derartige Wünsche äußern, sie würde sofort zu einer Notlandung schreiten!

Es ist auch zu bemerken, dass die Triebwerke nie abgestellt waren, sie wurden auf Leerlauf gedrosselt, brauchten also nicht angelassen zu werden. Um auf

### *152 V-1: Plan der Flugerprobung 1959*

(Stand vom 2. Februar 1959)

**1. Abschnitt** (Januar bis März): Überprüfung der allgemeinen Betriebssicherheit und des allgemeinen Flugverhaltens
**2. Abschnitt** (April): Risikoflüge
**3. Abschnitt** (Mai bis Juli): Überprüfung der Flugeigenschaften und -leistungen
**4. Abschnitt** (August): Erprobung der Starteigenschaften
**5. Abschnitt** (September bis November): Reichweitenerprobung
**6. Abschnitt** (Dezember): Überprüfung von Anlagen.

Der erste Erprobungsabschnitt „Überprüfung der allgemeinen Betriebssicherheit und des allgemeinen Flugverhaltens bis zu den Nennleistungs-Geschwindigkeiten als Vorprüfung für die speziellen Erprobungsaufgaben“ sah sieben Programme mit insgesamt 12 bis 14 Flügen vor:

**Programm Nr. 1** (Erstflug)
Startmasse: 36 t; Besatzung: 3 Mann
Zweck: Beurteilung des allgemeinen Flugverhaltens mit ausgefahrenem Fahrwerk und ausgefahrenen Landeklappen bei Start, Platzrunde und Landung sowie der Regelbarkeit der Triebwerke. Flugdurchführung: Erweiterte Platzrunde; Steigen auf 1000 m, Landeanflug, Landung. Flugzeit 30 min + 30 min Reserve.

**Programm Nr. 2** (3 bis 4 Flüge)
Startmasse: 36 t; Besatzung: 4 Mann
Zweck: Beurteilung des allgemeinen Flugverhaltens bei Start, Steigflug, Horizontalflug, Gleitflug und Landung. Funktionsüberprüfung von Fahrwerk und Landeklappen, Triebwerksanlage, Klimaanlage, Bremssystem, Bugradlenkung, Kraftstoff- und Sauerstoffsystem; Anlassen der Triebwerke in der Luft; Erfliegen der Anflug-Platzrunde; Vorbereiten des Programms Nr. 3.
Flugdurchführung: Steigen auf 1000 m und Funktionsprobe Fahrwerk und Landeklappen „Ein“; Steigflug auf 6000 m mit Druckaufladung der Kabine; Gleitflug, Landung. Flugzeit je 60 min + 30 min Reserve.

**Programm Nr. 3** (2 bis 3 Flüge)
Startmasse: 36 t;
Besatzung: 2 Mann.
Zweck: Beurteilung des allgemeinen Flugverhaltens bei Geschwindigkeiten bis 700 km/h (entspr. etwa 80 % der Triebwerks-Nennleistung) in 8000 m Höhe im Horizontalflug.
Flugdurchführung: Langsame Steigerung der Geschwindigkeit auf 700 km/h in 2...8 km Höhe ohne und mit Kabinenaufladung. Flugzeit jeweils 60 min + 30 min Reserve.

**Programm Nr. 4** (2 Flüge)
Startmasse: 38 t;
Besatzung: 6 Mann
Zweck: Qualitative Beurteilung der Stabilität und Steuerbarkeit im erflogenen Geschwindigkeits- und Höhenbereich bei mittlerer Schwerpunktlage; Funktionsüberprüfung aller Anlagen (einschl. FT). Flugdurchführung: Flüge in 8000 m und 5000 m. Flugzeit jeweils 90 min + 30 min Reserve.

**Programm Nr. 5** (2 Flüge)
Startmasse: 38 t; Besatzung: 8 Mann
Zweck: Fahrtmesser-Eichung. Flugdurchführung: Vorbeiflug an Aero 45 in 2000 m Höhe in folgenden Geschwindigkeitsstufen: 600 km/h, 550 km/h, 450 km/h, 350 km/h. Flugzeit jeweils 90 min + 30 min Reserve.

**Programm Nr. 6** (1 Flug)
Startmasse: 38 t; Besatzung: 2 Mann
Zweck: Erfliegen der maximalen Horizontalgeschwindigkeit mit Triebwerks-Nennleistung.
Flugdurchführung:
a) Höhe 2000 m, Nennschub, 740 km/h;
b) Höhe 8000 m, Andrücken, 820 km/h (M 0,75).
Flugzeit 90 min + 30 min Reserve.

**Programm Nr. 7** (1 Flug)
Startmasse: 38 t; Besatzung: 4 Mann
Zweck: Erfliegen der noch gut steuerbaren Minimalgeschwindigkeiten in Sicherheitshöhe.
Flugdurchführung:
a) Fahrwerk „Aus“, Landeklappen „Aus“;
b) Fahrwerk „Ein“, Landeklappen „Ein“.

*Blick in die Kabinenattrappe der 152 mit „Fluggästen". Ein Traum, der nicht wahr wurde – es blieb alles nur Attrappe.*

*Foto: Sammlung Peter Stache*

vollen Schub zu kommen, benötigten die RD-9B-Triebwerke meines Wissens allerdings bis zu 17 Sekunden. Es ist anzunehmen, besser vielleicht nicht auszuschließen, dass der direkte Absturz in Verbindung mit dem Wiedergasgeben stand. Darauf deuten einige Zeugenaussagen hin. Der Höhenruderschreiber zeigte, dass das Höhenruder noch voll gezogen wurde. Zum Abfangen reichte aber die geringe Höhe nicht aus. Bestätigen kann ich, dass die Kraftstoffanlage nicht ausgereift war: Ihre Funktion wurde später durch eine Kommission untersucht, es wurde am Boden die Entnahme des Kraftstoffs aus den Tanks bei verschiedenen Anstellwinkeln getestet. Auch konstruktiv wurde einiges geändert. Was sich aber in den letzten Sekunden abgespielt hat, konnte nie richtig geklärt werden."

Die Ausführungen von Walter Lehmann werden ergänzt durch Aussagen von Adolf Jensen, seinerzeit Mitarbeiter der Prüfstelle für Luftfahrtgerät: „Um den Flugweg der 152 V-1 zu rekonstruieren, wurden längs des vermeintlichen Flugwegs zahlreiche Zeugen befragt, wo sie das Flugzeug gesehen hätten. (Damals war so ein Flugzeug ja noch etwas Besonderes, und es wurde ihm besondere Aufmerksamkeit zuteil.) Aus diesen Angaben konnten wir den Flugweg sehr genau rekonstruieren. Dazu hatten wir die Zeitangaben der Besatzung beim Überflug einiger Punkte. Nach alldem ergab sich, dass das Flugzeug sehr langsam, immer nahe der Überziehgeschwindigkeit geflogen war. Anschließend wurde der Sinkflug eingeleitet, wurden die Triebwerke gedrosselt. Als etwa 600 m Höhe erreicht waren, versuchte die Besatzung die Triebwerke wieder zu beschleunigen. Dabei wurde das Flugzeug, das ohnehin schon nahe der Überziehgeschwindigkeit flog, noch langsamer und überzogen. Es ging auf den Kopf, um Fahrt aufzuholen und schlug unter einem Winkel von 70 Grad auf dem Boden auf. Eine danach angestellte Rechnung ergab, dass das Flugzeug etwa 2500 m Höhe gebraucht hätte, um aus dem überzogenen Flugzustand wieder in den stabilen Horizontalflug zu gelangen. Die vorhandene Höhe von 400 m reichte dafür nicht annähernd aus."

## *„Ich weiß noch nicht, ob es heut´ noch klappt"*

Eine Nacht vor diesem Flug hatte Karl Treuter, Chefpilot der Dresdner Flugzeugwerke, einen bösen Traum, in dem er den Absturz der 152 sah. Kurz vor dem Start kam auch noch Georg Eismann, der als Messbeobachter an diesem Flug teilnehmen sollte, zu Karl Treuter und sagte zu ihm: „Du, Karl, mir wäre lieber, Du würdest fliegen. Ich habe Angst!"

Worauf gründeten sich Treuters böser Traum und Eismanns Befürchtungen? War es die Ahnung, dass der Flug nicht gut ausgehen könne, weil Abweichungen vom ursprünglichen Programm vorgesehen waren? Und was hatte es mit der Bemerkung des Kommandanten Willi Lehmann – „Ich weiß noch nicht, ob es heut´ noch klappt" – im Bord-Boden-Funkverkehr auf sich?

### *Hans Ahner erinnert sich:*

In jener Zeit geschahen immer wieder Dinge, die einem heute noch ein Lächeln abnötigen könnten, wären sie nicht so bedrückend gewesen. Ich erinnere mich an eine Besprechung zwischen Prof. Baade und Vertretern der Technocommerz GmbH, die mit dem vorgesehenen Export der 152 beauftragt war. An dieser Gesprächsrunde nahmen auch mehrere Funktionäre der SED teil. Prof. Baade forderte eine umfangreiche Werbung in internationalen Luftfahrtzeitschriften, unter anderem in der Interavia aus der Schweiz. Seine Forderung stieß jedoch auf den Widerspruch der SED-Funktionäre. Sie erklärten, dass es nicht vertretbar sei, dass ein sozialistisches Flugzeugwerk seine Erzeugnisse in kapitalistischen Zeitschriften anpreise, die zugleich als Sprachrohr des westlichen militärisch-industriellen Komplexes dienen. Wenn eine Werbung im nichtsozialistischen Ausland notwendig sei, könne man ja zum Beispiel in der kommunistischen Humanité inserieren! Darauf erwiderte Prof. Baade, dass die französischen Arbeiter wohl kaum die 152 kaufen würden. Dieses Argument mochte die Funktionäre überzeugt zu haben, denn schließlich erschienen doch noch großformatige Anzeigen in mehreren bekannten Fachzeitschriften.

Um dieses Geheimnis zu lüften, ist es erforderlich, ein Jahr zurückzugehen. Am 21. Februar 1958 fand in Dresden eine Tagung der Flugzeugbauer statt. Nach dem Referat des Leiters der Vereinigung der Luftfahrtindustrie (VLI) Karl Pätzold über die „Hauptaufgaben der Luftfahrtindustrie im Jahre 1958" trat ein Arbeiter mit der Forderung an's Rednerpult, die 152 müsse unbedingt am 1. Mai 1958, dem Kampftag der internationalen Arbeiterklasse, ihren ersten Flug absolvieren. Brunolf Baade, Technischer Leiter der VLI, versuchte die Teilnehmer der Tagung von der Unsinnigkeit dieser absurden Forderung zu überzeugen. Aber seine Einwände stießen auf taube Ohren. Die Diskussion nahm immer schärfere Formen an, weil neben dem sehr zurückhaltend auftretenden sowjetischen Chefberater Kusnezow auch Vertreter des Zentralkomitees der SED, der Gewerkschaft, der FDJ und Staatssekretär Ernst Wolf an der Tagung teilnahmen.

Es wurden Argumente laut wie „Die Schöpferkraft der Arbeiterklasse vermag jedes Problem zu lösen" oder „Hier zeigt sich wieder einmal die bürgerliche Junkers-Ideologie". Der Gipfel der Diskussion wurde mit einer Abstimmung über den Termin des Erstfluges erreicht! Fast alle Teilnehmer stimmten der Terminvorgabe zu – einige wohl auch nur, um diesen Unsinn endlich vom Tisch zu haben. Ein Einziger wagte es, sich der Stimme zu enthalten: Chefkonstrukteur Fritz Freytag, der daraufhin barsch gefragt wurde, wie er seine Enthaltung begründe. Gelassen entgegnete er, dass es nicht üblich sei, eine Stimmenthaltung zu rechtfertigen. Diese und ähnliche Ereignisse, die kaum bekannt wurden, mögen ihn wohl schließlich dazu bewogen haben, im Dezember 1960 die DDR zu verlassen.

Der zweifelhafte Beschluss wurde von Brunolf Baade mit Unterstützung einiger fachlich kompetenter SED-Mitglieder und des sowjetischen Chefberaters Kusnezow bald wieder aufgehoben, aber dennoch verdeutlicht er die Situation, in der sich Brunolf Baade und seine Mitarbeiter befanden: Sie standen unter Zeitdruck, denn schon damals lagen sie bereits acht Monate hinter dem Zeitplan zurück! Und ein fester Vertrag mit der Sowjetunion konnte nur zustande kommen, wenn die 152 auch tatsächlich flog!

Fünf Wochen nach dem erfolgreichen Erstflug am 4. Dezember 1958 schrieb der Vorsitzende der Staatlichen Plankommission nach Moskau und bat darum, die mündlichen Vereinbarungen in vertragliche Bindungen umzusetzen. Eine Antwort blieb aus.

Dennoch verhandelten Vertreter der DDR-Flugzeugindustrie im März 1959 noch einmal mit einer sowjetischen Expertenkommission, die durchaus Interesse an der 152/II zeigte und erklärte, eventuell 150 Stück von diesem Typ zu kaufen. Dagegen war das Interesse an der in Konstruktion befindlichen 153 sehr gering, da ihre Auslegung und Eigenschaften verschiedentlich an vorhandene Flugzeugmuster in der UdSSR grenzen. Im Höchstfall würden etwa 50 Stück dieses Typs abgenommen.
Von den sowjetischen Experten wurde jedoch empfohlen, dass die deutsche Seite ein Kurzstreckenflugzeug als Zubringermaschine für etwa 20 Passagiere entwikkelt. Von diesem Typ würde die UdSSR eine sehr große Stückzahl, etwa 2000 Stück, abnehmen. Aber da die 152/II und die Neuentwicklung des Zubringerflugzeuges die vorhandene Produktionskapazität völlig auslasten würde, bedeutete dies, dass die Weiterentwicklung der 153 und deren Bau nicht erfolgen konnte, zumal die sowjetische Seite infolge der weiteren Entwicklung in der sowjetischen Luftfahrtindustrie keinen Bedarf sah.

Unabhängig von dieser geschilderten Situation erfolgten die Arbeiten an der 152 V-1 und 152 V-4 unter unvertretbar hohem Zeitdruck, so dass neben der Fertigung auch die Flugerprobung erfolgen musste – mit dem Ziel, möglichst schnell ein Flugzeug in die Luft zu bekommen.

Obwohl die Ingenieure bis zu 200 Überstunden im Monat leisteten, konnten die Mängel nach dem Erstflug nicht so schnell behoben werden wie erhofft. Alle Unzulänglichkeiten, ob technischer oder organisatorischer Natur, meldeten die Mitarbeiter Prof. Baade, dem inzwischen klar geworden war, dass ihm nun die Zeit davonlief. Er wurde immer ratloser und konnte seinen Ingenieuren ständig nur noch eines wiederholen: „Kinder, wir müssen fliegen! Die Sicherheit zurückstellen – aber wir müssen fliegen!"

Mit Erschrecken erkannte Brunolf Baade deutlicher denn je, dass ein Erfolg organisiert werden musste. Die Verzögerung des Programms einerseits und die noch immer ausbleibende feste Zusage über den Kauf der 152 durch die Sowjetunion andererseits bedrohten das gesamte Projekt. Am Faschings-Dienstag 1959 flog Hans Ahner, Luftfahrtschriftsteller und freier Mitarbeiter der Fachzeitschrift Deutsche Flugtechnik, gemeinsam mit Kurt Bemme in einer IL-14P. Während des Fluges sagte der immer zu Scherzen aufgelegte Pilot mit einem Lächeln zu Hans Ahner: „Demnächst fliegen wir mit der 152 zur Leipziger Messe. Wenn du mitkommen willst, besorge dir von Freytag eine Genehmigung." Hans Ahner hielt Bemmes Äußerung jedoch für einen Faschingsscherz. Er ahnte nicht, dass Brunolf Baade unter Druck stand wie noch nie in seinem Leben und einen Erfolg benötigte, der ein Paukenschlag sein musste.

Und so erfuhren nur wenige, dass Willi Lehmann, der Kommandant der 152 V-1, von Prof. Baade persönlich die Order erhalten hatte, sich nicht an das vorgeschriebene Versuchsprogramm zu halten.

Foto: Archiv Klaus-Hermann Mewes

*Partei- und Regierungschef Nikita Chruschtschow (Mitte) und SED-Parteichef Walter Ulbricht (rechts) am 5. März 1959 auf der Leipziger Messe*

Gegen 11 Uhr landete der sowjetische Partei- und Regierungschef Nikita Chruschtschow auf einem Militärflugplatz der Roten Armee in der Nähe von Cottbus. In Leipzig empfingen Parteichef Walter Ulbricht und Ministerpräsident Otto Grotewohl den Gast. Und Ulbricht musste nun alle zur Verfügung stehenden Mittel nutzen, um die vermeintlich zugesagten Kaufverträge endlich perfekt zu machen.

In Dresden-Klotzsche hatte sich inzwischen ebenfalls viel Prominenz eingefunden. Kameraleute eines Werbefilm-Teams und Fotografen nahmen am Rande des Rollfeldes Aufstellung. Unter den Zuschauern befand sich auch Johannes Barz von der Prüfstelle für Luftfahrtgerät, der nach dem Start der 152 V-1 und ihrem Steigflug auf 6000 m nur zufällig mitbekam, dass die Besatzung abweichend vom Flugprogramm nicht nur schneller als die erlaubten 500 km/h fliegen wollte, sondern danach auch noch ein Flug zur Leipziger Messe geplant sei. Das fand Johannes Barz mit Recht unfassbar, mehr noch: Die Prüfstelle für Luftfahrtgerät war über letzteres Vorhaben nicht einmal informiert, sondern schlichtweg übergangen worden! Er schritt ein und wies an, dass das Flugzeug sofort zu landen habe. Freytag sprach mit Baade und Flugleiter Treuter – dann erst setzte sich die Vernunft durch, und zumindest die Erhöhung der Geschwindigkeit wurde nicht erlaubt.

In Leipzig-Pegau stand, was außer Baade niemand wusste, eine mobile Funkstation, die die Maschine zum punktgenauen Werbeflug über das Messegelände leiten sollte. Zuvor aber hatte die 152 noch eine andere Werbemaßnahme zu absolvieren: den Überflug des Flughafens Dresden-Klotzsche in 100 m Höhe für ein Reklamefoto, das Brunolf Baade für einen Vortrag über die neue Errungenschaft der DDR-Luftfahrtindustrie vor Luftfahrtfachleuten aus der ganzen Welt am 6. März in Leipzig benötigte. Den Überflug konnte Johannes Barz nicht verhindern, aber zu dem Reklamefoto kam es nicht mehr. Als ein dumpfer Knall über das Flugfeld hallte und am Horizont eine schwarze Rauchwolke aufstieg, wussten alle, hier war eine Katastrophe passiert.

Nach dem Absturz wurde der geplante Flug nach Leipzig totgeschwiegen und als Biertischgerede abgetan. Aber allein schon das Fernschreiben vom 1. März 1959 beweist, dass der Flug tatsächlich stattfinden sollte. Geplant war, in 250 bis 300 m Höhe mit verminderter Geschwindigkeit über das Messegelände zu fliegen und Nikita Chruschtschow die Leistungsfähigkeit der DDR-Luftfahrtindustrie zu demonstrieren.

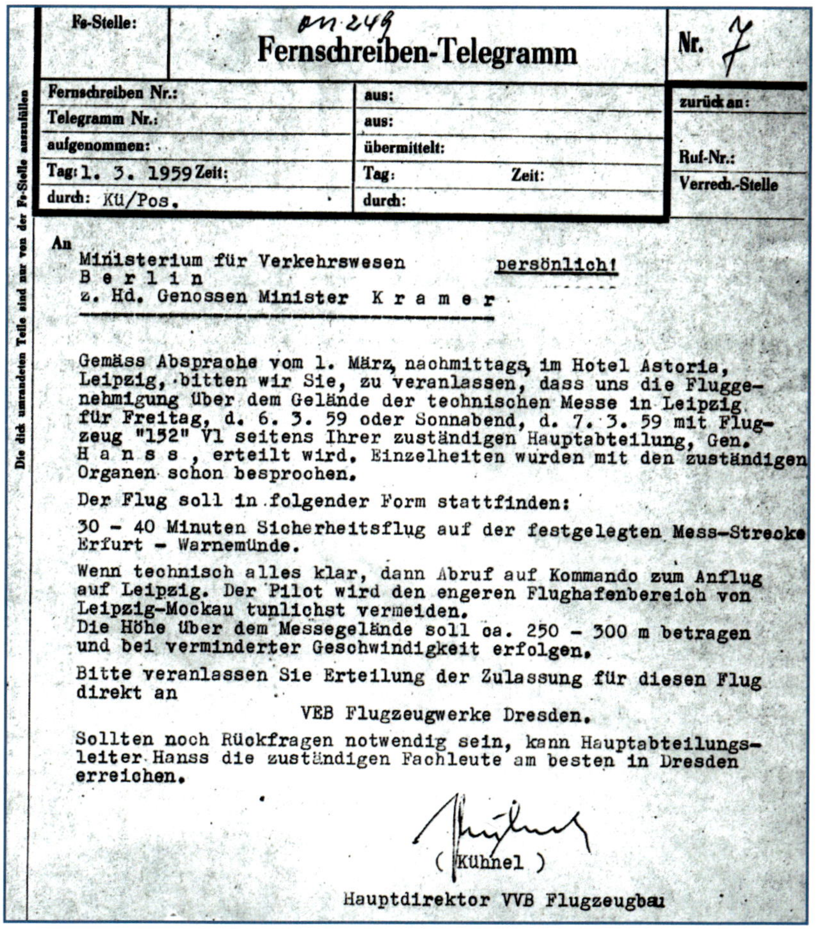

Die dick umrandeten Teile sind nur von der Fs-Stelle auszufüllen

Fs-Stelle: — on 249 — **Fernschreiben-Telegramm** — Nr. 7

| | | |
|---|---|---|
| Fernschreiben Nr.: | aus: | zurück an: |
| Telegramm Nr.: | aus: | |
| aufgenommen: | übermittelt: | Ruf-Nr.: |
| Tag: 1. 3. 1959 Zeit: | Tag: Zeit: | Verrech.-Stelle |
| durch: Kü/Pos. | durch: | |

An
Ministerium für Verkehrswesen — persönlich!
B e r l i n
z. Hd. Genossen Minister K r a m e r

Gemäss Absprache vom 1. März, nachmittags, im Hotel Astoria, Leipzig, bitten wir Sie, zu veranlassen, dass uns die Fluggenehmigung über dem Gelände der technischen Messe in Leipzig für Freitag, d. 6. 3. 59 oder Sonnabend, d. 7. 3. 59 mit Flugzeug "152" V1 seitens Ihrer zuständigen Hauptabteilung, Gen. H a n s s , erteilt wird. Einzelheiten wurden mit den zuständigen Organen schon besprochen.

Der Flug soll in folgender Form stattfinden:

30 - 40 Minuten Sicherheitsflug auf der festgelegten Mess-Strecke Erfurt - Warnemünde.

Wenn technisch alles klar, dann Abruf auf Kommando zum Anflug auf Leipzig. Der Pilot wird den engeren Flughafenbereich von Leipzig-Mockau tunlichst vermeiden.
Die Höhe über dem Messegelände soll ca. 250 - 300 m betragen und bei verminderter Geschwindigkeit erfolgen.

Bitte veranlassen Sie Erteilung der Zulassung für diesen Flug direkt an

VEB Flugzeugwerke Dresden.

Sollten noch Rückfragen notwendig sein, kann Hauptabteilungsleiter Hanss die zuständigen Fachleute am besten in Dresden erreichen.

( Kühnel )

Hauptdirektor VVB Flugzeugbau

*Vier Tage vor der Katastrophe wurden Vorabsprachen über einen Flug der 152 V-1 über das Messegelände in Leipzig getroffen.*

*Dokument: Sammlung Hans Ahner*

Mit einem neu entwickelten und kaum erprobten Flugzeug war das nicht nur ein vorsätzlicher Verstoß gegen die Auflagen der PfL, sondern zugleich auch ein wahnwitziges Unternehmen, das allen Erfahrungen aus der Versuchsfliegerei Hohn sprach.

Bereits am 7. März wurden die vier Besatzungsmitglieder beerdigt. In seiner Trauerrede sprach Chefkonstrukteur Fritz Freytag von einer Verquickung unglücklicher Umstände. Die Wahrheit wurde verschwiegen, und Johannes Barz, der den zusammenfassenden Untersuchungsbericht verfasst hatte, dazu verpflichtet, alles zu vergessen, was er gesehen hatte oder gesprochen und geschrieben worden war.

## *Streng vertraulich*

Am 5. Juni 1959 trafen sich Regierungsdelegationen der UdSSR und der DDR in Moskau zu einer Abschlussberatung, um über die Perspektive der Luftfahrtindustrie der DDR bis 1965 und über die Zusammenarbeit beider Länder auf dem Gebiet der Luftfahrttechnik zu beraten. Kern dieser streng vertraulichen Beratung, über deren Ergebnis nichts nach außen dringen durfte, war die Forderung der DDR, dass sich die UdSSR klar zum Entwicklungs- und Produktionsprogramm der ostdeutschen Luftfahrtindustrie bekennt und insbesondere eine bindende Zusage für den Kauf der in der Erprobung bzw. Entwicklung befindlichen Verkehrsflugzeuge abgibt.

Die vorhergehenden gemeinsamen Beratungen mit Vertretern der UdSSR waren bereits unbefriedigend für die deutschen Vertreter verlaufen. Und das gaben sie auf dieser Abschlussberatung auch deutlich zu verstehen: Man teilte der sowjetischen Seite mit, dass das bisherige Ergebnis der Verhandlungen keine Lösung für den Flugzeugbau der DDR sei – im Gegenteil, die Lage sei um so schwieriger geworden, nachdem zum ersten Mal absolut von sowjetischer Seite ausgesprochen wurde, dass keinerlei Absatzmöglichkeiten in der UdSSR bestehen. Der Absatz in die anderen sozialistischen Länder sei wiederum nicht so groß, dass die Flugzeugindustrie der DDR solide und wirtschaftlich gestaltet werden könne. Die politischen Auswirkungen einer negativen Entscheidung durch die UdSSR wären für die DDR-Innenpolitik verheerend, hatte Erich Apel, Vorsitzender der Wirtschaftskommission des ZK der SED, gewarnt. Aber dennoch erlebte die DDR-Delegation, der auch Brunolf Baade angehörte, eine tiefe Enttäuschung.

P.W. Dementjew, der Vorsitzende des Staatlichen Komitees für Flugzeugtechnik in der Sowjetunion, machte darauf aufmerksam, dass er sich nicht des Eindrucks erwehren könne, dass der Absatz der Flugzeuge aus

**Auszüge aus der Kurzinformation der Hauptabteilung der Zivilen Luftfahrt des Ministeriums für Verkehrswesen, Abteilung Flugüberwachung, über das Flugzeug 152 V-1:**

**2.2.1959**
**1)** Hallenfertig am 1. Mai 1958
**2)** Bauprogramm bis zur Übergabe an die Erprobungsgruppe
**3)** Aufnahme der Bodenerprobung (Standschubmessung, Wägungen mit Schwerpunktbestimmung, Roll- und Bremsversuche usw.). Als besondere Beanstandung des Bodenprogramms war zu verzeichnen, dass
**a)** bei der Kraftstoff-Normalentnahme (zum Zweck der Feststellung der gesicherten Kraftstoff-Förderung zu den Triebwerken bei normalen Bedingungen) eine unterschiedliche Restmenge in den Tragflächen rechts und links vorhanden war. Da die Förderpumpen rechts und links durch eine direkte Leitung verbunden sind, ist vorgesehen, ein Absperrventil in diese Leitung einzubauen.
**b)** abnormale Differenzen in der Druckregulierung des Bremssystems vorhanden waren (Hydraulikleitung verkehrt angeschlossen; Verzögerung in der Funktion der Bremsautomatik und als Folge Blockierung des Fahrwerkes, Beschädigung der Reifen bis zur Unbrauchbarkeit).

**4) 1. Flug am 4. Dezember 1958**
Besatzung: 3 Mann (2 Piloten, 1 Bord-Ing.)
Startmasse 36 t.
Durchführung des Fluges: Erweiterte Platzrunde mit FW und LKL „Aus", Steigen auf H = 1000 m, Landeanflug, Landung. Flugzeit: 30 min + 30 min Reserve. Flugbegrenzungen: Abhebegeschwindigkeit 345 km/h. Beurteilung: Allgemeines Flugverhalten mit FW und LKL „Aus" bei Start, Platzrunde und Landung. Regelbarkeit der TL.
Ergebnis des 1. Fluges: gut, als besondere Beanstandung: Höhenrudertrimmung nicht voll wirksam.

**4. März 1959**
**12.1)** Zustand des Flugzeuges: Nach Angaben der technischen Prüfung der FWD entsprach der Zustand den Forderungen der PfL. Die Beanstandungen aus dem Boden- und Rollprogramm sowie des 1. Fluges waren behoben. Dem 2. Flug voraus wurde nochmals ein Rollversuch mit Kontrolle des Fahrwerkes, des automatischen Beobachters und der Oszillographen durchgeführt.
**12.2)** Durchführung des 2. Fluges – Start: 12.55 Uhr – Letzte Meldung der Besatzung: 13.51 Uhr ohne Bekanntgabe von Funktionsmängeln oder Störungen. 20 % Geschwindigkeitssteigerung (Bitte der Besatzung) wurde nicht genehmigt. Entgegen dem Flugauftrag wurde Überflug des Platzes in 100 m Höhe genehmigt. Absturz der Maschine aus 400 m Höhe über DN. Unfalluntersuchung der Ursachen erfolgte durch Regierungskommission.

der DDR-Produktion fast ausschließlich auf die UdSSR orientiert sei. Die UdSSR habe jedoch immer zum Ausdruck gebracht, dass sie kein Käufer von Flugzeugen sein kann und in der Lage sei, den eigenen Bedarf aufgrund vorhandener Kapazitäten selbst abzudecken. Und ein Gutachten des ZAGI (über die 152 und die 153; d.A.) sei kein Vorvertrag zum Absatz von Flugzeugen in der UdSSR. Sie sei auch nicht in der Lage, betonte Dementjew, in den Fragen des Absatzes einen Einfluss auf die Länder der Volksdemokratien auszuüben. Die DDR müsse sich ihren Absatzmarkt selbst erschließen.

Dementjews weitere Ausführungen kamen insbesondere für Brunolf Baade einem Schlag in die Magengrube gleich. Dementjew betonte, dass die UdSSR alles sehr schnell entwickele und die Entwicklungszeiten kürzer seien als in den USA und in England. Die sowjetischen Genossen seien es gewohnt, schnell zu arbeiten. Dagegen reiche das Tempo der Entwicklung in der Luftfahrtindustrie der DDR nicht aus. Darüber hinaus sei die Sowjetunion aufgrund der allgemeinen politischen Lage gezwungen, mehr zu entwickeln, um die sozialistischen Länder zu stärken und zu festigen. Dabei gehe sie nicht vom Standpunkt der Konkurrenz aus – so sei beispielsweise die Produktion der IL-14P eingestellt worden, als deren Bau in der CSR und in der DDR begann.

Auf die Forderung von Erich Apel nach konkreten Festlegungen zur zweiseitigen Abstimmung und Spezialisierung auf dem Gebiet der Entwicklung und Produktion von Verkehrsflugzeugen gab es von sowjetischer Seite keine klare Antwort. Sie beschränkte sich allein auf die allgemeine Aussage, dass die UdSSR grundsätzlich bereit sei, der Luftfahrtindustrie der DDR Hilfe zu leisten und machte den Vorschlag, dass die DDR nochmals überprüft, inwieweit sie in der Lage sei, moderne Geräte (Damit waren Flug- und Triebwerksüberwachungsgeräte gemeint; d.A.) in die UdSSR zu liefern, da hier ein großer Bedarf bestünde.

Aber Erich Apel ließ nicht locker und bat die sowjetische Seite, noch einmal ihren Standpunkt zur Frage zu überprüfen, ob die Luftfahrtindustrie der DDR nicht kurzfristig diesen oder jenen Flugzeugtyp entwickeln und produzieren solle oder ob nicht die Möglichkeit der Übernahme einer Lizenz durch die DDR bestünde. M.W. Chrunitschew, stellvertretender Vorsitzender der Staatlichen Plankommission der UdSSR, verneinte auch dies: „Möglichkeiten zur Übernahme einer Lizenz durch die DDR waren vorhanden. Die CSR hat eine solche Möglichkeit genutzt und die Produktion von leistungsfähigen Hubschraubern für die UdSSR aufgenommen. Aber diese Möglichkeit besteht zur Zeit nicht mehr."

Damit waren die Verhandlungen, in denen es noch um viele andere Probleme bis hin zur wissenschaftlich-technischen Zusammenarbeit ging, beendet. Sie machten eindeutig klar, dass die UdSSR nicht gewillt war, sich in die Karten schauen zu lassen, sprich: von ihrem durchaus nachvollziehbaren Prinzip der strikten Geheimhaltung abzurücken, oder Flugzeuge von der DDR zu kaufen oder gar Verträge über die Spezialisierung im Flugzeugbau abzuschließen.

Als gleichberechtigter Partner war die DDR nicht gefragt, und genau das wollte offenbar noch immer niemand wahrhaben. Auch nach dieser erfolglosen Beratung setzte Brunolf Baade weiter alle Hoffnung auf einen erfolgreichen Abschluss der Flugerprobung der 152 – offenbar in dem Glauben, die sowjetische Seite vielleicht doch noch umstimmen zu können.

### *Untersuchung des Absturzes der 152 V-1*

Nach einer von Dipl.-Ing. Eberhard Kien, ehemaliger Flugversuchsingenieur der FWD, mit Stand August 2014 zusammengestellten, sehr interessanten Arbeit zum Absturz der 152 V-1, aus der auszugsweise alle folgenden Zeilen stammen, lief die Unfalluntersuchung unter Leitung und Kontrolle des MfS. Einer von der DDR-Regierung eingesetzten staatlichen Untersuchungskommission gehörten unter anderem folgende Personen an: Leiter des Kommission und Sektorenleiter Luftfahrt Hans Cichy, Brunolf Baade, Fritz Freytag (beide FWD), Oberstleutnant Wolfgang Reinhold (NVA), Boris Mindach (PfL), Harti Hermann (MfS), Alfred Hannß (HAZL) und Johannes Barz (PfL).

Der Unfallbericht wurde von Johannes Barz als Experte für Flugerprobung und Flugunfälle innerhalb der von der staatlichen Seite vorgegebenen Frist von reichlich einer Woche verfasst und von Johannes Vogler (HAZL, Abteilung Flugüberwachung) und OSL Reinhold (Kommando der LSK) teilweise überarbeitet. Alle neun Mitglieder der Kommission bestätigten den Bericht und erklärten ihn sogleich zur Geheimen Verschlusssache. Damit hatte niemand mehr Zugriff zu den Unterlagen, deren Umfang immerhin 1000 Blätter betrug. Nur fünf Exemplare wurden von diesem Bericht angefertigt.

Das Trümmerfeld der Absturzstelle war sofort in 77 Planquadrate unterschiedlicher Größe unterteilt, die Wrackteile waren numeriert und fotografiert worden, so dass sie identifiziert und ihre Lage sowie Zustand genau ermittelt werden konnten. Für jedes Planquadrat wurden je ein Leiter und mehrere Mitarbeiter eingesetzt, die diese wichtigen Arbeiten akribisch und in sehr kurzer Zeit ausführten.

Zur Qualifikation der beiden Piloten sind die Aussagen auch im Unfallbericht insbesondere über Kurt Bemme recht widersprüchlich. Willi Lehmann war ab 1939 Testpilot bei Junkers und flog unter anderem Ju 88 und Ar 234. Nach dem Zweiten Weltkrieg erprobte er als Flug-

FORTSETZUNG AUF SEITE 38

## *Kommentar von Johannes Barz zum Bord-Boden-Funkverkehr*

***Ingenieur Johannes Barz, Abteilungsleiter Flugerprobung der Prüfstelle für Luftfahrtgerät der DDR, traf erst nach dem Start der 152 V-1 ganz zufällig auf dem Flughafen Dresden-Klotzsche ein. Über den Flug war er bezeichnenderweise vorher nicht informiert worden:***

(1) Zu diesem Zeitpunkt sprach ich Flugleiter Karl Treuter im Glauben an, es handele sich um einen vorgezogenen Werkflug nach vollständiger Mängelbehebung nach dem ersten Werkflug vor genau einem Vierteljahr. So lange hatte Willi Lehmann in keinem Strahlflugzeug mehr gesessen.

(2) Was sind das für Geschwindigkeitsstufen? Was wird da untersucht?

(3) Nun hat er auch noch die EiV (Eigenverständigung, also den Bordsprechverkehr; d.A.) abgeschaltet. Was ist denn los? Um was für einen Flug handelt es sich? Niemand wollte etwas sagen.

(4) Bald kam ein Anruf von Willi Lehmann an Treuter mit der Frage, ob eine Geschwindigkeitserhöhung um 20 % (auf 600 km/h!) erlaubt sei. Ich war entsetzt und rief spontan sehr laut in Treuters Kehlkopfmikrophon: „Von PfL – nein! An Programmvereinbarung und Zulassung halten!" Treuter nutzte die Kappe nur zum Hören, hatte das Kehlkopfmikrophon durch ein Handmikrophon ersetzt. Er gab mit diesem durch, dass Lehmann auf Antwort warten möge, er riefe zurück. Als ich jetzt erfasste, dass die Maschine in 6000 m Höhe flog und der Kabineninnendruck aufgeladen war, wurde ich ungehalten. Ich erinnerte Treuter und Walter Kröger, der zu uns gekommen war, nachdrücklich an die Schwingungsgründe in der Unbedenklichkeitsbescheinigung und die Gründe für die Vermeidung des Überdrucks in der Kabine bei den ersten 15 Werkflügen. „Die kennen wir nur zu gut", entgegneten beide. „Aber Freytag kriecht vor Baade und tut, was Baade will, hat Angst um sein Gehalt, fühlt sich genötigt. Er hat doch schon sein Ja zugesagt, auf das Treuter antworten soll. Was soll ich Freytag jetzt sagen?" „Sag doch, Barz ruft sofort als Vertreter von Mindach, der nicht hier ist, den Staatsanwalt an, wenn Freytag wieder Ja sagt und dass es mir ernst um diese Drohung ist. Baade ist nicht Freytags Vorgesetzter, sondern nur selbsternannter Generalkonstrukteur, den es laut Patzner im Funktions- und Stellenplan mit einer Gehaltsbuchnummer gar nicht gibt! Baade trägt juristisch als reiner Verwaltungsmann nicht die geringste Verantwortung für die Technik. Wenn Lehmann zum Beispiel das Höhenruder verlieren sollte, hat juristisch einzig und allein Freytag die Folgen zu tragen! Mach' ihm das klar! Auch, wenn er jetzt Baade die Antwort an Lehmann zuschöbe, bleibt Freytag a l l e i n verantwortlich!" Ich blieb an Treuters Hörkappe; der lüftete sie ein Stück.

## *Bord-Boden-Funkverkehr der 152 V-1 bei ihrem zweiten und letzten Flug am 4. März 1959*

(nach einer Tonbandaufzeichnung aufgeschrieben von Flugversuchsingenieur Rudolf Gallus)

Die Sprechverbindung zum Flugzeug erfolgte über einen in unmittelbarer Nähe des Kontrollturmes „Elbe" aufgestellten Dispatcherwagen mit der Bezeichnung „Elbe-Start". Die Kennung der 152 DM-ZYA wurde als Rufzeichen von „Elbe-Start" benutzt, während sich das Flugzeug mit YA meldete.

Die gelegentlichen, in Klammern nachgestellten Ziffern beziehen sich auf den nebenstehenden Kommentar von Johannes Barz.

Gesprächsführer:

| | | |
|---|---|---|
| **Flugzeug** | **„YA"** | **fette Schrift** |
| Dispatcherwagen | „ELBE-START" | normale Schrift |
| *Kontrollturm* | *„ELBE"* | *kursive Schrift* |

**Elbe-Start von YA, erlauben Sie Start?**
DYA von Elbe-Start, Start erlaubt, 12.55 Uhr.
**Haben verstanden, Elbe-Start, verstanden – nett von Ihnen, haben verstanden. Startzeit 12.55 Uhr. Startzeit 12.55 Uhr. Danke. Elbe-Start von YA, Fahrwerk und Landeklappen eingefahren – normal.**
DYA von Elbe-Start, verstanden 13...
**Elbe-Start von YA, Fahrwerk und Landeklappen erneut ausgefahren – normal.**
DYA von Elbe-Start, Fahrwerk und Landeklappen ausgefahren – alles normal. Flugzeit 9 Minuten.
**Start von YA, Fahrwerk und Landeklappen eingefahren – normal, beginnen Steigflug.**
DYA von Elbe-Start, verstanden, Fahrwerk und Landeklappen eingefahren, beginnen Steigflug. Uhrzeit 13.06.
**Elbe-Start von YA, beginnen Steigflug auf 6000.**
DYA von Elbe-Start, verstanden, bitte kommen. Standort Ende der Gehöfte Boxdorf. (1)
DYA von Elbe-Start, verstanden.
**Elbe-Start von YA, 6000, fliegen Stufe – fliegen Stufe. (2)**
DYA von Elbe-Start, 6000, fliegen Stufe, 13.15 Uhr, Ihre Gesamtflugzeit 20 Minuten.
**YA verstanden, 20 Minuten... YA Empfang.**
DYA, hier Elbe-Start, Empfang.
**Elbe-Start von YA, ich werde von woanders gerufen, ich habe nicht verstanden. (3)**
DYA von Elbe-Start, wir haben nicht gerufen, es ist eine tschechische Stelle noch auf derselben Frequenz. DYA verstanden.
**Elbe-Start von YA, Stufe erreicht, erlauben Sie 20 Prozent Erhöhung, 20 Prozent in 6 km? (4)**
DYA, hier Elbe-Start – einen Augenblick. DYA, hier Elbe-Start, bitte noch einen Augenblick.

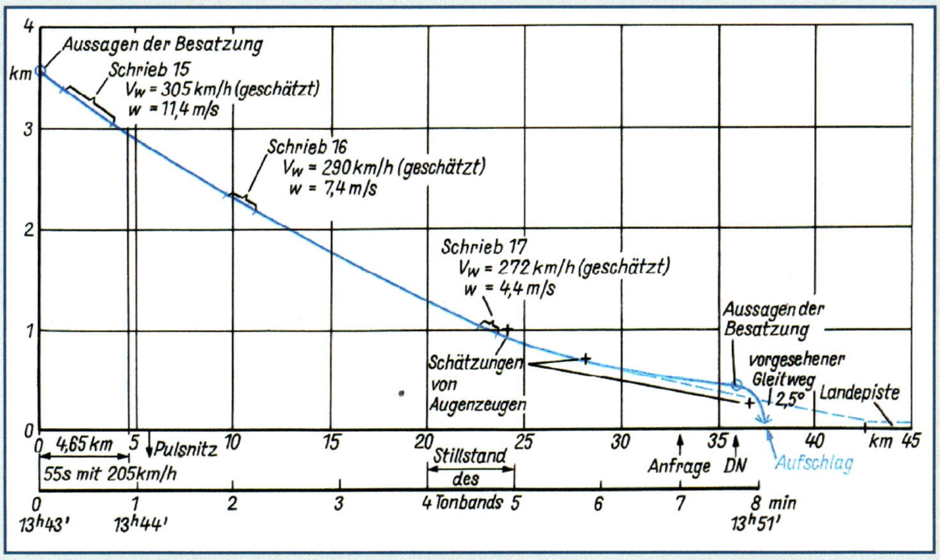


*Vermutliche Flugbahn der 152 V-1 vor ihrem Absturz am 4. März 1959*

*Zeichnung: aus FR-Extra "DDR-Flugzeugbau – Aufstieg und Fall"*

**YA – habe verstanden. Elbe-Start von YA, befinde mich in 6000 über Platz.**

DYA von Elbe-Start, verstanden, Uhrzeit 13.25, Gesamtflugzeit 30 Minuten, wir sehen Sie. (5)

**YA verstanden, 30 Minuten Gesamtflugzeit, haben noch genügend Reserve. (6)**

DYA von Elbe-Start, verstanden.

**Wir fliegen zur Zeit mit Sauerstoff.**

DYA von Elbe-Start, Sie arbeiten zur Zeit mit Sauerstoff.

**Richtig verstanden.**

DYA – DYA, hier Elbe-Start, Empfang. DYA – DYA, hier Elbe-Start, hier Elbe-Start, Empfang. (Hier war die Sprechverbindung zwischen Elbe-Start und DYA für kurze Zeit unterbrochen, deshalb schaltete sich nun der Kontrollturm „Elbe" ein. D.A.)

*YA, Sie werden von Elbe-Start gerufen. (7)*

**Elbe von YA, ich höre nichts.**

DYA – DYA, hier Elbe-Start, hier Elbe-Start, können Sie mich hören? Kommen!

**Elbe-Start von YA, ich höre Sie gut, kommen.**

DYA, hier Elbe-Start, auf Anweisung keine Steigerung erlaubt. Uhrzeit 13.30. (8)

**Elbe-Start von YA, bitte wiederholen Sie.**

DYA von Elbe-Start, auf Anweisung keine Geschwindigkeitssteigerung erlaubt.

**DYA verstanden, nicht erlaubt.**

*Start von Elbe.*

Elbe-Start Empfang.

*Elbe-Start von Elbe. Zu Ihrer Information: Die DYA wird in Leipzig auf unserem Kanal mit QSA 5 gehört.* (D.h. Lautstärke sehr gut. D.A.)

Elbe von Elbe-Start, verstanden. DYA, hier Elbe-Start, 13.35 Uhr, Gesamtflugzeit 40 Minuten, Empfang.

**Elbe-Start von YA, Gesamtflugzeit 40 Minuten... YA – beginnen Sinkflug.**

DYA, hier Elbe-Start, 13.40 Uhr, beginnen Sinkflug.

**Elbe 2** (gemeint ist Elbe-Start. D.A.) **von YA, ich höre Sie gut mit 4 bis 5, ich höre Sie mit 4 bis 5, Empfang. Elbe 2 von YA, ich habe Sie verstanden, Sie sind einsatzklar, aber wir müssen jetzt leider wieder landen. Ich weiß noch nicht, ob es heut´ noch klappt. (9)**

DYA, hier Elbe-Start, hier Elbe-Start, Sie waren gestört, bitte kommen Sie noch einmal. Empfang.

**Elbe-Start von YA, Standort Pulsnitz, ... Meter. (10)**

YA, hier Elbe-Start. Sie waren teilweise unterbrochen, bitte wiederholen Sie noch einmal.

**Elbe-Start von YA, Standort Pulsnitz, Höhe 3500 Meter, befinde mich im Anflug auf den Platz.**

DYA, hier Elbe-Start, verstanden, 3,5 Pulsnitz, Anflug auf den Platz, Uhrzeit 13.44.

**Elbe-Start von YA, bitte Gesamtflugzeit.**

DYA, hier Elbe-Start, 13.45 Uhr, Gesamtflugzeit 50 Minuten, Empfang.

**YA verstanden, 50 Minuten.**

Elbe von Elbe-Start, bitte geben Sie Landebedingungen, hier Elbe-Start. (Da der Dispatcherwagen nicht über die exakten Wetterbedingungen verfügte, rief er den Kontrollturm, um von dort diese zu erhalten. D.A.) (11)

*Moment bitte! Elbe-Start, Empfang. Landebedingungen: der Wind 140 bis 160 Grad mit 5 m/s. Die Sicht 4 km, das QFE 735,5 – 735 dezimal 5* (d.h. Luftdruck 735,5 Torr. D.A.).

Elbe von Elbe-Start, QFE 735,5, Wind 140 bis 160 mit 5 m/s, Sicht 4 km.

Richtig verstanden.

**Elbe-Start, erlauben Sie Überflug des Platzes in 100 Meter mit Fahrwerk ein?**

DYA von Elbe-Start, Überflug erlaubt. DYA von Elbe-Start, bitte geben Sie Ihren Standort.

**YA, DN 400.** (Kennung des Voreinflugzeichens, Überflughöhe 400 m. D.A.) (12)

DYA von Elbe-Start, verstanden.

DYA – DYA – bitte kommen!

(An dieser Stelle reißt das Gespräch ab.)

(5 und 6) Meine an Treuter gerichtete Frage, ob die da oben wenigstens Sauerstoff mithaben, hatte Willi Lehmann offenbar mitgehört, und er ging sofort darauf ein.

(7) Walter Kröger kam nach etwa zehnminütigem Streit mit Freytag zurück und berichtete: Freytag hat mit Nein entschieden. Er wäre wütend auf mich (Barz) gewesen. Baade würde es ihm niemals verzeihen, wenn er ihm und der Besatzung den abgesprochenen anschließenden Paradeflug nach „gelungener" 600er

Stufe über dem Messegelände verderben würde. Die HAZL hätte bereits zugestimmt, die trüge ja auch Verantwortung. Die Stufe mit 600 km/h würde für Baade Beweis genug dafür sein, dass die Maschine bis 500 km/h völlig in Ordnung ist. – Das wäre ein konzentrierter flugversuchstechnischer Schwachsinn. Freytag weiß es persönlich natürlich besser, aber das sagt er Baade nicht, er könne sich dessen Rache nicht leisten. Freytag nahm mir unbesehen ab, dass es bei Barz nicht bei der Drohung bleibt, wollte den öffentlichen Streit nicht und entschied sich für Nein, erzählte Walter Kröger.

(8) Karl Treuter gab erleichtert sofort das Nein durch und ließ es sich von Lehmann quittieren. Dessen Stimme erweckte in mir den Eindruck, als ob er „verschnupft" sei.

(9) Bei der Einsatzklarmeldung des Reklameprogramms durch Partner Vogel bei Halle 11 auf dem Messegelände informierte Lehmann ihn darüber, dass er erst landen müsse und abwarten, ob es heute noch klappen wird. Mit ihren Gedanken waren der Pilot und vermutlich auch die unbeschäftigten Beisitzer bereits bei diesem Vorhaben des Messeüberfluges als Krönung des Propagandaprogramms.

(10) Nun hatte es die Besatzung eilig, möglichst schnell aus 6000 m herunterzukommen, um den versprochenen Foto- und Filmflug für Baades Fotografen in 100 m über dem Platz zu absolvieren und überschritten dabei die vorgegebene Sinkgeschwindigkeit bis zum Dreifachen, ohne dass Paul Heerling eine Messeinrichtung für die Druckverhältnisse in der Kraftstoffversorgungsanlage von den Sackbehältern bis vor die Triebwerke zur Verfügung hatte, auch keine Durchflussmengenanzeigen, nicht einmal die Triebwerksdrehzahlen.

(11) Wie von einem Reiseflug, einem Schulflug oder einem Flug bei den Streitkräften zurückkehrend, wobei man im allgemeinen die Landeklappen und das Fahrwerk ausgefahren hat, die Mindestgeschwindigkeit aus den Startvermessungen kennt und den Fahrtmesser beobachtet, fragt Lehmann formal nach den Landebedingungen, die er bereits besser kennt als der am Boden, als handele es sich nicht um einen Versuchsflug, bei dem nur technische Werte und Funktionsberichte im Sprechverkehr interessieren – und dies bei ausgeschalteter EiV-Anlage (Eigenverständigungsanlage; d.A.). Hier wurde aber kein Landeanflug auf vertrautem Platz mit ausgefahrenen Klappen, sondern ein Vorbeiflug mit wenig Fahrt im Schnellflugzustand des Flugzeuges in 100 m Höhe verlangt. Und für die Mindestgeschwindigkeit war Willi Lehmann nur der ungefähre rechnerische Wert bekannt. Das ist eine recht kritische Aufgabe, wenn der wahre Wert für diesen Flugzustand noch nicht bekannt ist. Hatte Lehmann diesen höheren Wert für die Mindestgeschwindigkeit überhaupt schon im Gedächtnis? Erflogen wird er sehr viel später einmal. Dafür waren unter anderem die Katapultsitze gedacht. Hoffentlich wird er aus Routine in 100 m Höhe nicht zu langsam!

(12) Kurz nach der Meldung beim Überflug des Voreinflugzeichens DN 400 erfolgte um 13.51 Uhr der steile, für alle Besatzungsmitglieder tödliche Aufschlag. Als wir den Rauchpilz sahen, stieg Karl Treuter in eine startbereite IL-14P und holte sich und den Gästen Gewissheit. Ich war mit meinem Motorrad schon unterwegs zum Unfallort. Dort sah ich das übliche Bild von einem Aufschlagbrand nach steilem Absturz. Fritz Freytag kam übrigens noch zu mir und bedankte sich für den berechtigt harten Streit.

---

FORTSETZUNG VON SEITE 35

versuchsingenieur in der Junkers-Entwicklungsgruppe in der Sowjetunion den Versuchsbomber 150, flog ihn aber nicht selbst. Ab 1955 steuerte er in den Flugzeugwerken Dresden (FWD) meist IL-14P. Kurt Bemme wiederum war ab 1939 Fluglehrer und flog im JG 300 auf Fw 190. Nicht zu belegen sind seine angeblich 60 Me 262-Flüge, mit denen er gern prahlte. Später, bei der KVP-Luft, sammelte er Erfahrungen als Fluglehrer (auch MiG-15?). Ab 1956 flog er in den FWD die IL-14P, aber nicht in der Mustererprobung oder als Einflieger. Nach Überlieferung ehemaliger Kollegen war das Verhältnis zwischen den beiden Piloten sehr problematisch.

Beide wurden im Herbst 1957 in der UdSSR auf die IL-28 umgeschult und Mitte 1958 auf die Tu-104. Jeder der beiden Piloten hatte danach in seinem Flugbuch 17 Stunden auf der IL-28 und 21 Stunden auf der Tu-104 zu stehen.

Da seit dem Erstflug der 152 V-1 am 4. Dezember 1958 kein Strahlflugzeug für Trainingsflüge zur Verfügung stand, waren beide Piloten bemüht, auf anderen Flugzeugen zu trainieren. Lediglich im Frühjahr 1959 stand ihnen für eine Woche eine gecharterte IL-28 zur Verfügung, auf der die beiden Flugzeugführer fünf bis zehn Flüge absolvierten. Das war völlig unzureichend.

Für ein intensives Pilotentraining hätte sich die doppelsitzige MiG-15UTI bestens geeignet, da sie der 152 in den aerodynamischen Kennwerten sehr ähnelte und mit ihrer gleichen Flügelkonfiguration annähernd gleiche Flugeigenschaften besaß. Diese Möglichkeit wurde aber nicht wahrgenommen.

Deshalb darf man die fehlende Erfahrung der beiden Piloten auf Strahlflugzeugen nicht außer acht lassen. Und dies insbesondere in einem äußerst kritischen Flugzustand, den sie noch nicht kannten und ohne ausrei-

Foto: Archiv Klaus-Hermann Mewes

*Unglücksstelle der 152 V-1 auf einem Feld zwischen Ottendorf-Okrilla und der Radeberger Straße sowie der Grünberger Siedlung*

chendem Training auch nicht beherrschen konnten, zumal angenommen werden kann, dass bei der fliegerischen Schulung in der Sowjetunion keine ausreichende Gefahreneinweisung in den wenigen Flugstunden erfolgte.

Alle Besatzungsmitglieder erhielten durch ihre ständigen Kontakte zu den Konstrukteuren eingehende Informationen, auch über das Verhalten in besonderen Fällen. Aber bezeichnend war, dass der als Startdispatcher eingeteilte, besonders flugerfahrene Chepilot Karl Treuter niemals zu den Flugvorbereitungen hinzugezogen wurde. Der Grund? Das MfS glaubte ermittelt zu haben, dass der in den Westen geflohene Bruder von Karl Treuter Mitarbeiter des englischen Geheimdienstes sei.

## *Die Cockpit-Crew in der letzten Flugphase*

Trotz der recht geringen Anzahl von Flugstunden auf Strahlflugzeugen konnte man davon ausgehen, dass beiden Piloten entsprechend dem damaligen Stand der Triebwerkstechnik bekannt war, dass Strahlturbinen etwa 15 Sekunden benötigen, bis sie aus dem Leerlauf wieder hochgefahren werden können, um den vollen Schub zu liefern. Dieser Vorgang kann bei ausgekühltem Triebwerk sogar 20 Sekunden in Anspruch nehmen.

Nach Beurteilung des Flugverlaufes der 152 V-1 beim zweiten Flug ist anzunehmen, dass nach 40 Minuten Flugzeit der 2. Pilot Kurt Bemme das Steuer übernahm. Da er ab September 1959 als Kommandant auf der 152 V-1 agieren und weitere Piloten, die sich damals in der UdSSR noch zur Umschulung auf Strahlflugzeugen befanden, auf der 152 ausbilden sollte, bot sich bei diesem Flug die Möglichkeit, weitere Praxis auf diesem Flugzeug zu erwerben.

Nach Übernahme der Steuerung durch Kurt Bemme bestritt überwiegend der 1. Pilot Willi Lehmann den Funkverkehr. Aber der Bericht der Untersuchungskommission bemängelt, dass die für die Erprobung verantwortliche Leitung keine verbindliche Festlegung der Kompetenzen im Cockpit traf. In internen Gesprächen der Werkleitung wurde Lehmann zwar als leitender Versuchspilot benannt, aber eine offizielle Bestätigung erfolgte nicht. So war man z.B. der Meinung, dass trotz bekannter Differenzen zwischen den Piloten sich beide beim Abarbeiten des Einflugprogramms abwechseln und gleichgroße Verantwortung zu tragen haben. Das ist ungewöhnlich; die Befehlsgewalt eines Kommandanten im Cockpit ließ man hier völlig außer acht.

Mindestens im letzten Drittel des Gleitfluges verringerte sich die Geschwindigkeit der 152 V-1 derart, dass beim Überflug des Voreinflugzeichens DN 400 die zulässige Mindestgeschwindigkeit von 260 km/h bereits erreicht, wenn nicht sogar unterschritten worden war. Nach dem Abreißen der Strömung begann ein immer steilerer Sinkflug, wobei der Bahnneigungswinkel durch Drücken des Steuerknüppels, um Fahrt aufzuholen, noch vergrößert wurde. Das führte vermutlich zu einem Aufschlagwinkel des Flugzeuges von etwa 30 Grad. Die Leistungshebel der Triebwerke waren auf Voll-Last gestellt, ohne dass sie sofort Schub lieferten.

Die Absturzursachen sind nie bis zur vollen Klarheit ermittelt worden. Aufgrund staatlicher Weisung stand nur eine Woche Zeit für den Untersuchungsbericht zur Verfügung, Auf direkte Weisung von Walter Ulbricht wurde auch die Schuldfrage nicht gestellt.

## *Die Kraftstoffanlage*

Wie ein roter Faden durchzieht den umfangreichen Bericht von Eberhard Kien das Thema Kraftstoffanlage. Vom 29. bis 31. Oktober 1958 war gemäß eines Minimal-Bodenprogramms u.a. die Kraftstoffanlage überprüft worden. Vorgesehen war in diesem Programm auch die Überprüfung der Anlage am Boden mit einer geneigten Maschine, d.h. bei imitiertem Gleitflug. Allerdings unterblieb aus Zeitgründen diese Kontrolle. Sie sollte später im Rahmen weiterer Erprobungsprogramme erfolgen.

Die 152 besaß noch keine dichtgenieteten Integraltanks, wie sie heute im Flugzeugbau üblich sind; die Kraftstoffanlage bestand, wie bei Kampfflugzeugen im Zweiten Weltkrieg, aus 16 bis zu drei Meter langen und relativ schweren Gummisackbehältern aus vulkanisierten Gewebeeinlagen mit Aufhängeköpfen, Spreizstäben und Mannlochdeckeln, wovon jeweils acht Stück in jeder Tragfläche angeordnet waren, die mit Druckluft aus den Triebwerken beaufschlagt wurden.

Die Kraftstoffentnahme erfolgte an der tiefsten Stelle am hinteren Ende eines jeden Behälters, da sie nicht mit

Kraftstoffpumpen, sondern mit Schwimmerentnahmeventilen ausgerüstet waren.

Damit war die Kraftstoffentnahme bei Ausfall der Druckbeaufschlagung während des Horizontalfluges oder auch bei geringem Bahnneigungsflug möglich. Befindet sich das Flugzeug jedoch in steilerem Gleitflug und verfügt nur noch über halbgefüllte Kraftstoffbehälter, fließt der Kraftstoff in allen Behältern nach vorn und gibt damit die Ablaufstutzen frei, so dass bei nicht einwandfreiem Funktionieren der Belüftungsventile die Druckluft in die Kraftstoffleitungen gelangen kann.

Die beiden in den Triebwerksgondeln zwischengeschalteten Kraftstoff-Ausgleichsbehälter mit je 90 Liter Inhalt können dann die vier Turbinen jedoch nur für wenige Minuten arbeitsfähig halten. Sie bekamen in der Folge keinen Kraftstoff mehr; die Flammen für die Selbstzündung in den Triebwerken erloschen und die Triebwerkstemperaturen sanken stetig ab, so dass die Turbinen nur noch durch den Fahrtwind angetrieben wurden (Autorotation).

Die Gummisackbehälter waren wegen der Druckbeaufschlagung auf inneren Überdruck, aber nicht auf eventuellen Unterdruck berechnet worden. Hinzu kam, dass sie fertigungsbedingt keine Schlingerwände im Inneren besaßen, so dass in den teilentleerten Behältern je nach Flugmanöver oder Fluglage mehrere hundert Liter Kraftstoff mit großer Wucht in den recht langen Behältern hin- und herströmen konnten. Die dynamischen Kräfte wirkten sich entsprechend auch auf die Behälterbefestigungen aus. Die Enttankungsversuche mit der 152 V-4 bestätigten später diese Befürchtungen und man kam zu dem Schluss, dass zumindest die Schäden, die an der Kraftstoffanlage der 152 V-4 festgestellt wurden, auch schon an der 152 V-1 auftraten und durch entsprechende Flugmanöver noch verstärkt worden waren.

Zusammenfassend konstatiert Eberhard Kien, dass der Sinkflug mit stark erhöhter Sinkgeschwindigkeit über acht Minuten Dauer vermutlich dazu führte, dass sich die bei den Flugmanövern bis dahin aufgetretenen Schäden an den Kraftstoffbehältern, Rohrleitungen und Armaturen noch verstärkt haben dürften. Die Druckbelüftung der Behälter und auch die Belüftungsventile wurden dadurch teilweise oder gänzlich unwirksam und der sich im Inneren der Behälter gebildete Unterdruck wurde so groß, dass die Behälter sich teilweise zusammenzogen und die Kraftstoffpumpen vor den Turbinen keinen oder zu wenig Kraftstoff bekamen. Das könnte dazu geführt haben, dass in den Triebwerken während des relativ langen Sinkfluges infolge Kraftstoffmangels die für die Selbstzündung des Kraftstoffs in den Brennkammern erforderlichen Temperaturen unterschritten wurden und sich die Turbinen nur noch in Autorotation drehten.
Obwohl auf der Hauptgerätetafel direkt im Blickfeld beider Piloten sowohl Doppel-Anzeigeräte für die Triebwerksdrehzahlen und Gastemperaturen als auch Signallampen für den Druckabfall beim Normalkraftstoff angeordnet waren, reagierten die Piloten unerklärlicherweise gar nicht oder zu spät auf deren Anzeigewerte.

Auf der Hauptgerätetafel des Bordingenieurs befanden sich zwar zahlreiche Anzeigegeräte, jedoch keine für die Triebwerksdrehzahlen und Abgastemperaturen. Des-

***Johannes Barz, Abteilungsleiter Flugerprobung der Prüfstelle für Luftfahrtgerät:***

Die Ursachen für den Absturz der 152 V-1 lagen meines Erachtens allein im Vorfeld der Musterprüfung, in der mangelhaften Betriebsorganisation, in den unklaren Funktions- und Stellenplänen, in der schlechten Kaderpolitik der VLI und im permanenten Streben, die bekannten und gesicherten Methoden der Flugversuche der Kriegs- und Vorkriegsjahre und sogar die Erfahrungen des ZAGI (Romanow und Samjatin mit der Tu-104) durch viel genialere, aber nicht zu Ende gedachte Sprünge über die kritischen Überlegungen von Fritz Freytag, Georg Backhaus, Walter Lehmann, Walter Kröger, Karl Treuter, der PfL und andere stellen zu wollen.
Dazu gehörte sogar, „erreichte“ höhere Geschwindigkeiten als Beweis für die Betriebstüchtigkeit in den unteren Stufen zu werten und einen Flug mit einer Vielzahl standardisierter Flugmessgeräte (wie eingebaut), ohne gezielte spezielle Versuchseinrichtungen für eine bestimmte technische Fragestellung als brauchbaren Beitrag für eine Musterprüfung anzubieten. Die möglicherweise bei diesem Flug vom 4. März 1959 gewonnenen Übersichtsdaten hätten die vor dem Start offenen Fragen, z.B. die nach den genauen Drücken am Austritt der Gummisackbehälter und gleichzeitig vor den Triebwerken, als Funktion von Flughöhe und Flugzustand beantworten müssen. Doch dafür waren noch immer keine Differenzdruckmesser für Paul Heerling vorgesehen. Wenn bereits nach dem ersten Werkflug am 4. Dezember 1958 von gewissenhaften Prüfern der Produktion eine lange Mängelliste aufgestellt werden musste, für die Mängelabstellung drei Monate nicht ausreichten, aber vor restloser Mängelbeseitigung unter bewusstem Verstoß gegen die Auflagen in der Unbedenklichkeitsbescheinigung mit Wissen der HAZL, deren Aufgabe es ist, solche Disziplinlosigkeiten zu verhindern, zu einem Schauflug gestartet wird, von dem „die PfL besser nichts weiß“, dann hat die Partei mit ihren reichlich im Werk verteilten Schwertträgern“ (MfS) versagt. Nicht versagt haben die Mitarbeiter, die ehrliche Qualitätsarbeit in der Werkstatt, am Schreibtisch, am Reißbrett, im Labor und anderswo anstrebten, sich qualifizierten und eifrig schafften.

*Die 152 V-1 nach ihrem ersten Flug im Landeanflug auf den Flughafen Dresden-Klotzsche*

*Foto: Sammlung Jochen Werner*

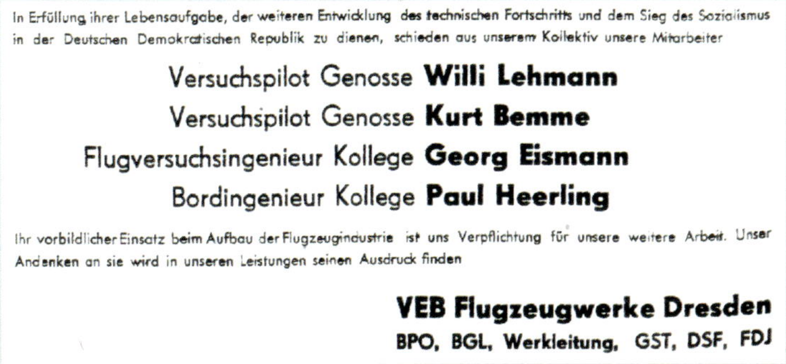

In Erfüllung ihrer Lebensaufgabe, der weiteren Entwicklung des technischen Fortschritts und dem Sieg des Sozialismus in der Deutschen Demokratischen Republik zu dienen, schieden aus unserem Kollektiv unsere Mitarbeiter

Versuchspilot Genosse **Willi Lehmann**

Versuchspilot Genosse **Kurt Bemme**

Flugversuchsingenieur Kollege **Georg Eismann**

Bordingenieur Kollege **Paul Heerling**

Ihr vorbildlicher Einsatz beim Aufbau der Flugzeugindustrie ist uns Verpflichtung für unsere weitere Arbeit. Unser Andenken an sie wird in unseren Leistungen seinen Ausdruck finden

**VEB Flugzeugwerke Dresden**

**BPO, BGL, Werkleitung, GST, DSF, FDJ**

*Zeitungsanzeige vom Tod der 152 V-1-Besatzung*

*Hinter den Abkürzungen verbargen sich die Betriebsparteiorganisation (BPO), Betriebsgewerkschaftsleitung (BGL), Gesellschaft für Sport und Technik (GST), Gesellschaft der Deutsch-Sowjetischen Freundschaft (DSF) und die Freie Deutsche Jugend (FDJ).*

*Fotos: Archiv Klaus-Hermann Mewes*

*Noch heute, hier im Jahre 2018, wird die Grabstelle der verunglückten Besatzung der 152 V-1 auf dem Friedhof in Dresden-Klotzsche liebevoll gepflegt.*

*Foto: Frank-Dieter Lemke*

halb konnten vom Bordingenieur auch keine Warnhinweise an die Piloten über die Unterschreitung der Mindestdrehzahl oder der Abgastemperatur im Leerlauf gegeben werden.

Das eingeleitete Ende des Gleitfluges und der Übergang in den Horizontalflug durch Abfangen des Flugzeuges und das erforderliche Hochlaufen der Triebwerke zur Schubsteigerung wurde durch die in der Kraftstoffanlage aufgetretenen Schäden unmöglich. Das Unterschreiten der Mindestgeschwindigkeit nach dem Abfangen führte schließlich zum Strömungsabriss an den Tragflächen und somit zum Absturz der 152 V-1.

# *Ich flog die Tu-104A*

WILLI LEHMANN

***Willi Lehmann und Kurt Bemme flogen im Juli 1958 zur Vorbereitung auf die Erprobung der 152 als erste DDR-Flieger die Tupolew Tu-104A aus der Sowjetunion und machten sich auf diese Weise mit der Steuertechnik moderner Strahlverkehrsflugzeuge vertraut. Danach verfasste Ing.-Pilot Willi Lehmann für die Fachzeitschrift Deutsche Flugtechnik einen Artikel über seine Erlebnisse in der UdSSR, der für die Ausgabe 12/1958 vorgesehen wurde und sogar schon als Korrekturabzug vorlag.***

*Vor dem ersten Start mit der 152: Willi Lehmann (rechts) und Kurt Bemme, die beiden Piloten*

*Foto: Archiv Frank-Dieter Lemke*

Allerdings wurde dieser Beitrag kurz vor dem Anlaufen der Druckmaschinen wieder aus dem Heft genommen, durch einen anderen Artikel ersetzt und schließlich niemals veröffentlicht. Doch enthält der Beitrag von Willi Lehmann nichts Spektakuläres – im Gegenteil. Er ist angenehm sachlich gehalten, verzichtet sogar auf die damals übliche Beweihräucherung der Sowjetunion und spart auch nicht mit kritischen Anmerkungen zur Tu-104A und zum sowjetischen Luftverkehr. Aber diese Kritik, die man heute nicht einmal als solche empfinden würde, ging einigen Verantwortlichen offenbar zu weit, und so verschwand der Artikel in der Schublade. Inzwischen wieder von Hans Ahner aufgefunden, stellen die Erinnerungen von Willi Lehmann ein interessantes Zeitzeugnis über den Beginn der Strahlflugzeugära in der Verkehrsluftfahrt dar. Willi Lehmann erzählt:

*Foto: Sammlung Fjodor Petrowitsch Bailejwitsch*

*Mit den Worten „Hier sind zwei Deutsche, bilde sie mal auf dem ‚Feuerstuhl' aus" erhielt Fjodor Petrowitsch Bailejwitsch (Bildmitte) seinerzeit den Auftrag, Willi Lehmann (links) und Kurt Bemme (rechts) auf die Tu-104A einzuweisen. Schon nach wenigen Platzrunden, mit Starts und Landungen auf der völlig vereisten Piste von Nowosibirsk, verließ Bailejwitsch, restlos vom Können der beiden Deutschen überzeugt, das Cockpit des Verkehrsflugzeuges, begab sich auf den Turm und ließ Lehmann und Bemme allein ihre Platzrunden fliegen.*

## *Auf dem Weg in die Sowjetunion*

Hinterher bleibt eigentlich nur die Tatsache, die in der Überschrift ausgedrückt wird und die erworbene Lizenz übrig. Wie kam es dazu? Einfach deshalb, um auf Strahlflugzeugen ähnlicher Gewichtsklasse wie unsere 152 zu trainieren, damit, wie man so sagt – es ist dabei auf Holz zu klopfen – auch alles für den ersten Flug und die weitere Flugerprobung der 152 klargeht. Im ganzen gesehen war dieses Typentraining für mich ungeheuer interessant und lehrreich; besonders im Hinblick auf die Kniffe in der Steuertechnik und die Eigenarten moderner Strahlverkehrsflugzeuge. Schon an dieser Stelle möchte ich hervorheben, dass wir bei diesem Unternehmen durch die Sowjetunion hervorragend unterstützt wurden. Ganz besonderen Dank schulden wir der Hauptverwaltung der Aeroflot und der Schulleitung sowie den Instrukteuren des Trainingszentrums.

Mit meinem Kollegen, dem Versuchs-Piloten Kurt Bemme, reiste ich auf dem üblichen Weg von Berlin-Schönefeld nach Moskau über Wilna mit der IL-14P und von dort mit einer planmäßigen Tu-104A nach Nowosibirsk, unserem Ziel. Wir dachten an ausgesprochen kalte Temperaturen, doch auch hier werden im Juli Temperaturen über 30° Celsius im Schatten gemessen.

## *Als Passagier in der Tu-104A*

Doch nun gleich etwas zum Flug mit einer planmäßigen Tu-104A, der für uns als Passagier, selbstverständlich außerplanmäßig, gewissermaßen als Einweisungsflug gelten konnte. Erwartungsvoll steht man am Flugbahnsteig und betrachtet bis zum Einsteigen das emsige Treiben auf dem Weltflughafen Moskau. Die Bewegung der Flugzeuge läuft im wahrsten Sinne des Wortes wie an unsichtbaren Fäden, in Wirklichkeit durch „Funkspruch". Endlich kommt durch den Lautsprecher die Aufforderung zum Einsteigen in die Tu-104A von Moskau über Swerdlowsk nach Nowosibirsk. Mindestens zwanzig Minuten vor dem Start muss es abgeschlossen sein. Mir fiel dabei auf, dass nur eine Einstiegtür benutzt wird. Warum eigentlich, da doch zwei Einstiege vorhanden sind?

Während das startbereite Flugzeug mit einem bereits vorher angekuppelten Schleppauto zur Startbahn gebracht wird, informiert die Stewardess die Passagiere über die Flugroute, den Flugzeugtyp und die Handhabung der für jeden Passagier vorhandenen Sauerstoffanlage. Sie wird im Notfall benötigt, wenn die Kabinendruckhöhe nicht mehr gehalten werden kann. Inzwischen sind die Turbinen mit Außenbord-Akkuwagen angelassen worden, und das Flugzeug rollt ruhig, ohne nennenswerte Geräusche oder Erschütterungen. Beim Start atmet man auf, da erst jetzt eine Luftbewegung in der Passagierkabine entsteht. Wie schon erwähnt, ist die Kabine hermetisch nach außen abgedichtet, und Frischluft wird nur bei entsprechender Leistung der Turbinen gefördert. Auf diese Weise wird gleichzeitig der höhere Kabinendruck über automatisch arbeitende Ventile gehalten.

Beim Start selbst fällt die lange Startstrecke auf, da unmittelbar nach dem Abheben die zur Verfügung stehende Startbahn (im Mittel 2500 Meter Länge) zu Ende ist. Dabei ist jede Sorge überflüssig. Die Tu-104A braucht zwar wegen ihres Startgewichts von 72 Tonnen eine verhältnismäßig lange Beschleunigungsstrecke, hebt aber nach Erreichen der sicheren Startgeschwindigkeit, für den Passagier kaum merkbar, ab und geht sicher mit einem Anstellwinkel von etwa 9 bis 10 Grad in den Steigflug über. Das Einfahren von Fahrwerk und Landeklappen wie auch der eigentliche Steigflug werden vom Passagier kaum wahrgenommen.

### *Reiseflug in zehn bis elf Kilometer Höhe*

Obwohl das Flugzeug in kurzer Zeit auf eine Reiseflughöhe von zehn bis elf Kilometer steigt, wird die Kabinendruckhöhe vom Bordingenieur so gesteuert, dass der Passagier nicht mehr als eine Steiggeschwindigkeit von 2 m/s empfindet. Nach Erreichen der Reiseflughöhe ist eine angenehme Kühlung in der Kabine vorhanden, denn die Außenlufttemperatur beträgt jetzt –50 bis –60° Celsius. Die Klima- und Druckhalteanlage ist so ausgelegt, dass automatisch eine Kabinentemperatur von +18 bis 20° Celsius gehalten werden kann.
Die Kabinensitze sind sehr bequem und können in jede gewünschte Schräglage gestellt werden. Der Aschenbecher befindet sich in der linken Armlehne. Bei Bedarf kann eine kleine Tischplatte in die Armlehnen eingesteckt werden. Durch die Sitzanordnung in der hinteren Kabine mit fünf Sitzen (zwei links und drei rechts) wird das Aufstehen des rechts an der Bordwand sitzenden Passagiers etwas schwierig. Die Sitze in der vorderen Kabine sind dagegen sehr bequem.
Beim Flug in der großen Höhe von zehn bis elf Kilometer fliegt man meist über einer geschlossenen Wolkendecke. Die aus dieser Höhe noch erkennbaren Wolkentürme lassen hin und wieder ein darunter liegendes Gewitter vermuten und werden selbstverständlich wegen der großen Böengefahr umflogen. Da Erdsicht fast nicht vorhanden, wird dem Leben und Treiben in der Kabine mehr Beachtung geschenkt. Man wird plötzlich durch das Servieren einer der Tageszeit entsprechenden Mahlzeit angenehm überrascht. Trotz der drei Stewardessen und der emsigen Bedienung essen die letzten Passagiere noch beim Abstieg und der Landung. Als kurios muss hierzu noch bemerkt werden, dass nicht jeder Passagier das angebotene Menü zu sich nimmt und statt dessen lieber Tabletten schluckt. Zum Teil steckt die Luftkrankheit sogar an.

Inzwischen ist die Zeit im wahrsten Sinne des Wortes wie im Fluge vergangen, und man kann kaum noch die nach dem Essen wohlverdiente Zigarette zu Ende rauchen, da leuchten schon die roten Signale auf: „Anschnallen und bitte nicht rauchen." Gleichzeitig werden wieder „Schluckbonbons" gereicht, denn das Flugzeug befindet sich, obwohl noch etwa 150 Kilometer vom Flugplatz entfernt, bereits wieder im Sinkflug.

Nach der üblichen dem Landeverfahren entsprechenden Platzrunde setzt das Flugzeug zur Landung an. Sitzt man im hinteren Teil der Kabine, kann man die mächtigen, von Spindeln angetriebenen Landeklappen beobachten. Wenn auch für die 2000 km lange Flugstrecke der Kraftstoff bis auf die Navigationsreserve verbraucht ist, beträgt das Landegewicht doch noch weit über 50 Tonnen und die Landegeschwindigkeit etwa 250 km/h, was etwa 1/3 der maximalen Reisegeschwindigkeit ist. Beim Aufsetzen ist dann auch die starke Bremswirkung zu spüren, die durch das mächtige Hauptfahrwerk hervorgerufen wird. Nach dem Ausrollen wird mit Leerlauf, also mit eigener Kraft, bis zum Flugbahnsteig gerollt, und während die Turbinen noch auslaufen und die Passagiere das Flugzeug verlassen, rollt von jeder Seite ein schwerer Tankwagen heran, um die großen Mengen Kraftstoff in die Behälter des Flugzeugs zu pumpen. Die Passagiere vertreten sich inzwischen die Beine, und nach einer Pause von etwa 45 Minuten geht der Flug weiter.
Nach einer Gesamtflugzeit von 4,5 Stunden für eine Gesamtflugstrecke von 3500 Kilometer landeten wir wohlbehalten in Nowosibirsk, wo wir vom Schulleiter des Trainingszentrums der Aeroflot sehr herzlich empfangen wurden. Damit war unser „Passagierflug" beendet. Unserer nächsten Aufgabe, den „Vogel" selbst zu fliegen, waren wir damit erheblich näher gerückt.

### *Theorie und Praxis*

Wie wurden sofort im Schulgebäude sehr gepflegt untergebracht. Gleich am nächsten Tag ging es los – aber

*SE-210 Caravelle der Jugoslovensko Aerotransport (JAT; YU-AHB)*

*Foto: H. Grobe via Manfred Meyer*

*DH-106 Comet 4C der United Arab Airlines (SU-ALM)*

*Foto: Rudolf Mührel via Manfred Meyer*

leider zuerst mit der Theorie. Ganze 60 Unterrichtsstunden mussten wir hinter uns bringen. Es wurde selbstverständlich in russischer Sprache unterrichtet.

Es ist heute unumgänglich, dass jeder Pilot wie auch die weiteren Besatzungsmitglieder erst nach gründlicher Einweisung und Überprüfung auf einem neuen Typ zum Fliegen zugelassen werden. Die Hauptfächer erstrekken sich auf das gesamte Flugzeug mit seinen Anlagen, die Triebwerke, die Kraftstoffanlage und die Geräte, einschließlich der Funkanlagen. Wir schafften unser Pensum in kürzerer Zeit als vorgesehen und konnten bereits nach einer gründlichen Überprüfung am Flugzeug zum Fliegen zugelassen werden.

Am Wochenende hatten wir Gelegenheit, einen Bummel durch Nowosibirsk zu machen. Mit der elektrischen Vorortbahn erreichten wir schnell das Stadtzentrum. Die Stadt liegt auf einer Anhöhe am Ufer des mächtigen Ob. Auch hier fiel uns, wie überall in der Sowjetunion, die umfangreiche Bautätigkeit auf. Die Oper von Nowosibirsk ist übrigens die größte und modernste nach der Moskauer Oper. Es war auch hier, wie schon erwähnt, im Juli sehr warm, und das Gewitter ließ daher nicht lange auf sich warten. Wir suchten schnell die schützenden Mauern eines Restaurants auf, wo wir zuvorkommend und höflich bedient wurden. Die russische Küche bietet jedem Geschmack etwas.

### *Die Flugzeuge der anderen – im Datenvergleich mit der 152/II (V-4) aus Dresden*

| Typ: | **FWD 152/II (V-4)** | **Tupolew Tu-104A** | **De Havilland Comet 4C** | **SNIAS Caravelle III** |
|---|---|---|---|---|
| Land: | DDR | UdSSR | Großbritannien | Frankreich |
| Einsatzzweck: | Mittelstrecke | Mittelstrecke | Mittel- und Langstrecke | Kurz- und Mittelstrecke |
| Erstflug: | 26.8.1960 (Prototyp V-4) | 17.6.1955 (Prototyp) | Juli 1947 (Prototyp) | 27.5.1955 (Prototyp) |
| Antrieb: | vier TL | zwei TL | vier TL | zwei TL |
| Startschub in kN: | je 30,9 | je 93,1 | je 46,7 | je 52,0 |
| Spannweite in m: | 27 | 34,5 | 35 | 34,3 |
| Flügelfläche in m²: | 138 | 174,4 | 197 | 146,7 |
| Länge in m: | 32,64 | 38,9 | 36 | 32 |
| Leermasse in t: | 28,5 | 41,6 | 36,4 | 37,7 |
| Maximale Startmasse in t: | 51 | 76 | 73,5 | 46 |
| Reisegeschwindigkeit in km/h: | 800 | 800 | 865 | 800 |
| Reichweite in km: | 2300...2600 | 2650...3100 | 5350...6700 | 1640...? |
| Passagiersitze: | 48...73 | 70...100 | 72...102 | 64...94 |
| Leermasse in kg je Sitzplatz: | 594...390 | 594...416 | 505...357 | 589...401 |

Beim Einsatz von Verkehrsflugzeugen spielen zahlreiche Kriterien eine Rolle. Darunter ihr Wartungsaufwand, der beispielsweise bei vier Triebwerken naturgemäß höher ist als bei zwei Turbinen, oder die Qualität der navigatorischen Ausrüstung. Hier stellte beispielsweise die Caravelle ein Spitzenprodukt dar.

*Eine der ersten ausgelieferten Tu-104 im August 1956 bei einem Tankstopp auf dem Flughafen Omsk. Bei diesem Testflug legte das Flugzeug die fast 5000 km lange Strecke von Moskau über Omsk nach Irkutsk in 5:50 Stunden zurück.*

*Foto: Archiv Frank-Dieter Lemke*

## *Erster Streckenflug*

Der große Augenblick ließ nun auch nicht länger auf sich warten, obwohl auf dem Platz „QBI", das heißt Schlechtwetter, herrschte. Es konnten also keine Platzrunden geflogen werden, und so entschloss sich die Schulleitung, den Flugbetrieb auf einem anderen Platz mit günstigerem Wetter durchzuführen. Der Streckenflug dorthin sollte gleich für uns ausgenutzt werden. Nach umfangreicher und gründlicher navigatorischer Streckenflugvorbereitung ging es mit dem Ziel Swerdlowsk los. Als erster Pilot durfte ich den Platz des Kommandanten einnehmen und ab ging es! Nur in dringenden Fällen wird vom Instrukteur eingegriffen.

Vor dem Anlassen der Triebwerke mit Außenbord-Akku werden sämtliche Funktionen jedes Besatzungsmitglieds, also des zweiten Piloten, des Navigators, des Bordfunkers und des Bordingenieurs, mit den an Bord befindlichen Checklisten überprüft.
Der gesamte Anlassvorgang läuft nach Betätigung eines Anlassknopfes automatisch ab. Es müssen lediglich Temperaturen, Drehzahl, Öldruck und Zeit überwacht werden. Da die Triebwerke sehr sicher arbeiten, kann aus ökonomischen Gründen auf das „Abbremsen" nach dem Anlassen verzichtet werden. Die Kontrolle der Triebwerkanlage wird erst vor dem Anrollen beim Start durchgeführt.

Zum Rollen aus dem Stand sind etwa 80 Prozent der Triebwerkleistung erforderlich. Beim Rollen mit der vorgeschriebenen Geschwindigkeit wird sie auf Leerlauf zurückgenommen. Die Hydraulik der Bugradlenkung wird erst eingeschaltet, wenn sich das Flugzeug in Bewegung befindet, da ja die jeweilige Bugradstellung nicht bekannt ist und bei Zuschaltung der Hydraulik Schläge auftreten können. Infolge der Flugzeuggröße und der großen Spurweite (wie auch der fehlenden Radien an den Betonzurollbahnen) ist beim Rollen auf die Einhaltung eines großen Radius zu achten. Die Bremsen werden beim Rollen nur zum Halten benutzt.

Beim Rollen zum Start ist die Wirksamkeit der Normal- und Notbremsen zu prüfen. Die Notbremshebel bleiben bei Start und Landung immer in Bereitschaftsstellung und werden auch häufig benutzt.

Die Anordnung des Handrads für die Bugradlenkung auf dem rechten Bedienpult des ersten Piloten ist bei längerem Rollen sehr unbequem und ermüdend. Auch gewährleistet die horizontale Lage des Handrads, besonders nach Ablenkung durch andere Vorgänge, nicht immer die sinnvolle Betätigung nach der entsprechenden Seite. Bei Betätigung im Wechselschritt wird das Rollen unruhig.

Nach eigenen Erfahrungen ist die Pedalanordnung für die Betätigung der Lenkung vorzuziehen. Grundsätzlich muss aber betont werden, dass diese Lenkung, obwohl nur für das Rollen bestimmt, bei diesem großen Flugzeug eine erhebliche Erleichterung auf kleinen Rollbahnen unter dem Einfluss des großen Seitenleitwerks und dem langen Rumpf bedeutet. Beim Aufstellen zum Start werden durch das Rollmanöver, bei fehlenden Stichbahnen (schräge Rollbahn; d. Hrsg.) an den Startbahnenden, bis zu 100 Meter Startstrecke verschenkt. Das hydraulische Ausschalten der Bugradlenkung muss in Mittellage des Bugrades erfolgen. Zum Start wird die Landeklappe auf 10 Grad ausgefahren (es kann übrigens jede Stellung von 0 bis 35 Grad mit elektrischem Kippschalter gefahren werden), voll mit der Fußbremse gebremst und zügig mit einer Schaltzeit von etwa 1 bis 2 Sekunden Vollgas gegeben. Nach Beschleunigen der Triebwerke auf Startleistung wird zügig entbremst und gestartet. Der zweite Pilot muss unbedingt die Gashebel in Startstellung halten, da die Reibungsbremse kaum wirksam ist.

## *Anrollen zum Start*

Beim Beschleunigen bis zur Seitenruder-Wirksamkeit (130 bis 150 km/h) muss zum Richtunghalten von den Bremsen Gebrauch gemacht werden; besonders bei leichtem Seitenwindeinfluss. Während bei stärkerem Seitenwind sogar das Querruder hinzuzunehmen ist. Das Bugrad wird bei etwa 200 km/h abgehoben, nachdem es vorher schon entlastet wurde. Hierbei ist besonders darauf zu achten, dass sich kein zu großer Anstellwinkel einstellt (also zügig nachlassen). Erst bei etwa 230 km/h wird ein Anstellwinkel von etwa 9 bis 10 Grad eingestellt und durch Nachlassen in Richtung „Drücken" gehalten. Bei etwa 260 bis 290 km/h ($G_{Startmasse}$ = 55 bis 70 t) hebt das Flugzeug von selbst ab und geht mit diesem Anstellwinkel ohne Nachdrücken in den Steigflug über.

Bei Verbesserungen um die Längsachse, besonders kurz nach dem Abheben, muss auf die verhältnismäßig lange Schaltzeit der Querruder-Wirksamkeit geachtet werden, da sonst ein Aufschaukeln eintritt. In 25 Meter Höhe werden die Räder kurz abgebremst und das Fahrwerk wird eingefahren.

Die Einfahrzeit beträgt etwa 20 bis 25 Sekunden. Beim Einfahren wird ein kaum merkbares schwanzlastiges Moment erzeugt. In 100 Meter Höhe werden die Landeklappen eingefahren und die Triebwerke auf Nennleistung bei 370 bis 380 km/h Geschwindigkeit gedrosselt. Die Lastigkeitsänderung ist beim Einfahren der Landeklappen in Richtung „Drücken" gering.

Nach Einstellen der Steiggeschwindigkeit von 570 km/h wird in den Steigflug übergegangen und die Druckkabine aufgeladen. Die Ruderwirksamkeit ist beim Steigflug bis zur Reisehöhe von 11 Kilometer und etwa 435 km/h Geschwindigkeit normal. Im Kurvenflug ist ausreichende Stabilität vorhanden. Inzwischen wurde der vorgeschriebene Kurs, der ständig vom Navigator überwacht wird, eingenommen. Die erforderlichen Kursänderungen gibt er dem ersten Piloten rechtzeitig bekannt. Die am Boden befindlichen Streckenfunkfeuer werden mit Hilfe des Radio-Kompasses angeflogen. Ihr Überfliegen wird gemeldet. Außerdem wird der Flugweg vom Boden aus mit Radarstationen überwacht. Nach Bedarf erfolgen Standortmeldungen oder bei Abweichungen Warnungen an die Besatzung.
Plötzlich macht der Navigator auf einen auf dem Kurs befindlichen Wolkenturm aufmerksam. Der Kurs wird geändert und wir umfliegen den Turm. Inzwischen sind wir dem Zielflughafen näher gekommen und fordern in Reiseflughöhe über Funk die Landebedingungen an. Swerdlowsk kann uns leider wegen eines Gewitters nicht annehmen und gibt Omsk als Ausweichhafen an. Also kehrt und etwa 1000 Kilometer zurück. Es ist ja noch die sogenannte Kraftstoff-Navigationsreserve vorhanden. In Omsk bekommen wir Landegenehmigung, und der Gleitflug wird in etwa 150 Kilometer Entfernung vom Platz begonnen.

Beim Gleitflug mit gedrosselten Triebwerken ist in dieser Höhe besonders darauf zu achten, dass der Kraftstoffeinspritzdruck von mindestens 10 atü gehalten wird, damit die Triebwerke nicht ausgeblasen werden. Der eigentliche Anflug des Flugplatzes erfolgt mit den bekannten radiotechnischen Mitteln. Der Landeanflug wird zwar auch mit „großer Schachtel" (Platzrunde; d. A.), allerdings nach einer anderen Methode als mit der IL-14P durchgeführt. Das Fahrwerk wird vor der dritten Kurve ausgefahren, nach der dritten Kurve werden die Landeklappen auf 20 Grad bei 360 km/h gefahren. Das kopflastige Landeklappenmoment wird mit der Höhenrudertrimmung weggetrimmt.

In der Platzrunde mit ausgefahrenem Fahrwerk und etwa 400 km/h ist ausreichende Stabilität und Ruderwirksamkeit vorhanden. Beim Landeanflug mit ebenfalls ausgefahrenem Fahrwerk und Landeklappen, jedoch bei 280 km/h und weniger, ist, wie schon beim Start erwähnt, die Querruder-Wirksamkeit gering und erfordert besondere Aufmerksamkeit.

Nach der vierten Kurve werden die Landeklappen voll auf 35 Grad ausgefahren; es wird schwanzlastig getrimmt und der Landeanflug mit etwa 340 km/h so durchgeführt, dass beim Überfliegen des Voreinflugzeichens eine Höhe von 220 Meter bei etwa 290 bis 300 km/h und über dem Haupteinflugzeichen eine Höhe von 60 bis 70 Meter bei etwa 270 bis 280 km/h eingehalten wird. Die Trimmung ist auf etwa 1,8 bis 2 Grad schwanzlastig gestellt. Etwa 250 Meter vor Beginn der Landebahn wird das Flugzeug in etwa 8 bis 10 Meter Höhe in die Horizontallage genommen. Die Triebwerke werden zügig auf Leerlauf gedrosselt, so dass das Flugzeug mit einem Anstellwinkel von 10 bis 11 Grad und einer Geschwindigkeit von etwa 225 km/h aufsetzt. Das Höhenruder ist beim Abfangen nur etwa 60 bis 70 Prozent gezogen. Nach eindeutigem Aufsetzen muss das Höhenruder fixiert werden, und bis zum Ansprechen des Bremsautomaten ist zu bremsen.

### *Aufsetzen und Ausrollen*

Die Anordnung der Bremspedale ist nicht sehr günstig, so dass die Füße beim Aufsetzen in unterster Stellung gehalten werden müssen, um ein unbeabsichtigtes Bremsen beim Aufsetzen zu vermeiden. Das Umsetzen der Füße nach oben zum sofortigen Bremsen soll hintereinander erfolgen, um bei dieser Bewegung ein unbeabsichtigtes „Ziehen" und somit ein Wiederabheben zu vermeiden. Erst nach erheblicher Fahrtverminderung wird weiter gezogen, um das Bugrad hoch zu halten, bis es durch Fahrtverlust von selbst auf den Boden kommt. Wird während des Aufsetzens nur wenig weiter gezogen, springt das Flugzeug, was wiederum nur durch Fixieren der Steuersäule beendet werden kann. Eine Landung mit voll gezogenem Höhenruder ist selbstverständlich auch möglich; es bedeutet aber bei gleicher Anschwebegeschwindigkeit ein erhebliches Verschenken der Landebahn, bei einer nur um etwa 10 km/h geringeren Aufsetzgeschwindigkeit. Bei früherem Aufsetzen kann die Bahn für die Bremsstrecke genutzt werden. Der ausgefahrene Sporn kommt nur bei äußerst rückwärtigen Schwerpunktlagen zur Wirkung.

Zur Kontrolle der Bremsautomatik leuchtet am vorderen Gerätebrett eine Lampe auf. Man muss, um eine gute Bremswirkung zu erzielen, gegen das Gefühl übermäßig stark bremsen. Bei Seitenwind geht ein Teil der gesamten Bremswirkung durch einseitiges Bremsen verloren. Beim Anflug mit Seitenwind wird durch Steuern eines Luvwinkels der Landekurs eingehalten. Kurz vor dem Aufsetzen ist er herauszunehmen. Der im Flugzeug eingebaute Bremsschirm ist immer in Bereitschaft. Er wird allerdings nur im äußersten Notfall benutzt. Die zur Verfügung stehenden Landebahnen von durchschnittlich 2500 Meter Länge bieten für die Tu-104A etwa bis zu 500 Meter Reserve. Kurz vor dem Ausrollen wird zum Rollen die Bugradlenkung wieder eingeschaltet. Das war also mein erster Flug mit der Tu-104A, bei dem ich vom Start bis zur Landung steuerte.

## *In Omsk*

In Omsk erwartete uns herrlichstes Wetter. Mit dem Tanken kamen wir erst nach Abfertigung der planmäßigen Linienmaschinen an die Reihe. Wir waren ja auch nicht planmäßig. Bis zum Weiterflug nach Swerdlowsk wurden von anderen Lehrgangsteilnehmern noch einige Übungsplatzrunden geflogen.
Erst kurz vor Sonnenuntergang konnten wir starten. Dieses Mal flog mein Kollege Kurt Bemme als erster Pilot. Ich nahm daher den Platz des „Zweiten" ein und hatte Gelegenheit, den Verlauf eines Fluges zu beobachten. Wir hatten wieder ganz klares Wetter und flogen in zehn Kilometer Höhe. Am Boden und voraus war jedoch fast nichts zu erkennen, denn durch die untergehende Sonne wurde es dunstig. Also flogen wir nach Geräten. Bei diesem Flug wurden wir von Swerdlowsk angenommen und landeten nach Sonnenuntergang. Wir bekamen im Flughafenhotel Unterkunft. Das Hotel war überfüllt, und auf jedem freien Platz in den Aufgängen und Treppenfluren stand ein Notbett. Eine planmäßige Tu-104 konnte ihren Flug wegen Schlechtwetter nicht nach Moskau fortsetzen. Die Luftverkehrsgesellschaft ist in diesem Falle verpflichtet, für Unterkunft und Verpflegung kostenlos zu sorgen. Das ist nicht immer einfach, da noch nicht alle Flughäfen entsprechend eingerichtet sind. Dieses Problem bereitet der Aeroflot zur Zeit noch Sorgen, da aus Sicherheitsgründen das Wetterminimum für die Tu-104 auf 200 m Wolkenhöhe und drei Kilometer Sicht auch für den planmäßigen Streckenverkehr festgesetzt ist. In Swerdlowsk blieben wir zwei Tage und führten Platzflüge nach Sicht und Geräten mit anderen Lehrgangsteilnehmern durch.

## *Nach Taschkent*

Unser nächstes Ziel war am dritten Tag das 2200 Kilometer entfernte Taschkent. Der erste Teil der direkt nach Süden führenden Flugstrecke zeigt eine fruchtbare Landschaft mit großen, weiten Feldern und Industriezentren. Dieses uns gewohnte Landschaftsbild ändert sich jedoch schlagartig in Steppe um, und schon breitete sich unter uns die gewaltige Wüste Kara-Kum mit dem großen Aralsee aus. Obwohl wir immer noch in zehn bis elf Kilometer Höhe flogen, konnten wir mit Sicherheit sagen, dass sich dort kaum menschliches Leben abspielt. Am Ufer des Aralsees befindet sich eine Bodenfunkstation. Die Versorgung dieser Station erfolgt, wie uns unsere sowjetischen Freunde mitteilten, auf dem Luftwege. Am Horizont tauchte inzwischen die gewaltige Gebirgskette der Mongolei auf, und ganz plötzlich änderte sich die Steppe wieder in die fruchtbare südliche Landschaft, die Ebene von Taschkent lag vor uns. Wir holten die Landegenehmigung von Taschkent ein, und nach einer Runde über der Stadt setzten wir sicher auf der etwa 3000 Meter langen Landebahn auf. Hierzu sei bemerkt, dass in Taschkent infolge der hohen Temperaturen eine längere Startbahn erforderlich ist. Bekanntlich sinkt die Leistung der Turbinen-Luftstrahltriebwerke bei hohen Temperaturen stark ab. Als wir die Maschine abgestellt hatten und ausstiegen, merkten wir sofort, dass wir uns in südlichen Gefilden befanden. Morgens um acht Uhr herrschten schon über 30° Celsius, und es war kaum eine Luftbewegung zu spüren.

*Start einer Tu-104A der Aeroflot in Dresden-Klotzsche*

*Foto: Archiv Frank-Dieter Lemke*

Wir nutzten die Tankpause für einen kleinen Stadtbummel.

Schnell war ein Taxi für eine Stadtrundfahrt gefunden. Taschkent ist eine typische südliche Stadt mit vielen Grünanlagen und Bäumen, die wohltuende Schatten spenden. Unser Ziel war der Basar. Dort herrschte ein Leben und Treiben, wie wir es in unseren Breitengraden gar nicht gewöhnt sind. Das Angebot an Obst war enorm! Äpfel, Tomaten, Arbusen, Weintrauben und vieles andere. Schnell war ein kleiner Bastkorb erstanden und die nötigen Mengen Obst für unser „Zuhause“ in Sibirien eingekauft. Wie bei uns Rostbratwürste angeboten werden, gibt es dort Schaschlik am Spieß mit Brotfladen. Da unsere Zeit recht knapp bemessen war, mussten wir leider unsere Exkursion abbrechen. Mit einem Taxi fuhren wir wieder zum Flugplatz zurück.

## *Nach Nowosibirsk*

Das Ziel des Fluges hieß jetzt Nowosibirsk. Nach der Vorbereitung und Abfertigung bestiegen wir unseren „Vogel“ und wussten nicht, ob wir uns in einer Sauna befinden. Die Kabinentemperatur betrug fast 50° Celsius.

Auch die Ventilatoren halfen nicht viel. Sie liefen ständig und bei uns der Schweiß. Auch nach dem Start war kaum eine Erleichterung zu spüren, denn es fehlte die Staudruckbelüftung für die Bodennähe (da die volle Triebwerkleistung für den Start benötigt wurde; d.A.).

Beim Start selbst bestätigte sich die durch die höhere Temperatur bedingte längere Startstrecke. Der „Vogel“ rollte und rollte! Doch keine Angst! Man darf nicht vorzeitig „ziehen“, denn Fahrt ist das halbe Leben! Im Steigflug ging es dann in Richtung Alma-Ata über Frunse, Barnaul nach Nowosibirsk. Wir hatten wieder gute Sicht. Als erster Pilot ist man leider so beschäftigt, dass kaum ein Blick auf das herrliche Gebirgsmassiv möglich war, an dem wir jetzt in nordöstlicher Richtung entlangflogen. Sieben- bis achttausend Meter hohe Gipfel mit ewigem Schnee grüßten uns. Bald wechselte jedoch die Landschaft wieder, wir flogen über fruchtbare Felder und die sibirische Taiga unserem Heimathafen Nowosibirsk entgegen. Beim Aussteigen kamen unergründliche Mengen von Obstkörben zum Vorschein, die in dieser obst- und gemüsearmen Gegend eine angenehme Abwechslung bedeuteten.
Somit hatten wir die erste Etappe unseres Programms, einen Überlandflug mit einer Gesamtflugstrecke von mehr als 7000 Kilometer, abgeschlossen.

In den nächsten Tagen ging es mit Platz- und Zonenflügen weiter. Nach drei kurzen Einweisungsflügen durfte man allein fliegen, das heißt der Instrukteur blieb am Boden. Die nach dem Flugprogramm erforderlichen Platzrunden waren schnell „heruntergeschruppt“ und es folgten die für mich interessanteren Zonenflüge, obwohl ja bekanntlich Start und Landung die schwierigsten „Kunstflugfiguren“ sind. In der Zone wird mit diesem Flugzeug nun durchaus kein Kunstflug ausgeführt, sondern es sind Höchst- und Mindestgeschwindigkeit, Einmotorenflug, Kurven usw. an der Reihe.

## *Besondere Flugzustände*

Hierzu einige Bemerkungen: Die Mindestgeschwindigkeit wurde in acht Kilometer Höhe bei etwa 290 km/h mit eingefahrenem Fahrwerk und Landeklappen erflogen. Hierbei zeigte sich lediglich eine stark verminderte, aber noch ausreichende Ruderwirksamkeit um alle Achsen. Die im Horizontalflug auftretenden Lastigkeitsänderungen durch die Kraftstoffanlage sind unerheblich.

Den Einmotorenflug mit einem gedrosselten oder abgestellten Triebwerk kann man mühelos ohne Trimmung mit dem Seitenruder aussteuern. Kurven über dem stehenden Triebwerk sind ungefährlich. Das sichere Anlassen der Triebwerke im Fluge erfolgt in fünf bis sieben Kilometer Höhe bei 400 bis 500 km/h. Auch das Durchstarten wurde geübt. Dabei gibt es auch beim Flug mit einem Triebwerk keine Schwierigkeiten. Es muss lediglich beim Gasgeben auf die verhältnismäßig lange Beschleunigungszeit der Triebwerke geachtet werden. Die auftretenden Lastigkeitsänderungen können dabei leicht ohne Trimmung beherrscht werden. Es wurden auch einige Platzrunden nach dem OC-System hinter dem Vorhang geflogen, wobei zu bemerken ist, dass der gerade Landeanflug nach dem Kurs- und Gleitweganzeiger sehr sauber und sicher durchgeführt werden kann.

## *Technische Details*

Die während der theoretischen und praktischen fliegerischen Einweisung gesammelten Erfahrungen mit den Anlagen können folgendermaßen zusammengefasst werden:
Die Bremsanlage arbeitet mit Entlastungsautomaten. An den hinteren Rädern des Hauptfahrwerkes sind vier Beschleunigungsautomaten vorhanden, die alle auf ein elektromagnetisches Entlastungsventil arbeiten. Dadurch ist die Gesamtbremsleistung gering. Es sind bereits Versuche mit einer Anlage erfolgreich abgeschlossen worden, bei der jeder Beschleunigungsautomat, das heißt jedes Rad, sein elektromagnetisches Ventil schaltet. Die Blinklampe, die das Ansprechen der Automaten anzeigt, ist eine gute Hilfe für das nicht vorhandene Bremsgefühl. Die Standbremse blockiert lediglich die Bremspedale des ersten Piloten in gebremster Stellung. Durch weiteres Drücken wird sie gelöst. Bei Platzrundenbetrieb wird das Fahrwerk zur besseren Kühlung der Bremsen im Fluge nicht eingefahren. Von der Wasserkühlung wird

häufig Gebrauch gemacht. Die Triebwerksbedienungsanlage (Leistungshebel) besitzt eine große Elastizität, was die Feineinstellung der Drehzahl erschwert. Gleichlauf ist nicht vorhanden, weshalb jedes Triebwerk einzeln eingestellt werden muss. Die Triebwerkgeräte sind zur Wartung und Einstellung sehr gut von unten und oben zugänglich.

Die Kraftstoffanlage arbeitet vollautomatisch wie auch durch Handbedienung mit Behälterpumpen verschiedener Leistungen (Drücke), die durch Folgeschaltung entsprechend der Inhaltsanzeigen der einzelnen Behältergruppen zu- oder abgeschaltet werden. Die Betätigung des Brandhahnes geschieht elektrisch. Das Radarsichtgerät des Navigators ist bei Streckenflügen in großen Höhen ohne Erdsicht ein wichtiges Orientierungsmittel. Dem Platz des Bordingenieurs sind keine Geräte zugeordnet. Alle Geräte befinden sich vielmehr bei oder zwischen den Piloten. Das Anlassen der Triebwerke wird grundsätzlich vom ersten Piloten vorgenommen. Während des Fluges nimmt der Bordingenieur den Notsitz zwischen den Piloten ein. Meist steht er jedoch und bedient oder überwacht lediglich die Kraftstoffanlage (Inhaltsanzeige und Verbrauchsmessung) sowie die Klimaanlage.

Die Klima- und Druckhalteanlage gewährleistet in Bodennähe keine genügende Frischluft für die Besatzung. Eine Staudruckbelüftung wäre ohne Zweifel angebracht. Für die Besatzung wird eine Sauerstoffanlage in Bereitschaft gehalten, mit der bei längeren Flügen kurzzeitig geatmet wird. Jedes Besatzungsmitglied hat einen eigenen Anschluss aus dem gemeinsamen Vorrat. Für den UKW-Sprechverkehr sind zwei Stationen vorhanden, die von beiden Piloten bedient werden können.

### *Das Kapitänspatent*

Als wir uns mitten in unserer interessanten Arbeit befanden, mussten wir leider feststellen, dass die letzte Platzrunde geflogen worden war und dass wir das Programm in der erstaunlich kurzen Zeit von vier Wochen geschafft hatten. Bereits am nächsten Tag konnten wir vom Schulleiter die erworbenen Kapitänspatente als „Erste Piloten“ für das Passagierflugzeug Tu-104A als erste Flugzeugführer der Deutschen Demokratischen Republik mit sehr guter Gesamtbeurteilung in Empfang nehmen. Schnell wurden Plätze für den Rückflug mit einer Tu-104 für den nächsten Tag belegt. Nach einer kleinen Zusammenkunft mit unseren sowjetischen Instrukteuren traten wir die Heimreise über Moskau an. Mittags mit der Tu-104 in Moskau angekommen, konnten wir nach einem kurzen Aufenthalt mit einer IL-14P der Deutschen Lufthansa nach Berlin weiterfliegen. Die über Funk in Dresden angeforderten Wagen waren pünktlich zur Stelle, so dass wir noch um Mitternacht in Dresden ankamen. Wir legten also an einem Tage die mehr als 5000 Kilometer lange Strecke Nowosibirsk-Moskau-Berlin-Dresden in 22 Stunden zurück.

Abschließend kann gesagt werden, dass das Verkehrsflugzeug Tu-104 im Vergleich zu anderen Strahlflugzeugen an die Besatzungen keine besonderen Anforderungen stellt. Besatzungen, die jedoch direkt von Flugzeugen mit Kolbenmotoren, zum Beispiel IL-12 oder IL-14, umschulen, müssen zur Beherrschung der besonderen Start- und Landetechnik gründlich eingewiesen werden.

### *Die Tu-104 – das erste erfolgreich im Liniendienst fliegende Strahlverkehrsflugzeug*

Am 17. Juni 1955 startete auf dem internationalen Flughafen Wnukowo bei Moskau ein Flugzeug, das in seinem äußeren Umriss dem Bomber Tu-16 aus dem Hause Tupolew glich. Die Fenster im Rumpf wiesen das unbekannte Modell jedoch einwandfrei als Passagierflugzeug aus. Im Westen begann daraufhin ein großes Rätselraten. Von der UdSSR war bekannt, dass sie häufig Militär- in Zivilmaschinen umwandelte. Um die lange Entwicklungszeit einzusparen, hatte man nun auch in den Tupolew-Werken in der Rekordzeit von achtzehn Monaten aus dem Bomber Tu-16 das Verkehrsflugzeug Tu-104 für mittlere Flugstrecken konzipiert. Westliche Luftfahrtexperten staunten nicht schlecht, als der sowjetische Ministerpräsident Malenkow im März 1956 mit dem neuen Passagierjet zu einem Besuch in London eintraf. Die Tu-104 hatte die Strecke in der Rekordzeit von drei Stunden und 36 Minuten bewältigt.
Allerdings war der Tu-104, dem ersten erfolgreich im Liniendienst eingesetzten Strahlverkehrsflugzeug – was übrigens gern vergessen oder verschwiegen wird –, ihre militärische Vergangenheit durchaus anzumerken. Ihre hohe Startmasse (maximal 76 Tonnen) war zu einem guten Teil auf die hohe Kraftstoffzuladung für die beiden das Kerosin geradezu fressenden Turbinen mit insgesamt 186 kN Schub zurückzuführen. Anfangs konnte das Flugzeug, das am 15. September 1956 den Liniendienst bei der Aeroflot aufnahm, nur 50 Passagiere befördern; die Tu-104A mit 70 bis 100 Fluggästen und die ebenfalls für 100 Passagiere ausgelegte Tu-104B mit ihrem 1,20 m längeren Rumpf waren schon etwas ökonomischer.
Im Wettrennen um das erste turbinengetriebene Passagierflugzeug musste sich die Tu-104 zwar der De Havilland Comet geschlagen geben, aber das britische Flugzeug hatte sich nach fünf schweren Katastrophen selbst disqualifiziert, wurde 1954 aus dem Verkehr gezogen und erschien nach seiner Modifizierung erst im Herbst 1958 wieder auf den Luftstraßen.

FRANK-DIETER LEMKE

# Der zweite Prototyp 152 V-4

***Nach Abschluss der Unfalluntersuchung wurde die zunächst unterbrochene Weiterarbeit an der 152 wieder freigegeben. Das nunmehr gebaute zweite Versuchsmuster war faktisch der erste Prototyp der geplanten Serienausführung 152/II. Er wies gegenüber der V-1 eine Reihe wesentlicher Änderungen auf.***

*Konstruktionschef Johannes Haseloff, Chefkonstrukteur Fritz Freytag und der Leiter des Leitbüros der VLI Professor Brunolf Baade (von links) beim Roll-out der 152 V-4*

*Foto: Archiv Frank-Dieter Lemke*

Anstelle der RD-9B-Triebwerke gelangten nunmehr Pirna 014 zum Einbau. Das Tandemfahrwerk ersetzte man durch ein Dreipunktfahrwerk, da ersteres die Zulassung für die zivile Luftfahrt ausschloss. Die Spannweite des Flugzeuges und damit der Lauf der Stützfahrwerke des Tandemfahrwerks entsprach genau der Breite der Rollbahnen (25 m) und dem Abstand der 2 m vom Rand der Bahnen entfernten Befeuerungsleuchten – insgesamt also ebenfalls 29 m. Darüber hinaus befanden sich in dem Raum des Flugzeuges, der normalerweise für die Unterbringung des Gepäcks genutzt wird, die Haupträder des Tandemfahrwerkes.

Die Anzahl der Kraftstoffbehälter erhöhte man von 16 auf 22. Dadurch konnte die maximale Reichweite auf 3000 km gesteigert werden. Die Flügelaußenbehälter, ursprünglich für die Aufnahme der Stützfahrwerke genutzt, nahmen jetzt den für einen Notfall gedachten Reservekraftstoff auf. Diese zusätzlich an den Außenflügeln angebrachte Masse verringerte zugleich die Gefahr des so gefährlichen Flügelflatterns. Im Rumpfbug wurde anstelle des Navigatorplatzes eine Radaranlage vorgesehen. Damit entfiel die Bugverglasung. Rechtzeitig vor Beginn der Flugerprobung hatte das Funklabor der Dresdner Flugzeugwerke auch die Fernseh- und Messwertübertragungsanlage von Bord zu Boden fertigstellen können. Sie sollte während des Fluges eine lückenlose Kontrolle aller Systeme vom Boden aus ermöglichen. Die Fernsehanlage übertrug die Anzeige der zwölf wichtigsten Flugüberwachungsgeräte auf einen bodengestützten Bildschirm, während die Messwertübertragungsanlage auf zunächst 30 Kanälen wichtige Angaben über die vier Triebwerke zur Bodenstation übermittelte. Eineinhalb Jahre nach dem Absturz der 152 V-1 war die 152 V-4 flugklar.

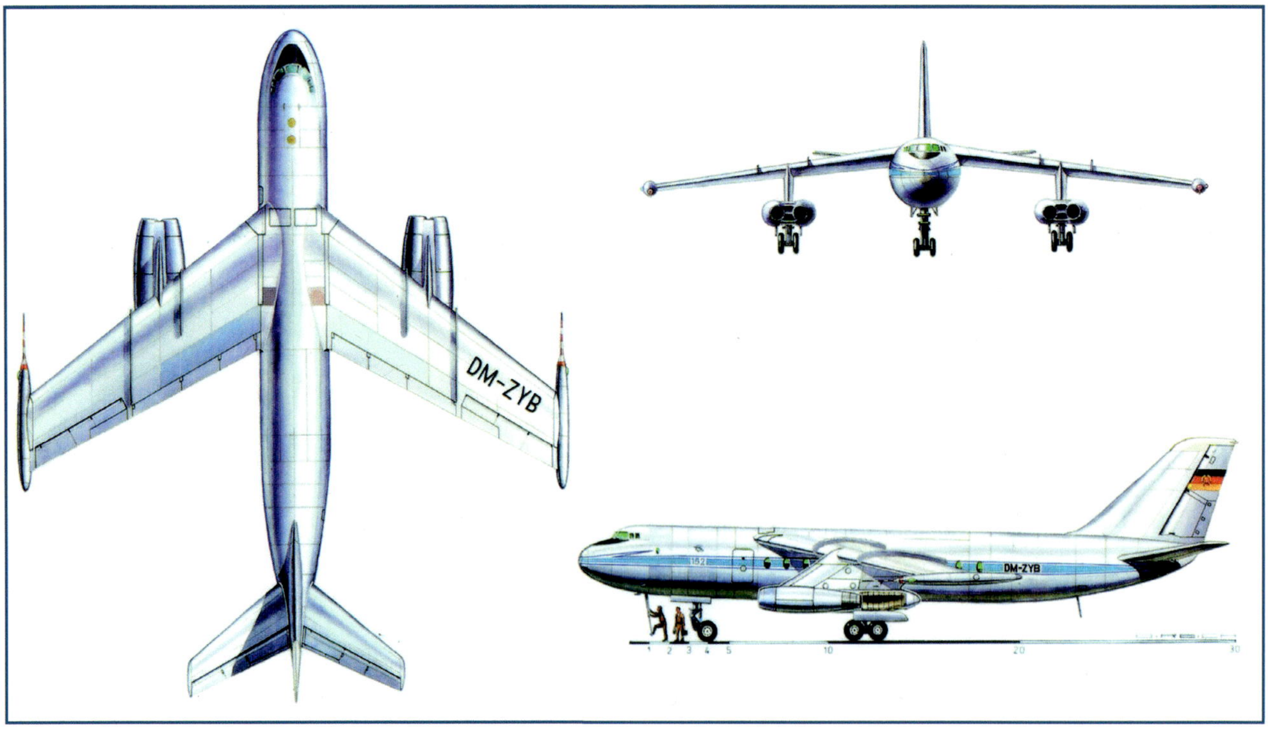


*Der zweite für die Flugerprobung gebaute Prototyp, die 152 V-4 mit dem Kennzeichen DM-ZYB, startete am 26. August 1960 zum Jungfernflug und absolvierte am 4. September 1960 seinen zweiten und letzten Flug. Zeichnung: Otto Reich/Lengenfeld*

Oben:
Flügelnase in der Helling
Foto: Kurt Häschel

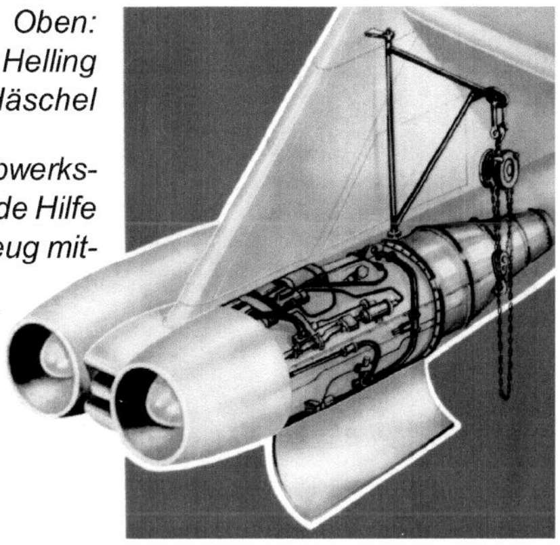

Selbsthilfe: Für Triebwerkswechsel ohne fremde Hilfe war ein im Flugzeug mitgeführter Schwenkkran vorgesehen.

Zeichnung:
Sammlung
Mathias Simon

Oben rechts:
Montage der Kombigondel für die Triebwerke

Foto: Kurt Häschel

Montage des Tragflügels an den Rumpf der 152, hier der 152 V-1

Foto: Archiv
Frank-Dieter Lemke

Drucktest des Rumpfes der 152 V-4, umhüllt mit einem Sicherheitsnetz

Foto: Sammlung Manfred Jurleit

Links im Bild der Schleudersitz für die Piloten der 152 V-4, rechts der Pilotensitz, wie er für die 152/II-Serie vorgesehen war. Bei diesem im Verkehrsmuseum Dresden ausgestellten Exemplar fehlt die Kopfstütze.

Bei den Schleudersitzen handelte es sich um modifizierte Sitze der MiG-15. Die Schleudersitze – durch das Dach geschossen – erlaubten 250 m Mindestausschusshöhe. Die anderen Besatzungsmitglieder hätten im Notfall das Flugzeug bis 600 m Flughöhe mit Fallschirmen durch die Einstiegsluke im Kabinenboden – aber nur bei eingefahrenem Fahrwerk – oder durch die Passagiertür oder ein Notfenster verlassen können. Für die Serienausführungen der 152/II waren natürlich keine Schleudersitze vorgesehen.

Notausstiegsfenster, von denen die 152/II vier auf jeder Seite besaß und die größer waren als normale Kabinenfenster und von innen geöffnet werden konnten.

Fotos: Frank-Dieter Lemke

Endmontage der 152 V-4

Foto: Archiv Klaus-Hermann Mewes

Foto: Archiv Frank-Dieter Lemke

Mit neuem Fahrwerk: Im Unterschied zum ersten Prototyp erhielt das zweite Versuchsmuster in Kombigondeln einziehbare Wagenfahrwerke. Vom Konzept des Tandemfahrwerks war man abgekommen, weil dort beim Rollen auf den internationalen Flughäfen die Gefahr der Kollision mit den Befeuerungseinrichtungen bestand.

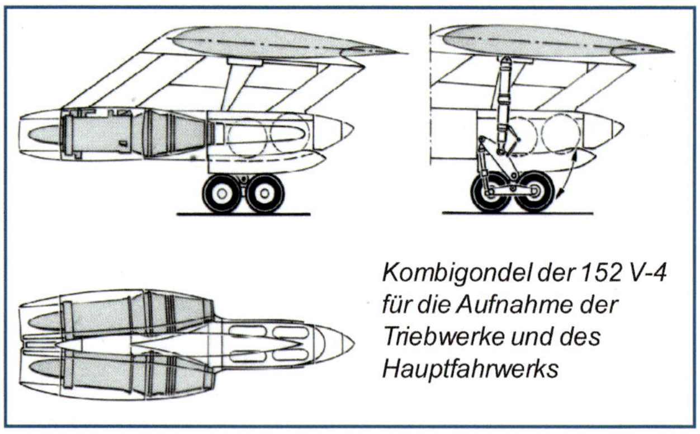

Kombigondel der 152 V-4 für die Aufnahme der Triebwerke und des Hauptfahrwerks

Zeichnung: Hans-Joachim Künzelmann

### *Hinter den Kulissen*

Von einem sowjetischen Kollegen hatte Johannes Barz, Abteilungsleiter Flugerprobung der Prüfstelle für Luftfahrtgerät, beiläufig Kenntnis von einem umfangreichen, unter Verschluss stehenden Dokument erhalten, das nach dem Absturz der 152 V-1 vom ZAGI angefertigt worden war: „Methodische Beratung zur Erprobung des Versuchsmusters 152/II". Diesen in deutscher Sprache verfassten Bericht durfte sich Barz, „bewaffnet" mit Zettel und Bleistift, kurz ansehen. Der sowjetische Kollege handelte dabei im (guten) Glauben, Barz bekäme in seiner Funktion dieses Dokument ohnehin, nur später, zu sehen.

Im März 1960 bat Barz seinen Vorgesetzten darum, sich beim Hauptdirektor der inzwischen neugebildeten VVB Flugzeugbau Hans Cichy dafür einzusetzen, dass die PfL offiziell den umfangreichen Bericht für alle Abteilungen als Arbeitsmittel bekommt. Auf sechs Seiten machte Barz seinem Vorgesetzten schmackhaft, was für konkrete Messergebnisse die neuen Windkanalversuche am Modell der 152 bereits ergeben haben und was das ZAGI für notwendig hält, bei Flugversuchen näher prüfen und wahrscheinlich ändern zu lassen. Als ärgste von den sowjetischen Wissenschaftlern ermittelte Überraschung führte er an, dass die zulässige Schwerpunktwanderung nur drei Prozent und zwar von 25 bis 28 Prozent betragen dürfe und eine Vergrößerung der Höhenflosse erfordern würde. Weiterhin würde die UdSSR ihre Booster nach Möglichkeit wieder ausbauen, weil sie spezielle Filter erfordern, um sie betriebssicher zu halten.

Neben vielen anderen fachlich wertvollen und konstruktiven Hinweisen für einen Neuanfang mit der 152 enthalte der Bericht, schrieb Barz, auch die wichtigen Bedenken seitens des ZAGI, dass bei eventueller Verstellbarkeit der Höhenflosse mit erheblichen Flugschwingungsproblemen zu rechnen sei. Johannes Barz erhielt diesen Bericht nicht und nennt das heute zu Recht ein gesellschaftspolitisches Beispiel für Unterwürfigkeit aus Sorge um's Gehalt auf Kosten der Sicherheit.

Als Piloten für die 152 V-4 waren Heinz Lehmann (nicht verwandt mit Willi Lehmann, dem Kommandanten der abgestürzten 152 V-1) und Gerhard Güttel vorgesehen. Sie hatten inzwischen zahlreiche Übungsflüge auf der Tu-104 und IL-28 absolviert. Für beide sowie Bordingenieur Bernhard Jendrusch, erzählte Johannes Barz, war es eine Zumutung, den Untersuchungsbericht über den Unfall der 152 V-1 nicht einsehen zu dürfen. Es stand ja nur darin, was sich jeder Flugerfahrene denken konnte, aber nicht wissen durfte. Deshalb beruhigte Barz ganz beiläufig Gerhard Güttel und riet ihm, das Überziehverhalten des Flugzeuges als völlig unerforscht zu betrachten und sich nicht mit 50 bis 100 km/h an die rechnerische Mindestgeschwindigkeit für eingefahrene Landeklappen heranzuwagen, die Druckkabine nicht in Betrieb zu nehmen und einen Ausbau der Gummisackbehälter und der nicht flugtauglichen Kraftstoffvorratsmessanlage nach den ersten Werkflügen zu fordern. Und auf keinen Fall sollte er am Anfang eine schwanzlastige Schwerpunktlage zulassen! Aber letzteres hatte man ihm und Heinz Lehmann auch schon in der Sowjetunion bei der Schulung geraten.

*In der Montage: der zweite Prototyp 152 V-4, die Bruchzelle V-6 und die für die Deutsche Lufthansa der DDR vorgesehene 152/II mit der Werknummer 008.*

*Foto: Sammlung Jochen Werner*

*In der Luft: die 152 V-4 (DM-ZYB), die im August und September 1960 zwei Flüge von 22 bzw. 20 Minuten Dauer absolvierte. Sie war der erste Prototyp der geplanten Serie 152/II.*

*Foto: Kurt Häschel*

### *Der zweite Prototyp fliegt*

Ihren ersten Flug auf der 152 V-4 absolvierten Heinz Lehmann und Gerhard Güttel gemeinsam mit Bordingenieur Bernhard Jendrusch am 26. August 1960. Um 11.22 Uhr startete das Flugzeug zu seinem Jungfernflug und absolvierte in den 22 Flugminuten mehrere Platzrunden in 600 m Höhe, wobei wie schon beim ersten Flug der V-1 das Fahrwerk und die Landeklappen ausgefahren blieben.

Während bei den Flügen der 152 V-1 kein Begleitflugzeug für die visuelle Kontrolle des Flugzeuges, seines Flugverhaltens und der Manöver zum Einsatz gekommen war, übernahm diesmal eine IL-14P diese Aufgabe.

Das Flugprogramm wurde aus Sicherheitsgründen am 4. September 1960 wiederholt und Beanstandungen gab es auch dieses Mal nur wenige. Die Piloten äußerten sich sogar sehr zufrieden über die Flugeigenschaften.

Nach ihren Worten unterschied sich die 152 in dieser Hinsicht überhaupt nicht von der Tu-104, die seinerzeit unter den Fliegern als solides, einfach zu fliegendes Strahlverkehrsflugzeug galt.

Aber trotz ihrer positiven Beurteilung der 152 weigerten sie sich strikt, die Flüge fortzusetzen. Aus den Berichten der Augenzeugen des Absturzes der V-1 hätten sie ihre eigenen Schlüsse gezogen und forderten gemeinsam mit der PfL vor den nächsten Flügen spezielle Enttankungstests mit der 152 V-4, die dann auch stattfanden – und, wie sich erweisen sollte, zu Recht.

Der bereits in der Vorbereitung der Erstflüge der 152 V-1 vogesehene, aber damals aus Zeitgründen unterlassene Enttankungstest fand schließlich am 13. September 1960 statt. Dabei wurde eine erstaunliche Entdeckung gemacht. Kurt Häschel, der Betriebsfotograf, der bei diesen Tests mit dabei war, erzählt:

„Die hintere Verschlussplatte des leeren Tanks wurde abgenommen; ich übergab dem Mechaniker die eingestellte Kamera mit Blitzgerät, er kroch in den Tank, soweit ich mich erinnere, mit Atemgerät. Der Tank wurde hinter ihm mit einer Plexiglasscheibe verschlossen und unter Druck gesetzt – ich glaube, 0,5 atü. Nach dem Fotografieren gab er ein Zeichen, dann wurde die Platte abgenommen, und er konnte wieder heraus. Diese Prozedur wiederholte sich von Tank zu Tank."

Das Ergebnis fiel vernichtend aus: Einige der im Flügel aufgehängten Gummisackbehälter waren aus ihren Aufhängungen gerissen! Und was ergab die nähere Unter-

*Am Boden: Simulierte Fluglageveränderungen mit der 152 V-4 beim Enttankungstest. Diese Simulationen wurden auf Forderung der Piloten nach den beiden ersten Starts durchgeführt, weil sie seit dem Absturz des ersten Prototyps Unzulänglichkeiten in der Kraftstoffversorgung der Triebwerke vermuteten.*

*Foto: Archiv Jochen Werner*

*Heinz Lehmann, 1. Pilot, inmitten begeisterter Mitarbeiter nach dem Jungfernflug der 152 V-4 am 26. August 1960*

*Foto: Sammlung Brigitte Otto*

*Gerhard Güttel (links, 2. Pilot) und Bordingenieur Bernhard Jendrusch am 26. August 1960*

*Foto: Sammlung Brigitte Otto*

## *Gerhard Güttel im Jahre 2018 – der letzte fliegende Zeuge der 152*

*Wenn Gerhard Güttel, 2018 im 95. Lebensjahr, von der Fliegerei erzählt, hält es ihn kaum im Sessel. Seinen Pilotenschein hat er 1938 in Leipzig erworben. Er besitzt Lizenzen für etwa dreißig Flugzeugtypen bis hin zur Iljuschin, Tupolew und MiG.*

An den 4. Dezember 1958, als die 152 V-1 an die Vorstartlinie geschleppt wurde, erinnerte er sich gut. Güttel arbeitete in jener Zeit als Testpilot bei den FWD in Dresden-Klotzsche und sollte später die Serienflugzeuge der 152 einfliegen. „Aus allen Richtungen sind die Kollegen herbeigelaufen, um den Start der DM-ZYA zu sehen“, erzählte er. „Keinen hielt es mehr an seinem Arbeitsplatz.“ Zu tausenden standen sie an der Start- und Landebahn.

Nach einer recht langen Rollstrecke erhob sich die 152 V-1 in die Luft und verschwand mit fauchenden Triebwerken am Himmel. „Als ich sie in der Luft sah, wusste ich, dass das ein gutes Flugzeug wird“, erzählte Güttel. Nach der Landung wurden die drei Besatzungsmitglieder des Erstfluges als Aktivisten ausgezeichnet. Walter Ulbricht sandte ihnen Glückwünsche. Alles schien nach Plan zu laufen.

Als Standort für die Flugzeugindustrie der DDR war Dresden gewählt worden, weil die Dessauer Junkers-Werke zu nahe an der Westgrenze und den Luftkorridoren der Alliierten lagen. „Wie waren am Anfang kaum hundert Leute“, erzählte Gerhard Güttel, der als gelernter Flugzeugbauer und Pilot sofort für das Vorhaben zu begeistern war. Baade sei ein prima Chef gewesen, seine Mitarbeiter habe er gern „Kindchen“ genannt. „Kinder, wir müssen fliegen!“ Diesen Satz hatte Güttel oft gehört. Wenn er von dieser Zeit erzählt, wirkt er gleich fünfzig Jahre jünger.

Innerhalb von vier Jahren entstand in Dresden-Klotzsche ein Komplex mit Projektierungsbüros, Forschungsanlagen und riesigen Montagehallen. Gerhard Güttel: „Der Flugzeugbau hatte absoluten Vorrang. Wenn wir etwas wollten, haben wir es bekommen.“ Zum Beispiel Neubauwohnungen, als Dresden noch in Trümmern lag. Als Testpilot verdiente er 3500 Mark ohne Flugzuschläge. Mehr als ein Direktor.

Als im Dezember 1958 der erste Prototyp der 152 vom Jungfernflug zurückkehrte, wurde im Werk bereits die Serienfertigung des Jets vorbereitet. Es gab Werbefilme, Prospekte, Messemodelle – nur Kunden gab es nicht. Keinen einzigen. Die Sowjetunion hatte entschieden, ihre Flugzeuge selbst zu bauen.

Aber Walter Ulbricht gab sich nicht geschlagen. Zur Leipziger Frühjahrsmesse 1959 plante er einen Coup. Nikita Chruschtschow hatte sich zum Rundgang angesagt und der SED-Chef wollte ihn mit einem Überflug der 152 V-1 verblüffen. Baade war einverstanden, obwohl dies erst der zweite Flug dieser Maschine sein würde und das Risiko nicht kalkulierbar war. Für ihn stand viel auf dem Spiel. Er wagte den höchsten Einsatz – sein Flugzeug (und die davon betroffenen Besatzungsmitgieder).

Als die 152 V-1 am 4. März 1959 in Dresden-Klotzsche startete, sollte sie vor dem Abstecher zur Messe im Tiefflug noch einmal für die Werbung gefilmt und fotografiert werden. Geht alles gut, fliegt sie nach Leipzig, so lautete die geheime Absprache. MiG-15-Abfangjäger sollen angeblich den Luftraum gesichert haben, da die Staatssicherheit fürchtete, die Crew könne sich mit dem Flugzeug in den Westen absetzen. Doch so weit kam es nicht. Chruschtschow spazierte bereits über die Messe, als Ulbricht erfuhr, dass die 152 V-1 wenige Kilometer vor Dresden-Klotzsche abgestürzt sei. Alle vier Besatzungsmitglieder starben. Auf ihrem Grabstein in der Nähe des Flughafens steht: „Ihr Leben diente dem technischen Fortschritt“.

Über die Absturzursache gab es damals viele Gerüchte, was daran lag, dass der Untersuchungsbericht sofort als Geheime Verschusssache "verschwand". Nicht einmal Gerhard Güttel, der den zweiten Prototyp fliegen sollte, durfte damals erfahren, was seinen Kollegen passiert war. Erst nach der deutschen Vereinigung tauchten die Dokumente auf. Ein Fehler in der Kraftstoffleitung wird dort als Ursache der Katastrophe genannt. Zudem sind die Piloten auf Anweisung von Baade ein Programm geflogen, für das die Maschine noch nicht erprobt war. Zu hoch, zu schnell, zu steil.

Am 26. August 1960 rollte Gerhard Güttel mit der 152 V-4 an die Startlinie. Er sitzt auf dem rechten Platz, neben ihm der erste Pilot Heinz Lehmann, hinter ihnen Bordingenieur Bernhard Jendrusch. Alle drei tragen Fallschirme. „Von staatlicher Seite wurde uns gesagt, dass auf keinen Fall noch einmal etwas passieren dürfe“, erzählte Güttel. „Wir wussten, was uns alles verboten war.“ Gerhard Güttel ist beim Start für den Schub zuständig, gefühlvoll drückt er die vier Hebel für die Triebwerke nach vorn, die Maschine beschleunigt, hebt ab, sie fliegt. „Sie hat gemacht, was sie sollte“, sagte er. Am 4. September flogen sie ein zweites Mal. Dann nie wieder mit der 152.

Auf seiner Sitzung am 28. Februar 1961 beschloss das Politbüro der SED, die Luftfahrtindustrie in der DDR aufzulösen. „Für uns war das unfassbar“, so Güttel. In den ersten Wochen arbeiteten sie in Dresden weiter, als sei nichts geschehen. Die Leute konnten ja nicht einfach nach Hause gehen. Einige der vorproduzierten Rümpfe wurden abtransportiert, die NVA wollte sie als Abstellraum nutzen. Dann kam die Anweisung, die fertigen Maschinen zu verschrotten. „Mit Äxten haben sie das Aluminium zerdroschen“, erinnerte sich Gerhard Güttel, „Es war zum Heulen.“ Nichts sollte von diesen Flugzeugen übrig bleiben und an das Scheitern einer Idee erinnern. In den Hallen von Klotzsche rollten jetzt Kartoffelerntemaschinen vom Band, bevor dort jahrelang Militärflugzeuge instand gesetzt wurden.

Brunolf Baade starb 1969, ein Jahr später musste Gerhard Güttel seine Lizenz abgeben. Man erklärte ihm, dass er nicht mehr flugtauglich sei, was er noch heute für eine Lüge hält. Bis zur Rente arbeitete er in der Qualitätskontrolle der Flugzeugwerft. Oft goss er Blumen.
FRANK-DIETER LEMKE
(nach einem BZ-Artikel von Frank Junghänel)

suchung? Wegen mangelhafter Entlüftung der Tanks hatten sich mit ihrer Entleerung die Gummisackbehälter durch zunehmenden Unterdruck zusammengezogen, bis sie aus den Aufhängungen rissen und damit die Versorgung der Triebwerke mit Kraftstoff unterbrachen.

Offenbar, so Dipl.-Ing. Eberhard Kien in seiner zuvor erwähnten Analyse, waren die Belüftungsleitungen zu gering für hohe Entnahmegeschwindigkeiten bemessen und/oder die Belüftungsventile funktionierten nicht exakt.

In einem Bericht des MfS ist nach Eberhard Kien darüber vermerkt, dass sich in der Tankanlage der 152 V-4 bei geneigter Maschine der Kraftstofffluss nach einer gewissen Zeit verringerte und sich auch bei Wiedereinnahme der Horizontallage nicht wieder verbesserte. Die Untersuchung ergab, dass sich bei Tank 7 in der rechten Tragfläche das Ventil nicht mehr in seiner vorgeschriebenen Lage befand. Die Ursache dafür? Das Rohr innerhalb des Tanks hatte sich verbogen. Außerdem war der Gummitank aus seiner Halterung gerissen. Das betraf auch drei weitere Gummitanks.

Es stellte sich heraus, dass die Profile der Aufhängungen an der oberen Tragflächenschale zu schwach ausgebildet waren, so dass die konischen Aufhängebolzen aus ihnen herausrissen. Als mögliche Ursache wurde das starke Abbremsen nach der Landung genannt, wobei der Kraftstoff nach vorn strömt und im hinteren Teil der Behälter sich ein Unterdruck bildet, der zu hohen Kräften an den Halterungen der Tanks und damit zum Ausreißen aus den Aufhängungen führt. Auch die fehlenden Schlingerwände konnten einen guten Teil dazu beigetragen haben.

Die HVZL zog wegen dieses konstruktiven Fehlers und ebenso wegen eines Risses am Stielträgergurt ihre Unbedenklichkeitsbescheinigung zurück. Weitere Flüge waren also vorerst nicht möglich. Nach Aufdeckung dieser Fehler beschäftigten sich die Ingenieure sehr intensiv damit, diese Mängel zu beseitigen.

Für die gründliche Überprüfung der Kraftstoffanlage wurden im Herbst 1960 in weniger als sechs Wochen ein um alle Achsen hydraulisch schwenkbarer Großver-

Foto: Archiv Klaus-Hermann Mewes

*Die 152 V-4 wird in die Halle 285 geschoben.*

*Für den Einsatz bei der Deutschen Lufthansa der DDR war die 152/II mit der Werknummer 008 vorgesehen. Auch das Kennzeichen war schon festgelegt: DM-SCA – hier das Bild eines Modells.*

*Foto: Sammlung Peter Stache*

## *TL-Mittelstreckenverkehrsflugzeug 152/II (Angebotsdaten)*

| | **Stand Juni 1958** | **Stand Januar 1960** | |
|---|---|---|---|
| Besatzung/Passagiere: | 4 bis 5/48 bis 72 | 4 + 2/48 bis 73 | |
| Triebwerk: | 4 TL Pirna 014 A-0 | 4 TL Pirna 014 A-1 | |
| Leistung in kN: | je 30,9 | je 32,4 | |
| Abmessungen | | | |
| Spannweite in m: | 27,0 | 27,0 | |
| Flügelfläche in m²: | 138,0 | 138,0 | |
| Länge über alles in m: | 31,42 | 32,64 | |
| Höhe im Stand in m: | 9,0 | 9,0 | |
| Massen | | | |
| Rüstmasse in kg: | 27470 bis 27850 | 28250 bis 28400 | 28480 bis 28630 |
| Nutzlast in kg: | 4500 bis 7930 | 6305 bis 9120 | 6340 bis 9120 |
| Startmasse normal in kg: | 44500 bis 46500 | 48000 | |
| Startmasse maximal in kg: | 48000 | | 51000 |
| Flugleistungen | | | |
| Höchstgeschwindigkeit in km/h: | 920 in 4800 m | 915 in 4800 m | 910 in 4800 m |
| Max. Reisegeschw. in km/h: | 800 | 800 | 800 |
| Reiseflughöhe in m: | 10400 bis 11600 | 9200 bis 11600 | 8900 bis 11600 |
| Reichweite in km: | 2000 bis 3100 | 1745 bis 2430 | 2315 bis 2970 |
| Startrollstrecke in m: | 985 | 1390 | 1610 |
| Startstrecke bis 10,7 m Höhe in m: | 1315 | 1830 | 2165 |
| Landestrecke aus 10,7 m Höhe in m: | | 1435 bei 36 t | 1445 bei 39 t |
| Landerollstrecke in m: | 690 bei 35 t | 715 | 775 |

| Nutzlast-/Reichweitenangaben | | | | | | | | | | |
|---|---|---|---|---|---|---|---|---|---|---|
| Passagierzahl: | 48 | 57 | 72 | 48 | 48 | 58 | 73 | 48 | 58 | 73 |
| Rüstmasse in kg: | 27740 | 27620 | 27850 | 27470 | 28265 | 28250 | 28400 | 28495 | 28480 | 28630 |
| Betriebsleermasse in kg: | 28150 | 28290 | 28420 | 28000 | 28990 | 28995 | 29165 | 29220 | 29225 | 29395 |
| Reichweite in km: | 2500 | 2000 | 2000 | | 2055 | 1880 | 1745 | 2620 | 2460 | 2315 |
| bei max. Nutzlast in kg: | 6000 | 6290 | 7930 | | 7900 | 8650 | 9120 | 7900 | 8650 | 9120 |
| Kraftstoffmasse in kg: | 12350 | 9920 | 10150 | | 11110 | 10355 | 9715 | 13880 | 13125 | 12485 |
| Max. Reichweite in km: | | | | 3100 | 2430 | 2430 | 2320 | 2970 | 2970 | 2880 |
| bei Nutzlast in kg: | | | | 4500 | 6310 | 6305 | 6570 | 6345 | 6340 | 6570 |
| Max. Kraftstoffmasse in kg: | | | | 15500 | 12700 | 12700 | 12265 | 15435 | 15435 | 15035 |
| Startmasse in kg: | 46500 | 44500 | 46500 | 48000 | 48000 | 48000 | 48000 | 51000 | 51000 | 51000 |

suchsstand gebaut und im Kraftstofflabor zusätzliche Versuche gefahren, bei denen sich weitere Unzulänglichkeiten herausstellten.

Das Dichtnieten der Tragflügel und deren Auslegung als Integraltanks sollte jedoch erst ab 3. Quartal 1962 zum Tragen kommen. Im teilweise bereits realisierten Fertigungsprogramm hätte frühestens die 152 V-14 (nach anderen Angaben sogar erst die 152 V-21) diese immens wichtige und grundlegende Veränderung erfahren. Für alle Flugzeuge bis zur 152 V-13 (bzw. sogar V-20), von denen einige Exemplare bereits für die Deutsche Lufthansa (der DDR)/INTERFLUG sowie NVA vorgesehen waren, hätte immer die Gefahr weiterer Abstürze bestanden.

Wie wir wissen, blieben diese Arbeiten unvollendet. Inzwischen hatte die DDR-Führung die Einstellung des Flugzeugbaus befohlen. Die geplante Serienausführung 152/II (das erste für die Deutsche Lufthansa der DDR bestimmte Exemplar hatte schon die Kennung DM-SCA erhalten) erlebte nie ihre Fertigstellung – ebensowenig wie die übrigen zu dieser Zeit in Arbeit befindlichen Projekte.

*Im Endanflug: Die exzellenten Landeeigenschaften der 152 waren auf die Fowlerklappen zurückzuführen. Sie vergrößerten die Flügelfläche, reduzierten damit die Flächenbelastung und ermöglichten auf diese Weise eine geringe Anfluggeschwindigkeit.*

*Foto: Archiv Frank-Dieter Lemke*

*Nicht flügge geworden: Das dritte Versuchsmuster 152 V-5 (DM-ZYC) absolvierte noch die Bodenerprobung, aber in die Luft gelangte das Flugzeug nicht mehr.*

*Foto: Sammlung Jochen Werner*

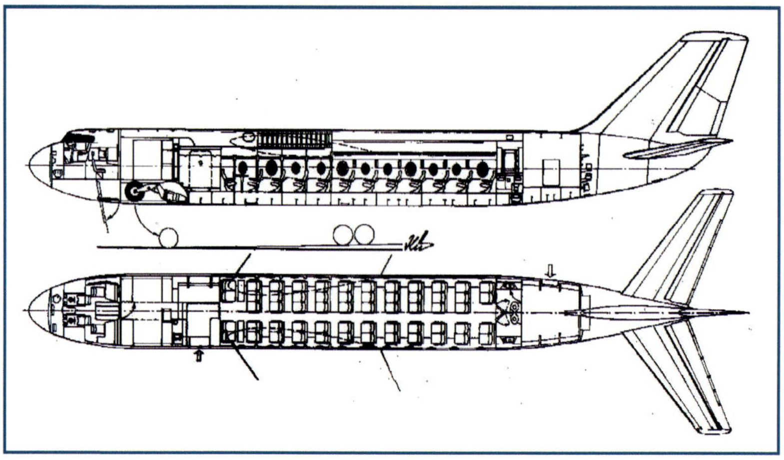

*Ab Werknummer 014 sollte die Serienausführung der 152/II einen ein Meter längeren Rumpf erhalten. In der Schnittdarstellung die Passagiervariante für 57 Fluggäste.*

*Zeichnung: Hans-Joachim Künzelmann*

*In der Euphorie: die 152 im Einsatz – auf einer Briefmarke im Jahre 1958.*

*Sammlung Ulrich Unger*

### Gefragtes Spielzeug

Das Modell des ersten deutschen Strahlverkehrsflugzeuges 152 gehört heute zu den fast unbezahlbaren Raritäten bei den Luftfahrtenthusiasten. Gefertigt wurde das Plastmodell von 1958 bis 1961 vom VEB Kunststoffverarbeitung Zschopau (KVZ), einem bekannten Spielwarenhersteller in der DDR. Am 1. Januar 1969 wurde der VEB KVZ in das Kombinat VEB Modell- und Plastspielwaren Annaberg-Buchholz eingegliedert, ab 1. Januar 1974 hieß das Kombinat dann VEB Plasticart.

Als Abziehbilder gehörten zum Baukasten, der ein farblich vorgefertigtes Modell enthielt, die Kennzeichen für die erste bei der Deutschen Lufthansa der DDR vorgesehene 152. Dem Aus der DDR-Luftfahrtindustrie folgte bald darauf auch die Einstellung der Produktion des kleinen Spielzeugs. Mehr über alle Modelle vom VEB Plasticart ist bei www.familie-wimmer.com zu entdecken. Torsten Kiel wiederum bereitet ein Buch über die Modelle und Spielzeuge der KVZ vor.

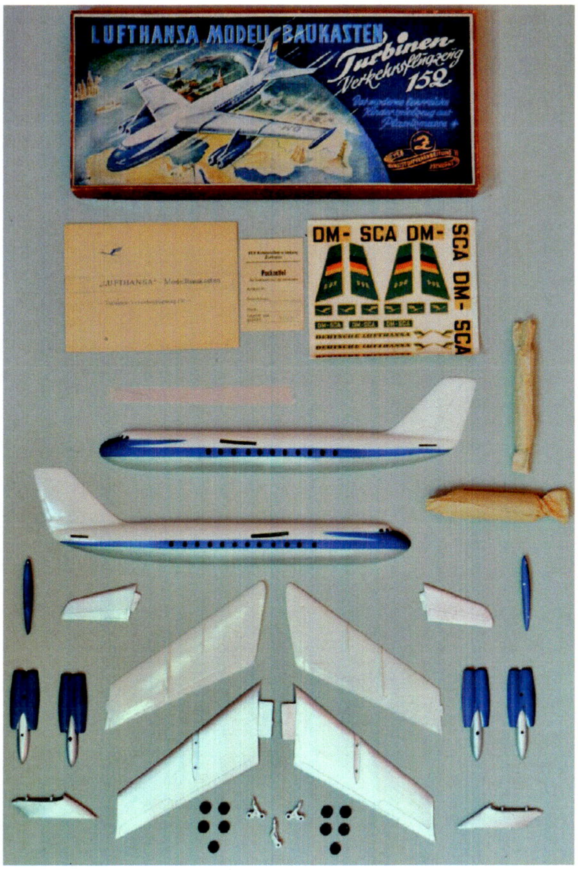


*Foto: Torsten Kiel*

## Baumusterübersicht der 152

**V-1:** Erster Prototyp (DM-ZYA). Vier TL Mikulin RD-9B (je 25,5 kN); Tandemfahrwerk mit Stützrädern an den Tragflügelenden; verglaster Rumpfbug für Navigator. Erstflug am 4.12.1958. Absturz beim zweiten Flug am 4.3.1959 nach 55 Flugminuten.

**V-2:** Zelle für statische Bruchversuche. Rumpf 1961 nach Berlin-Schönefeld für Feuerwehrübungen transportiert, 1984 verschrottet.

**V-3:** Vorgesehen für dynamische Bruchversuche; nicht gebaut.

**V-4:** Zweites Versuchsmuster (DM-ZYB), Prototyp der 152/II. Vier TL Pirna 014 A-0 (je 30,9 kN); in Kombigondeln einziehbares Dreipunktfahrwerk. Erstflug am 26.8.1960 (22 min), zweiter Flug am 4.9.1960 (20 min). 1961 in Dresden verschrottet.

**V-5:** Drittes Versuchsmuster (DM-ZYC). Analog V-4; Bodenerprobung durch Gerhard Güttel und Heinz Lehmann, Erstflug geplant für den 7.9.1960 (Flugkapitän Gerhard Puhlmann), jedoch nicht mehr ausgeführt, 1961 in Dresden verschrottet.

**V-6:** Zelle für Bruchversuche (später verschrottet).

**V-7:** 23. Maschine der geplanten Serie, vorgesehen für Bruchversuche und als Testzelle für Integralflügeltanks; Bau von Einzelteilen begonnen.

**008:** Erste für die Deutsche Lufthansa (DDR) vorgesehene 152/II (DM-SCA) mit vier TL Pirna 014 A-1 (je 32,4 kN); im Rohbau fertiggestellt. Die vier für dieses Flugzeug vorgesehenen TL waren die ersten aus dem Serienwerk Ludwigsfelde und standen zum Einbau bereit. 1961 bis auf den Rumpf verschrottet, der nach Marxwalde (heute Neuhardenberg) ging.

**009 bis 010:** Im Rohbau fertiggestellt, 1961 verschrottet; die Rümpfe gingen auf NVA-Flugplätze.

**011 bis 013:** Nur Rümpfe im Rohbau fertiggestellt, die 1961 als Lagerstätten nach Rothenburg und andere NVA-Flugplätze gebracht wurden. Der Rumpf der 011 wurde inzwischen in Dresden-Klotzsche restauriert.

**014 bis 020:** Ein Meter längerer Rumpf; Einzelteile fertiggestellt.

**021 bis 023:** Rumpflänge wie für 008 bis 013 geplant, Integralflügeltanks vorgesehen; Einzelteile fertiggestellt.

**024 bis 028:** Teilefertigung begonnen.

# Blindflug

***Betrachtet man den Weg der anderen Projekte der Luftfahrtindustrie der DDR, so glich er von Anfang an einem Flug ins Ungewisse, der nie zum Ziel führte.***

## *Das kurze Leben der 153A*

Wohl am weitesten fortgeschritten waren die Arbeiten an der 153. Als Ablösemuster für die IL-14P vorgesehen, sollte der ursprünglich von zwei 2942-kW-Propellerturbinen sowjetischer Bauart angetriebene Mitteldecker 42 Passagiere befördern können. In der Zwischenzeit hatte man die Konstruktion modernisiert und als Antrieb das ebenfalls in der Entwicklung befindliche und zunächst für 4413 kW und später für 3678 kW Leistung berechnete Pirna 018 vorgesehen.

Der durch den Wegfall der ursprünglichen „Bomberkabine“ und der Frontverglasung nunmehr wesentlich kürzere und elegantere Rumpf nahm je nach Ausstattung 56, 66 oder 82 Passagiere auf. 1958 unterzog man das Modell des Flugzeugs eingehenden Windkanaluntersuchungen und anschließend wurde eine Attrappe der nunmehr als 153A bezeichneten Maschine gebaut. Aus der Sicht der Konstrukteure besaß die 153A eine „optimale Zelle“, ermöglichten doch die neu entwickelten Technologien des chemischen Abtragens und des Gurtfräsens ein optimales Anpassen von Hautfeld- und Stegblechdicken an den Spannungsverlauf der Zelle. Damit ließ sich die Masse des Flugzeuges ohne Festigkeitseinbußen gering halten.

Foto: Archiv Frank-Dieter Lemke

*Im Windkanal – das Modell der 153A. Im Jahre 1958 unterzog man es eingehenden Strömungsuntersuchungen.*

Das für dieses Flugzeug vorgesehene Triebwerk Pirna 018 lief Ende 1958 erstmals auf dem Prüfstand, und auch die Vierblatt-Luftschraube war bereits entwickelt worden. Doch bei einem etwas übertriebenen Dauerlauf des PTL-Triebwerkes ging an der Prüfstandsanlage das Lager der Wasserwirbelbremse zu Bruch. Das verzögerte die weitere Erprobung des PTL 018 erheblich.

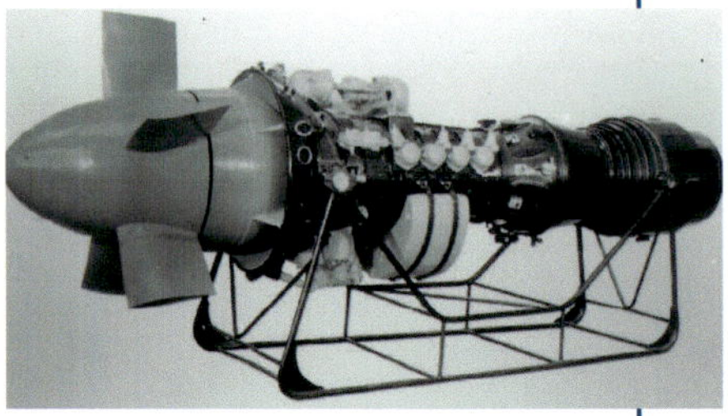

*Eine Attrappe des PTL Pirna 018 stand lange im Verkehrsmuseum Dresden und wurde 1988 vernichtet.*

*Foto: Archiv Klaus-Hermann Mewes*

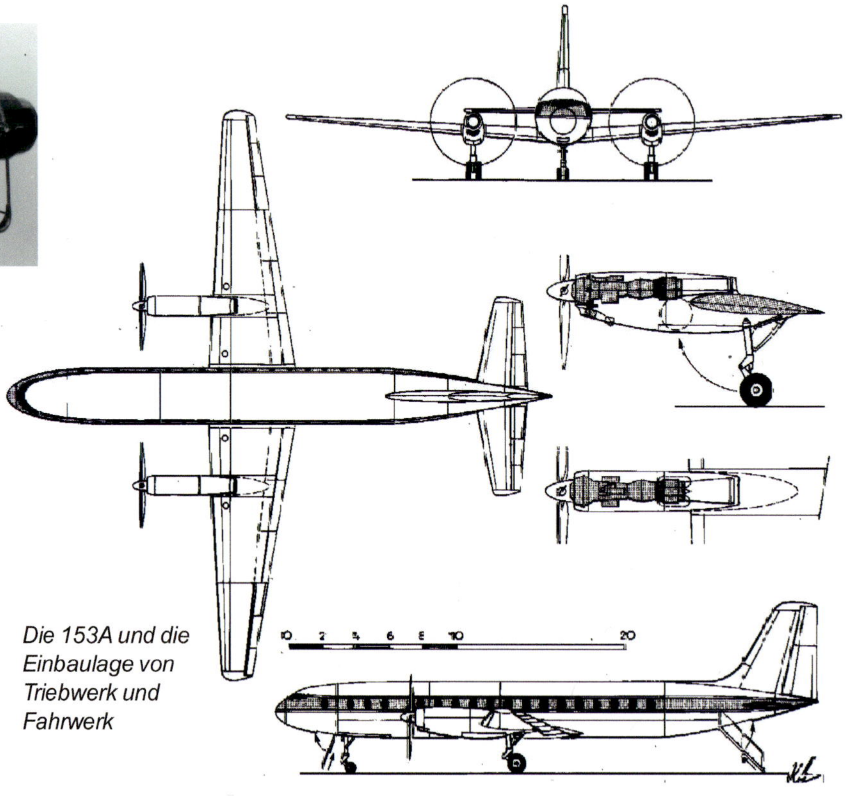

*Die 153A und die Einbaulage von Triebwerk und Fahrwerk*

*Zeichnung: Hans-Joachim Künzelmann*

| ***PTL-Mittelstrecken-verkehrsflugzeug*** | ***153*** | ***153A*** |
|---|---|---|
| Entwicklungsjahr: | 1956 | 1959 |
| Besatzung: | 6 | 6 |
| Passagiere: | 56...82 | 28...78 |
| Triebwerk: | zwei PTL Pirna 018 | |
| Leistung in kW: | je 4413 | je 3678 |
| Spannweite in m: | 33,2 | 31,6 |
| Flügelfläche in m²: | 122,0 | 105 |
| Länge über alles in m: | 32,3 | 28,15 |
| Höhe im Stand in m: | 9,6 | 9,3 |
| Rüstmasse in kg: | 21380 | 18250 |
| Max. Startmasse in kg: | 34000 | 30000 |
| Max. Reisegeschwindigkeit in km/h: | 675 | 700 |
| Reiseflughöhe in m: | 10000 | 10000...11300 |
| Max. Reichweite in km: | 3000 | 5750 |
| Startrollstrecke in m: | 600 | 800 |
| Landerollstrecke in m: | 450 | 420 |

*Oben und links: Aus Holz – Attrappenbau der 153A*

*Bild links: Im Vordergrund die Attrappe des geplanten Turbinenautos (Projektbezeichnung V 101)*

*Fotos: Kurt Häschel*

Da jedoch die Fertigstellung der 152 mit ihren Triebwerken Pirna 014 Vorrang erhielt, stellten die Pirnaer die Arbeiten am PTL 018 zurück. Das Ende für die Konstruktion der 153A kam im Juni 1959, als die Entwurfsarbeiten abgebrochen und dies am 24. Juni 1959 von der Staatlichen Plankommission (SPK) bestätigt wurde. Von der 153A blieb als einziges eine bildschöne Attrappe.

## *Sowjetisches Pendant der 153A fliegt*

Am 2. April 1960 weilte ich mit einem Kollegen auf dem Moskauer Flughafen Wnukowo und wir entdeckten bei einem Rundgang in einem geöffneten Hangar einen zweimotorigen Turboprop-Schulterdecker. Beim Näherkommen konnten wir das Flugzeug genau betrachten. An seinem Rumpfbug prangte die Typenbezeichnung An-24.
Diese Neukonstruktion aus dem Hause Antonow war uns bislang nicht bekannt gewesen. Wir erfuhren, dass sie mit zwei Iwtschenko-Propellerturbinen von je 2000 PS Leistung ausgerüstet sei und bis zu 48 Passagiere aufnehmen könne. Sie befand sich gerade in der Flugerprobung.
Obwohl als Schulterdecker ausgelegt, dachten wir sofort an die 153A, die im Vorjahr eingestellt worden war. Beide Maschinen entsprachen in etwa der gleichen Größenordnung.

Nach unserer Rückkehr erzählte ich Hanns Motsch, dem Referenten Baades, davon. Motsch wollte es nicht glauben, doch erhielt ich einen Anruf von ihm, dass ich sofort zu Baade kommen möge. Er wollte Genaueres wissen, und bei diesem Gespräch gewann ich den Eindruck, dass Baade von dieser sowjetischen Entwicklung bereits gehört hatte, aber keine Details kannte. Er äußerte keine Meinung dazu, zeigte sich jedoch sehr betroffen. Von diesem Zeitpunkt an begann Prof. Brunolf Baade mehr und mehr zu resignieren.
HANS AHNER

## *Die 154 – nur ein Papiermodell*

Das gleiche Schicksal wie die 153A – allerdings in einem wesentlich früheren Stadium ihrer Entwicklung – erlitt die 154. Sie war als Ablösemuster für die zu diesem Zeitpunkt noch gar nicht geflogene 152 gedacht. Ein bis heute erhalten gebliebenes Papiermodell zeigt einen formschönen, in den Grundzügen der Boeing 707, der Douglas DC-8 oder der Convair 990 ähnelnden Pfeilflügler mit vier an Pylonen aufgehängten Einzeltriebwerken. Der Rumpf war im Bereich des Flügelansatzes eingezogen, so dass sich ein Doppelblasenquerschnitt ergab. Der obere Teil war als Passagierraum, der untere für die Fracht vorgesehen. Den Projektunterlagen nach sollten zunächst vier Pirna 014, später vier Zweistromtriebwerke Pirna 020 als Antrieb dienen und der 40 bis 44 Tonnen schweren Maschine 900 km/h Reisegeschwindigkeit verleihen.

Ob nun die Verwirklichung dieses Projekts für den DDR-Flugzeugbau eine Nummer zu groß gewesen wäre oder eine von der Fakultät für Luftfahrtwesen der Technischen Hochschule Dresden angestellte Analyse über den Bedarf eines Flugzeuges dieser Kategorie den Ausschlag gab – gleich wie, die Entwicklung der 154 endete, bevor sie richtig begonnen hatte. An ihre Stelle trat die 155.

### *Stolz auf technische Normen und Windkanäle*

Eine besondere Leistung der DDR-Luftfahrtindustrie war die Entwicklung eines Normsystems für den Flugzeugbau (TNL – Technische Norm Luftfahrt). Hier flossen alle Erfahrungen aus der deutschen DIN und der sowjetischen GOST mit ein. Die zweite großartige Leistung waren der Aufbau und erfolgreiche Betrieb eines aerodynamischen Zentrums mit Nieder- und Hochgeschwindigkeitswindkanal (NK und HK) in Dresden. Übrigens exportierte die DDR einen Nieder- und drei Hochgeschwindigkeitswindkanäle nach China. Den Auffangtrichter für den NK und die Röhren für den HK fertigte der VEB MAB Schkeuditz.
HANS-DIETER TACK

*Nur ein Papiermodell: die vierstrahlige 154*

*Foto: Hans-Joachim Künzelmann*

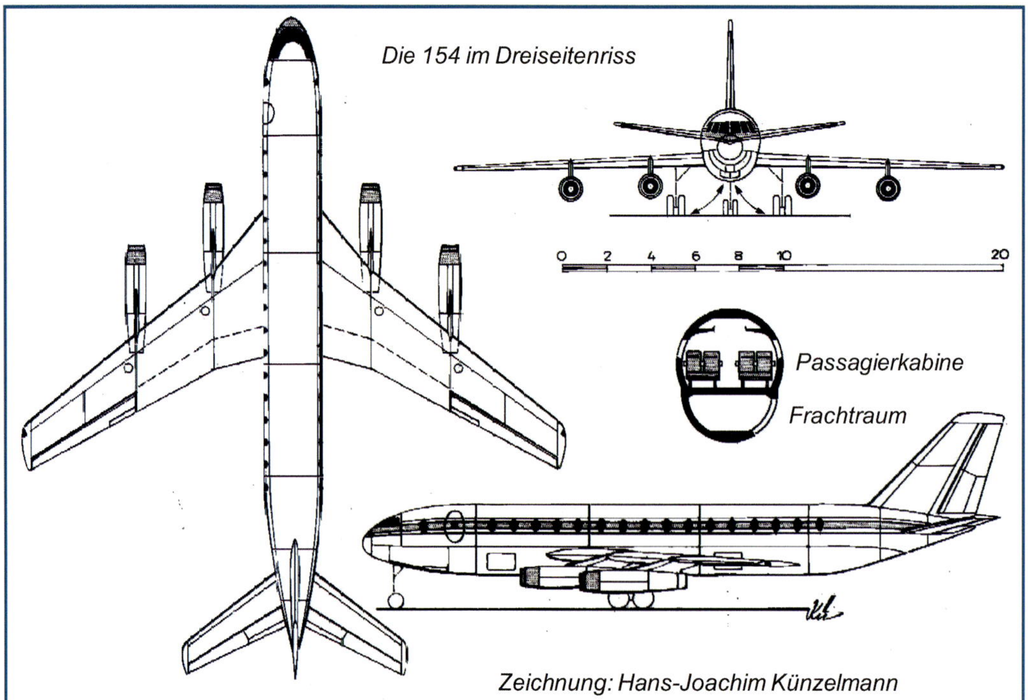


*Die 154 im Dreiseitenriss*

*Zeichnung: Hans-Joachim Künzelmann*

## *Für 1000 km/h: die 160*

Nahezu unbekannt blieb lange Zeit die Tatsache, dass es neben dem Projekt 154 noch weitergehende Überlegungen zur Entwicklung eines großen Strahlverkehrsflugzeuges gab, dessen technische Daten die der 152 und der 154 weit übertreffen sollten. Entsprechende Hinweise finden sich 1955 mehrfach in den Plänen der Luftfahrtindustrie. Es ist allerdings nicht auszuschließen, dass ein derartiges Vorhaben von den deutschen Flugzeugbauspezialisten schon während ihrer Tätigkeit in der UdSSR oder 1954 nach ihrer Rückkehr in die DDR diskutiert worden war.

Ein erster Ideenentwurf für dieses Strahlverkehrsflugzeug, allerdings ohne eine größere Anzahl technischer und technologischer Details, wurde dann bis 1956 erarbeitet.

Der Entwurf sah ein sehr leistungsfähiges Passagierflugzeug mit einer Reisegeschwindigkeit von 1000 km/h(!) vor. Je nach Ausstattungsvariante war ein Platzangebot von 80, 94 oder 118 Sitzen geplant. Die Reichweite sollte in Abhängigkeit von der jeweiligen Ausführung zwischen 2900 km und 3500 km liegen.

Als Antrieb werden in der Studie vier starke Strahltriebwerke mit einem Startschub von insgesamt 235 kN genannt. Deren Anordnung bildete eine Besonderheit der 160: Sie sollten an der Rumpfunterseite jeweils vor und hinter der Tragflügelwurzel angebracht werden. Ob allerdings die dabei zwangsläufig auftretenden strömungstechnischen Probleme konstruktiv in ausreichendem Maße beherrschbar gewesen wären, erscheint fraglich.

### *TL-Mittelstreckenverkehrsflugzeug 160*

| | |
|---|---|
| Besatzung: | 6 |
| Passagierzahl: | 80...118 |
| Triebwerk: | vier TL |
| Leistung in kN: | je 58,8 |
| Spannweite in m: | 34,4 |
| Flügelfläche in m²: | 266 |
| Länge über alles in m: | 42,64 |
| Höhe im Stand in m: | 12,3 |
| Rüstmasse in kg: | 39900...40300 |
| Startmasse in kg: | 80000 |
| Max. Reisegeschwindigkeit in km/h: | 1000 |
| Reichweite in km: | 2900...3500 |
| Reiseflughöhe in m: | 12000 |

Die technischen Daten in der Tabelle verdeutlichen, dass die Idee der 160 nicht nur schlechthin ein zukunftsweisendes Großprojekt darstellte. Bei einer erfolgreichen Realisierung dieses Vorhabens wäre die Luftfahrtindustrie der DDR mit einem der seinerzeit modernsten und leistungsfähigsten Verkehrsflugzeuge der Welt auf den internationalen Flugzeugmarkt gekommen.

Für die Deutsche Lufthansa der DDR bzw. die spätere INTERFLUG wäre die 160 ein geeigneter Standardtyp für den interkontinentalen Luftverkehr gewesen. Mit den angegebenen Leistungsdaten hätte sie, eine hohe Zu-

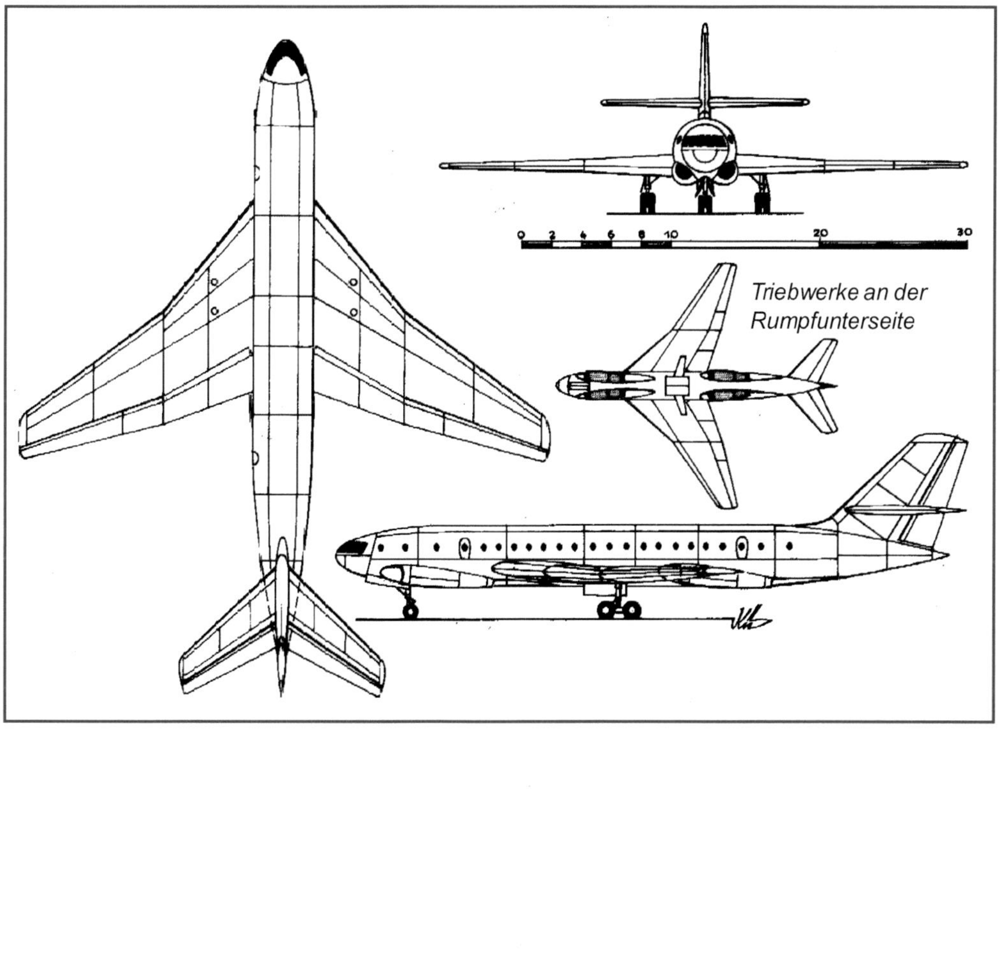


*Nur auf dem Papier: vierstrahliges Verkehrsflugzeug 160 mit unter dem Rumpf angeordneten Triebwerken*

*Zeichnung: Hans-Joachim Künzelmann*

verlässigkeit und günstige Betriebskosten vorausgesetzt, gute Wettbewerbschancen auf diesen Linien besessen. Allerdings darf nicht übersehen werden, dass die angegebenen Daten lediglich auf Abschätzungen beruhten.

Die Idee der 160 blieb auf dem Papier. Entwicklungsarbeiten wurden nicht in Angriff genommen. Aus heutiger Sicht muss die 160 letztlich als ein völlig unrealistisches Vorhaben erscheinen, scheiterte doch die Luftfahrtindustrie der DDR damals trotz intensiver Bemühungen und umfangreicher staatlicher Zuschüsse bereits an der Fertigstellung der wesentlich kleiner ausgelegten 152.

Eine Beschäftigung mit der größer dimensionierten 160 wäre angesichts mangelnder Voraussetzungen schon weitaus zeitiger an ihre Grenzen gestoßen und hätte zusätzliche Verluste verursacht.

Die Entscheidung, den Entwurf zu den Akten zu legen, war also keine „verpasste Chance" für den DDR-Verkehrsflugzeugbau. Vielmehr musste der Tatsache Rechnung getragen werden, dass die anhaltenden Schwierigkeiten bei der Entwicklung und Produktion eigener Verkehrsflugzeuge derart weitgesteckte Zukunftspläne nicht gestatteten.

## *Die 155 – ohne Perspektive*

Für die Beförderung von 48 Passagieren im Kurzstreckenverkehr ausgelegt, entsprach dieser elegante Tiefdecker im geplanten Einsatzprofil der sowjetischen Tu-124. Als Antrieb waren zwei Zweikreistriebwerke 020 von je 36,3 kN Standschub vorgesehen, deren Entwicklung in Pirna lief. 1959 wurde die 155-Attrappe sogenannten Experten unter anderem aus dem Zentralkomitee der SED vorgestellt, die im Februar 1960 das Projekt allein wegen der angeblich schlechten Sicht aus den Fenstern der Passagierkabine ablehnten, denn die Triebwerke befanden sich relativ dicht am Rumpf auf den Tragflächen.

### *TL-Kurzstreckenverkehrsflugzeug 155*

| | |
|---|---|
| Besatzung: | 6 |
| Passagiere: | 40...48 |
| Triebwerk: | zwei ZTL Pirna 020 |
| Leistung in kN: | je 36,3 |
| Spannweite in m: | 21,2 |
| Flügelfläche in m²: | 60,0 |
| Länge über alles in m: | 24,2 |
| Höhe im Stand in m: | 7,9 |
| Rüstmasse in kg: | 11800 |
| Max. Startmasse in kg: | 21000 |
| Max. Reisegeschwindigkeit in km/h: | 700 |
| Reiseflughöhe in m: | 6000 |
| Max. Reichweite in km: | 1285 |
| Startrollstrecke in m: | 900 |
| Landerollstrecke in m: | 510 |

Foto: Archiv Frank-Dieter Lemke

*Im Luftstrom des Windkanals – das Modell der 155*

Zu diesem Zeitpunkt wurde in der Sowjetunion bereits der Erstflug der Tu-124 vorbereitet. Allein das macht deutlich, dass man in Dresden schon rein zeitlich gesehen hoffnungslos ins Hintertreffen geraten war. Außerdem lehrten die Erfahrungen mit der 152 nachdrücklich, dass bis zur Serienreife noch mehrere Jahre erforderlich sein würden, und auch die Fertigstellung des für die 155 vorgesehenen Strahltriebwerkes Pirna 020 war nicht vor 1966 zu erwarten.

Foto: Sammlung Jochen Werner

*Nur Attrappe: vorn die zweistrahlige 155 und dahinter die 153A. Für die 155 war schon ein Zwei-Mann-Cockpit vorgesehen, das für Flugzeuge dieser Kategorie damals noch ein Novum darstellte.*

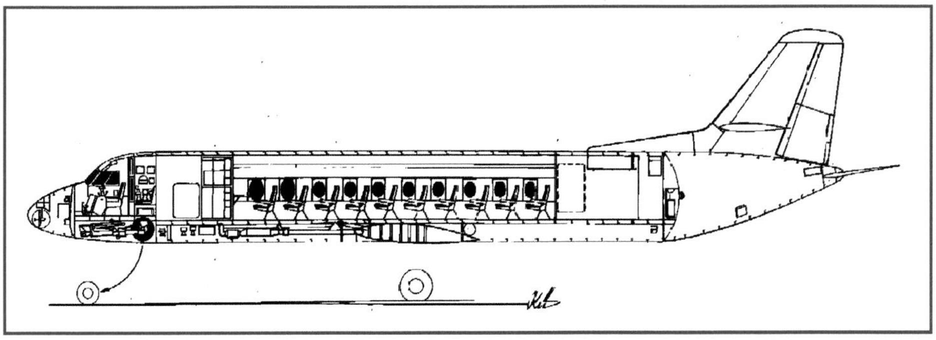

*Im Schnitt: die 155*

*Zeichnung: Hans-Joachim Künzelmann*

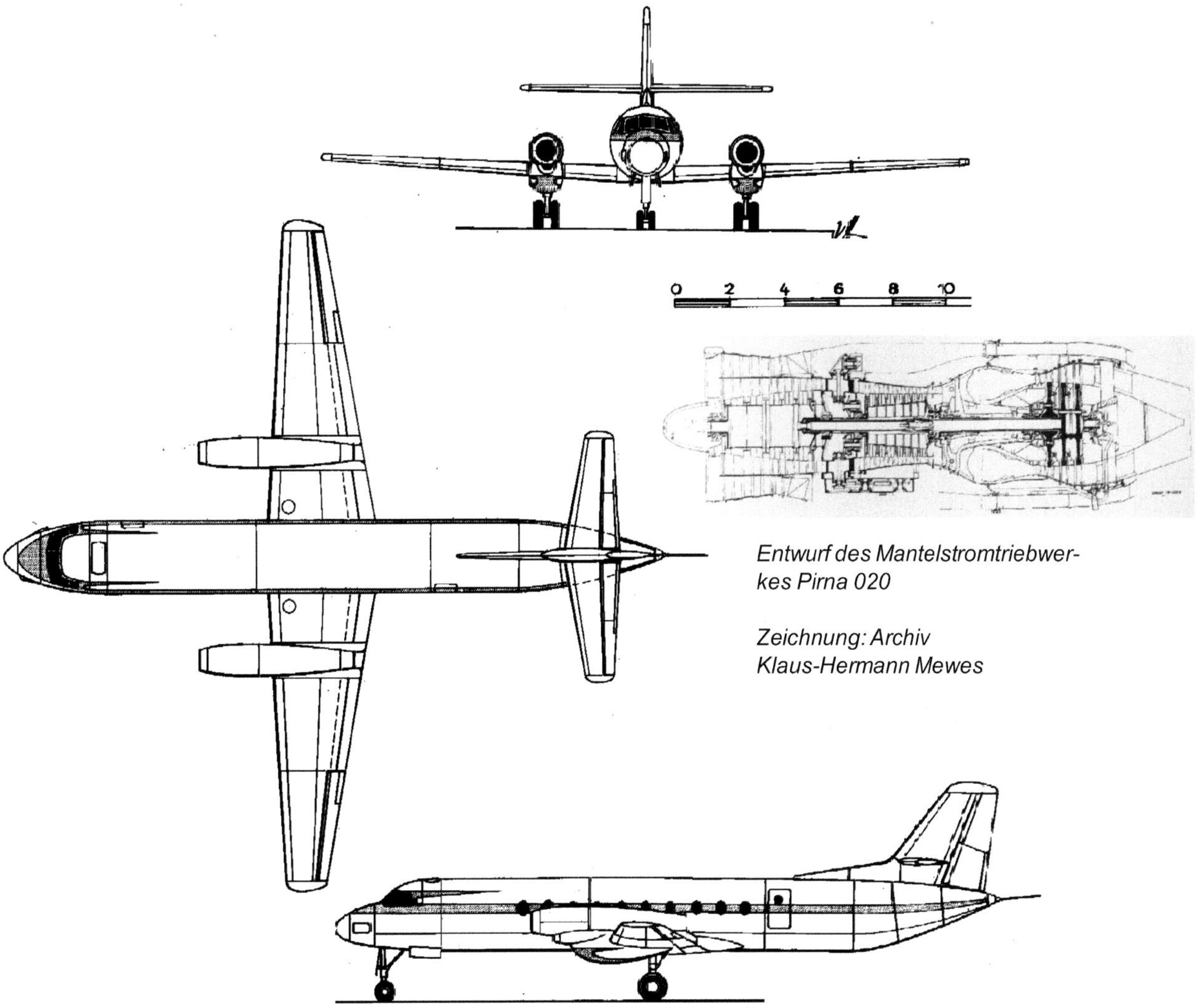


*Entwurf des Mantelstromtriebwerkes Pirna 020*

*Zeichnung: Archiv Klaus-Hermann Mewes*

*Vorgesehen für Landungen auch auf Graspisten: 155 in der Dreiseitenansicht*

*Zeichnung: Hans-Joachim Künzelmann*

Demgegenüber gab es neben der Tu-124 noch weitere Neuentwicklungen ausländischer Flugzeughersteller, die, selbst bei Einhaltung der Planvorgaben vom Juni 1960, wiederum nicht kalkulierbare Absatzprobleme aufwarfen. Da für eine wirtschaftliche Fertigung der 155 eine Serienproduktion von mindestens 120 Stück erforderlich war und der Außenhandel eine Exportmöglichkeit für dieses Flugzeug von nur 60 Stück bis 1965 erkannte, wurde eingeschätzt, dass es sich bei der 155 um ein noch aussichtsloseres Vorhaben als bei der 152 handele. Das bedeutete im November 1960 das Aus auch für dieses Projekt. .

# Im Abwind

***Die Schwierigkeiten mit der 152 und dem Vorprojekt der 155 und schließlich der nicht geklärte Absatz beider Flugzeuge führten unaufhaltsam in die Krise.***

## *In der Sackgasse*

Die Schwierigkeiten bei der rechtzeitigen Fertigstellung der 152 beruhten auf zahlreichen Mängeln, mit denen die DDR-Luftfahrtindustrie zu ringen hatte. Dazu gehörten die mangelhafte Leitungstätigkeit, der insgesamt fehlende wissenschaftliche Vorlauf in der Forschung und Entwicklung, die mit vielen Problemen behaftete Beschaffung von Material unter anderem aus der Sowjetunion sowie die oftmals schlechte Qualität der von den Betrieben zugelieferten Teile, die viel Nacharbeit erforderlich machten. Insbesondere die „Tonnenideologie" in der Metallurgie erschwerte die Bereitstellung der für die Luftfahrtindustrie nur in geringen Mengen benötigten hochveredelten Werkstoffe.

Damit war die Luftfahrtindustrie der DDR, wie im Sommer 1960 verantwortliche Regierungsstellen in einer ernüchternden Bilanz feststellen mussten, „in eine Sackgasse geraten". Den letztlich auslösenden Fakt auf dem Wege hin zu dieser Erkenntnis bildete ein Schreiben der Vereinigung Volkseigener Betriebe (VVB) Flugzeugbau vom Juni 1960.

Nachdem diese schon im Dezember 1959 Abstriche vom Siebenjahrplan auf dem Gebiet der Flugzeugproduktion hatte machen müssen, kündigte die VVB-Leitung nunmehr weitere Reduzierungen und Terminverschiebungen an.

Die Ursachen dafür bestanden in wiederholt auftretenden Schwierigkeiten bei den Arbeiten an den Versuchsmustern V-4 und V-5 der 152, am Triebwerk Pirna 014 A-0 und am Vorprojekt des Kurzstreckenverkehrsflugzeuges 155. Für den Zeitraum 1960 bis 1965 plante die VVB Flugzeugbau deshalb nur noch die Serienfertigung von 25 Exemplaren der 152 (Auslaufen der Produktion 1964) und von 23 der 155. (In der Konzeption vom Dezember 1959 hatten noch 77 Flugzeuge vom Typ 155 gestanden.)

Außerdem listete das Schreiben vom Juni 1960 eine Reihe von technischen und organisatorischen Problemen auf, die selbst die erneut reduzierten Planvorhaben unerfüllbar erscheinen ließen. Von der ursprünglich vorgesehenen Großserienproduktion konnte keine Rede mehr sein. Schuld an dieser Situation sei, so die VVB-Leitung, die „Überschätzung der eigenen Kräfte".

### *Aus eigenem Erleben*

Joseph Besinger kehrte aus China zurück. Er brachte die Nachricht mit, dass das fernöstliche Land rund 100 IL-14P sofort benötigt und den Kauf weiterer 400 Flugzeuge dieses Typs in Aussicht stellt. Aber in Dresden wurden rasch und diskussionslos die Hellingen für den Bau der IL-14P verschrottet, um Platz für die Fertigung tollkühner Großflugzeuge zum Überflügeln des Westens zu schaffen.
Wir verfügten in den 1950er Jahren über modernste Fertigungsmittel und vortreffliche, begeisterte Facharbeiter, Meister und Konstrukteure – aber zu wenige Verantwortliche, die ihnen schmackhaftes Futter in die Raufe streuten.
Unsere Gesetze waren überwiegend doch nicht schlecht! Doch der Genosse, der sie nicht begriff oder nicht achtete und aus seiner Funktion wegen Unfähigkeit oder Faulheit entfernt werden müsste, für den musste erst ein neuer, höherer Posten geoder erfunden werden. Das Prestige, mit einem Strahlverkehrsflugzeug vor dem Westen zu glänzen, war der Partei wichtiger als die Durchsetzung der von ihr selbst verlangten Einhaltung ihrer Gesetzlichkeit.
Noch einmal zum Absturz des Versuchsträgers 152 V-1: Sein Verlust entstand aus meiner Sicht durch zwei Führungsfehler:
Der erste: Der anfängliche Einsatz von Piloten in schlechtem Trainingszustand für das Führen von Strahlflugzeugen – und dies alles mit Wissen der Flugzeugwerke sowie der HAZL.
Der zweite: Eine vom ZK und seinem MfS geduldete Vielzahl von Verstößen gegen die staatlichen Gesetze bei der Leitungstätigkeit und Flugsicherheit, die zum Gewohnheitsrecht ausgewachsen waren.
Deshalb durfte von vornherein die Schuldfrage des Absturzes nicht erörtert werden. Die DDR strotzte mit einer großen Zahl akademisch ausgebildeter Ökonomen, aber das ZK und wohl auch die SPK hatten keinen Überblick darüber, was ein Flugzeug dieser Größenklasse in der Entwicklung kostet, wie lange eine Mustererprobung dauert und welche Kosten sie verursacht, wenn man auf grüner Wiese bei Null anfangen muss.
Und niemand fragte, was es dagegen kosten würde, wenn man erst einmal mit 500 anspruchslosen, erprobten und sicheren IL-14P im RGW und in China Geld verdient für Material, Geräteimport und nicht zuletzt für die Aus- und Weiterbildung der Kader.
Leider war erst der öffentliche Unfall nötig, damit die Partei nicht länger so tun konnte, als hätte sie ihre eigenen Mängel noch immer nicht bemerkt.
Der Absturz der 152 V-1 zwang dazu, Zwischenbilanz zu ziehen. Das Ergebnis: Wir haben uns überschätzt.

JOHANNES BARZ

*Maxi-Attrappe: Die naturgroße Rumpfattrappe der 152/II erregte auf der Leipziger Frühjahrsmesse 1958 zwar großes Publikumsinteresse, aber die erhofften Aufträge blieben aus.*

*Vorn links: Verdichterrotor und Strahlturbine Pirna 014.*

*Foto: Sammlung Peter Stache*

Erstmals wurde daraufhin in den verantwortlichen Regierungsstellen die Möglichkeit eines Abbruchs der gesamten Entwicklung und Produktion von eigenen Verkehrsflugzeugen erwogen. In der „Analyse zum Stand der Luftfahrtindustrie" vom 18. Juni 1960, erarbeitet von zentralen staatlichen Stellen, finden sich zwei Varianten für die weitere Perspektive dieses Industriezweiges: Die erste Variante sah die Fortführung der Arbeiten entsprechend den Vorstellungen der VVB-Leitung einschließlich der Herstellung eines Landwirtschaftsflugzeuges vor.

*Flugkapitän Kurt Lamm, im Zweiten Weltkrieg unter anderem Nachtjäger auf Me 262 und in seiner fliegerischen Laufbahn zuletzt Leiter der Abteilung fliegerische Aus- und Weiterbildung der INTERFLUG, erhielt seinerzeit den Auftrag zum Aufbau der 152-Staffel der Deutschen Lufthansa. Obwohl er diesen Auftrag nicht erfüllen konnte, hatte er sich damals einen ersten Eindruck von der 152 verschafft: „Ein sehr gediegenes Flugzeug, auf das ich mich sehr gefreut habe. Diese wunderbare Maschine hätte den Vergleich mit manchem heute noch im Einsatz befindlichen Fabrikat nicht zu scheuen brauchen. Ich denke da an Einsatzfrequenz, kurze Start- und Landestrecke und Komfort. Ihre gute Ladekapazität hätte sie wirtschaftlich fliegen lassen und wettbewerbsfähig gemacht."*

*Foto: Sammlung Kurt Lamm*

Der Kernsatz der zweiten Variante lautete: „Die Entwicklung und Serienproduktion von Flugzeugen wird eingestellt. Allerdings sollten die bis zur Fortschrittszahl 16 angearbeiteten Flugzeuge vom Typ 152 noch fertiggestellt werden."

Am 29. Juni 1960 regten Mitarbeiter des Staatsapparates an, Walter Ulbricht über die Lage im Industriezweig und die dazu unterbreiteten Vorschläge zu informieren. Parallel dazu verfügte das Politbüro des Zentralkomitees der SED die Bildung einer Arbeitsgruppe zur Untersuchung der Frage, in welchem Umfang die Kapazitäten der Flugzeugindustrie auf die Produktion hochwertiger und volkswirtschaftlich dringend notwendiger Erzeugnisse umgestellt werden könnten.

Um den Ernst der entstandenen Lage zu verstehen, müssen vor allem drei Problemkreise berücksichtigt werden, die auf tieferliegende Ursachen zurückzuführen sind und die nur allzu deutlich die Fragwürdigkeit des Gesamtvorhabens Verkehrsflugzeugbau demonstrieren.

### *Unlösbare Probleme*

Zum ersten waren die Absatzmöglichkeiten der 152 und ihrer Nachfolgemuster weitgehend ungeklärt. Nach den ursprünglichen Vorstellungen zum Aufbau der DDR-Luftfahrtindustrie hatte man die Fertigstellung des ersten Versuchsmusters für 1956 vorgesehen. Die Serienfertigung der 152 sollte dann innerhalb kurzer Zeit um einen Nachfolgetyp ergänzt werden, um Anschluss an den Welthöchststand zu gewinnen. Aber die Probleme beim Bau der 152 bzw. das Einarbeiten von Veränderungen erforderten mehrfach Terminverschiebungen, die wiederum nicht eingehalten werden konnten. Eine ähnlich prekäre Entwicklung zeichnete sich auf dem Triebwerkssektor ab. Insgesamt war mit einem Export der 152/II, nach einer bestimmten Einsatzzeit im Inlanddienst, frühestens ab 1962 zu rechnen. Zu diesem Zeitpunkt aber wäre die 152 nach Einschätzung von DDR-Flugzeugbauspezialisten trotz angestrebter Verbesserungen bei der Variante 152/II gegenüber den neuesten ausländischen Konkurrenzmustern längst veraltet gewesen.

Der Inlandbedarf der damaligen Deutschen Lufthansa (DDR) und der Luftstreitkräfte umfasste lediglich zwölf oder 13 Exemplare; ernsthafte ausländische Optionen lagen nur von polnischer und ungarischer Seite in sehr geringen Stückzahlen vor. Auf anderen Märkten, beispielsweise in China, rechnete man sich 1960 kaum noch größere Chancen aus. Denn welche verantwortungsbewusste Luftverkehrsgesellschaft hätte wohl vom ersten selbstentwickelten Flugzeugtyp eines beliebigen Landes größere Stückzahlen erworben, wenn andere Herstellerländer weit ausgereiftere Muster mit ähnlichen, zum Teil sogar günstigeren Parametern anzubieten hatten? Und hinzu kam, dass die anhaltenden Terminprobleme bei der Fertigstellung der 152 das Vertrauen in die DDR-Flugzeugproduktion natürlich zusätzlich erschütterten.

Spätestens im Jahre 1960 war offensichtlich geworden, dass die Luftfahrtindustrie der DDR hinsichtlich der 152 den Wettlauf mit der Zeit gegenüber der von vornherein fast übermächtigen britischen, französischen, US-amerikanischen und auch sowjetischen Konkurrenz verloren hatte. Bezeichnend dafür ist die Aktennotiz über den Tagesablauf im Ausstellungspavillon der DDR-Flugzeugindustrie auf der Leipziger Messe vom 4. März 1960. In Bezug auf die Produktion des Werkes 801 (VEB Flugzeugwerke Dresden) heißt es dort unter Punkt 1: „Ernsthafte Interessenten sind nicht zu verzeichnen."

### *Ein Konstrukteur von Format*

Nicht nur die Großen wie Brunolf Baade oder Heinz Roessing haben den DDR-Flugzeugbau geprägt. Es war vor allem der sogenannte Mittelbau, der das Gerüst stellte. Einer von ihnen war Hans Hertle, der im VEB MAB Schkeuditz die Konstruktionsabteilung für Flugzeugbauvorrichtungen und Sonderwerkzeuge leitete. Als „Junkers-Mann" im besagten Oktober 1946 mit der Familie in die Sowjetunion verbracht, in den Ort Uprawlentscheski nahe Kuibyschew, dem heutigen Samara, „landete" er nach der Rückkehr der „SU-Spezialisten" im VEB MAB Schkeuditz.

Flugzeuge bestehen in ihrer äußeren Kontur aus doppelt gekrümmten Flächen; so bezeichnen es die Mathematiker, die Statiker sagen Schalen dazu. Um den Strak, also die Linie, die alle Punkte dieser Flächen verbindet, von der Zeichnung in materielle Gebilde umzusetzen, bedarf es Bauvorrichtungen, genannt Hellinge, und diese zu konstruieren und zu bauen, war das Metier von Hans Hertle. Er beherrschte das meisterhaft.

Ich hatte das Glück, ihn auf zwei Ebenen kennenzulernen. Als Flugzeugbauer damals im VEB MAB Schkeuditz tätig, ist er mir als aufgeschlossener Fachmann, der dem Werker in Augenhöhe begegnete, in guter Erinnerung. Aber man musste auch selbst sein Metier beherrschen, sonst war man für ihn kein Partner, was nachvollziehbar ist.

Die zweite Ebene der Begegnung war mein damaliges Ingenieur-Abendstudium von 1960 bis 1965 in der Fachrichtung Maschinenbau. Das Fach Konstruktionslehre ist im Maschinenbau natürlich prononciert. Hans Hertle und die dafür geeigneten Mitarbeiter seiner Abteilung wie Ferdinand Bochentin wirkten nebenher als Dozenten in diesem Fach. Zur

*In der Hoch-Zeit der DDR-Luftfahrtindustrie war für den Flughafen Dresden-Klotzsche der Bau eines Hangars vorgesehen, der seinesgleichen in der Welt gesucht hätte. Dieser Hangar mit Pfiff besaß keine Stützen, sondern ein Seiltragflächendach mit drei Stahlrohren als Zugstreben. Das Dach selbst sollte mit Plexiglastafeln ausgefacht werden.*

*Zeichnungen: Günter Schulz*

Belegarbeit, ich erinnere mich sehr gut daran, bekam jeder von uns Abendstudenten ein dreidimensionales Blechteil. Zunächst war das Teil zu vermessen, eine Zeichnung anzufertigen und die Abwicklung zweidimensional auf das Papier zu bringen. Dann hatte jeder ein Werkzeug zur Herstellung des Blechteils zu konstruieren, aber jeder ein anderes, zum Beispiel Schnittwerkzeug, Folgeschnittwerkzeug, Tiefziehwerkzeug usw. Wöchentlich hatten wir unseren Arbeitsfortschritt bei Hertle & Co. vorzustellen. Beim ersten Mal hat er sofort die Mittellinien, die ja horizontal und vertikal am gezeichneten Bauteil überstehen, vermessen. Waren diese nicht gleich lang, hat er das als liederliche Arbeit „gewürdigt". Wir haben alle bei ihm und seiner Mannschaft richtig konstruieren gelernt und ich kann das auch heute noch.

Nach erfolgreichem Maschinenbaustudium studierte ich an der TH Leuna-Merseburg Verfahrenstechnik, also die apparative Seite. Als ich zu Beginn des Fachs Konstruktionslehre dem zuständigen Professor meine Arbeiten aus dem Ingenieurstudium vorlegte, konstatierte er erstaunt, dass er beim Hochschulstudium nicht so weit käme. Er schlug mir vor, wenn ich mit der Note „gut" einverstanden sei, mich von diesem Fach zu befreien. Das nimmt man natürlich an, zumal als Fernstudent, wo der Zeitfaktor eine ganz besondere Rolle spielt. Konstruieren ist nun mal sehr zeitaufwendig. Außerdem bat mich besagter Hochschullehrer um die Adresse von Hans Hertle. Er wollte diesen begnadeten Konstrukteur unbedingt kennenlernen.

Mit der Witwe von Hans Hertle pflegte ich bis zu ihrem Tode gute Kontakte. Sie hat uns wertvolle Informationen und Dokumente zur Bewahrung der Luftfahrtgeschichte überlassen.
DIPL.-ING. HANS-DIETER TACK

Zunehmend wurde deutlich, dass die DDR-Luftfahrtindustrie auch künftig nicht in der Lage sein würde, dem Welthöchststand entsprechende Verkehrsflugzeuge in den Größenordnungen der 152 oder 155 zu produzieren. Diese Erkenntnis hatte sich auch bei den Verantwortlichen des DDR-Flugzeugbaus weitgehend durchgesetzt. Professor Brunolf Baade, der jahrelang als einer der energischsten Verfechter des ehrgeizigen DDR-Flugzeugbauprogramms aufgetreten war, äußerte Anfang Juli 1960 die Auffassung, dass man bei den bestehenden Orientierungen „immer hinter den fortgeschrittensten Entwicklungen hinterherhinken" werde.

Das Zurückbleiben begründete er zu einem wesentlichen Teil mit Schwächen in der Grundlagenforschung. Auf noch höhere Investitionen in diesem Bereich bestanden jedoch wenige Aussichten, denn andere Industriezweige benötigten ebenso dringend Mittel für die Forschung. Dagegen konnte sich der Luftfahrtsektor der führenden Industriestaaten wie der USA, der UdSSR oder Großbritanniens auf weitaus größere Forschungskapazitäten stützen. Dies um so mehr, als die Grundlagenforschung in diesen Ländern schon damals zu einem guten Teil der Luftrüstung diente und folglich viele zivile Produkte unmittelbar aus militärischen abgeleitet wurden. So musste denn auch der einzig sichtbare Ausweg, den man in einer noch engeren Zusammenarbeit mit der UdSSR-Luftfahrtforschung sah, auf die Grenzen der militärischen Geheimhaltung stoßen. Gleichzeitig war eine vertiefte Kooperation mit westlichen Staaten angesichts des Kalten Krieges und des festgefahrenen Blockdenkens schwerlich realisierbar.

Ähnliche Probleme traten bei der Bereitstellung von neuen Luftfahrtwerkstoffen auf. Die DDR-Industrie war hierzu in vielen Fällen einfach nicht in der Lage. Lieferungen aus der UdSSR als dem ersten Ansprechpartner trafen

in der Regel nur mit Verzögerung ein, wobei die Gründe dafür weniger in der unbeweglichen sowjetischen Planwirtschaft zu suchen waren als im dringenden Eigenbedarf. Außerdem lehnte die Sowjetunion bestimmte Lieferungen aus militärischen Gründen einfach ab.

Die Situation im Bereich der Luftfahrtgeräteproduktion, insbesondere auf dem Gebiet der Prüf- und Messmittel für die Fertigung, bot kein besseres Bild. Das ursprüngliche Vorhaben, die DDR-Luftfahrtindustrie nach anfänglichen Überbrückungslieferungen aus der Sowjetunion vorwiegend aus eigener Produktion zu versorgen, war erfolglos geblieben. Um den Rückstand zum internationalen Niveau aufzuholen, hätte es – zusätzliche Investitionen für die Zulieferbetriebe vorausgesetzt – noch Jahre bedurft.

Außerordentlich hoch waren die Ausgaben für die Luftfahrtindustrie ohnehin: Zwischen 1955 und 1959 betrugen die Zuschüsse aus dem Staatshaushalt rund 1,3 Milliarden DM; für 1960 bis 1965 schätzte man den Zuschuss auf nochmals etwa 1,3 Milliarden. Angesichts der geringen Stückzahlen, die bis 1965 zur Auslieferung gelangen würden, erbrächte jedes fertiggestellte Flugzeug Verluste in Millionenhöhe. Der Außenhandel bezifferte den möglichen Valuta-DM-Preis je Flugzeug vom Typ 152 mit 7 Millionen DM. Bei einer Losgröße von 20 Stück wären je Flugzeug Kosten in Höhe von 25 Millionen DM entstanden.

Nach damaligen Schätzungen hätte das bei einer angenommenen Valutarentabilität von 1,0 einen Gesamtverlust von 360 Millionen DM zur Folge gehabt. Für 23 Maschinen des Typs 155 beliefen sich die geschätzten Verluste auf 207 Millionen DM. Aber selbst diese Berechnungen setzten noch voraus, dass die Flugzeuge tatsächlich zum vorgesehenen Zeitpunkt die Werkhallen verlassen und dann auch restlos verkauft würden. Anderenfalls wären die Kosten noch weiter angestiegen.

Diese sich abzeichnende Entwicklung stand im völligen Gegensatz zum ursprünglichen Anliegen, durch den Aufbau eines eigenen Flugzeugbaus die Exportrentabilität der Volkswirtschaft zu verbessern und Überschüsse für andere Industriezweige zu erwirtschaften. Hinzu kam die Tatsache, dass größere Teile der VVB Flugzeugbau nicht durch eine luftfahrttypische Produktion hätten ausgelastet werden können. Allein für das Jahr 1960 mussten deshalb 105 Millionen DM Bruttoproduktion für andere Produkte veranschlagt werden, um eine weitgehende Auslastung der teuren Grundmittel und hochqualifizierten Arbeitskräfte aus dem Flugzeugbau zu erreichen.

Foto: Archiv Frank-Dieter Lemke

*Sie übten sich gegenüber der 152 in Zurückhaltung: der Chef der ungarischen Zivilluftfahrt Rudolf Ronai (ganz links), der Generaldirektor der MALEV Alexander Hüvös (zweiter von rechts) und MALEV-Chefpilot Istvan Kapitany (ganz rechts).*

Es handelte sich dabei unter anderem um Bauteile aus Leichtmetall für das Chemie- und Fahrzeugprogramm sowie für den Landmaschinenbau.

## *Entscheidung unumgänglich*

Natürlich hatten sich vereinzelt schon vor 1960 warnende Stimmen erhoben, die auf die schwerwiegenden Widersprüche bei der Realisierung des DDR-Flugzeugbauprogramms hinwiesen.

Spätestens 1959 erkannten auch die zuständigen ZK-Vertreter die heraufziehende Krise, die durch – vorsichtig ausgedrückt – wenig optimistische Prognosen über Absatzchancen von DDR-Verkehrsflugzeugen noch an Bedrohlichkeit zunahm. So waren von der Fakultät für Luftfahrtwesen der Technischen Hochschule Dresden in der Zeit vom 1. April 1958 bis zum 30. Juni 1959 Untersuchungen über den „Bedarf des sozialistischen Lagers an Verkehrsflugzeugen bis 1965“ angestellt worden, die sich in einem 70seitigen, durch 54 detaillierte Anlagen ergänzten und in acht numerierten Exemplaren ausgefertigten vertraulichen Forschungsbericht mit dem Titel „Bedarfsforschung für den Flugzeugbau der DDR“ niederschlugen. Hierin waren für drei verschiedene Flugzeuggattungen (für den Kurz-, Mittel- und Langstreckeneinsatz) die in den Jahren 1960 bis 1965 zu erwartenden absoluten Bedarfsziffern, aufgeschlüsselt auf die einzelnen Länder, anhand des zu erwartenden Verkehrsaufkommens ermittelt worden.

Aus den zugrunde gelegten Leistungsparametern der in der Studie als Typen A, B und C bezeichneten Flugzeuge lassen sich unschwer die „echten“ erkennen: die 155, 152 und 154. Besonderes Interesse verdienen die für den Typ B alias 152 ermittelten Bedarfszahlen. In einer Tabelle geben die Autoren einen Gesamtbedarf von 426 Maschinen im Zeitraum 1960 bis 1965 an, davon acht Passagier- und 20 Frachtflugzeuge für die Deutsche Lufthansa der DDR. Für die Sowjetunion wird mit 312 Exemplaren der Löwenanteil angesetzt, für die VR China sind es 43, und auf die übrigen sozialistischen Länder entfallen jeweils zwei bis 13 Einheiten.

Es besteht kein Zweifel an der Exaktheit, mit der diese Zahlen ermittelt wurden, und auch nicht daran, dass die Autoren sie als rein theoretische, die Obergrenze bildende Werte betrachteten. Schließlich war es nicht ihre Aufgabe, in Betracht zu ziehen, was wohl wäre, wenn die Sowjetunion ihren Bedarf von 312 Flugzeugen dieser Kategorie aus eigener Produktion decken und darüber hinaus noch andere der untersuchten Länder beliefern würde, so dass vielleicht lediglich der die Produktionskosten nicht im entferntesten deckende Inlandbedarf bliebe...

Solche Schlussfolgerungen zu ziehen oblag anderen Institutionen, unter anderem auch jenen, die diese Studie zur Kenntnis erhielten: das Leitbüro des Forschungszentrums der Luftfahrtindustrie, der Forschungsrat der DDR, der Ministerrat und der Minister für Bergbau und Schwerindustrie. Ihre Stellungnahmen zu dem Forschungsbericht sind nicht bekannt. Ebensowenig bekannt ist, ob den entscheidenden Instanzen die Tragweite der in der Studie genannten Fakten überhaupt klar war, denn bis Mitte des Jahres 1960 wurde sowohl von führenden Persönlichkeiten der Flugzeugindustrie als auch von den dafür verantwortlichen Partei- und Regierungsstellen starr an der Durchsetzung der Planvorhaben festgehalten. Erst die bereits genannten erneuten Rückschläge im ersten Halbjahr 1960 leiteten den Prozess des Umdenkens ein.

So diskutierte man ab Juli 1960 verschiedene Möglichkeiten und Varianten zur weiteren Entwicklung der Luftfahrtindustrie, wie die Fortsetzung der Arbeiten entsprechend den Vorschlägen der VVB-Leitung; den Abbruch der Verkehrsflugzeugproduktion; die Neugestaltung des DDR-Flugzeugbaus mit einem reduzierten bzw. stark modifizierten Entwicklungs- und Produktionsprogramm. Die einzelnen Varianten unterschieden sich dann noch in ihren zeitlichen Vorstellungen und hinsichtlich der konkreten inhaltlichen Maßnahmen voneinander.

Vor den Arbeitern und Ingenieuren der Luftfahrtindustrie wurden diese Überlegungen geheim gehalten. Nur wenige Führungskader waren informiert; bis zur endgültigen Entscheidung sollte Unruhe vermieden werden.

Währenddessen kam es zu neuen Schwierigkeiten. Nach den beiden Flügen des Versuchsmusters V-4 der 152 musste die Flugerprobung zunächst abgebrochen werden, um auf Forderung der Testpiloten erneut nach der Absturzursache des ersten Prototyps zu forschen sowie um aufgetretene Mängel zu beseitigen. Damit standen die erst im Juni 1960 formulierten Planziele bereits wieder in Frage. Wie von uns eingesehene, damals interne Dokumente belegen, reduzierten sich schon im Oktober 1960 die Erörterungen in den zentralen Stellen lediglich noch auf Detailfragen der Abbruchvariante. In Anbetracht der geschilderten Situation blieb praktisch wohl auch kein anderer Ausweg mehr. Wollte man weitere wirtschaftliche Verluste vermeiden, mussten die Arbeiten umgehend eingestellt werden.

Eine letzte Abstimmung im engsten Kreis mit dem Staatschef und 1. Sekretär des ZK der SED Walter Ulbricht führte dann Ende November 1960 zu einer grundsätzlichen Entscheidung über den Abbruch. In diesem Zusammenhang wurde von Walter Ulbricht auch die mehrfach angesprochene Herstellung eines eigenen Agrarflugzeuges verneint.

***Aus dem Beschluss des Ministerrates vom 19. Dezember 1962: Bericht über die Aufwendungen für die Umstellung der Luftfahrtindustrie***

Im VEB Flugzeugwerke Dresden wurden die bereits zum Teil einen hohen Fertigungsgrad aufweisenden Flugzeuge vom Baumuster 152 wieder demontiert.
Es handelt sich dabei um
– zwei Versuchsmuster mit einem Fertigungsgrad von 100 Prozent
– sechs Maschinen der Nullserie mit einem Fertigungsgrad zwischen 60 und 90 Prozent
– die ersten sieben Maschinen der Serienfertigung mit einem Fertigungsgrad zwischen 20 und 40 Prozent.
Soweit irgend möglich, wurde das Material dieser Flugzeuge anderen Verwendungszwecken zugeführt.

Auch im VEB Maschinen- und Apparatebau Schkeuditz wurden alle F- und E-Themen vor allem für flugzeugtypische Bodengeräte und für das Landwirtschaftsflugzeug L-1 *Flora* systematisch abgebrochen und mit den Abschlussberichten zur weiteren Aufbewahrung dem Zentralarchiv übergeben.

Der Bericht an den Ministerrat informiert darüber hinaus über jene Gespräche, die Genosse Cichy mit dem ehemaligen sowjetischen Chefberater Genossen Pawlowsky mit dem Ziel geführt hat, alle F- und E-Themen der UdSSR und damit auch den anderen daran interessierten sozialistischen Ländern zur Auswertung anzubieten. Im September 1961 wurden diese Gespräche in Moskau abgeschlossen und eine Übernahme abgelehnt, weil diese Entwicklungsaufgaben noch nicht erprobungsreif waren.
Mit diesem Ergebnis endete auch das entsprechende Angebot an die CSSR.

***Die finanziellen Verluste durch ausgebuchte F- und E-Themen:***

| | |
|---|---|
| Triebwerk Pirna 014 | 168,4 Mio DM |
| Flugzeug Typ 152 | 277,5 Mio DM |
| Flugzeug Typ 153 | 14,4 Mio DM |
| Flugzeug Typ 155 | 27,3 Mio DM |
| Andere Themen | ca. 90 Mio DM |

# Flora – der letzte Versuch

***Neben der Entwicklung und Produktion von Verkehrsflugzeugen und dem Segelflugzeugbau hatte sich die DDR-Luftfahrtindustrie auch mit einem solchen Projekt beschäftigt.***

Dieses Vorhaben ging im deutschen Flugzeugbau auf eine Tradition zurück, die bis in die 1920er Jahre reicht. Beim Aufbau der DDR-Luftfahrtindustrie hatten Agrarflugzeuge jedoch vorerst keine Rolle gespielt. Demgegenüber verfügten die westlichen Herstellerländer ebenso wie die Luftfahrtindustrien der RGW-Staaten über ein umfangreiches Angebot von speziell für den Einsatz in der Land- und Forstwirtschaft konstruierten bzw. hierfür modifizierten Flugzeugtypen. Der Wirtschaftsflug der Deutschen Lufthansa der DDR verwendete damals die sowjetische An-2 und den tschechoslowakischen Typ L-60 *Brigadyr*.

### *Landwirtschaftsflugzeug SP 043 Flora*

| | |
|---|---|
| Besatzung: | 1 |
| Triebwerk: | zwei AI-14R |
| Leistung in kW: | je 190 |
| Spannweite in m: | 17,3 |
| Flügelfläche in m²: | 43,0 |
| Länge über alles in m: | 12,9 |
| Höhe im Stand in m: | 3,75 |
| Betriebs-Leermasse in kg: | 2000 |
| Kraftstoffmasse in kg: | 200 |
| Nutzmasse in kg: | 800 |
| Startmasse in kg: | 3000 |
| Reisegeschwindigkeit (km/h): | 170 |
| Arbeitsgeschwindigkeit (km/h): | 110 |
| Minimalgeschwindigkeit (km/h): | 58 |
| Max. Steigleistung in m/s: | 5,0 |
| Überführungsreichweite in km: | 600 |
| Normale Flugdauer in h: | 2,0 |
| Startrollstrecke in m: | 125 |
| Startstrecke auf 10,7 m in m: | 190 |
| Landerollstrecke in m: | 75 |

Erst 1959 wurde in der DDR das Vorhaben eines eigenen Agrarflugzeuges auf die Tagesordnung gebracht. Vorüberlegungen waren im Bereich der Flugzeugindustrie schon 1958/59 angestellt worden. Auf Anforderung des Ministeriums für Verkehrswesen gab es dann im November/Dezember 1959 gemeinsame Beratungen von Vertretern der Deutschen Lufthansa und der VVB Flugzeugbau sowie von Wissenschaftlern zu dieser Thematik. Erwogen wurde die Entwicklung eines geeigneten Flugzeuges für den aviochemischen Dienst.

Das Interesse an Agrarflugzeugen resultierte damals zu einem wichtigen Teil aus der Zielstellung der SED-Landwirtschaftspolitik, den Prozess der Bildung Landwirtschaftlicher Produktionsgenossenschaften (LPG) bis 1960 weitgehend abzuschließen. Daraus ergab sich in den meisten Anbaugebieten die Möglichkeit der Großflächenproduktion, die einen entsprechend hohen Bedarf an landwirtschaftlichen Maschinen und Geräten einschließlich einer wesentlich größeren Zahl von Agrarflugzeugen für den Sprüh- und Streueinsatz zur Folge

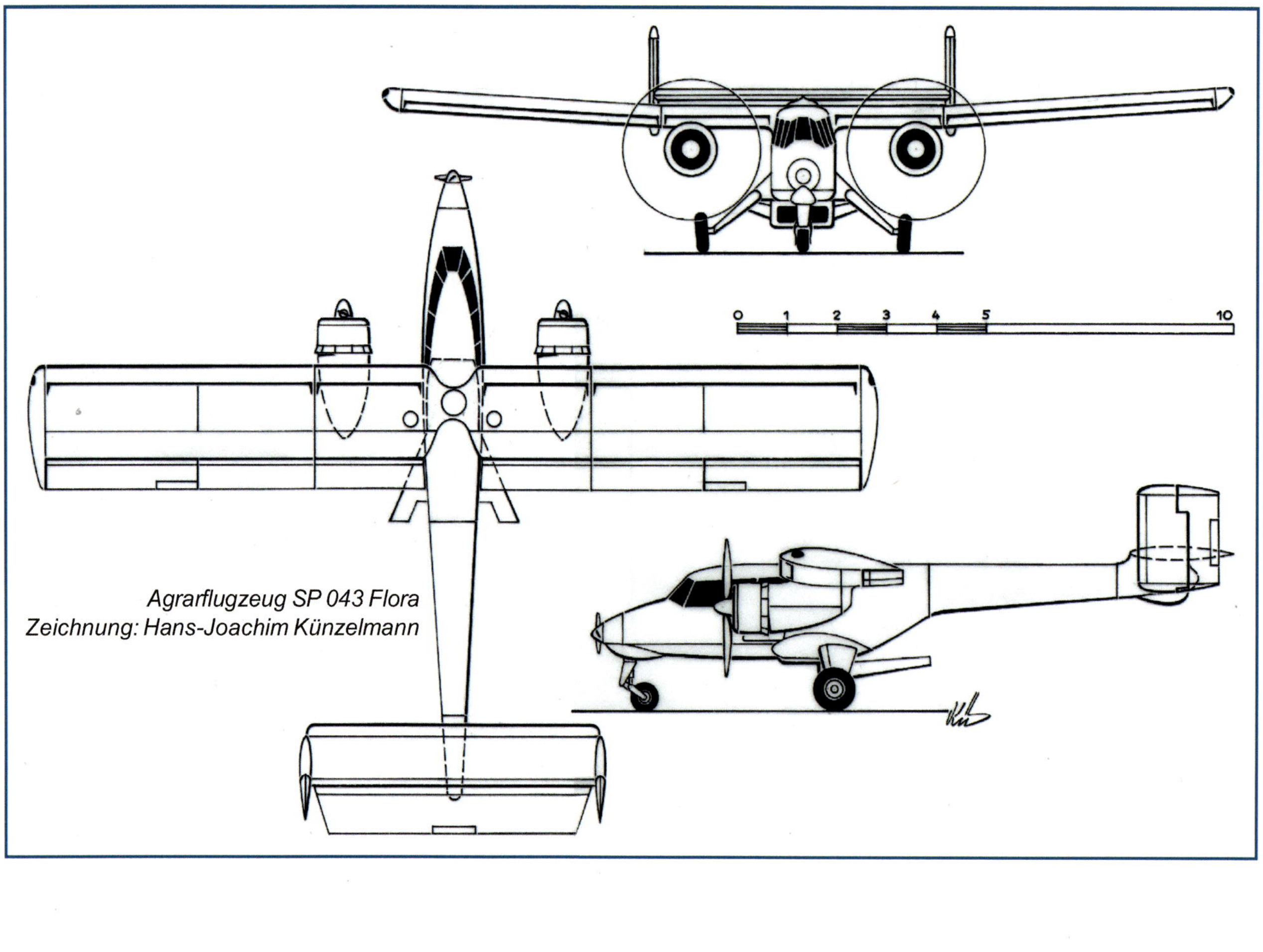


*Agrarflugzeug SP 043 Flora*
*Zeichnung: Hans-Joachim Künzelmann*

### *Illegal entwickelte Flora*

Im Unterschied zu Brunolf Baade vertrat Heinz Roessing, ehemals Siebel-Flugzeugwerke Halle und in der Sowjetunion Hauptkonstrukteur und Leiter des OKB 2 in Podberesje, die Auffassung, dass die DDR mit ihren geringen Mitteln und Ressourcen nur kleine Flugzeuge (Landwirtschaftsflugzeuge oder Sport- bzw. Reiseflugzeuge) entwickeln solle und der Großflugzeugbau nur im RGW-Maßstab möglich sei.
Sein Landwirtschaftsflugzeug ließ Heinz Roessing im VEB MAB Schkeuditz zunächst ohne Einordnung in den F- und E-Plan entwickeln, also „schwarz“. Nachdem die Entwicklung weit fortgeschritten war, mussten die Dresdner sie offiziell einordnen und ihr eine Typen-Nummer zuordnen. Unter der Bezeichnung Studienprojekt SP 043 *Flora* bzw. SP-045 *Flora* liefen die Entwicklungsarbeiten in Schkeuditz weiter. Diesen Tatsachen geschuldet, erteilte dann die Hauptabteilung Flugwerk im VEB Flugzeugwerke Dresden am 26. Januar 1961 nach widerwilliger Zustimmung von Generalkonstrukteur Baade die Typenbezeichnung 157 mit dem Zusatz *Flora*.
Nach Ende des DDR-Flugzeugbaus wurden alle Konstruktionsunterlagen der 157 *Flora* angeblich an die Sowjetunion übergeben.

hatte. Der Absatz der ersten Produktionsserien eines Agrarflugzeuges wäre damit gesichert gewesen. Gleichzeitig hätte die Luftfahrtindustrie mit diesem Vorhaben ihre Leistungsfähigkeit unter Beweis stellen können. Ein relativ kurzfristig realisierbarer Erfolg des DDR-Flugzeugbaus wäre angesichts der Probleme bei der Fertigstellung der 152 unbedingt erforderlich gewesen, um das schwindende Prestige – auch in Hinsicht auf neue Investitionen oder Zuschüsse aus dem Staatshaushalt – wieder aufzubessern.

Bis Februar/März 1960 erfolgten weitere Beratungen über die Entwicklung eines Agrarflugzeuges, in deren Ergebnis schließlich dem Vorhaben, an dem im Geheimen bereits gearbeitet wurde, grundsätzlich zugestimmt wurde. Ein entsprechendes Vorprojekt sollte bis Ende Juli des Jahres erstellt werden. Dabei ging man davon aus, dass es sich um eine „Sofortlösung“ mit dem Ziel einer Serienproduktion ab 1963 handeln müsse, weil die Deutsche Lufthansa (der DDR) bereits etwa 30 Flugzeugen angefordert hatte. Insgesamt wurde zunächst mit einer Größenordnung von etwa 150 Agrarflugzeugen für die Deutsche Lufthansa gerechnet. Im Anschluss daran sah man die Produktion eines verbesserten Nachfolgetyps vor.

*Im Herbst 1960 begannen die Windkanalversuche in Dresden mit dem Modell des Landwirtschaftsflugzeuges 157 Flora im Maßstab 1:6,5. Hier in der Mess-Strecke des Dresdner Niedergeschwindigkeitswindkanals.*

*Foto: Sammlung Jochen Werner*

### *Heinz Roessing*

Heinz Roessing baute nach seiner Rückkehr aus der Sowjetunion zunächst den Segelflugzeughersteller VEB Apparatebau Lommatzsch auf und ging später mit einer kleinen Gruppe seiner wichtigsten Mitarbeiter zum VEB MAB Schkeuditz, dessen Leitung er übernahm.
Roessing war ein guter Leiter, der seinen Mitarbeitern das Gefühl gab, für sie da zu sein und auch die Zeit für sie mitbrachte, wenngleich er sich mit Herr und nicht Kollege Roessing anreden ließ. Jeder Arbeiter konnte sich persönlich bei ihm anmelden und wurde auch empfangen. Als Gesprächspartner war er gefragt und sogar Botschafter besuchten ihn. In seinem Büro standen eigene Möbel mit Papier auf den Stühlen, um sie nicht von Schlosseranzügen zu verschmutzen. Auch das war Roessing, der weder Mitglied des FGBD noch der SED war. Sein Standpunkt: „Ich kann nicht im selben Verein sein wie meine Arbeiter!“ Auch sein Kraftfahrer durfte nicht Mitglied der SED sein... In seiner Arbeit war er ergebnisorientiert: „Aus unserer Arbeit muss auch ein Erlös kommen!“ Aber für einige Herren war Heinz Roessing dennoch ein rotes Tuch... So reduzierte er nach Einstellung des DDR-Flugzeugbaus selbst sein fürstliches 4500-Mark-Gehalt, das er als sogenannter SU-Spezialist erhalten hatte und nun nicht mehr angemessen fand, von sich aus auf 1500 Mark. Das war ein kluger Schachzug, weil er damit den Buchhaltern zuvor kam, die ihn noch weit höher „schröpfen“ wollten!

HANS-DIETER TACK

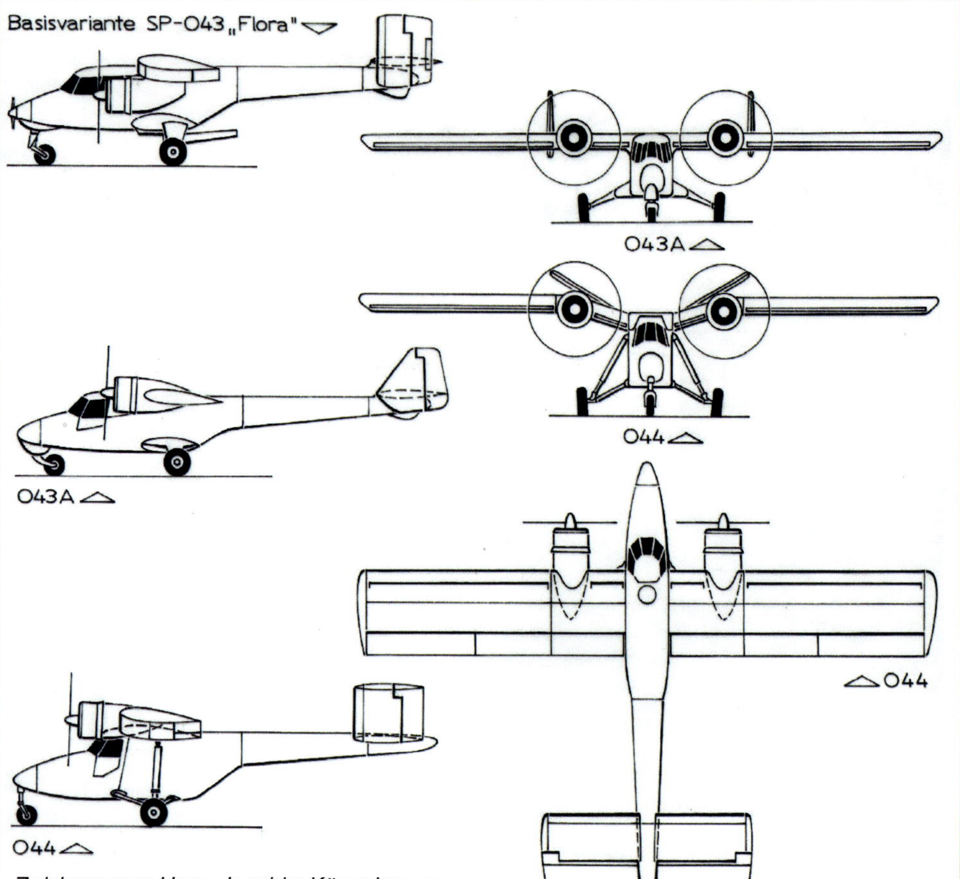


Zeichnungen: Hans-Joachim Künzelmann

*Die Studienprojekte SP 043 bis SP 050 entstanden 1960/61 als Entwürfe für Flugzeuge unterschiedlicher Zweckbestimmung. Der zweimotorige Schulterdecker mit Doppelseitenleitwerk sollte als Antrieb zwei Kolbenmotoren AI-14R erhalten.*

***SP 043:***
*Basisvariante. Einsitziges Agrarflugzeug für 800 kg Nutzlast*

***SP 043A:***
*Passagier-/Sanitätsflugzeug. Tragwerks- und Triebwerkseinbau wie SP 043; geändertes Seitenleitwerk, niedrigeres Fahrgestell*

***SP 044:***
*Passagierflugzeug. Knickflügel, V-Leitwerk; Triebwerkseinbau im Flügelprofil; langhubiges Fahrwerk*

Das im Sommer 1960 angebotene Vorprojekt war in Gemeinschaftsarbeit von Vertretern verschiedener Betriebe und Institute entstanden und orientierte sich an den technischen Daten ausländischer Typen. Die landwirtschaftliche Nutzlast des neuen DDR-Flugzeuges sollte 800 kg betragen. Vorgeschlagen dafür war ein zweimotoriger freitragender Schulterdecker mit Sternmotoren des sowjetischen Typs AI-14R. Der Behälter für das Sprüh- oder Streugut befand sich im Rumpf. Besonderen Wert legte man auf Zuverlässigkeit, einfache Wartung und Robustheit des Flugzeuges. Die Tragflächen konnten zur Unterbringung in einfachen Hallen oder für den Transport demontiert werden.

Bei der Begutachtung des als Studienprojekt SP 043 bezeichneten Entwurfs (datiert vom Juni 1960) wurde

## Ein Fehlgriff: das Turbinenauto V 101

*Das Turbinenauto V 101 aus Dresden*

Auf einer Tagung des Zentralkomitees der SED hatte Professor Brunolf Baade im Gespräch mit Walter Ulbricht durchblicken lassen, dass die Entwicklung eines Autos mit Gasturbinenantrieb in der DDR durchaus im Bereich des Möglichen läge, zumal der VEB Entwicklungsbau Pirna gegenwärtig eine 130-PS-Kleingasturbine entwickeln würde.
Walter Ulbricht empfahl die Entwicklung dieses Autos, dessen erforderlicher Bau von Brunolf Baade im Jahre 1956 mit dem Argument vertreten wurde, dass das Turbinenauto auf jeden Fall das Kolbenmotorauto verdrängen wird und die Deutsche Demokratische Republik sonst auf lange Sicht gesehen aus dem Automobilbau ausscheiden würde.
Vorgesehen war eine schnelle Limousine für sechs bis acht Personen mit Antrieb durch eine im Heck untergebrachte Gasturbine (Pirna 017) und hydraulischer Übertragung der Leistung auf die einzelnen Räder.
Dipl.-Ing. Martin Schmidt arbeitete 1959 für kurze Zeit auch an diesem Turbinenauto in einer Abteilung, die das Fahrgestell und die Karosserie entwerfen sollte.

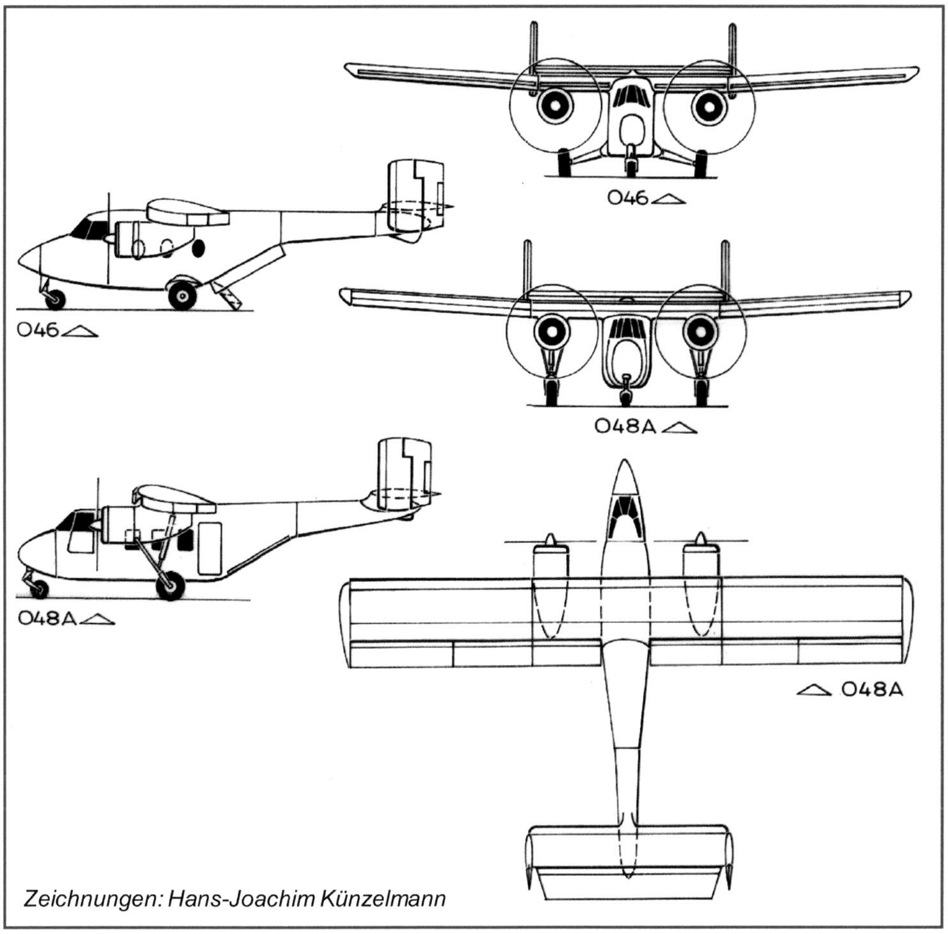


Zeichnungen: Hans-Joachim Künzelmann

***SP 045:***
*Agrarflugzeug. Ausführung wie SP 043; Düngerbehälter ohne Verteiler; Besatzung: zwei Mann*

***SP 046:***
*Passagierflugzeug. Vergrößerter Rumpf mit Heckklappe, sonst wie SP 043*

***SP 048A:***
*Passagier-, Absetz- oder Sanitätsflugzeug. Ausführung wie SP 046, aber geänderter Rumpfbug, anderes Fahrwerk sowie Vorflügel und Heckklappen.*

auch ein neuer Vorschlag für eine zweisitzige Variante mit Spornradanordnung und verkürzter Kabine vorgelegt. Letztlich einigte man sich aber bis November 1960 im wesentlichen auf die Entwicklung des ursprünglichen Projekts SP 043. Allerdings sollten dabei einige Veränderungen, so z.B. eine mögliche Verkleinerung des Seitenleitwerkes, Masseeinsparung und Modifizierungen am Fahrwerk Berücksichtigung finden. Ausgehend von dieser Bestätigung konnte im folgenden mit der Erarbeitung des nunmehr unter der Bezeichnung 11.051 laufenden Technischen Projekts und mit dem Attrappenbau begonnen werden.

Als Bezeichnung für das geplante Agrarflugzeug war schon im Sommer 1960 der Eigenname *Flora* und als Fortführung die bisher im DDR-Flugzeugbau übliche

Nach seinen Erkenntnissen sowie nach Ansicht einiger gestandener Kfz-Ingenieure dieses Kollektivs genügten die dabei erreichten Ergebnisse nicht dem internationalen Stand im Automobilbau. Die Übernahme im Flugzeugbau bewährter Methoden erwies sich letztlich als nicht tragbar im Fahrzeugbau. Dazu zählten die Querlenker aus einer Aluminium-Legierung, der Verzicht auf einen Rahmen oder auf eine selbsttragende Karosserie zugunsten einer durchbrochenen „Blechwanne“. Bei einigen anderen Baugruppen, beispielsweise den Stoßdämpfern, wurden allerdings auch patentfähige Lösungen gefunden. Es entstanden schließlich ein Festigkeitsgestell sowie ein Windkanalmodell, aber am Ende blieb auch dieses kuriose Projekt im Versuchsstadium stecken.

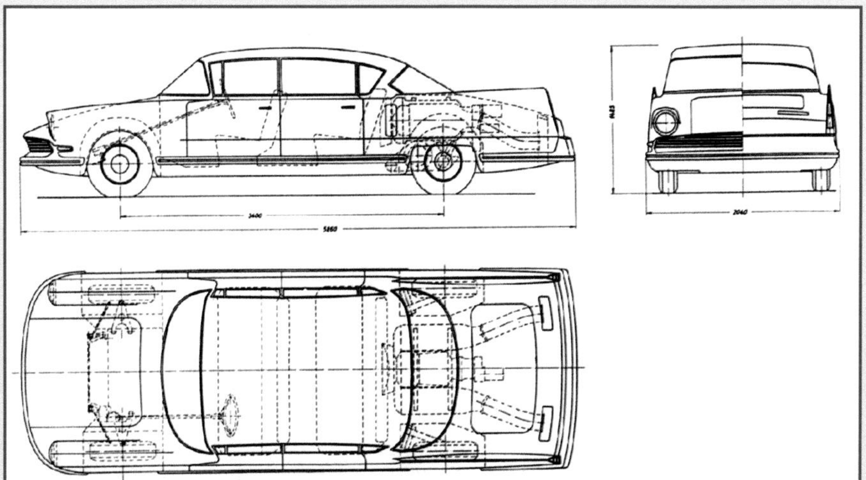

Zeichnungen: Sammlung Jochen Werner

*Gefällige Form: Turbinenauto V 101 in der Dreiseitenansicht (Stand 27.2.1959)*

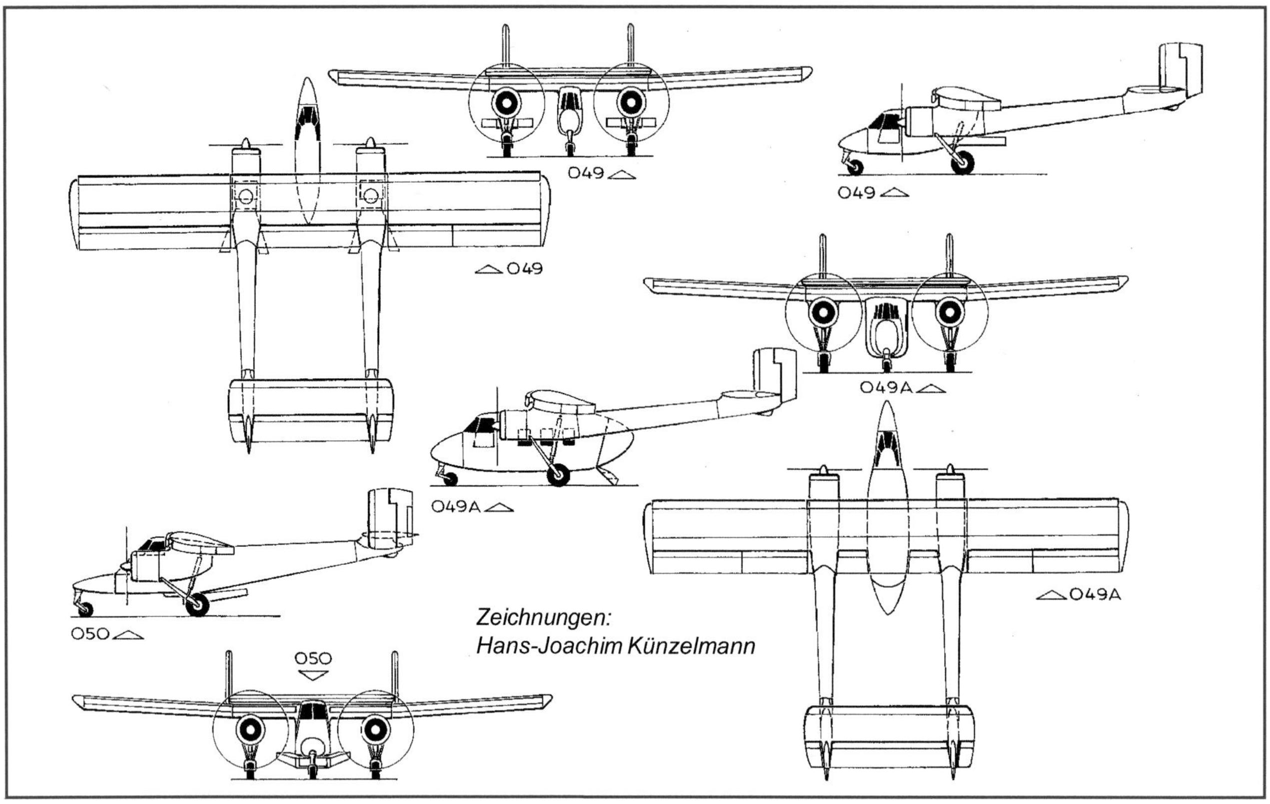

Zeichnungen:
Hans-Joachim Künzelmann

***SP 049:***
*Agrarflugzeug. Tragwerk, Fahrwerk und Triebwerkseinbau wie SP 048A, aber doppelter Leitwerksträger, doppelte Düngerverteiler unter den Motorgondeln*

***SP 049A:***
*Passagier-, Absetz- oder Sanitätsflugzeug. Vergrößerter Rumpf mit Heckklappe; Tragwerk, Fahrwerk und Triebwerkseinbau wie SP 049*

***SP 050:***
*Agrarflugzeug. Tragwerk, Fahrwerk und Triebwerkseinbau wie SP 049, Leitwerk wie SP 043; flacher Rumpfbug.*

### *Hauptabmessungen der Flora*

| Typ | Spannweite | Länge | Höhe |
|---|---|---|---|
| | m | m | m |
| **SP 043** | 17,3 | 12,9 | 4,5 |
| **SP 043A** | 17,3 | 13,0 | 3,75 |
| **SP 044** | 17,3 | 12,75 | 4,2 |
| **SP 045** | 17,3 | 13,0 | 4,5 |
| **SP 046** | 17,3 | 13,0 | 4,5 |
| **SP 048A** | 17,3 | 12,7 | 4,75 |
| **SP 049** | 17,3 | 13,1 | 4,5 |
| **SP 049A** | 17,3 | 13,3 | 4,75 |
| **SP 050** | 17,3 | 12,5 | 4,4 |

Numerierung die Typenbezeichnung 156 gewählt worden. Auf Antrag des Leiters der Abteilung Flugwerk (Werk 801) an den Leiter der Themenlenkung in Schkeuditz wurde sie jedoch am 26. Januar 1961 in 157 geändert; der Name *Flora* blieb bestehen. Obwohl gegen Ende 1960 die Entscheidung über die Auflösung der DDR-Luftfahrtindustrie bereits feststand, gingen die Arbeiten zur Entwicklung der *Flora* weiter.

Im Februar 1961 erfolgte in Leipzig-Schkeuditz sogar noch eine Attrappenbesichtigung der 157. Als dann aber im März 1961 der Beschluss über die Auflösung der Luftfahrtindustrie bekanntgegeben wurde, war auch dieses letzte Projekt „gestorben".

Die Frage, ob die Einstellung der Arbeiten an der *Flora* eine ökonomisch berechtigte Lösung darstellte, lässt sich nicht eindeutig beantworten. Aber zweifellos wäre der Bau von Agrarflugzeugen ein technisch-technologisches Vorhaben gewesen, dessen Größenordnung der DDR-Wirtschaftskraft und dem verfügbaren wissenschaftlichen Potential weitaus mehr entsprochen hätte als die angestrebte Serienproduktion moderner Verkehrsflugzeuge. In Anbetracht der damals international laufenden Neuentwicklungen für wesentlich leistungsfähigere Agrarflugzeuge muss die Konkurrenzfähigkeit der geplanten *Flora* auf dem Weltmarkt jedoch zumindest kritisch eingeschätzt werden.

Für die an diesem Projekt beteiligten Ingenieure und Arbeiter war die Weisung zur Einstellung der Arbeiten ein schwerer Schlag. Als diese Entscheidung bekanntgegeben wurde, befestigten sie einen Trauerflor am Windkanalmodell und trugen es durch den Betrieb in Schkeuditz.
Der Verzicht auch auf die Verwirklichung dieses letzten Projekts könnte den Eindruck erwecken, man habe leichtfertig auch die letzte Rettungsmöglichkeit für die Luftfahrtindustrie vergeben. Der interne Schriftwechsel zeigt aber, dass in den vorbereitenden Überlegungen der zen-

tralen Stellen die negativen Konsequenzen des Abbruchs durchaus Beachtung gefunden hatten. Dazu zählte insbesondere der zu erwartende Anstieg bei der Abwanderung von Luftfahrtfachleuten in den Westen. Des Weiteren rechnete man damit, dass ein Teil der luftfahrtindustriespezifischen Maschinen, Ausrüstungen und Materialien für andere Zwecke nicht mehr verwendet werden könnte.

Dennoch war es aufgrund der wachsenden wirtschaftlichen Belastungen ökonomisch vorteilhafter, sich vom völlig unrentablen Flugzeugbau zu trennen, um die freiwerdenden Kapazitäten und Investitionsmittel für andere Gebiete einzusetzen. Allein das 1958 in Angriff genommene Chemieprogramm erforderte jährlich umfangreiche Mittel aus dem Staatshaushalt. Die größten Investitionen verlangte das Kohle- und Energieprogramm.

Parallel dazu hatte sich die LPG Bildung in der Landwirtschaft vollzogen, wodurch der Bedarf an Maschinen und Ausrüstungen für die angestrebte Großproduktion im Steigen begriffen war. Zudem benötigte man die Mittel für Rationalisierungsvorhaben im Maschinenbau. Diese Aufzählung ließe sich noch fortsetzen.

Immer häufiger traten auch wirtschaftliche Engpässe auf, die durch die Abwanderung zehntausender Arbeitskräfte in die BRD verschärft wurden. Demgegenüber verfügte die Luftfahrtindustrie über ein Potential von rund 26.000 meist hochqualifizierten Arbeitskräften.

Auf politischem Gebiet gab es ohnehin wichtigere Probleme als die Sorgen um den jahrelang propagandistisch vermarkteten Flugzeugbau der DDR. Zunächst hatten die Berlin- und Deutschlandfrage sowie die Viermächte-Konferenz in Paris im Mai 1960 die allgemeine Aufmerksamkeit beansprucht. Nach dem Scheitern der Gipfelkonferenz wuchsen die ernsten Differenzen zwischen der DDR und der BRD vor allem in der Berlin-Frage noch an. Am 7. September 1960 starb der langjährige Präsident der DDR Wilhelm Pieck. Walter Ulbricht, bereits Erster Sekretär des ZK der SED und Vorsitzender des Nationalen Verteidigungsrates, nutzte die Gelegenheit, um auch die Position des Staatschefs zu übernehmen. Am 12. September ließ er sich zum Vorsitzenden des neugeschaffenen Staatsrates wählen.

Im November leitete er die SED-Delegation zur Konferenz der kommunistischen und Arbeiterparteien in Moskau, wo unter anderem die Meinungsverschiedenheiten mit der chinesischen Großmacht innerhalb der kommunistischen Bewegung offen zutage traten.

Gleichfalls im Oktober/November 1960 beriet in Moskau eine hochrangige Expertendelegation unter Leitung von Erich Selbmann mit der UdSSR das von der Bundesregierung am 30. September aufgekündigte Interzonenhandelsabkommen. Die Kündigung des deutsch-deutschen Handelsabkommens zum 31. Dezember 1960 stellte die Wirtschaft der DDR vor ernste Probleme. (Nach Verhandlungen zwischen den beiden deutschen Staaten gelang am 29. Dezember 1960 eine Verlängerung.) Zur Überwindung der sich aus der Kündigung ergebenden Folgen forderte die DDR eine umfangreiche Unterstützung aus der UdSSR.

Bei dieser Gelegenheit brachten die DDR-Vertreter nochmals die Probleme der Luftfahrtindustrie auf die Tagesordnung. Ausführlich machten sie auf die drängenden Absatzsorgen bezüglich der 152 aufmerksam. Aber die sowjetische Seite blieb bei ihrer ablehnenden Haltung, die sie bereits zuvor in mehreren Verhandlungen vertreten hatte: Die UdSSR-Luftfahrtindustrie verfüge über große Kapazitäten zur Entwicklung und Produktion ziviler Flugzeuge und werde für den eigenen Bedarf keine DDR-Verkehrsflugzeuge importieren. Auf die Bitte nach Aufträgen zum Lizenzbau sowjetischer Triebwerke zur Auslastung der DDR-Luftfahrtindustrie erfolgte nur eine ausweichende Antwort: Der Antrag werde geprüft... Auch weitere Gespräche über Absatzmöglichkeiten von DDR-Flugzeugen in der UdSSR blieben ergebnislos.

Die Reaktion der UdSSR darf jedoch nicht mit einer grundsätzlichen Ablehnung des DDR-Flugzeugbaus gleichgesetzt werden. Der Aufbau und die bisherige Entwicklung der Luftfahrtindustrie hatte vielfältige Kooperationsbeziehungen mit der UdSSR zur Voraussetzung gehabt. Noch vor der Erprobung der 152 V-4 im Jahre 1960 war auf Bitte der DDR die Hilfe durch sowjetische Spezialisten verstärkt worden. Entsprechend den bestehenden Abkommen zahlte die DDR dafür eine finanzielle Vergütung.

Allerdings lassen die vorliegenden Dokumente den Schluss zu, dass weder die sowjetische noch polnische oder tschechoslowakische Luftfahrtindustrie in den vorangegangenen Jahren ernsthaft bereit war, bindende Vereinbarungen über eine Spezialisierung (und damit in gewissem Umfang zu einer Marktaufteilung) auf dem Gebiet der Luftfahrtindustrie einzugehen. Dieses Beispiel war kein Einzelfall für die Widersprüche zwischen den Vorstellungen und den Realitäten in der Wirtschaftsgemeinschaft der RGW-Staaten.

Die UdSSR, die selbst permanent mit ökonomischen Schwierigkeiten zu ringen hatte, besaß objektiv kein Interesse daran, wirtschaftliche Nachteile auf sich zu nehmen, um den DDR-Flugzeugbau mit Aufträgen am Leben zu erhalten. Damit war das Schicksal dieses Industriezweiges endgültig besiegelt.

### *Projekte der DDR-Luftfahrtindustrie im Überblick*

| | |
|---|---|
| **150 (Samoljot 150)** | 1949 bis 1951 in der Sowjetunion entwickeltes taktisches Bombenflugzeug für 6000 kg Kampflast und maximal 4500 km Reichweite. Antrieb durch zwei TL Ljulka AL-5 (je 49,5 kN); Tandemfahrwerk. Erstflug Sommer 1951, nach Bruchlandung am 9.5.1952 nicht wieder repariert; Entwicklung wurde eingestellt. |
| **15.2** | Entwurf (um 1954) für ein 20/25sitziges Exekutivflugzeug. Antrieb durch vier TL; Projekt wurde nicht verwirklicht. |
| **152 (auch 152/I)** | Mittelstreckenverkehrsflugzeug für 48 bis 66 Passagiere. 1953 aus dem Bomber 150 entwickelt, Antrieb durch vier TL (zwei verschiedene Typen untersucht); Tandemfahrwerk. |
| **152/II** | Weiterentwicklung der 152/I mit Pirna-014-Triebwerken und Normalfahrwerk in Kombi-Gondeln. |
| **153** | 1955 vorgelegter Entwurf eines Kurz- und Mittelstreckenverkehrsflugzeuges für 42 Passagiere als Ablösemuster der IL-14P. Antrieb durch zwei PTL (zunächst sowjetische Triebwerke von je 2942 kW mit gegenläufigen Luftschrauben vorgesehen, später Pirna 018 geplant). |
| **153A** | 1956 überarbeiteter Entwurf der 153 für nunmehr 56 bis 82 Passagiere. Unter anderem Rumpfbug und Seitenleitwerk verändert, Antrieb durch zwei PTL Pirna 018 mit einfachen Luftschrauben. Windkanalversuche 1958; Attrappe fertiggestellt; Entwicklung im Sommer 1959 abgebrochen. |
| **154 (PTL)** | 1955 vorgelegtes Projekt eines Mittelstreckenverkehrsflugzeuges für 70 bis 108 Passagiere. Vergrößerte Weiterentwicklung der 153 mit vier PTL sowjetischer Bauart (je 2942 oder 3677 kW) mit gegenläufigen Luftschrauben; später Pirna 018 vorgesehen. Noch im Projektstadium aufgegeben, Typenbezeichnung wurde neu vergeben. |
| **154 (TL)** | 1959 als Ablösemuster der 152 vorgeschlagenes Strahlturbinen-Verkehrsflugzeug für 47 bis 78 Passagiere mit einer maximalen Reichweite von 5000 km; Rumpf mit Doppelblasenquerschnitt; Antrieb zunächst durch vier TL Pirna 014 (je 31,4 kN), später vier ZTL Pirna 020 (je 36,3 kN) vorgesehen. |
| **155 (PTL)** | Entwurf aus dem Jahre 1955 für ein 56sitziges Mittelstreckenverkehrsflugzeug mit PTL-Antrieb (2 x 4600 kW). Noch im Projektstadium aufgegeben, Typenbezeichnung wurde neu vergeben. |
| **155 (ZTL)** | Mittelstrecken-Strahlverkehrsflugzeug für 48 Passagiere. Antrieb durch zwei ZTL Pirna 020 (je 36,3 kN). Attrappe fertiggestellt; Entwicklung im Herbst 1960 abgebrochen. |
| **Strahltrainer-Entwürfe** | 1956 entstanden mehrere Entwürfe für ein zweisitziges strahlgetriebenes Schul- und Übungsflugzeug. Untersucht wurde die Verwendung der französischen Kleingasturbinen Turboméca *Aspin* und *Marboré* (3,9 kN). Die auf die Verwendung des *Aspin* zugeschnittenen Projekte trugen die Bezeichnungen E-Sk 160, 167, 170, 175 und 178, die auf dem Einbau des *Marboré* basierenden wurden mit E-Sk 161, 163, 164, 165, 166, 174 und 176 bezeichnet. Für einen Entwurf (E-Sk 177 vom 1.9.1956) ist in den Projektunterlagen kein Triebwerkstyp genannt. Keines dieser Projekte wurde verwirklicht. |
| **SP 043 *Flora*** | 1960/61 entstandenes Projekt eines Landwirtschaftsflugzeuges für 800 kg Nutzlast mit zwei Sternmotoren AI-14R (je 190 kW). Attrappe im Februar 1961 fertiggestellt; Entwicklung mit Auflösung der Luftfahrtindustrie abgebrochen. |
| **SP 043A bis SP 050** | 1960/1961 auf der Basis der SP 043 Flora entstandene Entwürfe für Kleinflugzeuge unterschiedlicher Zweckbestimmung mit zwei Sternmotoren AI-14R (je 190 kW). Ebenfalls Entwicklung mit Auflösung der Luftfahrtindustrie abgebrochen. |
| **156** | Ursprünglich für das Landwirtschaftsflugzeug SP 043 Flora vorgesehene, jedoch 1961 in 157 geänderte Typenbezeichnung. |
| **157** | Ab 26.1.1961 gültige Bezeichnung für das Projekt Flora. |
| **160** | 1956 ausgearbeitetes Grobkonzept für ein strahlgetriebenes Mittelstreckenverkehrsflugzeug. 80/94/118 Passagiere, Reisegeschwindigkeit 1000 km/h, maximale Reichweite 3500 km. Antrieb durch vier TL-Triebwerke ungenannten Typs mit je 58,8 kN Schub an der Rumpfunterseite. 1957/58 wurde das Projekt aufgegeben. |

### *Fakten und Daten zur Umstellung*

*Zitiert unter anderem aus dem Beschluss zur künftigen Entwicklung in den ehemaligen Werken der Luftfahrtindustrie vom 21. Dezember 1962*

Zum Tarifniveau in der Luftfahrtindustrie der DDR sind seitens der Autoren einige Anmerkungen unumgänglich. In den Genuss der übertrieben hohen Gehälter kamen allein die ehemaligen „SU-Spezialisten“. Die Gehaltsdifferenzen zu den anderen Mitarbeitern waren enorm und in den anderen Werken noch weit ausgeprägter als im angeführten VEB Entwicklungsbau Pirna, der in dem Beschluss als Beispiel dient. Die für Pirna genannten Gehaltsangaben sind deshalb mit Vorsicht zu genießen und treffen eher auf die anderen Werke zu. Als Beispiel (noch einmal für Pirna): Ingenieure mit Fachschulabschluss erhielten dort zwischen 560 und 980 Mark, Ingenieure mit Hochschulabschluss zwischen 800 und 1200 Mark.

Weiter wurde in dem Dokument im Rahmen der wirtschaftlichen Rechnungsführung für Dresden-Klotzsche beschlossen: Verkauf von nicht benötigten Grundmitteln, beispielsweise die Übernahme der Bahnanlagen durch die Deutsche Reichsbahn und der Druckerei durch die Landesdruckerei Dresden. Der Rat der Stadt übernahm das Klubhaus der Flugzeugbauer, die Kindereinrichtungen der Flugzeugwerft und die Sportanlagen.

**Die einzelnen Betriebe wurden folgenden Vereinigten Volkseigenen Betrieben (VVB) zugeordnet:**

Aus dem VEB Flugzeugwerke Dresden, Werk 801 (ursprünglich aus dem 1955 gegründeten und aus Geheimhaltungsgründen mit dem unverfänglichen Namen VEB Industriewerke Dresden, Werk 803, sowie dem VEB Maschinen- und Apparatebau Dresden, Werk 801):

| | |
|---|---|
| – VEB Flugzeugwerft Dresden | Zuordnung zu den VVB Automobilbau |
| – VEB Elektromat Dresden | Zuordnung zum Volkswirtschaftsrat, Abteilung Elektrotechnik |
| – VEB Chemischer Apparatebau | Zuordnung zu den VVB Chemie- und Klimaanlagen. |

Der VEB Entwicklungsbau Pirna, Werk 802, der VEB Strömungsmaschinen und der VEB Forschungs- und Versuchsanstalt für Strömungsmaschinen wurden zum VEB Strömungsmaschinen zusammengefasst und den VVB Energiemaschinenbau zugeordnet.

| | |
|---|---|
| VEB Industriewerke Karl-Marx-Stadt, Werk 804 | Zuordnung zu den VVB Armaturen |
| VEB Maschinen- und Apparatebau Schkeuditz, Werk 805 | Zuordnung zu den VVB Chemie- und Klimaanlagen |
| VEB Apparatebau Lommatzsch, Werk 806 | Zuordnung zu den VVB Regelungstechnik, Gerätebau und Optik |

Der VEB Industriewerke Ludwigsfelde, Werk 807, wurde aufgeteilt in den
VEB Instandsetzung sowie in den
VEB Flugzeugwerft (Teilbetrieb der Flugzeugwerft Dresden), und beide wurden den VVB Automobilbau zugeordnet.

### *Nach dem Einstellungsbeschluss*

Das Politbüro des Zentralkomitees der SED beschloss am 28. Februar 1961, die Entwicklung und den Bau von Flugzeugen in der DDR einzustellen. Die Staatliche Plankommission legte am 14. März 1961 erste Maßnahmen zur Umstellung der Flugzeugwerke fest. Am 8. August 1961 nahm das Politbüro den Bericht über die Umstellung zur Kenntnis. Der Bericht enthält zugleich Hinweise auf Schwierigkeiten bei der Umstellung technischer Kader auf andere Arbeitsbereiche wegen des hohen Tarifniveaus in der Luftfahrtindustrie. Ein Beispiel, so ist im Beschluss zu lesen, sei der Entwicklungsbau Pirna, wo rund 100 Beschäftigte (in Wahrheit waren es maximal 60 von insgesamt 3300 Mitarbeitern; d.A.) Gehälter zwischen 2000 und 6000 Mark bezogen.

# DDR-Bürger als Flugzeugbau-Studenten in der Sowjetunion

***Es dürfte kaum bekannt sein, dass in der Sowjetunion auch DDR-Bürger Flugzeugbau studierten. Von 1955 bis 1963 weilten 21 deutsche Studenten in drei Durchgängen am Moskauer Luftfahrt-Institut MAI und zwei Studenten am MATI, dem Moskauer Institut für Technologie des Flugzeugbaus. Der erste Durchgang begann 1955, der zweite 1956, der dritte 1957.***

Foto: Irmgard Kähnlein

*Teilnehmer des Segelflug-Lehrgangs 1957 in Laucha an der Unstrut mit ihrem SG 38 mit Führersitzverkleidung (Boot). Die Fahne ist die des Startwinkers!*

Das MAI war am 29. August 1930 in Moskau als Zusammenschluss mehrerer Luftfahrt-Institute gegründet worden. Ziel war es, die Ausbildung und Lehre in der sowjetischen Luftfahrt zu verbessern und insbesondere die theoretischen Erkenntnisse, die am ZAGI gewonnen wurden, auch in die Praxis einfließen zu lassen. Die bekanntesten Professoren des Institutes, das auch eine Forschungseinrichtung ist, waren A.N. Tupolew, A.I. Mikojan und A.S. Jakowlew.

Am MAI studierten acht DDR-Studenten in der Fachrichtung Zelle, acht im Triebwerksbau, vier im Gerätebau und ein Student in der Fachrichtung Funk- und Funkmesstechnik. Das waren alles Fakultäten.

Für die sprachliche und allgemeine Vorbereitung weilten sie alle ein Jahr lang an der ABF (Arbeiter- und Bauernfakultät) in Halle, um dort ihr Abitur zu erwerben, die Grundlagen der russischen Sprache zu erlernen und ihre Entscheidung über die Studienrichtung zu treffen. Auf Initiative von Irmgard Kähnlein (später Morgner), einzige Frau unter den für das Studium am MAI vorgesehenen Studenten, besuchte eine größere Gruppe des ersten und zweiten Durchganges in den Semesterferien 1957 in Laucha einen speziell für sie organisierten Segelflug-Lehrgang, auf dem die Teilnehmer auf SG 38 die „A" erwarben und auch in den Genuss eines Hochstarts auf dem Doppelsitzer Pionyr kamen.

Anfangs war in Moskau auch der spätere Kosmonaut Witali Sewastijanow ihr Kommilitone, der sich als ehrenamtlicher Sekretär der Komsomolzen am Institut sehr um die deutschen Mitstudenten bemühte und sie unterstützte, wo er konnte. Bereits Kosmonaut, besuchte er nach der Jahrtausendwende Harry Ritschel, der sich mit Witali Sewastijanow ein Zimmer geteilt hatte. Bei der Zimmerbelegung des Studentenheimes (in der Mehrzahl Vierbettzimmer) hatte das Institut darauf geachtet,

*Die Chinesin Schi Tschshu-Zjun, Freundin und Kommilitonin von Irmgard Kähnlein, in den 1960er Jahren vor dem Panzerkreuzer Aurora in Leningrad.*

*Der Geschützte Kreuzer der Pallada-Klasse liegt seit 1956 als Museumsschiff in Leningrad (heute Sankt Petersburg) und gilt als Symbol der Großen Sozialistischen Oktoberrevolution.*

*Foto: Irmgard Kähnlein*

Foto: Sammlung Hellmut Butter

In Moskau: Die beiden Deutschen tragen Winterkleidung, die den Studenten in Berlin vor ihrer Abreise nach Moskau geschenkt worden war. Von links: Hellmut Butter, Witali Sewastijanow und Harry Ritschel vor dem Kreml.

Das Dreieck (russ. Dreugolnik), das Lernaktiv (v.l.): Galina Lebedewa, Tschen Jun-Lun und Irmgard Kähnlein (später Morgner). Galina Lebedewa war nach ihrem Studium zum Dipl.-Ingenieur im sowjetischen Kosmonautenzentrum in leitender Funktion tätig. Tschen Jun-Lun wurde während der Kulturrevolution als Schlosser auf's Land verbannt, arbeitete dann als Landwirt, bevor er seine eigentliche Aufgabe als Professor sowie stellv. Hauptingenieur der Kosmonautik-Akademie Shanghai übernahm. Irmgard Kähnlein schloss als einzige der Deutschen ihr Studium mit Auszeichnung ab.

Foto: Sammlung Winfried Morgner

dass jeder ausländische Student gemeinsam mit einem sowjetischen Studenten untergebracht war, um auf diese Weise seine Sprachkenntnisse zu vervollkommnen.

Übrigens sahen einige der deutschen Studenten während einer Exkursion um 1959 in einem zumeist mit Beuteflugzeugen gefüllten MAI-Hangar auch die deutsche Konstruktion Samoljot 150 mit eingeknicktem Fahrwerk. Dort hatten die Studenten die Aufgabe, Skizzen von konstruktiven Details anzufertigen.

Nach einem halben Jahr am MAI stellten sich die Studenten, die inzwischen die russische Sprache gut beherrschten, den ersten Prüfungen. Aber noch immer schwierig erwies sich für die Deutschen das Fach Chemie auf Russisch.

Der erste Studiendurchgang erhielt sein Diplom in jener Zeit, als die Auflösung des DDR-Flugzeugbaus bekannt gegeben wurde. Heinz Vater beispielsweise trat seinen ersten Arbeitstag am 4. April 1961 in Pirna an und erfuhr sogleich vom Aus der DDR-Luftfahrtindustrie.

Da alle deutschen Absolventen neben ihrem Studium eine Ausbildung zum Reserveoffizier erhalten hatten, ging ein großer Teil von ihnen zur Truppenluftabwehr der NVA, speziell zum Raketen-Instandsetzungs-Werk in Pinnow. Zwei Absolventen wurden von den Luftstreitkräften übernommen. Andere wurden bei der DDR-Fluggesellschaft INTERFLUG tätig oder kamen in der Industrie oder in Hochschuleinrichtungen unter. Beispielsweise Irmgard Kähnlein (später Morgner), die anfangs als wissenschaftliche Assistentin bei Prof. Clausnitzer am Institut für Fernmess- und Fernwirktechnik tätig und danach im Messgerätewerk „Erich Weinert" in Magdeburg für den Export in die osteuropäischen Länder zuständig war. Sie hatte wie auch alle anderen Absoventen anfänglich das Problem, sich in der russischen Terminologie gut auszukennen, doch die entsprechenden deutschen Fachbegriffe musste sie zunächst erlernen.

Übrigens ging auch die Liebe nicht spurlos an die deutschen Studenten vorüber. Neun von ihnen brachten eine Moskauer Studentin als Ehefrau mit zurück in die DDR.

FRANK-DIETER LEMKE

Foto: Irmagard Kähnlein

Ihre Freizeit führte Irmgard Kähnlein auch auf einen Flugplatz der DOSAAF – hier zu einer Antonow A-11.

Ohne zu wissen, was für ein Flugzeug sich dahinter verbarg, besichtigten die DDR-Studenten den beschädigten Versuchsbomber Samoljot 150 in einer Halle der MAI. Hier nach dem Roll-out am 26. Dezember 1951 in Podberesje.

Foto: Archiv Hans-Dieter Tack

## Bruchlandung

***Nur fünf Jahre nach ihrer Gründung kam für die Flugzeugindustrie der DDR das unwiderrufliche Aus.***

Anfang Januar 1961, nach den Verhandlungen in Moskau, begannen die unmittelbaren organisatorischen Vorbereitungen für die Auflösung der VVB Flugzeugbau. In den zentralen Regierungsgremien und auch bei den Mitarbeitern im Flugzeugbau stellte das bevorstehende Ende der Luftfahrtindustrie nun schon ein mehr oder weniger offenes Geheimnis dar. Es entstand die endgültige Beschlussvorlage für die Politbüro-Sitzung vom 28. Februar 1961, auf der schließlich die formelle Entscheidung über das Ende des DDR-Verkehrsflugzeugbaus fiel. Für die Partei- und Staatsführung war die Frage der Luftfahrtindustrie zu diesem Zeitpunkt kein Streitpunkt mehr. Denn neue wirtschaftliche Probleme, so vor allem die 1961 angelaufenen Maßnahmen zur „Störfreimachung" der DDR-Volkswirtschaft von westlichen Importen, standen mittlerweile im Vordergrund.

Mitte März 1961 setzten bereits die ersten Maßnahmen zur Auflösung des Industriezweiges ein. Obwohl dieser Vorgang erneut vielfältige Verluste und Reibungspunkte brachte, muss dennoch hervorgehoben werden, dass eine effektive Umsetzung der Arbeitskräfte sowie der vorhandenen Forschungs- und Produktionskapazitäten zumindest angestrebt wurde.

Im Endeffekt verblieb an luftfahrtspezifischen Aufgaben lediglich die Instandsetzung und Reparatur von zivilen und militärischen Flugzeugen. Selbst die Fakultät für Luftfahrtwesen an der Technischen Hochschule Dresden war aufgelöst worden. Die Mehrzahl der ehemaligen Flugzeugbau-Betriebe wurde auf Erzeugnisse für die Chemieindustrie, für die Landwirtschaft, die Elektroindustrie und für den Fahrzeugbau umprofiliert.

Ob es in diesem Zusammenhang ökonomisch sinnvoll war, auch das Projekt des DDR-Agrarflugzeuges *Flora* aufzugeben und statt dessen die benötigten Flugzeuge zu importieren, bleibt dahingestellt. Letztlich aber dürfte diese Frage stets Raum für Spekulationen offenlassen, da es eben nie ein einsatzfähiges Agrarflugzeug aus DDR-Produktion gegeben hat.

### *Wo sind sie geblieben?*

Nach der folgenschweren Entscheidung zur Auflösung der DDR-Luftfahrtindustrie wurden den rund 25.000 Mitarbeitern der VVB Flugzeugbau neue Arbeitsstellen in Nachfolgeunternehmen und Forschungseinrichtungen angeboten. Durchaus hervorhebenswert ist dabei die Tatsache, dass die von der SED-Führung befürchtete Massenabwanderung von hochqualifizierten Fachkräften in das westliche Ausland ausblieb. Allerdings war der Weg dorthin ab dem 13. August 1961 ohnehin nahezu völlig versperrt.

Nach dem Beschluss zur Einstellung übten die einstmals führenden Fachleute der Luftfahrtindustrie die unterschiedlichsten Funktionen aus, arbeiteten aber dennoch vorwiegend auf artverwandten Gebieten weiter. Diese standen jedoch nicht mehr so im Blickpunkt der Öffentlichkeit wie zuvor der Flugzeugbau, weshalb im Allgemeinen recht wenig über den weiteren beruflichen Weg der ehemaligen Luftfahrtspezialisten bekannt wur-

Foto: Peer Wittig

*Kläglicher Rest: das Ende des ersten deutschen strahlgetriebenen Verkehrsflugzeuges 152 als Lagerraum auf dem Militärflugplatz Rothenburg in der Oberlausitz*

### *Der Beschluss zum Abbruch...*

...der Entwicklung und Produktion von eigenen Verkehrsflugzeugen war unter den damaligen Bedingungen eine zweifellos berechtigte, wenngleich sehr verspätete Entscheidung.
Der geplante Verkehrsflugzeugbau stellte ein großangelegtes Wirtschaftsexperiment dar, das an seiner Grundkonzeption zwangsläufig scheitern musste. Vorhandene Potenzen und Möglichkeiten hatte man weit überschätzt. Die DDR besaß trotz der relativ engen Zusammenarbeit mit der UdSSR nicht die Voraussetzungen, um eine eigene Verkehrsflugzeugproduktion in den angestrebten Größenordnungen über weite Strecken verhältnismäßig autark aufzubauen und international konkurrenzfähig zu entwickeln.
Die staatlichen Ausgaben für dieses Vorhaben einschließlich der Abbruchkosten beliefen sich nach damaligen Angaben auf weit über zwei Milliarden DM. Selbst die Auflösung musste noch teuer bezahlt werden...

*Ein Blick in die Vergangenheit: die leitenden Ingenieure der Zellen-Entwicklung im Herbst 1946 in Dessau (von links): Dr.-Ing. Backhaus, Dipl.-Ing. Wolf, Dipl.-Ing. Wocke, Dipl.-Ing. Haseloff, Dipl.-Ing. Baade sowie Dipl.-Ing. Bonin und Dipl.-Ing. Hoch.*

*Foto: Archiv Frank-Dieter Lemke*

**_Nach dem Start..._**

...der ersten bemannten Rakete in den Weltraum am 12. April 1961 mit Juri Gagarin in der Kapsel sagte ein sowjetischer Berater zu Heinrich Hartmann, der damals die Erprobung des Strahltriebwerkes Pirna 014 leitete:
„Herr Hartmann, wir leben jetzt in einer Zeit, wo die Rakete im Brennpunkt steht. Wir haben in der Sowjetunion eine große Industrie, die Jagdflugzeuge und Bomber baut. Diese Industrie wird durch die Rakete überflüssig und steht nun für den Bau von Verkehrsflugzeugen zur Verfügung. Sie in der DDR können jetzt entlastet werden."

de. Prof. Dr. Rudolf Scheinost beispielsweise beschäftigte sich in Pirna im Kombinat Kraftwerksanlagenbau weiterhin mit der Gasturbinenentwicklung, wo als Abteilungsleiter auf dem Gebiet der Strömungstechnik auch Dr. Gerhart Cordes tätig war.

Der Aerodynamiker Prof. Dr.-Ing. Georg Backhaus widmete sich als Inhaber eines Lehrstuhls an der Technischen Universität Dresden der Ausbildung von Studenten; Joseph Besinger, seinerzeit für die IL-14P-Produktion zuständig, arbeitete als Außenstellenleiter für den VEB Carl Zeiss Jena und Dr. K. Strauß (Aerodynamik) übernahm zeitweilig die Funktion des Direktors des Zentralinstituts für Automatisierung.

Manfred Gerlach (Triebwerksentwicklung) war dagegen schon Ende der 1950er Jahre der Spionage überführt und verurteilt worden, und wenige Monate später, im Dezember 1960, verließ Fritz Freytag über Westberlin die DDR. Der Chefkonstrukteur der 152, der sich schon vorher mit vielen Entscheidungen nicht einverstanden erklären konnte, sah offenbar keinen Sinn mehr in seiner Arbeit.

1961 wurde Fritz Freytag Hauptabteilungsleiter bei Weser-Flugzeugbau und ab 1965 Technischer Leiter für das Transportflugzeug Transall C-160. Hier, bei VFW (Vereinigte Flugtechnische Werke), die 1964 durch Zusammenschluss von Focke-Wulf sowie Weserflug und später Heinkel entstanden sind, übernahm Fritz Freytag 1968 den Direktorposten. Er verstarb am 13. Oktober 1975 in Bremen.

Bereits 1957 war Dipl.-Ing. Hans Wocke in die BRD übergesiedelt. Bei der Hamburger Flugzeugbau GmbH entstand unter seiner Leitung u.a. das zweistrahlige Geschäftsreiseflugzeug HFB-320 *Hansa Jet*. Noch als 60-Jähriger hatte er die technische Leitung der Entwurfsarbeit für den Airbus A 300 inne.

Verschiedenen Informationen zufolge arbeiteten auch andere Fachleute aus dem DDR-Flugzeugbau in der westdeutschen Luftfahrtindustrie oder, unter der Leitung des österreichischen Triebwerksspezialisten Ferdinand Brandner, in Ägypten.

## *Prof. Dipl.-Ing. Brunolf Baade 15.3.1904 bis 5.11.1969*

*Foto: Archiv Klaus-Hermann Mewes*

Prof. Dipl.-Ing. Brunolf Baade galt in der Öffentlichkeit als geistiger Vater der 152. Nach seinem Maschinenbaustudium, das er 1926 an der TH München abschloss, und einigen kürzeren Tätigkeiten fand er eine Anstellung als Konstrukteur für Sonderfragen bei BMW. 1930 reiste Brunolf Baade mit dem Auftrag, Lizenzen von BMW zu vergeben, in die USA zur Fokker Aircraft Corp. und zur Goodyear Aircraft Corp.

Als Brunolf Baade 1936 besuchsweise zu den Olympischen Spielen in Deutschland weilte, verbot ihm das herrschende Regime der deutschen Faschisten die Rückkehr in die USA. Er übernahm in den Junkers Flugzeug- und Motorenwerken in Dessau die Leitung eines Konstruktionsbüros, das die Ju 88, Ju 188, Ju 288, Ju 388 und Ju 287 entwickelte.

Flugzeugbaus, mit dem für ihn ein Traum zu Ende gegangen war, gesundheitlich doch recht mitgenommen.

Im Jahre 1963 beispielsweise besuchte der Lommatzscher Segelflugzeugkonstrukteur Hans Wegerich Professor Brunolf Baade. Dessen Sekretärin sträubte sich zunächst, Hans Wegerich überhaupt vorzulassen. Erst nach eindringlichem Drängen erlaubte sie Wegerich den Zutritt zu Baade. Er traf einen gebrochenen Menschen an, dessen Hände wie die eines Hundertjährigen zitterten. „Ich war erschüttert, als ich ihn sah!" erzählte Hans Wegerich.

Am 5. November 1969 verstarb Brunolf Baade im Alter von 65 Jahren. Sein Grab befindet sich auf dem Gemeindefriedhof Eichwalde bei Berlin.

1945 geriet Baade für kurze Zeit in US-amerikanische Gefangenschaft. Nach seiner Entlassung leitete er im Auftrag der Sowjetischen Militäradministration (SMAD) in Dessau den Wiederaufbau des Junkers-Werkes sowie das Entwurfs- und Konstruktionsbüro für die Rekonstruktion der Ju 287 und die Konstruktion des Entwicklungsflugzeuges EF 131.

Am 22. Oktober 1946 evakuierte die SMAD Brunolf Baade und viele seiner Mitarbeiter nach Podberesje bei Moskau. Dort leitete er im Auftrag der sowjetischen Regierung als Chefkonstrukteur das Junkers-Team, das die Arbeiten bis zur EF 140 (1949) fortsetzte. 1951 entwickelte diese Gruppe der deutschen Spezialisten das zweistrahlige Bombenflugzeug 150, das erfolgreich flog und mit dem wichtige Erfahrungen für den künftigen Bau von strahlgetriebenen Verkehrsflugzeugen gesammelt wurden.

1952 schaltete sich Brunolf Baade in die Planungen für den Aufbau der Luftfahrtindustrie in der DDR ein und ließ 1953 von seinen Konstrukteuren das Studienobjekt 15.2 entwerfen. Nach seiner Rückkehr aus der Sowjetunion im Jahre 1954 war er als Technischer Leiter der Verwaltung der Luftfahrtindustrie (VLI) und später als Kommissarischer Hauptdirektor der VVB Flugzeugbau tätig. 1956 wurde Brunolf Baade zum Professor berufen und erhielt einen Lehrauftrag an der TH Dresden. 1957 folgte die Berufung zum Mitglied des Wissenschaftlichen Beirats beim Staatssekretariat für das Hoch- und Fachschulwesen. Seit jenem Jahr war er auch Mitglied im Forschungsrat der DDR (in der Gruppe Maschinenbau) und Vorsitzender des Zentralen Arbeitskreises (ZAK) für Forschung und Technik. Das waren beratende Gremien für die Staatliche Plankommission und geführt wurden sie vom Staatssekretariat für Forschung und Technik.

Prof. Baade wird einerseits als impulsiver und phantasievoller Flugzeugkonstrukteur beschrieben, aber andererseits war er als Leiter wegen seiner engen Beziehungen zur Parteihierarchie der SED von vielen eher gefürchtet als anerkannt. Allerdings vertreten die noch lebenden SU-Spezialisten eine ganz andere Meinung: „Die größte Leistung von Baade war, dass er uns und unsere Familien wieder nach Hause gebracht hat. Das danken wir ihm, solange wir leben."

Der Kommissarische Hauptdirektor der VVB Flugzeugbau, der ab März 1961 das neugegründete Institut für Leichtbau in Dresden als Direktor übernahm und außerdem sein Wissen als Mitglied mehrerer zentraler Beratungsgremien, z.B. im Forschungsrat der DDR, zur Verfügung stellte, wirkte nach der Auflösung des DDR-

## Ein Ost-West-Testpilot erzählt

***Gerhard Puhlmann war Werkpilot des VEB Flugzeugwerke Dresden. Er flog dort das Mittelstreckenverkehrsflugzeug IL-14P in der Flugerprobung sowie den Versuchsträger IL-28R mit der Turbine Pirna 014 (siehe Kapitel „Ein Flugtag wie kein anderer").***

*Gerhard Puhlmann*
*Foto: GBSL*

Mit der Auflösung der Luftfahrtindustrie der DDR sah Gerhard Puhlmann keine Möglichkeit mehr, in seinem Traumberuf als Testpilot zu arbeiten. Er wechselte deshalb in die BRD und nahm dort einen interessanten, wenn auch mit vielen Hindernissen gespickten beruflichen Weg, der ihn fliegerisch sehr weit voranbrachte. Gerhard Puhlmann erzählt:

Am 10. Juli 1961 trat ich in die BRD über. Den ersten Kontakt nahm ich mit HFB, heute MBB, über die Arbeitsmöglichkeiten als Testpilot auf. Beim Verkehrsministerium in Bonn suchte ich um Anerkennung der DDR-Flugzeugführerscheine nach, und parallel dazu nahm ich Kontakt mit der Deutschen Lufthansa über eine Einsatzmöglichkeit als Verkehrsflieger auf. Nach Anerkennung der Flugzeugführerscheine und Abwägen einzelner Möglichkeiten, einschließlich der Gehaltsangebote, erfolgte am 1. Oktober 1961 mein Eintritt als Testpilot bei HFB. Aber bereits nach drei Tagen wurde ich auf Betreiben der Abwehrorgane wieder entlassen; man verdächtigte mich, ein Ostagent zu sein.

Bis 15. Dezember war ich ohne Unterstützung arbeitslos. An diesem Tag erhielt ich eine probeweise Anstellung als Co-Pilot einer Charterfluggesellschaft mit Sitz in Hamburg, die mit viermotorigen DC-4 in Afrika und Fernost operierte. Die ersten Monate waren sehr schwer, da sich mein Englisch als unzureichend erwies, um auf der Langstrecke, noch dazu auf Kurzwelle, meinen Job als Co-Pilot richtig ausüben zu können.

Nachdem die Anfangsschwierigkeiten überwunden waren, ging die Gesellschaft am 31. Dezember 1962 in Konkurs. Ich war erneut für drei Monate arbeitslos. Bewerbungen bei anderen Flugzeugwerken wurden aus denselben Gründen abgelehnt wie schon 1961 bei HFB. Die Möglichkeiten, eine Anstellung bei einer Fluggesellschaft zu finden, erwiesen sich als sehr gering.

Deshalb fasste ich den Entschluss, die Fliegerei aufzugeben und eine Tätigkeit als Ingenieur aufzunehmen. In buchstäblich letzter Minute entdeckte ich in der FAZ ein Stellenangebot der PfL in der DVL (später DFVLR). Ich bewarb mich und wurde am 1. April 1963 als Testpilot für das Nachfliegen neuer Typen im Rahmen von Musterzulassungen eingestellt. Aber nach kurzer Zeit legte auch hier der Verfassungsschutz sein Veto ein. Im Unterschied zu HFB gingen jedoch die maßgeblichen Herren der DVL das Risiko ein, mich als Verdächtigen weiter zu beschäftigen. Dieses Verhalten habe ich der DVL bis zu meinem Ausscheiden im Jahre 1972 und dem Wechsel zum Luftfahrtbundesamt damit gedankt, dass ich den lukrativeren Angeboten aus der Industrie und von der DLH nie folgte.

### *Wie sah meine Arbeit aus?*

Stellten ausländische Hersteller einen Antrag auf Musterzulassung in der BRD, dann wurde eine vereinfachte Musterprüfung durchgeführt. Handelte es sich dagegen um einen einheimischen Hersteller, dann folgte eine Musterprüfung, bei der alle Punkte aus der gültigen Bauvorschrift überprüft wurden. Da nach 1945 in Westdeutschland kaum Eigenentwicklungen erfolgten, waren die meisten Musterprüfungen vereinfachte.

Dabei gelangte folgendes Verfahren zur Anwendung: Der Antragsteller lieferte die Nachweisberichte, die im Zulassungsverfahren der ausländischen Überprüfung erstellt worden waren. Diese Unterlagen wurden von den jeweiligen Sachbearbeitern auf ihre Übereinstimmung mit den Bauvorschriften überprüft. Ich erhielt sämtliche Flugberichte, darüber hinaus das Flughandbuch und das Operator Manual. Damit konnte ich mich mit dem Muster so weit vertraut zu machen, dass ich das Flugzeug auch vom linken Sitz fliegen konnte. Denn dies war die Voraussetzung, bevor man an eine Überprüfung heranging. Da eine Musterberechtigung über Grundkurs, Simulator- und Flugtraining aus Zeitgründen für mich nicht möglich war, musste das alles durch intensives Selbststudium ersetzt werden.

Zwar saß bei den Testflügen auf dem rechten Sitz der Projektpilot als Pilot in Command, weil dies unsere Gesetzgebung so vorschreibt, aber mein Ehrgeiz ließ es nicht zu, dass ich auf seine größere Erfahrung auf diesem Muster hätte zurückgreifen mögen. Wenn ich einstieg, verwies er bereits auf einige hundert Flugstunden auf diesem Muster. Während für ihn die Sache inzwischen Routine war, lief ich noch mit „Startleistung". Ich suchte Fehler und Schwachpunkte an seinem Flugzeug, und er wollte meine Schwachstellen ausmachen. Um meine Schwachstellen nicht zu zeigen, habe ich mich also immer sehr sorgfältig vorbereitet, und das führte zwangsläufig zu einem 14-Stundentag.

Im Grunde sollte ich eine Aufgabe bewältigen, die in den USA, England und Frankreich von fünf Testpiloten oder mehr durchgeführt wird. Einen großen Vorteil hatte aber diese Schinderei. Ich bekam alle Muster in meine Finger. Manchmal wollte man bei Boeing, Douglas oder Lockheed wissen, wie es möglich ist, in dieser Woche Testflüge auf der DC-10 und schon in der nächsten auf der Boeing 747 zu absolvieren. Ich glaube, dass dies nicht mit überdurchschnittlicher Intelligenz, sondern mit einem besonders guten Gedächtnis zu erklären ist.

Ganz anders verlief die Musterprüfung der HFB-320, des ersten Jets in der BRD. Für die Flugerprobung dieser Maschine hielt ich mich etwa sechs Monate in Spanien auf und es musste das komplette Zulassungsprogramm geflogen werden.

Im Jahre 1972 wechselte ich von der DVL-PfL zum Luftfahrtbundesamt und setzte dort meine bisherige Tätigkeit unverändert fort. Auch bei diesem Wechsel meldeten sich meine alten Freunde von der Abwehr wieder zu Wort. Wieder einmal hing die Sache an einem dünnen Faden. Vermutlich wird meine Akte erst nach meinem Ableben geschlossen.

Sieht man einmal von diesen Dingen ab, so hatte ich in den 18 Jahren als Testpilot doch eine sehr interessante Tätigkeit. Ich habe rund 50 Muster getestet und bin mit viel Glück an mancher kritischen Situation „vorbeigeschlittert". Rückblickend kann ich sagen, dass ich meine Tätigkeit niemals gegen die eines Verkehrspiloten, trotz besserer Bezahlung, hätte eintauschen wollen.

Als sich 1981 für mich die Möglichkeit bot, mit 56 Jahren in den Ruhestand zu treten, nahm ich davon Gebrauch. Der Fliegerei habe ich adé gesagt. Völlig unverständlich für all jene, die mich als begeisterten Flieger kannten. Aber ich wollte mein Glück nicht noch länger herausfordern.

Obwohl die Jahre in Dresden, rein zeitlich gesehen, in meiner fliegerischen Laufbahn nicht den Umfang einnehmen wie der Abschnitt, der danach kam, so haben sie doch einen ganz besonderen Stellenwert. Trotz der vielen Ereignisse in der BRD haben sich die Erlebnisse von damals tief in mein Gedächtnis gegraben.

*Der Eingang zum einst riesigen Areal des VEB Flugzeugwerke Dresden machte nach der Auflösung des DDR-Flugzeugbaus nur noch auf die im Vergleich dazu recht bescheidene, aber dennoch effektive Existenz des VEB Flugzeugwerft aufmerksam.*

*Fotos: Frank-Dieter Lemke*

## Die Zeit danach

**Nach dem Stopp des Flugzeugbaus in der DDR spezialisierte sich der am 1. Oktober 1961 aus dem VEB Flugzeugwerke Dresden hervorgegangene VEB Flugzeugwerft auf die Instandsetzung von Fluggerät nicht nur für den Bedarf im eigenen Land, sondern auch für osteuropäische und arabische Staaten.**

Die Vielzahl der Typen, die künftig in Dresden wieder einsatzbereit gemacht wurde, zeigt deutlich, welche hohen Anforderungen von der Belegschaft zu meistern waren. Neben der unverwüstlichen IL-14P, die man natürlich genauestens kannte, wurden der Anderthalbdekker An-2, Schul- und Sportflugzeuge der Jak- und Trener-Reihe, das Mehrzweckflugzeug L-60 Brigadyr und Jagdflugzeuge vom Typ MiG-15 und MiG-15UTI sowie Hubschrauber Mi-4 nach Dresden gebracht. Auch später bestimmten im wesentlichen die bei den Luftstreitkräften der NVA befindlichen Flugzeuge und Hubschrauber das Instandhaltungsprogramm der Flugzeugwerft.

1964 nahm die Werft die MiG-21 in ihr Programm auf und setzte bis 1990 große Stückzahlen aller Modifikationen dieses Typs instand. Als eine von ganz wenigen Firmen reparierte die Flugzeugwerft havarierte MiG-21 nach spezieller Serientechnologie. In den folgenden Jahren kamen die MiG-23, der Hubschrauber Mi-2, der Kampfhubschrauber Mi-24 und zuletzt der Transporthubschrauber Mi-8 hinzu.

Das Instandhaltungsprogramm umfasste die vollständige Überholung der Zelle und aller Systeme außer den Triebwerken. Auch eigene Fertigungskapazitäten wurden geschaffen, weil die Bereitstellung von Ersatzteilen und Prüfmitteln durch die Hersteller oft unzureichend war. Darüber hinaus entwickelten die Ingenieure der Flugzeugwerft Geräte zur Enteisung von Flugbetriebsflächen, transportable Flugzeugfanganlagen und jene schnellen Bobs, auf denen die DDR-Wintersportler damals zahlreiche Olympiamedaillen errangen.

In den 1980er Jahren erhielt die Flugzeugwerft Dresden mehrfach Angebote, bei der Baugruppenfertigung für verschiedene Typen Unterstützung zu leisten – so für das Regionalflugzeug L-410 aus der CSSR oder die Verkehrsflugzeuge IL-114, Tu-204 und Jak-42. Aus ökonomischen Gründen wurden aber diese Angebote von den übergeordneten Stellen ausgeschlagen. Die Palette von militärischen Instandsetzungsaufgaben war da-

*Blickfang: Diese Jagdflugzeug der LSL/LV, eine MiG-21 F-13 am Haus 126, erregte viele Jahre lang als Werksymbol des VEB Flugzeugwerft Dresden ungeteilte Aufmerksamkeit. Das Ausstellungsstück fiel der Schrottpresse zum Opfer.*

*Abrüstung: Zerlegen von Jagdflugzeugen des Typs MiG-21 der Luftstreitkräfte/Luftverteidigung der NVA bei den Elbe-Flugzeugwerken in Dresden-Klotzsche im Jahre1992.*

**Den einzelnen Werken übertrug man folgende Aufgaben:**

**VEB Flugzeugwerft Dresden:** Reparaturen, Umbauten an Flugzeugen und Geräten der zivilen Luftfahrt und der Luftstreitkräfte, Ersatzteilfertigung für IL-14P, Leichtmetallkonstruktionen für die Bauwirtschaft, Transportbehälter, Konsumgüter, Großreparaturen für IL-14P der sozialistischen Länder.

**VEB Apparatebau Lommatzsch:** Neufertigung und Reparaturen von Segelflugzeugen für die GST, übrige Kapazität für den Maschinenbau. Der Betrieb in Lommatzsch war ausgelegt für einen jährlichen Ausstoß von 200 Segelflugzeugen und 100 bis 150 Segelflugzeugreparaturen. Ab 1962 Holzkonstruktionen für Carl Zeiss Jena (Messlatten, Holzbehälter).

**VEB Elektromat Dresden:** Entwicklung und Produktion von Fertigungsstraßen, Montagestraßen sowie Wickelmaschinen und Automaten für die Elektroindustrie.

**VEB Industriewerke Karl-Marx-Stadt:** Entwicklung und Produktion von Hydraulikgeräten und Elementen, Fertigung der Flugzeugmotoren ASch-82T sowie Baugruppen, Ersatzteile und Geräte für die IL-14P, Reparatur von Kolbenflugmotoren für die NVA und die zivile Luftfahrt.

**VEB Industriewerke Ludwigsfelde:** Serienproduktion der in Pirna entwickelten Gasturbinen, Turbinenschaufelfertigung für Energieprogramm, Reparatur von Turbinen und Geräten der NVA, Motorrollerfertigung. Allerdings gelang es dort nicht, die Hauptproduktion zu entwickeln; die große Kapazität konnte nur sporadisch gebunden werden. Deshalb die Entscheidung, unter anderem den LKW IFA W 50 und später IFA L 60 zu produzieren. Darüber hinaus wurde angewiesen, die Fertigung der Motorroller ab 1. Januar 1965 einzustellen und deren Produktion im Motorradwerk Zschopau fortzusetzen.

**VEB Maschinen- und Apparatebau Schkeuditz:** Lufttechnische Anlagen für Chemiefaser- und Textilindustrie, Klimaanlagen.

**VEB Entwicklungsbau Pirna:** Forschung und Entwicklung sowie Fertigung von Funktionsmustern und kleinen Serien von Gasturbinen. Die neue Aufgabenstellung: Schiffsgasturbinenanlage Typ S1, Spitzenlastgasturbine Typ E-1 (12,5 MW), Spitzenlastgasturbine in Leichtbauweise Typ E-3 (25 MW), Kleingasturbine Typ 017.

mals schon zu breit, als dass für zivile Aufgaben noch Platz gewesen wäre.

Das Ende der DDR zwang die Flugzeugwerft zu einer grundsätzlichen Neuorientierung, denn mit der Auflösung des Warschauer Vertrages verschwanden auch die ursprünglichen Auftraggeber. Im Ergebnis eines gemeinsam mit der Deutschen Airbus GmbH erarbeiteten Sanierungskonzepts entstand die Elbe Flugzeugwerke GmbH, die somit direkt aus dem DDR-Flugzeugbau hervorging. In den folgenden Monaten wurden die Grundlagen für den erneuten Luftfahrtstandort Dresden geschaffen. Im Mai 1991, nach dreißig Jahren Unterbrechung, begann mit der Fertigung des Rumpfhecks der Fokker 100 wieder der Flugzeugbau in Dresden. Heute gehört das Werk zur Daimler-Benz Aerospace AG (DASA) und ist unter anderem fest im Airbus-Programm integriert.

*Neue Zukunft für die 152: Mitte der 1990er Jahre begannen die Elbe Flugzeugwerke als Nachfolger des VEB Flugzeugwerft Dresden mit der Restaurierung eines 152-Rumpfes, der heute auf dem Flughafen Dresden-Klotzsche ausgestellt ist.*

*Foto: Frank-Dieter Lemke*

FRANK-DIETER LEMKE / MANFRED MEYER

# VEB Flugzeugwerke Dresden IL-14P

## DIE IL-14P AUS DRESDEN FLOG IN ZEHN LÄNDERN

*Der VEB Flugzeugwerke Dresden lieferte insgesamt 80 IL-14P aus. Auf dem Bild die DM-SAI der Deutschen Lufthansa der DDR; dieses Flugzeug war die 23. in Dresden gebaute Maschine.*

*Foto: Archiv Frank-Dieter Lemke*

FÜR DEN ANLAUF DER VERKEHRSFLUGZEUG-FERTIGUNG DER DDR-LUFTFAHRTINDUSTRIE FIEL DIE WAHL AUF DIE SOWJETISCHE IL-14P. DIESES FLUGZEUG WAR DAMALS IN VIELEN HUNDERT EXEMPLAREN IM EINSATZ UND GALT ALS SEHR ZUVERLÄSSIGES, WIRTSCHAFTLICHES UND SICHERES LUFTVERKEHRSMITTEL.

DER 1954 GEGRÜNDETE VEB INDUSTRIEWERKE DRESDEN NAHM 1955 DIE FERTIGUNG VON TRAGFLÄCHEN UND RÜMPFEN DER IL-14P AUF. DIE ENDMONTAGE ERFOLGTE IM VEB MASCHINEN- UND APPARATEBAU DRESDEN-KLOTZSCHE. DER VEB INDUSTRIEWERKE KARL-MARX-STADT LIEFERTE DIE MOTOREN SOWIE DIE LUFTSCHRAUBEN UND FAHRWERKE.

DIE ERSTE IL-14P AUS DEM SPÄTEREN VEB FLUGZEUGWERKE DRESDEN ABSOLVIERTE AM 26. APRIL 1956 IHREN JUNGFERNFLUG, ABER SCHON 1959 WURDE DIE PRODUKTION EINGESTELLT, WEIL DER PLATZ IN DEN FERTIGUNGSHALLEN FÜR DEN BAU DES STRAHLVERKEHRSFLUGZEUGES 152 BENÖTIGT WURDE.

Von den 80 in Dresden gebauten Mittelstreckenverkehrsflugzeugen FWD IL-14P gingen 18 Flugzeuge an die Luftstreitkräfte/Luftverteidigung der Nationalen Volksarmee (DDR), 15 Flugzeuge an die Deutsche Lufthansa der DDR/INTERFLUG, 13 an die Luftstreitkräfte Polens sowie neun an die TAROM/Rumänien, und sieben an die CAAC/China, sechs an die LOT/Polen, fünf an die MALEV/Ungarn, drei an die TABSO (BALKAN)/Bulgarien,
drei an Nordvietnam und zwei Flugzeuge an die Luftstreitkräfte Chinas.

Von den Erstbetreibern weiterverkauft wurden 15 Flugzeuge an die Aeroflot, sieben an die Luftstreitkräfte Ägyptens und fünf an die Luftstreitkräfte Syriens.

***Betrachtet man die Entwicklungsgeschichte der Iljuschin IL-14P genauer, die als „Flugzeug mit der 200prozentigen Sicherheit“ in die Luftfahrt einging, dann ist ebenfalls die Vorgeschichte zu erzählen. Sie spielt in Amerika und ist untrennbar mit dem Namen Donald Wills Douglas verbunden. Diesem Unternehmer gelang ein genialer Wurf, der vielen anderen Konstrukteuren als Vorbild diente und für viele Jahre zu den bekanntesten und am meisten verbreiteten Verkehrsflugzeugen gehörte: die DC-3. Von der Design-Philosophie dieses außergewöhnlichen Flugzeuges profitierte auch die Sowjetunion und namentlich Iljuschin, denn der Douglas-Stil, erkennbar an vielen konstruktiven Merkmalen bis hin zur Cockpitgestaltung, zieht sich wie ein roter Faden durch alle Entwicklungen von Sergej Iljuschin – und das sogar bis zur IL-62.***

## *Legendär: Douglas DC-3*

Die Idee, die DC-3 zu entwickeln, wurde 1931 geboren. Den Anlass dazu gab eine dreimotorige *Fokker* der Trans World Airlines, die in jenem Jahr in Kansas in einem Gewitter abgestürzt war. Der Unfallbericht nannte Strukturmängel im Flügel als wahrscheinliche Unfallursache, und so kam die Forderung nach einem sicheren Verkehrsflugzeug auf, dem auch Witterungsunbilden wenig anhaben konnten.

### *Unverwüstliche DC-3*

Die DC-3/C-47 errang den Ruf der Unverwüstlichkeit und dokumentierte dies unter anderem durch folgende Beispiele:

- Weiterflug und sichere Landung, nachdem die Maschine im Sturm durch eine Fallböe einen Berghang gestreift und dadurch etwa vier Meter einer Tragfläche verloren hatte.
- Einsatz nach notdürftiger Reparatur mit einer deutlich kleineren Ersatztragfläche einer DC-2.
- Flug während der Berliner Luftbrücke mit einer Zuladung, die um das Doppelte höher war als die maximal zulässige Nutzlast. Hier hatte man gemeint, Bauteile aus Aluminium zu laden, aber in Wahrheit waren es Stahlteile.
- Zahlreiche Landungen mit offenem Dach, Löchern im Rumpf, schwer beschädigtem Seiten- und Höhenleitwerk und beschädigten Tragflächen nach Angriffen, Kollisionen oder Bombenattentaten. Auch schlecht gesichertes Frachtgut, das sich löste, führte im Flug zu Problemen.

In kürzester Zeit ein sicheres, schnelles und hochfliegendes Flugzeug zu entwickeln, das war damals eine große Herausforderung – auch für Donald Wills Douglas und seine Mitarbeiter. Noch im gleichen Jahr rollte die maßgeblich von Kindelberger, Reymond und Jack Northrop, der kurz darauf seine eigene Firma gründete, entwickelte DC-1 (Douglas Commercial 1) aus der Halle. Als das einzige Exemplar Ende 1933 probeweise in den Dienst gestellt wurde, galt es schon nach kurzer Zeit als das sicherste Verkehrsflugzeug mit bislang unerreichtem Passagierkomfort.

1934 folgte die etwas größere und schnellere DC-2 mit größerer Reichweite. Das auf der Grundlage der DC-1 entwickelte und für den Serienbau vorgesehene Flugzeug erzielte nach seiner Indienststellung auf Anhieb mehrere Geschwindigkeitsrekorde und war das erste Verkehrsflugzeug, in dem sich Geschäftsreisende während eines Nachtfluges schlafen legen konnten. Die DC-2 leitete aufgrund ihrer äußerst fortschrittlichen Konzeption eine neue Ära im Verkehrsflugzeugbau ein.

Die DC-3, der ganz große Wurf von Douglas, entstand auf Drängen der American Airlines, die für die Eröffnung von Nachtfluglinien quer durch die USA ein noch größeres Flugzeug mit einer Inneneinrichtung vergleichbar mit einem Schlafwagen forderte.

Anfangs sträubte sich Douglas dagegen, die sich so gut verkaufende DC-2 selbst zu konkurrieren. Nachdem aber American Airlines schließlich garantiert hatte, 20 Exemplare des noch gar nicht konstruierten Flugzeuges zu kaufen, ging man bei Douglas Aircraft ans Werk und schuf ein neues Muster mit längerem Rumpf, größeren Tragflächen und Leitwerken sowie stärkeren Triebwerken.
Die luxuriöse Basisversion der DC-3 startete zunächst als DST (Douglas Sleeper Transport, also ein Flugzeug

*Die Douglas DC-3 aus den 1930er Jahren diente später vielen Konstrukteuren als Vorbild für den Bau moderner Verkehrsflugzeuge. Hier auf der Luftfahrtshow in Oshkosh im Jahre 2010.*

*Foto: Frank-Dieter Lemke*

mit Schlafwagenkomfort) am 17. Dezember 1935 zu ihrem Erstflug und war je nach Variante mit 16 Betten oder 24 Sitzen ausgestattet. American Airlines nahm die DST am 15. Juni 1936 auf der Route New York – Chicago in Betrieb.

*Landung einer Douglas DC-3*

*Foto: Frank-Dieter Lemke*

Die US-Streitkräfte zeigten ebenfalls Interesse an der inzwischen allgemein als DC-3 bezeichneten Maschine. Im September 1940 bestellten sie 545 Exemplare einer Transportversion, die die US-Luftwaffenbezeichnung C-47 Skytrain erhielt. Den bekannteren Beinamen Dakota erhielt die C-47 erst später von der britischen Royal Air Force.

Mit Eintritt der USA in den Zweiten Weltkrieg wurde die Produktion der zivilen Ausführung der DC-3 gestoppt, um sich ausschließlich auf den sprunghaft angestiegenen Bedarf von Transportflugzeugen konzentrieren zu können. Bis zu jenem Zeitpunkt waren 430 DC-3 an zivile Halter ausgeliefert worden, davon fast 100 Exemplare ins Ausland.

Mit Ende des Zweiten Weltkrieges stellte man die Fertigung der DC-3/C-47 ein. In den drei Werken Santa Monica, Long Beach und Tulsa waren bis dahin insgesamt 10.655 Exemplare gebaut worden. Japan hatte bei Showa 414 DC-3 und bei Nakajima 71 Stück als L2D in Lizenz gefertigt.

*Lisunow Li-2. Die gelungene sowjetische Kopie der DC-3 wurde von 1938 bis 1952 in 4937 Exemplaren gebaut. Das Foto entstand 1961 in Diepensee, dem Südteil des Flughafens Berlin-Schönefeld, und zeigt eine Li-2T der MALEV.*

*Foto: Günter Sankalla/Sammlung Manfred Meyer*

## *Gelungene Kopie: Lisunow Li-2*

Die Nachbaurechte für die DC-3, das damals sicherste Verkehrsflugzeug der Welt, erwarb die Sowjetunion bereits im Jahre 1936. Zwischen November 1936 und Dezember 1939 weilte der sowjetische Konstrukteur Boris Lisunow als Leiter einer größeren Arbeitsgruppe im Douglas-Stammwerk Santa Monica, um sich mit den Konstruktions- und Fertigungstechniken der DC-3 vertraut zu machen. In dieser Zeit leitete Wladimir Mjassischtschew in der Sowjetunion ein Kollektiv, das die angelieferten Zeichnungen in metrische Maße umsetzte und die Fertigungstechnologien auf die in der sowjetischen Luftfahrtindustrie gebräuchlichen und strengeren GOST-Normen umstellte und damit die Sicherheitsfaktoren vergrößerte. In vielen Fällen musste auch auf andere Materialien ausgewichen werden. Verstärkt wurden insbesondere die Tragflächen und die Zelle, um einen reibungslosen Einsatz des Flugzeuges auch unter den schwierigsten Bedingungen in der Sowjetunion zu gewährleisten. Daraus resultierte die größere Leermasse dieses Flugzeuges. Mitte 1938 wurde schließlich die Serienfertigung mit etwas verringerter Spannweite unter der Bezeichnung PS-84 aufgenommen. Ab 1942 fand für das Flugzeug die Bezeichnung Lisunow Li-2 Verwendung. Insgesamt entstanden 4937 Exemplare dieses Musters, und die letzte Li-2 verließ erst 1952 das Herstellerwerk. Damit wurde sie länger gebaut als das Nachfolgemuster IL-12.

*Historisches Kleinod: russische Lisunow Li-2 im Juli 1994 (RA-01300)*

*Foto: Detlev Grass*

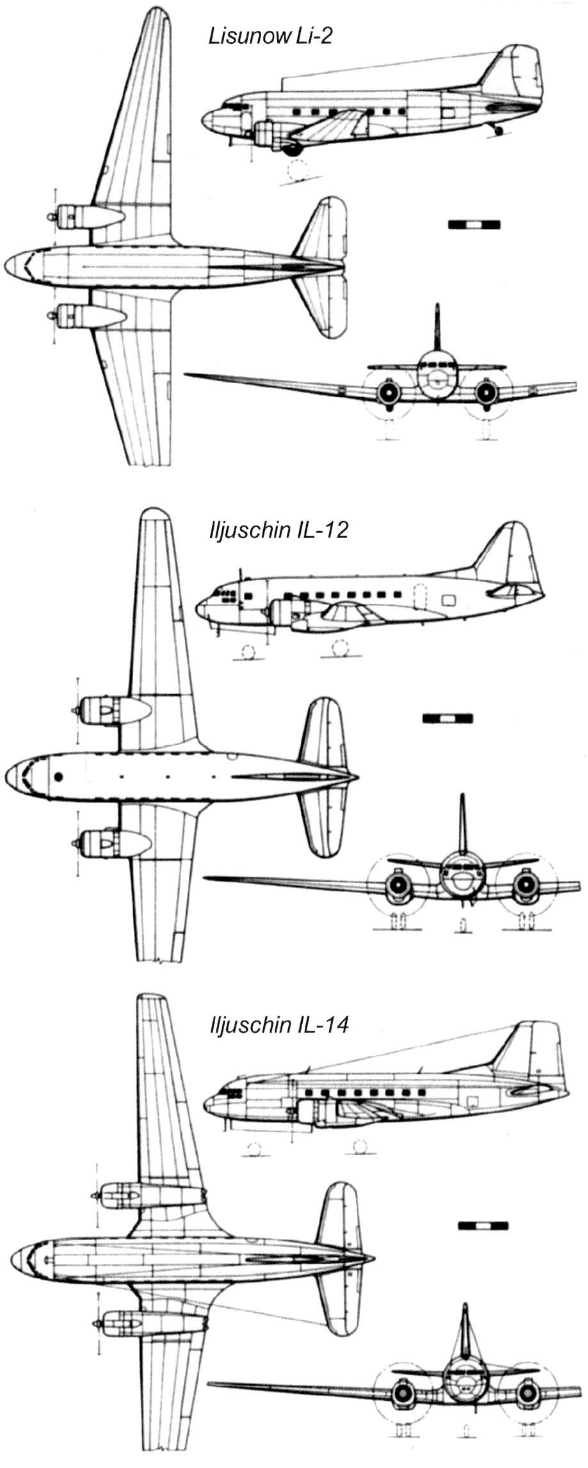


*Zeichnungen: aus Letectvi+Kosmonautika/CSSR*

Anstelle der in der DC-3 gebräuchlichen Triebwerke Wright Cyclone G-102-A (1100 PS) oder Pratt & Whitney R-1830-92 (1196 PS) erhielt die sowjetische Kopie zwei Schwezow M-62 (später ASch-62IR), ebenfalls eine Kopie, und zwar des Wright Cyclone mit etwa 100 PS geringerer Leistung. Die ersten Versionen der Li-2 waren für 14 Fluggäste ausgelegt, spätere Ausführungen konnten bis zu 28 Passagiere aufnehmen.

Die meisten Li-2 flogen bei den sowjetischen Luftstreitkräften – während des Zweiten Weltkrieges nicht nur als Transporter, sondern sogar als Behelfsbomber – und bei der Aeroflot im Fracht- und Passagierdienst. Darüber hinaus bewährte sich die vielseitige Konstruktion als Forschungsflugzeug in der Arktis und für zahlreiche andere Zwecke. Noch bis in die 1980er Jahre hinein stand das Muster bei der Luftbildvermessung und als Erkundungsflugzeug für die Fischereiflotte im Dienst. Ebenso verwendeten zahlreiche Fluggesellschaften und Luftstreitkräfte der sozialistischen Länder einschließlich China und Nordkorea die Lisunow Li-2.

### *Iljuschin IL-12*

Bereits vor dem Ende des Zweiten Weltkrieges machte sich das OKB Iljuschin, das unter anderem durch den Bomber IL-4 und das Schlachtflugzeug IL-2 berühmt geworden war, Gedanken über die Zukunft der Verkehrsluftfahrt nach dem Krieg. Angeregt durch die erfolgreiche Li-2 entwickelte Sergej Iljuschin auf eigene Initiative ab 1944 ein modernes Nachfolgemuster.

Von Anfang an wurde für das neue Mittelstreckenverkehrsflugzeug mit der Bezeichnung IL-12 besonderer Wert auf die Einsatzfähigkeit in allen Klimazonen der UdSSR gelegt. Deshalb war der in Ganzmetall-Halbschalenbauweise gefertigte Rumpf schall- und wärmeisoliert und besaß eine heiz- und belüftbare Passagierkabine. Sein besonderes Augenmerk legte Iljuschin auf hohe Flugsicherheit, denn die DC-3 war ebenso wie ihre sowjetische Kopie Li-2 in Bezug auf die Auftriebsverteilung am Flügel ein problematisches Flugzeug. Im Langsamflug riss die Strömung zuerst am Außenflügel

*Iljuschin IL-12* *Foto: Archiv Frank-Dieter Lemke*

*Vorn eine IL-14P sowjetischer Herkunft, im Hintergrund Flugzeuge derselben Konstruktion, aber gebaut in Dresden.*

*Foto: Kurt Häschel*

und erst dann am Innenflügel ab. Einmal ins Trudeln geraten, hatte man bei den damals geringen Flughöhen bis 3000 Meter keine Chance mehr, das Trudeln auszuleiten. Auf diese Weise sollen einige DC-3 abgestürzt sein. Diese fatalen Flugeigenschaften sollte die IL-12 mit ihrem neuen Flügel nicht mehr aufweisen.

Ihren Erstflug absolvierte die IL-12, das erste sowjetische Passagierflugzeug mit Bugradfahrwerk, am 7. Januar 1946. Der Prototyp besaß zwei Dieselmotoren Atsch-31 (je 1900 PS Startleistung), die sich jedoch während der Erprobung als nicht ausreichend zuverlässig erwiesen. Daher erhielten die Serienmaschinen den in den Kampfflugzeugen La-5FN und Tu-2 bewährten Doppelsternmotor ASch-82FN (je 1850 PS Startleistung).

Die Serienproduktion begann 1946, und am 22. August 1947 nahm die IL-12 den Liniendienst in der Aeroflot auf. Während der Serienfertigung wurde das Flugzeug ständig verbessert. Das anfangs dreieckige Seitenleitwerk wich später einer nach vorn verlängerten Flosse. Die Flügel, das Leitwerk und die Cockpitverglasung erhielten eine thermische Enteisungsanlage, die Luftschrauben eine Flüssigkeitsenteisung. Die Normalvariante beförderte 27 Passagiere, außerdem existierten Versionen für 18 und 32 Passagiere. Die Frachtversion besaß eine zweiflüglige Tür an der linken Rumpfseite. In der militärischen Transportversion konnten 26 Schützen, in der Absetzvariante 30 Fallschirmspringer befördert werden. Die Sanitätsversion nahm 16 Tragen und sechs sitzende Patienten auf. Außerdem existierte eine Variante für das Schleppen von Lastenseglern. Die letzten Exemplare der IL-12 erhielten einfahrbare Fahrwerksklappen, weil erst dann auch der Einmotorenstart nach einem Triebwerksausfall möglich war.

### *IL-14 als Geschenk*

Mitte der 1950er Jahre übergab die UdSSR an verschiedene Staatsoberhäupter Salonvarianten der IL-14 als Geschenk. Darunter an Schah Zahir (Afghanistan; Kennzeichen YA-AAE), Ministerpräsident Nehru (Indien; zwei Flugzeuge), König Mahendra (Nepal; 9N-RFI), Präsident U-Nu (Burma; XY-VIP), den Schah des Iran (EP-HMI; mit Badezimmer), Enver Hodza (Albanien), Präsident Nasser (Ägypten), Iman von Jemen (Nordjemen), Ministerpräsident Lumumba (Kongo) und sogar, wenn man sich der gespannten politischen Situation zwischen beiden Ländern erinnert, an Präsident Josip Broz Tito (Jugoslawien).

Die IL-12 flog auf den Inland- und internationalen Strecken der Aeroflot, bei den sowjetischen Luftstreitkräften, der sowjetischen Polarluftflotte, der CSA und der LOT, in Rumänien sowie in China. Insgesamt wurden von 1946 bis 1949 genau 663 Exemplare gebaut.

## *Iljuschin IL-14*

Die Entwicklung des Nachfolgemusters IL-14, ein radikaler Umbau der IL-12, begann 1949. Am 13. Juni 1950 absolvierte der Prototyp, der noch die Triebwerke und das Seitenleitwerk der IL-12 besaß, seinen Erstflug. Verschiedene Änderungen führten schließlich zur Serienausführung IL-14P, aber dieses P steht nicht etwa, wie fälschlicherweise von vielen angenommen, für Passagiere, sondern für Protiwobledenitel, zu deutsch Enteisungsanlagen, über die der Prototyp IL-14 noch nicht verfügte.

Gegenüber der IL-12 waren die Zelle bei Beibehaltung der aerodynamischen Grundkonzeption aerodynamisch verfeinert und die Massenverhältnisse verbessert worden. Herausragender Unterschied zur IL-12 war der neue Flügel, der erstmals nach einer neuen, später uneingeschränkt anerkannten Auftriebstheorie entwickelt worden war. Dieser sicherte ausgezeichnete Flugeigenschaften auch bei kritischen Anstellwinkeln. Die Fahrwerksklappen wurden nach dem Ausfahren des Fahrwerks wieder geschlossen. Die neue, effektive Segelstellungsanlage der Luftschraube, die neuen Triebwerke und die verbesserte Richtungsstabilität durch das vergrößerte Seitenleitwerk gewährleisteten eine sichere Flugfortsetzung bei Triebwerksausfall. Insgesamt führte die ganze Palette von Veränderungen zu einer deutlichen Überlegenheit der IL-14 gegenüber der IL-12.

Der Jungfernflug der ersten Serienmaschine fand am 14. März 1954 statt. Ab 30. November 1954 stand die weiterentwickelte IL-14P für 18 Passagiere (sechs Sitzreihen zu je drei Plätzen) im Liniendienst der Aeroflot. Dieses Ausgangsmuster wurde im Interesse einer höheren Rentabilität bei den Fluggesellschaften auf 24, 26 und bis 32 Passagierplätze nachgerüstet. Entsprechend stieg die Anzahl der Fenster auf bis zu acht auf jeder Seite.

Aus dem Ausgangsmuster IL-14P entstanden in der Sowjetunion folgende Versionen:
**IL-14-30D** für das Absetzen von Fallschirmspringern mit verstärkter Kabine ohne Innenverkleidung und 18 seitlichen Klappsitzen.
**IL-14S, SI und SO** als Salonvarianten mit unterschiedlicher Anzahl und Anordnung der Fenster.
**IL-14FK** als Fotoversion mit Fotoluken im Rumpfboden.
**IL-14G** als Frachtflugzeug für die Zivilluftfahrt und die Polarluftflotte mit Ladeluke nebst Einstiegstür auf der linken Seite.
**IL-14GR** als Frachtflugzeug mit veränderter Ladeluke auf der linken Seite und Einstiegstür rechts.
**IL-14T** als Standard-Militärtransporter mit Ladeluke links und Einstiegstür auf beiden Seiten sowie Schießpforten in den Fenstern. Das Flugzeug, das auch bei der Aeroflot und der Polarluftflotte (oft mit Skifahrwerk) flog, konnte auch in eine Sanitätsversion umgerüstet werden.
**IL-14M** als neue Standard-Passagierversion mit 1 m längerem Rumpf (ab 1955) zunächst für 24 Passagiere (sechs Sitzreihen zu je vier Plätzen), deren Kapazität ab 1958 auf 32 bis 36 Fluggäste vergrößert wurde. Neben dem Einbau eines zweiten Notausstiegs erhöhte sich mit wachsender Passagierkapazität die Anzahl der Fenster auf sieben bis acht. Äußerlich weitgehend identisch mit der IL-14M waren die Salonausführungen sowie die Fotoversion.
**IL-14FMK**. Mit dem 1 m längeren Rumpf flog auch eine Ausführung als Militärtransporter mit Ladeluke.

Bis 1958 wurden 839 IL-14 verschiedener Versionen in der Sowjetunion produziert.

## *IL-14P von Avia*

Das tschechoslowakische Flugzeugwerk Avia in Letnany fertigte ab 1957, ebenso wie die DDR als Nachbau in eigener Verantwortung, 203 Exemplare der IL-14P in folgenden Versionen:
**Avia 14P (auch 14-24)** für 24 Passagiere (identisch mit der IL-14P sowjetischer Produktion); später gesteigert auf 26 Fluggäste.
**Avia 14M** für 28 Fluggäste (ab Avia 14M besaßen alle Flugzeuge den 1 m längeren Rumpf der IL-14M).
**Avia 14 Super** für 42 Passagiere mit Druckkabine, runden Fenstern und abnehmbaren Flügelendtanks.
**Avia 14S** als Salonflugzeug für neun bis elf Passagiere mit eckigen Fenstern und abnehmbaren Flügelendtanks.
**Avia 14-32** für 32 Fluggäste (später gesteigert auf 36 bis 40 Fluggäste).
**Avia 14-36** für 36 Fluggäste.
**Avia 14-40** für 40 Passagiere.
**Avia 14T** als Standard-Militärtransporter mit Ladeluke auf der linken Seite und Einstiegstür rechts sowie abnehmbaren Flügelendtanks.
**Avia 14F** für den Luftbildeinsatz mit abnehmbaren Flügelendtanks.
**Avia 14FG** bzw. **IL-14FG** als spezielle Fotoversion durch Umbau von Flugzeugen aus tschechischer und sowjetischer Produktion.

Darüber hinaus baute Avia einige Flugzeuge zu Versuchsträgern für die Triebwerkserprobung oder zu Hörsaalflugzeugen mit Radarnase für die Navigatorausbildung um.

Hauptabnehmer der bei Avia gebauten IL-14 waren die Sowjetunion mit 88 Flugzeugen und China mit 37 Exemplaren. Außerdem wurde die Avia 14 nach Bulgarien, Guinea, Indonesien, Mali, in die Mongolei und nach Polen geliefert.

## *IL-14P aus der DDR*

Der Wiedereintritt in den Verkehrsflugzeugbau im Osten Deutschlands, in der DDR, begann mit einem realistischen Konzept. Um beim Aufbau der Luftfahrtindustrie Erfahrungen zu sammeln und neue Fachkräfte anzulernen, wurde auf der Grundlage einer bilateralen Vereinbarung mit der UdSSR im Jahre 1955 mit dem „Nachbau der IL-14P in eigener Verantwortung" begonnen. Dabei handelte es sich nicht um eine herkömmliche Lizenzproduktion, denn der DDR waren alle Unterlagen zum Bau der IL-14P kostenlos überlassen worden. Darüber hinaus lieferte die UdSSR im Frühjahr 1955 ein Musterflugzeug, die DDR-AVI, später DM-ZZA, an die DDR.

Die Entscheidung für das Mittelstreckenverkehrsflugzeug Iljuschin IL-14P fiel aufgrund der Tatsache, dass sie sich als ausgereifte Konstruktion erwiesen hatte und somit einen geeigneten Flugzeugtyp für den Übergang zum modernen Verkehrsflugzeugbau darstellte. Die IL-14P hatte sich unter den verschiedensten Bedingungen in

*Bei der Deutschen Lufthansa der DDR flogen IL-14P, die sowohl in der UdSSR als auch in der DDR gebaut worden waren.*

*Die DM-SBR stammte aus der Sowjetunion.*

*Foto: Archiv Frank-Dieter Lemke*

der UdSSR bewährt und galt als robust gebaut, zuverlässig und wirtschaftlich.

Der 1954 gegründete VEB Industriewerke Dresden nahm 1955 die Fertigung von Tragflächen und Rümpfen der IL-14P im Dresdner Industriegebiet auf. Zur Endmontage wurden die Baugruppen mit Tiefladern über die Königsbrücker Landstraße zum VEB Maschinen- und Apparatebau in Dresden-Klotzsche transportiert. Die je 86 Leitwerke und Landeklappen baute der VEB MAB Schkeuditz.
Gegründet worden war der VEB MAB Dresden im Jahre 1955. Am Jahresende waren hier 973 Mitarbeiter beschäftigt, deren Zahl im Jahr darauf auf stattliche 2562 anwuchs. Der Zusammenschluss der beiden Dresdener Betriebe, die mit modernsten Maschinen und Einrichtungen ausgerüstet worden waren, zum VEB Flugzeugwerke erfolgte am 1. Januar 1958.

Der VEB Industriewerke Karl-Marx-Stadt lieferte die Doppelsternmotoren vom Typ ASch-82T sowie die Luftschrauben und Fahrwerke. Damit begann der Serienbau des ersten in Deutschland nach dem Zweiten Weltkrieg gebauten Verkehrsflugzeuges. Durch Verwendung neuer Durallegierungen und leichterer Werkstoffe beim Innenausbau wurde die IL-14P der Dresdener Flugzeug-

***Kurz- und Mittelstreckenverkehrsflugzeug IL-14P des VEB Flugzeugwerke Dresden im Vergleich***

| | **FWD IL-14P** | **Douglas DC-3** | **Lisunow Li-2** | **Iljuschin IL-12** |
|---|---|---|---|---|
| Besatzung und Passagiere: | 4...5 + 26...32 | 2 + 21...32 | 4 + 14...24 | 4...5 + 18...24 |
| Triebwerk: | zwei ASch-82T | zwei PW R-1830-92 | zwei ASch-62IR | zwei ASch-82FN |
| Startleistung in kW: | je 1397 | je 880 | je 735 | je 1360 |
| Spannweite in m: | 31,7 | 29 | 28,81 | 31,7 |
| Flügelfläche in m²: | 100 | 91,7 | 91,7 | 103 |
| Länge über alles in m: | 21,31 | 19,7 | 19,64 | 21,31 |
| Höhe im Stand in m: | 7,9 | 5,2 | 5,15 | 8,07 |
| Rüstmasse in kg: | 12100 | 8041 | 7700 | 9000 |
| Nutzlast in kg: | 4800 | 3395 | 3000 | 8000 |
| Startmasse in kg: | 17000 | 11436 | 10700 | 17000 |
| Max. Landemasse in kg: | 16500 | | | |
| Höchstgeschwindigkeit in Bodennähe in km/h: | 370 | 350 | 320 | 375 |
| Reisegeschwindigkeit in km/h: | 320 | 300 | 220 | 320 |
| Landegeschwindigkeit in km/h: | 130 | | 108 | 145 |
| Reichweite bei 320 km/h in 2000 m mit 32 Passagieren und einer Stunde Navigationsreserve in km: | 1500 | | (1200) | |
| Maximale Reichweite in km: | 2220 | 2170 | 2200 | 1900 |
| Dienstgipfelhöhe in m: | 6500 | 6620 | 5600 | |
| Startrollstrecke in m: | 470 | | 400 | 500 |
| Startstrecke auf 25 m Höhe in m: | 1020 | | | |
| Landestrecke aus 25 m Höhe in m: | 860 | | | |
| Landerollstrecke in m: | 430 | | 390 | 700 |

*Helmut Balluff beim VEB Apparatebau Lommatzsch mit dem Modell des Segelflugzeuges Lo 55*

*Foto: Archiv Rudolf Bahr*

## Helmut Balluff – ein genialer Konstrukteur

Helmut Balluff qualifizierte sich vor 1945 in den Siebel-Flugzeugwerken im Abendstudium vom Technischen Zeichner zum Konstrukteur (siehe auch Festschrift der Siebel-Flugzeugwerke). Am 22. Oktober 1946 gehörte Balluff zu den in die Sowjetunion verbrachten deutschen Spezialisten und arbeitete in Podberesje unter Heinz Roessing.
1952 leitete er im VEB MAB Schkeuditz jene Abteilung, die die damals vorgesehene Endmontage des Jagdflugzeuges MiG-15 vorbereiten sollte. Diese erste DDR-Flugzeugbauplanung wurde mit der politischen Zuspitzung in der DDR (Ereignisse vor und mit dem 17. Juni 1953) abgeblasen, die Abteilung im MAB aufgelöst und Balluff mit seinen Mitarbeitern entlassen. Er ging zum VEB LOWA Gotha und später zu Heinz Roessing zum VEB Apparatebau Lommatzsch und danach zum VEB MAB Schkeuditz. Hier konstruierte Helmut Balluff die „leichtesten Passagier-Sitze der Welt". Sein von ihm bekannter und beliebter Spruch „Was ich mir heute ausdenke, das ist morgen schon wieder überholt" traf wohl eher nicht zu, denn als Leitbetrieb für Piloten- und Passagiersitze leistete der VEB MAB Schkeuditz damals außergewöhnlich gute Arbeit.
HANS-DIETER TACK / FRANK-DIETER LEMKE

*Das Kollektiv Balluff aus dem MAB Schkeuditz entwickelte völlig neue Passagiersitze für die Kabinenbestuhlung der IL-14P.*

*Fotos: Hans-Dieter Tack*

*Ursprüngliche Bestuhlungsvariante der in der Sowjetunion gebauten IL-14P mit 18 Sitzen.*

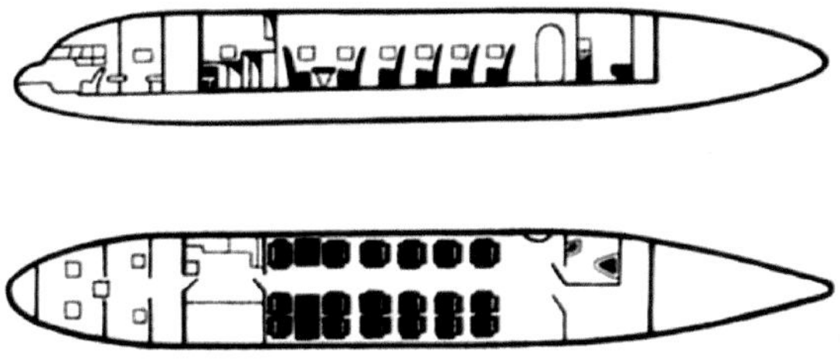

*Im Vergleich dazu die Variante aus dem VEB Flugzeugwerke Dresden mit 26 Sitzen.*
*Zeichnungen: Archiv Frank-Dieter Lemke*

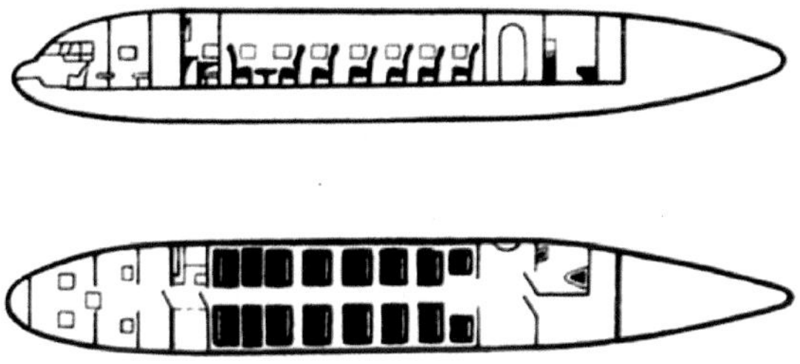

*Die Bestuhlung der FWD IL-14P wurde im VEB MAB Schkeuditz vom Kollektiv Helmut Balluff völlig neu entwickelt. In Kombination mit dem Optimieren des Kabinenlayouts konnte die Sitzplatzkapazität der IL-14P ohne Rumpfverlängerung von ursprünglich 18 auf maximal 36 gesteigert werden.*

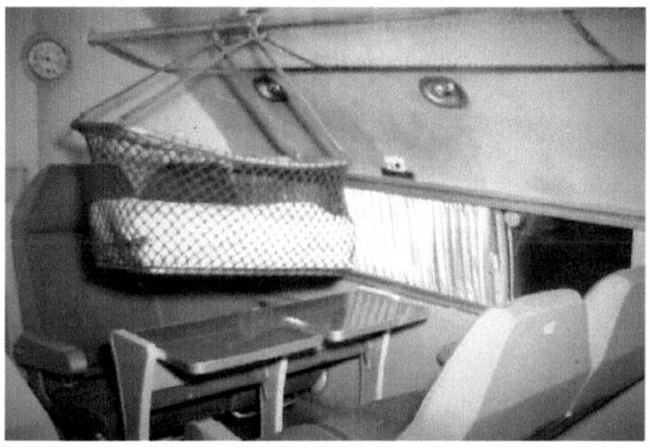

*Die vom Kollektiv Balluff neuentwickelte Sitzgruppe mit Baby-Korb in der IL-14P*

bauer um einiges leichter als das Ausgangsmuster. Deshalb konnte die FWD IL-14P, in der Literatur oft auch als VEB IL-14P bezeichnet, von Anfang an für 26 Passagiere ausgelegt und durch die veränderte Rumpfaufteilung der Gepäckraum vergrößert sowie eine Bordküche eingebaut werden.

Am 26. April 1956 fand der Jungfernflug der ersten in Dresden gebauten IL-14P unter Heinz Lehmann statt. Dieses Flugzeug, die DDR-AVF (später DM-ZZB), verblieb zunächst als Erprobungsträger im Werk und diente unter anderem zum Test vieler Anlagen und Komponenten der 152.

Bei den Verhandlungen im Dezember 1955 mit dem Ministerium für Luftfahrtindustrie über die Unterstützung der Sowjetunion beim Aufbau der DDR-Luftfahrtindustrie war übrigens auch noch einmal das Thema IL-14-Produktion zur Sprache gekommen. Ebenso wie drei Monate zuvor hatte die sowjetische Seite betont, dass sie die Fertigung der IL-14P ausschließlich als Qualifizierungsprogramm für den Aufbau einer deutschen Flugzeugindustrie betrachtet.
Den deutschen Antrag aber, dieses Flugzeug auch für den Export beispielsweise in die jungen Nationalstaaten zu produzieren, lehnten die sowjetischen Verantwortlichen wiederum ab. Dabei verwiesen sie auf eine Zusage von Willy Stoph, dass „die Produktion von Flugzeugen des Typs IL-14 nach den Bedürfnissen der Deutschen Demokratischen Republik geplant und die Serie auf insgesamt 90 Stück bis 1958 begrenzt" werde. Ihrer Meinung nach decke die vorgesehene Lizenzproduktion bei Avia in der CSR den Bedarf völlig, und ein Konkurrenzunternehmen, das den gleichen Typ produziert, sei daher überflüssig.
Allerdings kam man der DDR später dann doch entgegen und genehmigte den Export des Flugzeuges – allerdings außerhalb der RGW-Staaten. Über diese getroffenen Vereinbarungen setzte sich jedoch die DDR hinweg und verkaufte die IL-14P auch an die sozialistischen Bruderstaaten. Das war ein gutes Geschäft, denn Lizenzgebühren fielen bei der IL-14P nicht an.

Für die Werkserprobung und für Überführungsflüge erhielten viele der in Dresden gebauten Maschinen DM-Registrierungen, die mit dem Buchstaben Z begannen. Nachdem bis Ende 1958 etwa 50 Maschinen verkauft waren, geriet der Absatz ins Stocken und einige Flugzeuge standen sozusagen erst einmal „auf Halde". Werbeflüge nach China und Vietnam brachten schließlich weitere Verkaufserfolge, und auch Rumänien konnte als Kunde gewonnen werden. Als die Deutsche Lufthansa der DDR 1959 gedrängt wurde, noch drei IL-14P aus Dresden abzunehmen, stellte sie diese Maschinen als Frachtvariante mit großer Ladeluke auf der rechten Rumpfseite in Dienst.

Im November 1959 lief die Serienproduktion der IL-14P mit der 80. ausgelieferten Maschine aus, da die Hallen mehr und mehr für die Endmontage des Strahlverkehrsflugzeuges 152 benötigt wurden. Alle Bauvorrichtungen wurden verschrottet. Das allerdings sollte sich als verhängnisvoller Fehler erweisen, weil inzwischen aus China eine Bestellung von rund 100 IL-14P, verbunden mit der Option auf den Erwerb von weiteren 400 Flugzeugen dieses Typs, eingetroffen war. Dieser lukrative Auftrag aber war nun nicht mehr erfüllbar, auch wenn die Bauvorrichtungen, wie Dieter Gottschling erzählte, zu diesem Zeitpunkt noch gar nicht verschrottet waren, sondern in einem Rinderoffenstall lagen.
Mit der IL-14P fertigten die Dresdner Flugzeugwerker eine Maschine, die zwar nicht für spektakuläre Schlagzeilen sorgte, aber durch ihre Zuverlässigkeit und Wirtschaftlichkeit das Rückgrat nicht nur der Deutschen Lufthansa der DDR, sondern auch der Aeroflot und anderer Luftverkehrsgesellschaften im Mittelstreckenbereich sowie für Spezialaufgaben darstellte. Die Tragik der Dresdner bestand darin, dass sie seinerzeit übereilt den Bau dieses bewährten Flugzeuges aufgaben.

*Blick in die Endmontagehalle 222 in Dresden-Klotzsche*

*Foto: Kurt Häschel*

***Die Dresdner Flugzeugbauer lieferten folgende Varianten der IL-14P aus:***

**FWD IL-14P** – die Standardversion. Bei den Exporten für die LOT und die TABSO/BALKAN wurde die Anzahl der Fenster auf der linken Rumpfseite später auf acht erhöht. In der Anordnung ebenso wie in der Anzahl der Fenster unterschieden sich auch die Salon- und Fallschirmspringerausführungen für die NVA und Polen voneinander.

**FWD IL-14P** – Frachtversion mit stärkerer Außenhautbeplankung, vergrößerter Ladeluke auf der rechten Seite und verstärktem Fußboden. Die Ladeluke erhielten später auch einige Passagier- und Fallschirmspringermaschinen als Umbau.

**FWD IL-14P** – Umbau des ersten Prototyps der DDR-Produktion u.a. zum Erprobungsträger für das Höhenleitwerk der 152 (1957). Die Tür wurde bei den Flügen ausgehangen, um der Besatzung im Notfall einen raschen Ausstieg zu ermöglichen. Die Wollfäden auf dem 152-Höhenleitwerk wurden durch eine gesondert eingebaute Luke in der Rumpfoberseite fotografiert.

**FWD IL-14P** – Umbau von drei Exemplaren zu Fotoflugzeugen mit Bodenwanne, die einen Operateur aufnahm (1962 und 1965).

***Flugkapitän Karl Treuter***
2. Dezember 1913 bis 19. März 1992

Einer der bekanntesten Piloten der VEB Flugzeugwerke Dresden war der bei allen beliebte und stets bescheidene Karl Treuter. Mit dem Segelfliegen begann er 1929 am Pöhlberg in Schwarzenberg und nahm später sehr erfolgreich an vier Rhönwettbewerben teil. Er gehörte damals zu den ersten Segelfliegern, die Höhenflüge über 5000 m in Gewittern ausführten und er erflog sich als einer der ersten im Jahre 1939 die Gold-C. Bereits 1935 hatte Karl Treuter den Motorflugschein erworben und arbeitete danach als Zivilfluglehrer, flog im Zweiten Weltkrieg als Transportpilot die Ju 52/3m sowie Lastensegler und war als Einflieger bei den Siebel Flugzeugwerken in Halle tätig.

Nach dem Zweiten Weltkrieg wurde er 1946 gemeinsam mit ehemaligen Junkers-Ingenieuren in die Sowjetunion zwangsverpflichtet. Dort beteiligte er sich unter anderem an der Erprobung der DFS 346, die 1950 mehr als 1000 km/h schnell geflogen sein soll. Auf einem Liege-Kranich, der aus Laucha mitgebracht worden war, hatte er das Training für den Piloten der DFS 346 Wolfgang Ziese geleitet.

Nach der Rückkehr aus der Sowjetunion im Jahre 1953 begann Karl Treuter beim späteren VEB Flugzeugwerke Dresden (FWD) seine Tätigkeit als Testpilot. Später, als Chefpilot, erprobte er die bei den FWD in Serie gefertigte IL-14P.

Die Erprobung des ersten deutschen Strahlverkehrsflugzeuges 152 blieb Karl Treuter aus kaderpolitischen Gründen versagt, weil sein Bruder Erhard im Westen Deutschlands lebte. Nach dem Ende der DDR fand sich bei der Gauck-Behörde ein vom MfS reichlich gefüllter Leitz-Ordner, in dem Karl Treuter verdächtigt wurde, über seinen Bruder als englischer Spion tätig zu sein. Seine Frau vermutete man als Kurier und von ihr fertigte das Ministerium für Staatssicherheit sogar ein Bewegungsprofil an. Zwei Jahre lang befassten sich 30 Informanten mit der Akte Treuter, die schließlich ergebnislos geschlossen wurde.

Nach der Auflösung des DDR-Flugzeugbaus war Karl Treuter beim VEB Flugzeugwerft Dresden als Industriepilot tätig.

Auch in seiner Freizeit ließ Karl Treuter das Fliegen nicht los. Er schulte als ehrenamtlicher Motorfluglehrer der GST, nahm an zahlreichen Rundflug- und – noch als 50jähriger – an Kunstflugwettbewerben teil. Außerdem erwarb er im Segelflug zwei Diamanten zur Gold-C. Karl Treuter, der unter den DDR-Fliegern hohe Achtung genoss, flog bis zu seinem 61. Lebensjahr, als der Fliegerarzt den Schlussstrich zog. Er hatte zu diesem Zeitpunkt mehr als 15.000 Landungen und fast 8700 Flugstunden in seinen Flugkladden stehen.

FRANK-DIETER LEMKE

*Karl Treuter, wie ihn alle kannten.*

*Foto: Heinz Peinl*

Der ASch-82T, ein luftgekühlter 14-Zylinder-Doppelsternmotor mit einstufigem Radiallader, trieb eine Vierblatt-Luftschraube an.

Foto: Archiv Frank-Dieter Lemke

Foto: Archiv Horst Materna

*Aufbauend auf den Erfahrungen der deutschen Transportflieger im Zweiten Weltkrieg entwickelten die Motorenspezialisten der Werft in Diepensee (Flughafen Berlin-Schönefeld) den Schnelltriebwerkwechsel für den ASch-82T. So konnten die Flugzeuge bereits nach kurzer Instandsetzungszeit wieder den Flugbetrieb aufnehmen.*

## Technische Beschreibung der IL-14P

**Triebwerk:** Zwei am Tragflügelmittelstück in Motorgondeln eingebaute und luftgekühlte 14-Zylinder-Doppelstern-Einspritzmotoren ASch-82T mit einstufigem Radiallader (je 1900 PS/1397 kW Startleistung); verstellbare Vierblatt-Luftschrauben AW-50 (3,8 m Durchmesser) mit Segelstellungseinrichtung und Flüssigkeitsenteisung; je Triebwerk ein 220-Liter-Schmierstoffbehälter; Brandschutzanlage mit optischer und akustischer Warnung sowie Löscheinrichtungen in beiden Triebwerken (zusätzlich noch Handfeuerlöscher im Passagierraum).

**Rumpf:** Ganzmetall-Schalenbauweise (Spanten und Längsstringer mit tragender Beplankung) mit 2,8 m Rumpfdurchmesser; vorderer und hinterer Gepäckraum (jeweils mit kleiner Ladeluke); Frischluftbeheizung mit steter Lufterneuerung sowie Frischluft-Einzelduschen; Anrichte; Waschraum mit WC; Frontsichtscheiben der Pilotenkabine mit Warmluftbestrahlung, elektrischer Beheizung, Flüssigkeitsenteisung und hydraulischen Scheibenwischern.

**Tragwerk:** Tragflächenmittelstück mit Außenflügeln in Ganzmetall-Schalenbauweise und Landeklappen mit 45° Ausschlagwinkel; in den Außenflügeln je vier Kraftstoffbehälter mit 3500 Liter Gesamtfassungsvermögen; Warmluftenteisung an den Nasen der Außentragflächen; Querruder mit Trimmklappen.

**Leitwerk:** Leitwerksflossen in Ganzmetall-Schalenbauweise; Ruder mit Stoffbespannung; Trimmklappen am Höhenruder; Hilfsruder am Seitenruder; Warmluftenteisung an den Nasen der Höhen- und Seitenflosse.

**Fahrwerk:** Nach rückwärts einziehbares Bugrad; nach vorn in die Triebwerksgondeln einziehbare, bremsbare und doppelt bereifte Hauptfahrwerksräder; hydraulische Betätigung sowie Hydraulik-Notbetätigung von Hand. Bei Ausfall der Hydraulikanlage wird das Bugfahrwerk mittels Pressluft, das Hauptfahrwerk durch sein Eigengewicht und den Staudruck ausgefahren. Die Betätigung der Hauptfahrwerksbremsen erfolgt dann ebenfalls durch eine Pressluft-Notanlage.

**Ausrüstung (Auswahl):** Autopilotanlage (3-Achs-Steuerung); zwei Funkpeilanlagen für Eigenpeilung, ein Funk-Höhen- und ein Funk-Entfernungsmesser sowie ein Markierungsempfänger; drei unabhängig voneinander arbeitende Funkstationen; elektrisch bzw. warmluftbeheizte Staurohre sowie Lufthutzen; Vereisungskennzeichnung zur Anzeige des Eintritts in die Vereisungszone und der Intensität.

*Bei niedrigen Temperaturen wurden die Motoren von außen vorgewärmt.* Foto: Kurt Häschel

***Aus eigenem Erleben:***

## *„Sozialistische" Kritik um den ASch-82T*

Einer meiner damaligen interessiert mitdenkenden Zuhörer an der Ingenieurschule in Köthen war 1950 Günther Schneider. Er studierte als einer der tüchtigsten Absolventen anschließend an der TH Dresden Strömungsmaschinen und arbeitete intensiv und kritisch in der Abteilung Triebwerke der PfL. Bei der Nachprüfung des ASch-82T, der eine hydraulische Luftschraubenverstellung hat, suchte er vergeblich nach einer Begrenzung des im normalen Flugbetrieb verwendeten Verstellbereichs zwischen 22° bis 45° und fragte mich nach meiner Meinung. Ich sagte ihm: „Meinen Stil beim Umgang mit den hiesigen Obrigkeiten kennen Sie ja. Keine Kritik ohne gleichzeitigen Vorschlag, wie man es richtiger machen sollte. Schreiben Sie einen höflichen, sachlichen „Leiterbrief" und empfehlen Sie Ihren sowjetischen Kollegen, es vorschlagsgemäß oder noch geschickter zu machen. Das gilt auch für das Werk Karl-Marx-Stadt, das ohnehin für die technische Lösung zuständig ist und verantwortlich bleibt. Wir dürfen und müssen als PfL nur schlüssig begründete (Sicherheits)Forderungen erheben und dabei fallen immer Lösungsvorschläge ab. Für das Werk Karl-Marx-Stadt wird das eine Auflage, und nach üblicher Erprobung des Versuchsmusters geht eine Änderungsanweisung des Werkes in die Serie."

Schneider hatte in den Jahren nach dem Studium viel mit Hydraulik zu tun und bereits die Erfahrung mit der Empfindlichkeit dichtschiebend eingeläppter Steuerschieber gegen auch nur kleinste Fremdkörper im Hydrauliköl. Und statt dieser erforderlichen Spezialöle und Filter wurde hier das normale Motorenschmieröl verwendet (mit dessen Verkokungspartikelchen und anderen Verunreinigungen, die den relativ groben Schmierstoffilter passieren konnten). Bei einem Klemmen des Schiebers hätte die Luftschraube unkontrolliert in Segelstellung fahren können, was dann konstruktiv durch eine hydraulische Blockade verhindert wurde, die nur über die besonders auszulösende Segelstellungspumpe zu erreichen war.

Bei der Abstellung dieses Mangels wurde deutlich, wie schüchtern, unsicher, geradezu untertänig sich einige unserer leitenden „Russlandspezialisten" gegenüber der Sowjetunion verhielten:

„Wir können uns doch nicht leisten, an einem bewährten Flugzeug Mängel festzustellen! Das gäbe gewaltigen Ärger. Das müsst Ihr doch auch politisch bedenken. Wenn die Sowjets hier keine Sicherung haben, dann ist auch keine notwendig. Wir hängen uns da nicht ´rein. Solch einen Vorschlag unterschreibt kein Leiter!"

Die Sowjetunion baute damals nicht nach den internationalen Vorschriften der ICAO und die DDR hatte noch keine Vorschriften fertig. Wir waren erst dabei, die uns aus der Kriegszeit noch bekannten wieder „aufzubacken", dem neuen Stand der ICAO anzupassen und mit der CSR, mit Polen und Ungarn abzustimmen. Die Sowjetunion hatte damals an grenzüberschreitendem zivilem Luftverkehr (in den Westen) absolut kein Interesse. Noch 1962 trauten wir uns nicht, in Dresden eine ILS-Anlage nach Westnormen zu installieren und mussten mit jeder an Ungarn verkauften IL-14P für die Muster-, Stück- und Nachprüfung nach Budapest fliegen und die Abnahmeflüge durchführen. Die Ungarn ließen sich solche Bevormundungen durch die UdSSR nicht gefallen.

So schrieb Kollege Schneider eben selber. Und „Papa Lorensen", der alte Luftschraubenspezialist und „Ziehvater" von Prof. Dr. Cordes, nahm den Vorschlag gelegentlich einer Reise mit nach Moskau und brachte das OK zurück. Und Schneider flog – nein, so nicht –, sondern mit Gerhard Puhlmann als Flugversuchspilot und erprobte am 28. Februar 1958 bei seinem ersten Flug im Leben überhaupt(!) die veränderte Schraubenverstellung erfolgreich in der Luft. Einschließlich weiterer Verbesserungen am Triebwerk würdigten Boris Mindach, der Leiter der PfL, diese Leistung mit einer Prämie und die BGL laut Urkunde vom 7. Oktober 1959 mit einer Verdienstmedaille. Den materiellen Nutzen hatte mit jährlich 300.000 DM die Deutsche Lufthansa der DDR durch Erhöhung der Einsatzzeiten des ASch-82T von 500 auf 800 Stunden bis zur Überholung.

„Hintenherum", von Fachmann zu Fachmann, ließ sich mit den Sowjets vieles erreichen, was offiziell wegen der politischen Bremsklötze in Politik, Wirtschaft und Verwaltung auf beiden Seiten anfangs aussichtslos erschien. Mängel oder gar Fehler durften nicht in die Akten geraten. Die Sowjetunion macht keine Fehler. Sie fliegt auch unfallfrei. Das hat die Partei so beschlossen. Und die hat immer recht...

JOHANNES BARZ

*Foto: Kurt Häschel*

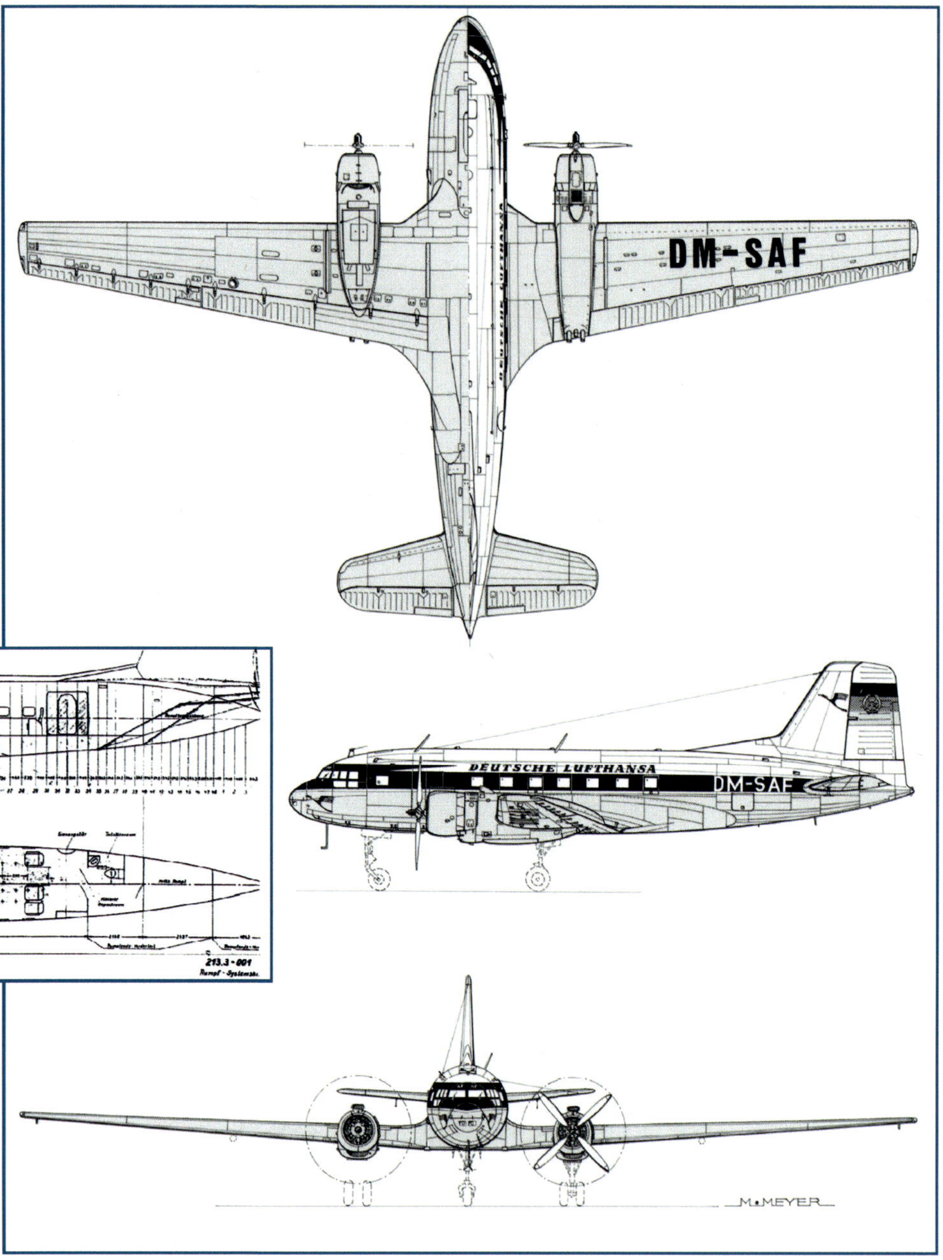


*FWD IL-14P in der Vierseitenansicht. Die linke Ansicht oben stellt die Unterseite des Flugzeuges dar, die rechte die Oberseite.*

*Zeichnung: Manfred Meyer*

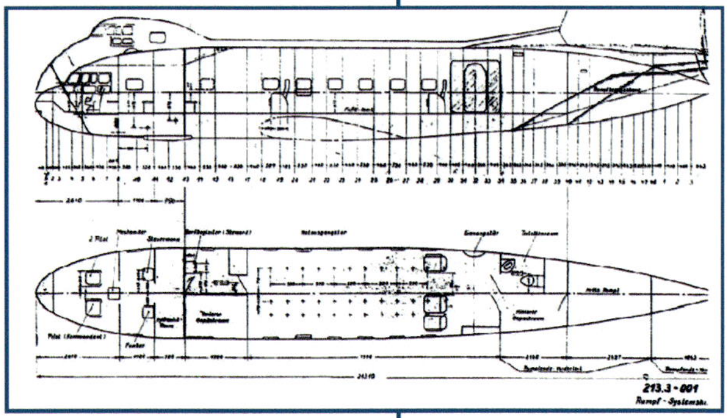

*Oben: Eine interessante Frachtervariante der FWD IL-14P befand sich bereits auf den Reißbrettern der Projektanten in Dresden.*

*Zeichnung: aus „Luftfahrt in Sachsen“*

*Die DM-SAI, die 23. IL-14P aus Dresden, auf dem Flughafen Berlin-Schönefeld während des Baus der Start- und Landebahn*

*Foto: Archiv Frank-Dieter Lemke*

*Die DM-SAN, ein Frachter, war die 77. Maschine aus Dresden und wurde 1965 an die ägyptische Luftwaffe verkauft.*

*Foto: Archiv Frank-Dieter Lemke*

***Aus zeitgenössischen Dokumenten:***

An den Stellvertreter des Ministers für Nationale Verteidigung Genossen Generalmajor Keßler
12. Februar 1958

***Betr.: Perspektivplan der DEUTSCHEN LUFTHANSA***

Sehr geehrter Genosse Generalmajor!

Um unsere gesamte Arbeit planmäßiger zu gestalten, ist es entsprechend der Forderungen von Partei und Regierung erforderlich, einen Perspektivplan auszuarbeiten. Eines der Hauptziele in diesem Perspektivplan muss sein, dass die uns vom Staat übergebenen Grundfonds und davon wieder besonders die Flugzeuge, mehr ausgenutzt werden als das bisher der Fall ist. Die Flugzeuge vom Typ IL-14 werden gegenwärtig nur mit 700 bis 800 Flugstunden pro Jahr ausgenutzt. Demgegenüber übersteigt die Zahl der Flugstunden in der Sowjetunion bereits 1500.
Wir müssen uns deshalb im Perspektivplan als Aufgabe stellen, die sowjetischen Normen unter allen Umständen zu erreichen.
Dem stehen jedoch gegenwärtig noch bestimmte Schwächen in unserer eigenen Arbeit gegenüber, die ihre Ursache z.T. in der noch ungenügenden Qualifikation sowohl unseres fliegenden als auch technischen Personals haben.
Als ein weiteres Problem hindert die Kürze der Strecken, die wir infolge der internationalen politischen Situation befliegen können, eine bessere Ausnutzung. Die bisher geschilderten Hemmnisse in unserem eigenen Betrieb können jedoch planmäßig ohne fremde Hilfe überwunden und entsprechende Voraussetzungen geschaffen werden.
Ein wesentlicher Grund für die schlechte Ausnutzung unserer Flugzeuge liegt jedoch in der ungenügenden Arbeit der Flugzeugindustrie und kann deshalb von uns allein nicht überwunden werden. Die Hemmnisse seitens der Flugzeugindustrie drücken sich besonders darin aus, dass die an uns gelieferten Flugzeuge im ganzen von wesentlich schlechterer Qualität und störanfälliger als die aus der Sowjetunion bezogenen sind. Während in der Sowjetunion z.B. die Motorlaufzeit des ASch-82T heute bereits probeweise bei 750 bis 1000 Stunden liegt, sind wir infolge der ungenügenden Arbeit der Industrie gezwungen mit Motoren zu fliegen, die nur 300 Stunden Laufzeit haben. Ähnlich verhält es sich mit Geräten, wo wir in einzelnen Fällen bei Nachprüfungen den Einbau verrosteter Teile usw. festgestellt haben. Besonders hinderlich wirkt sich die Tatsache aus, dass uns nur ungenügend Ersatzteile zur Verfügung gestellt werden. Es kommt vor, dass Flugzeuge sehr lange stehen müssen, weil Ersatzteile besonders auf dem Gerätesektor einfach nicht zu beschaffen sind. Es ist ferner unmöglich, dass Generalreparaturen, die ursprünglich drei Monate dauern sollten – was an sich schon eine unvertretbar lange Zeit ist – sich über sechs und mehr Monate hinaus ausdehnen. Dadurch stehen uns solche Flugzeuge, die in Generalreparatur gehen, nur einen geringen Teil des Jahres zur Verfügung und können demzufolge die erforderliche Anzahl von Flugstunden nicht erbringen. Alles das führt zu einer politisch und ökonomisch nicht vertretbaren Aufblähung unserer Grundfonds...

Um diese zuletzt genannten außerhalb liegenden Schwierigkeiten überwinden und einen realen Perspektivplan aufbauen zu können, halten wir es für erforderlich, dass eine gemeinsame Aussprache über diese Probleme stattfindet. Wir würden es begrüßen, wenn diese Aussprache unter Ihrer Leitung durchgeführt wird.

Es wäre notwendig, dass an dieser Besprechung außer den leitenden Mitarbeitern der DEUTSCHEN LUFTHANSA verantwortliche Genossen der Abteilungen „Sicherheitsfragen" und „Technik" des ZK der SED, Genosse Generalmajor Freyer, Staatliche Plankommission, Staatssekretär Ernst Wolf, Leiter des Amtes für Technik, und Gen. Pätzold, Leiter der Verwaltung der Flugzeugindustrie teilnehmen.

Mit sozialistischem Gruß!
A. Pieck
Hauptdirektor

*Für die Werkserprobung und für Überführungsflüge erhielten viele der in Dresden gebauten Maschinen DM-Registrierungen, die mit dem Buchstaben Z begannen. Nachdem bis Ende 1958 etwa 50 Maschinen verkauft waren, geriet der Absatz ins Stocken und einige Flugzeuge standen sozusagen erst einmal „auf Halde".*

*Foto: Kurt Häschel*

# Mit der IL-14P auf der „Rennstrecke" Berlin – Moskau

Fotos: Kurt Häschel

***Flugkapitän a.D. Kurt Lamm flog bei der Deutschen Lufthansa der DDR/INTERFLUG mit der IL-14P eines der sichersten und gutmütigsten Flugzeuge der Luftfahrtgeschichte. Bei der DDR-Fluggesellschaft kamen auf das Konto dieses Musters ganze zwei Zwischenfälle: eine Bauchlandung auf einem sowjetischen Truppenübungsplatz bei Königsbrück nach Bordnetzausfall, wobei kein Passagier verletzt wurde, und eine Bauchlandung auf dem Flughafen Berlin-Schönefeld.***
***Die DDR-Luftfahrtgesellschaft setzte das Flugzeug vornehmlich auf den Strecken nach Moskau, Budapest, Sofia, Bukarest, Kopenhagen, Wien und Athen ein. Sonderflüge führten auch nach Genf und sogar nach Peking oder Hanoi. Kurt Lamm erzählt:***

Ein halbes Leben ist es nun schon her, als ich die Iljuschin IL-14P kennenlernte. Im Oktober 1956 flogen 21 Deutsche, alles ehemalige Piloten, mit zwei Flugzeugen dieses Typs zur Höheren Fliegerschule der Aeroflot nach Uljanowsk – darunter ich. Der Auftrag lautete: Ausbildung zu Verkehrsfliegern für das 1955 gegründete Luftfahrtunternehmen Deutsche Lufthansa der DDR. Unsere Gesellschaft hatte damals bereits die ersten dieser Iljuschin-Flugzeuge aus der Sowjetunion erhalten – ausgestattet mit 18 wuchtigen Passagiersitzen. Ab 1957 schließlich befriedigte der VEB Flugzeugwerke Dresden mit seiner in eigener Verantwortung gebauten IL-14P die Bedürfnisse der DLH. Auch in Bezug auf die Passagierkapazität, denn die Anzahl der nun um einiges zierlicheren Sitze hatte zugenommen.

Im folgenden Text lade ich den geschätzten Leser zu einem Flug von Berlin-Schönefeld nach Moskau ein – eine Strecke, die wir damals früh und mittags, also zweimal täglich beflogen und die in Fliegerkreisen trotz ihrer 1650 km Länge immer nur „Rennstrecke" genannt wurde. Ich trage an diesem Tag die hellblaue Uniform der DLH; erwähnt sei, dass ich übermorgen in der dunkelblauen Uniform der INTERFLUG nach Kopenhagen fliegen werde – eine Maßnahme, zu der uns der anhaltende Streit zwischen der ost- und westdeutschen Lufthansa zwang.

Annemarie Knacke, die Stewardess, betreut in der Passagierkabine bereits die Fluggäste – auch heute ist die Maschine wieder voll belegt –, als wir unsere Plätze einnehmen: ich als Kommandant auf dem linken Sitz, Co-Pilot Roland Barth auf dem rechten und Bordmechaniker Kurt Röhricht, er bedient unter anderem die Triebwerke, ebenfalls vorn mit im Cockpit. Auf diesem Flug begleitet uns auch noch Norbert Ryzcek als Bordfunker; erst später, mit der Einführung leistungsstarker UKW-Funkstationen aus der DDR-Produktion, wird man auf ihn verzichten. Die Deutsche Lufthansa/INTERFLUG war übrigens den Luftfahrtgesellschaften der anderen RGW-Staaten immer eine Nasenlänge voraus beim rationellen Einsatz des fliegenden Personals und flog auch später alle Typen mit weniger Besatzungsmitgliedern als die sozialistische Konkurrenz.

Heute ist ziemlich viel Betrieb; wir bremsen die Triebwerke deshalb bereits am Vorstart ab und rollen schließlich zum Startpunkt der Startbahn 07 rechts. Die Freigabe ist erteilt, und wenige Minuten später steigen wir mit 5 bis 7 m/s auf 3000 m Staffelungshöhe. 600 m mehr würden zwar den Kraftstoffverbrauch verringern, aber gleichzeitig, bedingt durch den höheren Anstellwinkel, auch die Geschwindigkeit herabsetzen. Sie be-

*Eine IL-14P der Deutschen Lufthansa der DDR startet in Barth (1958).*

*Im Cockpit einer IL-14P während des Fluges (um 1958). Die Tradition des Tragens von Ledermänteln durch die vierköpfige Besatzung hatte die Deutsche Lufthansa der DDR übrigens von der Vorkriegs-Lufthansa übernommen. Allerdings ging es seinerzeit im Cockpit weit legerer zu, als es diese Bilder vermuten lassen: Kaum einer flog je mit Kopfbedeckung oder gar im Mantel.*

trägt nunmehr, im Reiseflug, 345 km/h. Unsere Flüge zu damaliger Zeit hatten immerhin den Vorteil, dass man die langsam vorbeiziehende Landschaft so richtig genießen konnte, denn auch die Reiseflughöhe führte uns, da die IL-14P keine Druckkabine besaß, nicht über 4200 m.

Gorzow haben wir hinter uns gelassen, und unsere charmante Stewardess hat inzwischen auch die Streckenkarten an die Passagiere ausgeteilt, die auf diese Weise, als Service unsererseits, ihre geografischen Kenntnisse etwas auffrischen können. Ich begebe mich zu den Passagieren und mache sie auf besondere Naturschönheiten aufmerksam – schließlich will ich, dass die Fluggäste nicht einfach nur hin- und hertransportiert werden, sondern den Flug auch als Erlebnis in Erinnerung behalten.

Die linke Tragfläche schneidet Ostroda an, das etwas besitzt, was sonst nur in den USA anzutreffen ist: Schiffe, die über Land fahren. Der See von Ostroda befindet sich nämlich 100 m über dem Niveau des Meeresspiegels, und diesen Höhenunterschied bis zum Frischen Haff überwinden die Schiffe über fünf Rollberge auf speziellen Schienenwagen.

Wir nähern uns dem ersten Reiseziel: Vilnius. Norbert Ryzcek, unser Bordfunker, hämmert schon eifrig auf seiner Morsetaste herum (unsere Sprechfunkstationen damals besaßen noch nicht die Qualität der heutigen Geräte), denn wir benötigen von der sowjetischen Grenzstation eine Genehmigung für den Einflug. Ist endlich die Verbindung mit der Station da unten glücklich zustande gekommen – manchmal müssen wir auch „wartend" einen Kreis drehen –, dann nennen wir den für den Tag gültigen Einflug-Code, und diese oftmals sehr aufwändige Prozedur hat schließlich ein Ende. In Vilnius schließlich, 2:30 Stunden Flugzeit liegen hinter uns, können sich die Passagiere bei einem First-Class-Essen eine Stunde lang erholen. Für den Weiterflug sagen uns die Meteorologen eine ausgedehnte Gewitterfront zwischen Rschjew und Wjasma voraus. Aber wir kennen sie schon, diese „Front vom Dienst". Im Sommer kann man sie (ohne Radarausrüstung, die wir damals noch nicht besaßen) nur unterfliegen. Die Flugsicherung erteilt uns deshalb das „tolko visualno", also eine Freigabe für einen Flug unter Sichtflugbedingungen, für den mindestens 300 m Wolkenuntergrenze und fünf km Sichtweite vorhanden sein müssen. Die wichtigste Forderung hierbei: Nicht tiefer fliegen als 100 m über Grund!

Schon hinter Witebsk zeigt sich die Gewitterfront in ihrer ganzen Größe und gefährlichen Schönheit. Wolken, tiefblau bis schwarz, türmen sich vor uns auf und werden vom Zickzack der Blitze zerrissen. Mit geübtem Blick erspähen wir die hellen Stellen zwischen den Gewitterherden und sind dennoch gezwungen, die Reiseflughöhe weiter zu verringern. In etwa 150 m über Grund streichen wir schließlich über das Land – über einzelne Gehöfte, auf denen die Schafe fluchtartig das Weite suchen, oder über massive Waldgebiete.

Trotz Slalomflug zwischen den Schauern erwischen uns dennoch einige von ihnen mit ihrem herabfallenden Nass. Während die Scheibenwischer Schwerstarbeit vollbringen, starren wir drei im Cockpit wie gebannt nach vorn, um etwaigem Gegenverkehr rechtzeitig ausweichen zu können. Vor dem Flugzeug tauchen uns inzwischen gut bekannte Ortschaften auf und geben zusätzliche Orientierung, denn mit der ARK-Ausrüstung, dem Radiokompass, ist das Einhalten des Kurses gar nicht so einfach, da dessen Anzeige durch die Gewitter oft abgelenkt wird.

Inzwischen aber haben wir den sehr starken Radiosender Noginsk auf unserem Empfänger und benutzen ihn für die „Großraumnavigation". Eine ähnliche Navigationshilfe benutzten wir übrigens auch oft beim Rückflug, wenn wir bereits bei Grudziadz, 350 km vor Königs Wusterhausen, den dort für die Gruppe der sowjetischen Streitkräfte in Deutschland aufgebauten Sender „Wolga" empfingen.

Dann machen wir am Horizont das riesige Häusermeer von Moskau aus, und schließlich pendelt sich fünf Kilometer vor dem Aufsetzpunkt das Voreinflugzeichen (VEZ) und ein Kilometer davor das Haupteinflugzeichen (HEZ) von Wnukowo im Radiokompass ein. Nach rund fünf Stunden Gesamtflugzeit hat uns die Erde wieder.

***Aus zeitgenössischen Dokumenten:***

Persönlich! V e r t r a u l i c h !

An den Stellvertreter des Ministers für Nationale Verteidigung Genossen Generalmajor Keßler, Strausberg

20. Oktober 1958

***Betr.: Evtl. Einsatz weiterer IL-14 bei der DEUTSCHEN LUFTHANSA***

Sehr geehrter Genosse Generalmajor!

Gesprächsweise habe ich von Genossen der Staatlichen Plankommission und des Außenhandels erfahren, dass nach dem derzeitigen Stand der Dinge damit gerechnet werden kann, dass nicht alle Flugzeuge vom Typ IL-14, die noch 1958 und 1959 gebaut werden sollen, im Außenhandel abgesetzt werden können. Wenn das der Fall sein sollte, wird zwangsläufig die DLH weitere Maschinen übernehmen müssen.

Die daraufhin von uns angestellten Überlegungen führten aufgrund der bisherigen Erfahrungen zu der Auffassung, dass die weitere Übernahme von Flugzeugen des Typs IL-14 durch die DEUTSCHE LUFTHANSA in Passagier-Variante völlig unzweckmäßig wäre.

Wenn wir weitere Flugzeuge übernehmen müssten, dürften das nur solche der sogenannten „Mehrzweck-Variante“ sein. Daraus ergibt sich, dass durch die Außenhandelsorgane baldmöglichst Klarheit geschaffen werden müsste, welche Anzahl von den im Bau befindlichen und noch zu bauenden IL-14 in welcher Variante im Ausland abgesetzt werden können und welche Anzahl die DEUTSCHE LUFTHANSA übernehmen müsste, wobei – wie schon gesagt – für uns nur die „M-Variante“ überhaupt in Betracht gezogen werden könnte. Diese Klarheit ist notwendig, weil die Fertigung des Dresdener Werkes darauf eingestellt werden müsste. (Die „M-Variante“ hat eine stärkere Außenhautbeplankung, vergrößerte Ladeluke und einen verstärkten Fußboden). Eine schnelle Entscheidung scheint notwendig zu sein, weil wir vom technischen Leiter der Flugzeugwerke Dresden darauf hingewiesen worden sind, dass er unbedingte Klarheit braucht, weil sonst die bereits im Bau befindlichen Maschinen mit der dünneren Außenhaut versehen werden und dann nicht mehr verändert werden können.
Wir sind zu der Auffassung gelangt – wenn schon noch mehr Flugzeuge vom Typ IL-14 übernommen werden müssen – dass es dann nur solche der „M-Variante“ sein dürfen, weil sich das einfach aus den notwendigen Entwicklungsperspektiven der DLH ergibt. Wir haben bisher bewusst einseitig den Passagierverkehr zu entwickeln versucht, während wir nunmehr in unserem Betriebe selbst die Voraussetzungen geschaffen haben, auch zu einer stärkeren Entwicklung des Frachtverkehrs übergehen zu können...

...Bis zur endgültigen Klärung aller aufgeworfenen Fragen ergibt sich zwangsläufig eine Übergangsperiode, weil das Frachtaufkommen natürlich nicht schlagartig ansteigen wird. Wir könnten bis zu einem gewissen Zeitpunkt auch größere Aufgaben auf dem Gebiete des Frachttransportes mit den vorhandenen Flugzeugen lösen, wenn wir in stärkerem Maße die noch vorhandenen Reserven in der jährlichen Einsatzzeit der Flugzeuge nutzbar machen. Diese Reserven werden mit dem Einsatz der 152 und 153 immer größer, so dass es sich im Grunde genommen als nicht richtig erweisen dürfte, noch weitere Flugzeuge vom Typ IL-14 bei der DLH einzusetzen. Unter Berücksichtigung des eingangs Dargelegten werden wir aber gezwungen sein, weitere Flugzeuge zu übernehmen...

...Die größte Schwierigkeit... ergibt sich daraus, dass beginnend mit dem Jahre 1960 in immer stärkerem Maße Flugzeuge vom Typ 152 und 153 bei uns zum Einsatz gelangen werden, wodurch die weiteren Einsatzmöglichkeiten der Flugzeuge vom Typ IL-14 mehr und mehr eingeschränkt werden dürften. Das auch deshalb, weil in diesen Jahren auch im internationalen Luftverkehr in stärkerem Maße moderne Flugzeuge zum Einsatz kommen und dadurch naturgemäß die IL-14 im internationalen Verkehr an Bedeutung verliert.

Da wir noch keine volle Klarheit über den weiteren Einsatz der IL-14 in diesen Jahren schaffen konnten, sind wir mit der Erweiterung des Flugzeugparkes IL-14 außerordentlich vorsichtig...

Mit sozialistischem Gruß!
Heiland
Direktor

D./Herrn Hauptdirektor A. Pieck
D./Gen. Generalmajor Freyer
D./Gen. Cichy

*Foto: Kurt Häschel*

## *Neue Startmethode für IL-14P*

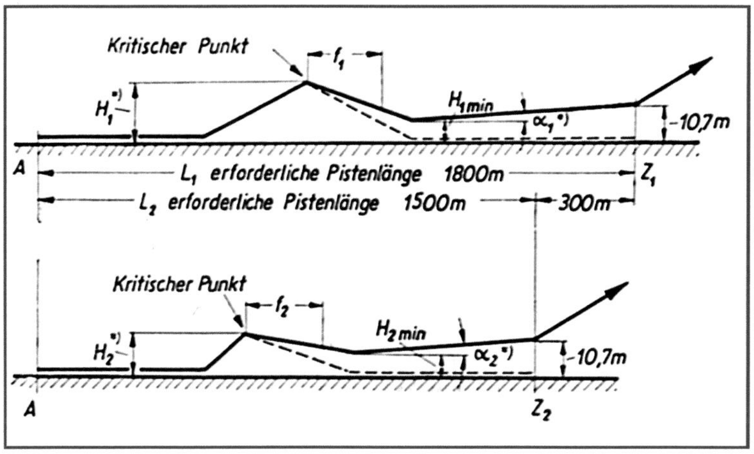


*Die Abbildung oben zeigt die frühere Startmethode, die Abbildung darunter die neu eingeführte Startmethode für Bahnlängen unter 1800 m.*
*Zeichnung: aus Fliegerjahrbuch der DDR*

Die Deutsche Lufthansa der DDR stand bei der Erhöhung der Startmasse der IL-14P auf 17.000 kg und der Erweiterung ihres Inlandstreckennetzes auf Städte mit Pistenlängen unter 1500 m vor der Aufgabe, diese Start- und Landebahnen um etwa 300 bis 350 m zu verlängern, damit sie den Sicherheitsbedingungen gerecht wurden. Die Sicherheit der Passagiere und der Besatzung erfordert, dass bei Ausfall eines Motors während des Starts das Flugzeug entweder zum Stehen gebracht oder bei mehrmotorigen Flugzeugen den Start auch bei Ausfall eines Triebwerks fortsetzen kann. Dazu benötigte die IL-14P ursprünglich 1800 m Bahnlänge. Nach theoretischen Untersuchungen und praktischen Versuchen wurde eine neue Startmethode ausgearbeitet, die es erlaubte, mit der IL-14P auch auf kürzeren Bahnen sicher zu starten. Dabei verfuhr man wie folgt:
Die Landeklappen wurden statt wie bisher auf 17 Grad nur bis auf 5 Grad ausgefahren, das Flugzeug mit maximaler Motorleistung beschleunigt und bis zu einer Geschwindigkeit von 150 bis 165 km/h am Boden gehalten. Bei Erreichen dieser Geschwindigkeit hob das Flugzeug ab. Hierbei steuerte man so, dass die Fahrwerks-Einfahrhöhe mit der sicheren Geschwindigkeit von 165 bis 170 km/h im zügigen Abhebebogen durchflogen wurde. Bei Erreichen der Fahrwerks-Einfahrhöhe (kritischer Punkt) wurde das Fahrwerk sofort eingefahren. Sie betrug
– 12 m bei 17.000 kg Startmasse
– 9 m bei 16.500 kg Startmasse
– 6 m bei 16.000 kg Startmasse.
Sollte vor dem Abheben ein Triebwerk ausfallen, war der Start sofort abzubrechen, und bei Ausfall eines Triebwerks vor Erreichen der Fahrwerks-Einfahrhöhe war ebenfalls sofort zu landen.

FRANK-DIETER LEMKE

## *Nächtliche Bauchlandung – und kein Fluggast hat etwas bemerkt!*

Die Ausbildung der Besatzungen für den Linienverkehr macht eine ganze Reihe teurer Einweisungsstunden erforderlich. Da gibt es wohl so etwas wie Patenschaften unter den Piloten. Die Namen der Beteiligten sind vergessen – nennen wir den einen den „Jungen“, den anderen den „Alten“.

Ein normaler Linienflug mit Fluggästen, und es ist Nacht. Der „Junge“ schwebt, fein säuberlich ausgetrimmt, unter Verantwortung des „Alten“ über die Straße nach Diepensee (Flughafen Berlin-Schönefeld) zur Landung an. Aber das Bugrad erwischt einen „zu lang bemessenen“ weißen Straßenstein mit schwarzer Kuppe, der aber wenigstens rücksichtsvoll zwischen zwei Bäumen und nicht vor einer dicken Eiche steht. Es gibt einen bedenklichen Bums, der zum Durchstarten zwingt. Der „Junge“ lässt sich vom „Alten“ am Steuer „vertreten“ und informiert die Stewardess sehr leise und diese anschließend die Fluggäste deutlich lauter, dass noch keine Landeerlaubnis vorliege, auf der Landebahn müsse leider noch länger gearbeitet werden. Eine Warteschleife sei leider nötig. Der „Alte“ beichtet dem Boden, was los ist, und man einigt sich auf eine Bauchlandung auf Rasen. So wurde die Grasnarbe im Aufsetzbereich eiligst nass gesprengt, und der „Alte“ machte eine mustergültige, weiche Bauchlandung.

Die müden Fluggäste wurden freundlicherweise mit Flak-Scheinwerfern einer nahegelegenen sowjetischen Garnison so stark geblendet, dass sie kaum erfassten, was da nachts auf dem Platz „gearbeitet“ wurde, so dass die Landebahn nicht zur Verfügung stand. Die Passagiertreppe war auffallend kurz, Rumpfvorderteil und Tragfläche in tiefstes Dunkel gehüllt – im Türbereich wurde man rücksichtslos geblendet. Aber endlich zu Hause!

Ich hatte am nächsten Morgen im Namen der PfL nur zu gratulieren und dem Flugzeug zwei neue Luftschrauben, kontrollierte Motoren, ein überholtes Vorderbein und eine neue Bauchdecke zu wünschen.

JOHANNES BARZ

## *Bauchlandung auf sowjetischem Übungsplatz*

Am 7. Dezember 1963 um 13.57 Uhr startete in Berlin-Schönefeld die IL-14P der INTERFLUG mit dem Kennzeichen DM-SBL (ein Flugzeug sowjetischer Produktion) unter Joachim Stiebritz. Die IL-14P war eine von drei Flugzeugen, die als Ersatz für eine ausgefallene IL-18 zu einem Charterflug mit Urlaubern für die MS *Völkerfreundschaft* nach Constanta an der rumänischen Schwarzmeerküste abhoben.

14 Minuten nach dem Start, beim Übergang vom Steig- in den Horizontalflug in 2400 Metern und unweit von Cottbus über den Wolken, fiel ein Generator aus. Der zweite Generator versorgte nun allein die elektrische Anlage des Flugzeuges. Aber an diesem kalten Wintertag waren alle erdenklichen Verbraucher eingeschaltet, die Strom in der Größenordnung von 384 Ampere zogen, worauf die 200-Ampere-Sicherung kam und nur noch der bordeigene Akkumulator das Bordnetz mit Strom versorgte. Aber auch das nur für kurze Zeit.

Wie sich bei der Untersuchung des Vorfalles später herausstellte, war ein angerissener Kabelschuh am Hauptstromkabel vom ersten Generator durch den hohen Übergangswiderstand geschmolzen. Aber konstruktiv bedingt, leuchtete damals keine rote Warnlampe auf, da kein Rückstrom vorhanden war. So bemerkte anfangs niemand im Cockpit den vollständigen Systemausfall. Die Bedeutung der Kontrolllampe war bis dahin unterschätzt worden. Auch deshalb hatte die Besatzung das mögliche Abschalten unwichtiger Verbraucher unterlassen.

Aber ohne Strom besaß die vierköpfige Besatzung nun auch kein betriebsfähiges Funkgerät mehr und war völlig auf sich allein gestellt. Sie entschied sich, nicht nach Berlin-Schönefeld zurückzufliegen, weil die erforderlichen Sichtflugbedingungen nicht vorlagen. Die IL-14P durchstieß mehrmals die Wolken, um nach kurzer Erdsicht wieder zu steigen, denn das Gelände erwies sich als zu nah. Die Wolkenuntergrenze betrug nur wenige 100 Meter über Grund, einem hügeligen Gelände, und nach wenigen Suchschleifen hatte die Besatzung die Orientierung verloren.

Der Sonnenuntergang drohte; die Besatzung entschied sich für eine Notlandung, denn auf den Einbruch der Nacht konnte sie nicht warten. Die Suche nach einem brauchbaren Notlandefeld führte die IL-14P zu einem sowjetischen Truppenübungsplatz bei Königsbrück. Dort erfolgte um 15.50 Uhr die Notlandung mit eingefahrenem Fahrwerk – und das mit großem Glück, denn der Übungsplatz war von Gräben, Schützenlöchern, Panzersperren und Betonblöcken übersät. Personenschäden gab es nicht, auch keine größeren Schäden am Flugzeug. Allein eine Kraftstoffleitung war gebrochen und der Tankinhalt versickerte im Sand.

Die Passagiere waren über die bevorstehende Notlandung nicht informiert worden. Sie bemerkten die ungewöhnliche Landung erst, nachdem das Flugzeug auf dem Übungsplatz zum Stillstand gekommen war. Sowjetische Soldaten halfen unverzüglich bei der Bergung der Passagiere und des Gepäcks und sorgten für den Abtransport in den nächstgelegenen Ort Schwepnitz. Als Dank für die Hilfe schenkte die Besatzung den Inhalt des unbenutzten Bord-Büffets den sowjetischen Soldaten. Die 28 Passagiere bestiegen am nächsten Tag das Ersatzflugzeug und erreichten noch rechtzeitig ihr Ziel.

Die Besatzung wiederum hatte sich sogar Hoffnung auf einen Orden gemacht. Diesen Zahn musste ihr die Untersuchungskommission ziehen, denn die Piloten durften froh sein, dass ihr nach diesem schweren Vorkommnis nicht die Lizenzen entzogen wurden. Da ihnen die geringen Wolkenuntergrenzen bekannt waren, hätten sie sofort in Richtung Norden Berlin umfliegen müssen.
Das Flugzeug wurde demontiert und zur Flugzeugwerft Dresden transportiert. Dort wurde es später verschrottet.

FRITZ SEIDLER / HORST MATERNA

*Notgelandete IL-14P, DM-SBL, auf dem sowjetischen Truppenübungsplatz in Schwepnitz bei Königsbrück*

*Foto: Archiv Horst Materna*

# In der Sowjetunion gebaute IL-14P in der DDR

Fotos: Archiv GBSL

*Die Besatzung Uwarow vor der DDR-ABA. Links die Stewardess Renate Müller, das einzige deutsche Crew-Mitglied bei diesem ersten offiziellen Flug der DDR-Lufthansa am 16. September 1955.*

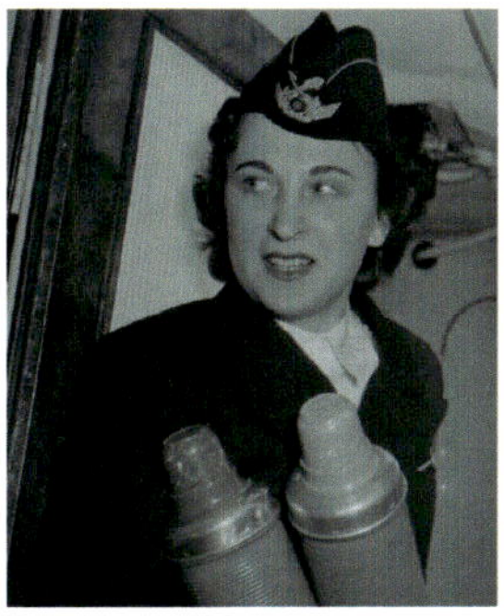

*Stewardess Renate Müller, einziges deutsches Crew-Mitglied beim ersten offiziellen Flug der Deutschen Lufthansa der DDR.*

Die ersten vier oder eher fünf IL-14P wurden als vorgefertigte Großbauteile aus der Sowjetunion inklusive Dokumentation geliefert und in der Halle des Sachsenwerkes auf dem Industriegelände Dresden-Nord endmontiert. Eine IL-14P war als Musterflugzeug flugbereit geliefert worden. Fortgesetzt wurde der IL-14P-Serienbau schließlich in der Halle 222 der FWD in Dresden-Klotzsche.

Die DDR-ABA (Werknummer 5340709), später DM-SBA, war die erste IL-14P aus sowjetischer Herstellung und wurde 1955 in dieser sparsamen Bemalung von der Deutschen Lufthansa der DDR übernommen.

16. September 1955: Eine IL-14P (DDR-ABA) der Deutschen Lufthansa der DDR fliegt mit sowjetischer Besatzung und einer DDR-Regierungsdelegation zur Unterzeichnung des Staatsvertrages zwischen der UdSSR und der DDR nach Moskau. Da die DLH im Jahre 1955 noch keine deutschen Piloten hatte, flog die Besatzung Uwarow das Flugzeug. Die Stewardess Renate Müller war das einzige deutsche Crew-Mitglied bei diesem Flug.

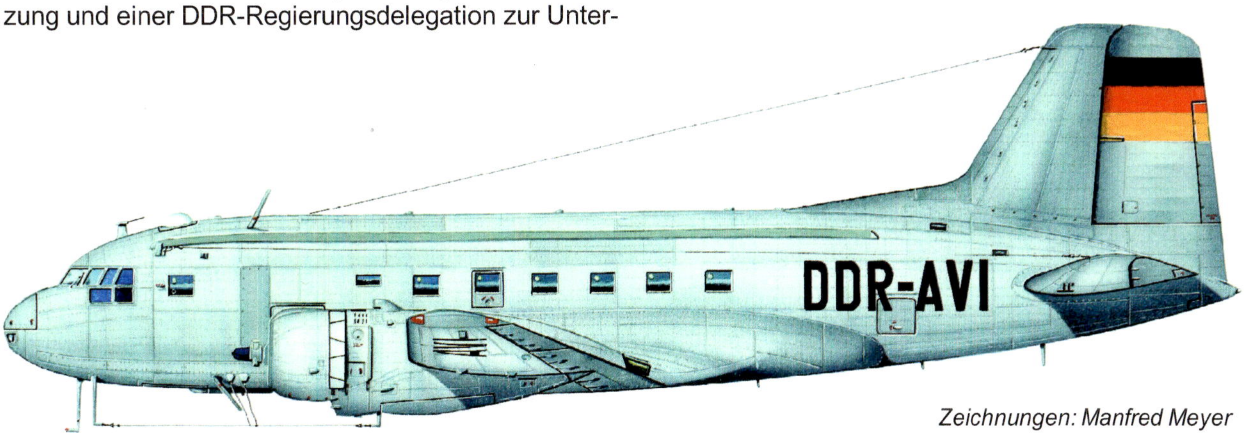


*Zeichnungen: Manfred Meyer*

Die DDR-AVI (Werknummer 6341208), in der Zeichnung im Jahre 1955, war das Musterflugzeug aus der Sowjetunion für die IL-14P-Produktion der Flugzeugwerke Dresden. 1956 wurde sie zur DM-ZZA umregistriert und 1961 an die NVA übergeben. Umseitig sind Bilder der DM-ZZA als Messflugzeug Ende der 1950er Jahre zu sehen.

*Bild links und rechts: Die DM-ZZA (ex DDR-AVI) als Messflugzeug Ende der 1950er Jahre*

*Fotos: Kurt Häschel*

Die DM-SBV (Werknummer 6341510) der Deutschen Lufthansa der DDR. Alle weiteren IL-14P der Deutschen Lufthansa trugen danach dieses Bemalungsschema, und die erste Maschine wurde dem angeglichen.

Die „470“ (Werknummer 146000831) aus sowjetischer Produktion war zunächst als DM-SBM bei der Deutschen Lufthansa der DDR registriert und kam 1957 in Blau zur Regierungsfliegerstaffel nach Marxwalde, heute wieder Neuhardenberg.

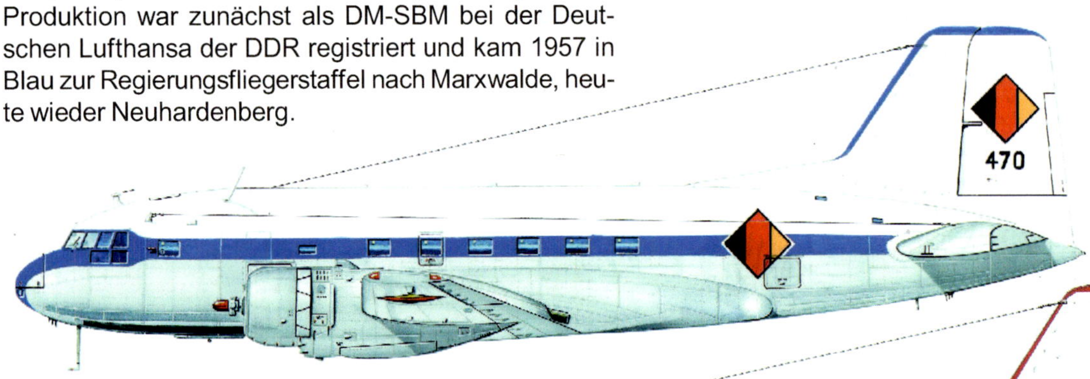


Die „471“ (Werknummer 6341508) aus sowjetischer Produktion flog zunächst als DM-SBS bei der Deutschen Lufthansa der DDR und kam 1957 in Rot zur Regierungsfliegerstaffel.

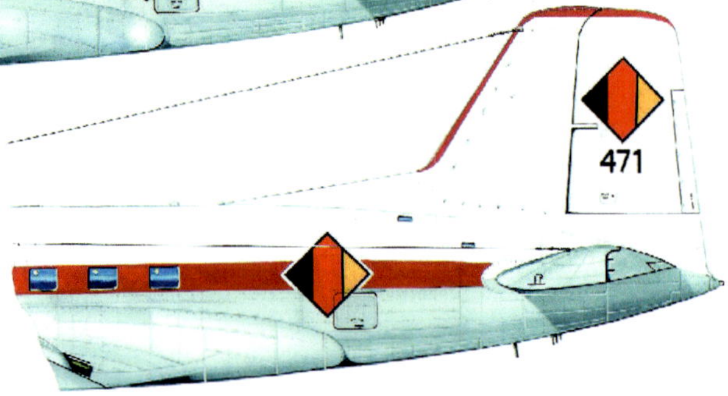


*Zeichnungen: Manfred Meyer*

*Die IL-14P sowjetischer Produktion wurden bei der Deutschen Lufthansa (der DDR) und später bei der INTERFLUG in der DM-SB...-Reihe registriert.*

*Foto: Archiv Frank-Dieter Lemke*

*Das Bild zeigt die DM-SBR (hier der INTERFLUG) vor der Wartungshalle in Diepensee (Flughafen Berlin-Schönefeld).*

*Foto: Archiv Frank-Dieter Lemke*

*Ein Wartburg 311 am Heck der IL-14P sowjetischer Produktion DM-SBU.*

*Der Wartburg 311 wurde von 1955 bis 1965 in 247.368 Exemplaren gebaut und erreichte mit seiner formschönen Karosserie sowie Variantenvielfalt so viel internationale Anerkennung wie kein anderer PKW aus der DDR.*

*Foto: Heinz A.F. Schmidt*

*Foto: Gerhard Kindt*

*Verladen von Fracht durch die Ladeluke einer IL-14P sowjetischer Produktion (DM-SBR) für den Lufttransport*

*Viel Platz für die Passagiere im Inneren der IL-14P*

*Foto: Kurt Häschel*

# IL-14P aus dem VEB Flugzeugwerke Dresden und der Verbleib der Flugzeuge

**von Frank-Dieter Lemke und Manfred Meyer (mit zusätzlichen Informationen von Christian Emrich, Hans-Dieter Tack, Ulrich Unger und Jochen Werner)**

Foto: Kurt Häschel

*Auf dem Flughafen Berlin-Schönefeld in den 1950er Jahren*

**Anmerkung:** Die Werknummer bedeutet im einzelnen: 14 steht für IL-14; (Werk) 803 für den VEB Flugzeugwerke Dresden; die nächsten drei Stellen geben die laufende Baunummer an. Die bei einigen Flugzeugen aufgeführte Tropen-, Sauerstoff- bzw. Seenotausrüstung war nach bisherigem Kenntnisstand für den späteren Einbau vorbereitet. Die etwas verwirrende Zuordnung der Werkskennzeichen DM-ZZ... bzw. DM-ZX... deutet auf unklare Absatzmöglichkeiten während der Vergabe hin.

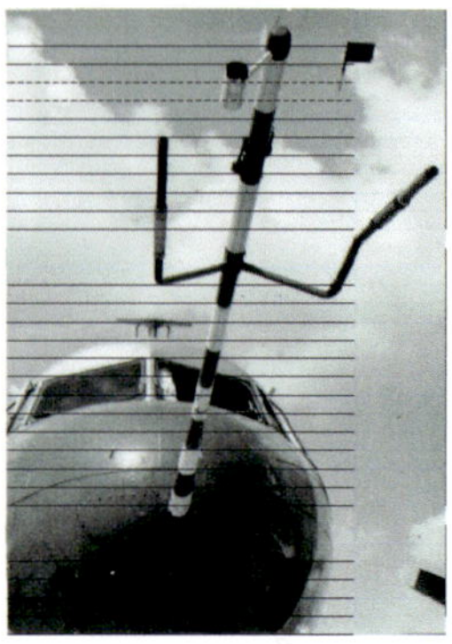

*Zusätzliche Mess-Sonden am FWD-Erprobungsträger DM-ZZB*

*Foto: Kurt Häschel*

**1480 3001:**
Erstflug am 26.4.1956, 1. Prototyp (DDR-AVF), Umregistrierung am 26.6.1956 in DM-ZZB (u.a. Versuchsträger für das Höhenleitwerk der 152), Übergabe am 6.7.1961 an die Deutsche Lufthansa der DDR (DM-SAZ), später Umbau zum Kalibrierungsflugzeug, Außerdienststellung am 28.2.1967, bis 1999 technisches Denkmal an der bei Zwickau gelegenen Koberbachtalsperre/Werdauer Wald. Heute befindet sich das Flugzeug in Reichenbach/Vogtland vor einem Autohaus.

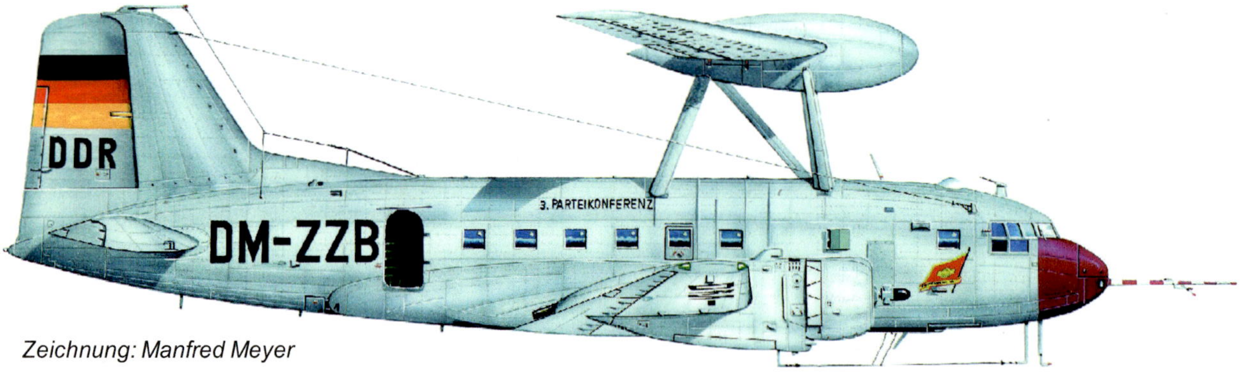


*Zeichnung: Manfred Meyer*

*Der erste Flug der IL-14P DM-ZZB als Erprobungsträger für das 152-Höhenleitwerk. Geflogen wurde mit offener Tür, um bei Problemen in der Luft noch durch den Rumpf eilen und mit dem Fallschirm abspringen zu können.*

*Foto: Archiv GBSL*

Foto: Archiv GBSL

*Zur Erprobungsmannschaft um Chefpilot Flugkapitän Karl Treuter (Mitte) gehörten die Flugversuchsingenieure Dieter Heeger und Georg Eismann, Pilot Willi Lehmann, Bordingenieur Helmut Heinrich, Bordfunker Heinz Alker und Navigator Helmut Krautz (v.l.).*

*Für die Rudermomentenmessung an einem Höhenleitwerk der 152 war 1957 im VEB MAB Schkeuditz ein Strömungskörper konstruiert und in einer Helling gefertigt worden. Einflug der DM-ZZB in der neuen Konfiguration am 18. April 1958 in Schkeuditz; danach lief in Dresden-Klotzsche das Erprobungsprogramm ab.*

*Die hervorragend restaurierte DM-ZZB (ex DDR-AVF) vor dem Autohaus Barnath in Reichenbach/Vogtland (2001)*

*Foto: Frank-Dieter Lemke*

*Unten: Die DM-ZZB nach ihrer Umregistrierung im Jahre 1961 zur DM-SAZ. Die Deutsche Lufthansa der DDR und später die INTERFLUG nutzten diese IL-14P als Messflugzeug zur Kalibrierung von Flugsicherungsanlagen. 1967 wurde das Flugzeug außer Dienst gestellt.*

**1480 3002:**

Auslieferung am 23.8.1956, 2. Prototyp (DM-ZZC), FWD-Demonstrationsflugzeug in Werksbemalung (weißgrauer Rumpf mit blauen Zierstreifen), Übergabe am 29.4.1957 an die LSK/LV, TFS Dessau, als Schulflugzeug („411“, Funkrufzeichen DM-VAF), später Umbau im VEB MAB Schkeuditz zum Fotoflugzeug für die 4. Kette der TS-27 in Dresden-Klotzsche (spätere Bezeichnung TS-24), 1983 Verschrottung.

Die DM-ZZC trug 1956 eine attraktive Werksbemalung mit dem Signet der DDR-Luftfahrtindustrie an der Seitenflosse.

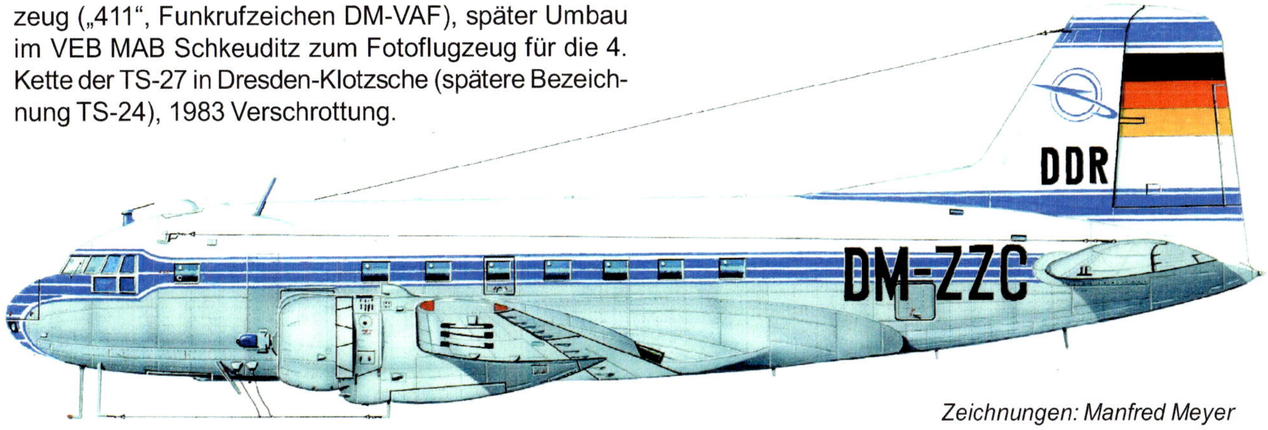


*Zeichnungen: Manfred Meyer*

Die 411, ex DM-ZZC, nach ihrem Umbau im VEB MAB Schkeuditz zum Fotoflugzeug mit Navigatorwanne für die TS-27 in Dresden-Klotzsche (später TS-24) ab 1957 und war hier noch silberfarben. Ab Mitte der 1970er Jahre erhielten alle Fotoflugzeuge einen stumpfen Tarnanstrich.

**1480 3003:**
Auslieferung am 28.9.1956 (DM-ZZD, zivile Registrierung DM-UAA), Übergabe am 20.12.1956 an die LSK/LV (die erste an die NVA gelieferte IL-14P), zunächst TFS Dessau, später TS-27 in Dresden-Klotzsche (spätere Bezeichnung TS-24) als Passagier- und Schulflugzeug („437“, Funkrufzeichen DM-VAG), 1965 Verkauf an die ägyptischen Luftstreitkräfte.

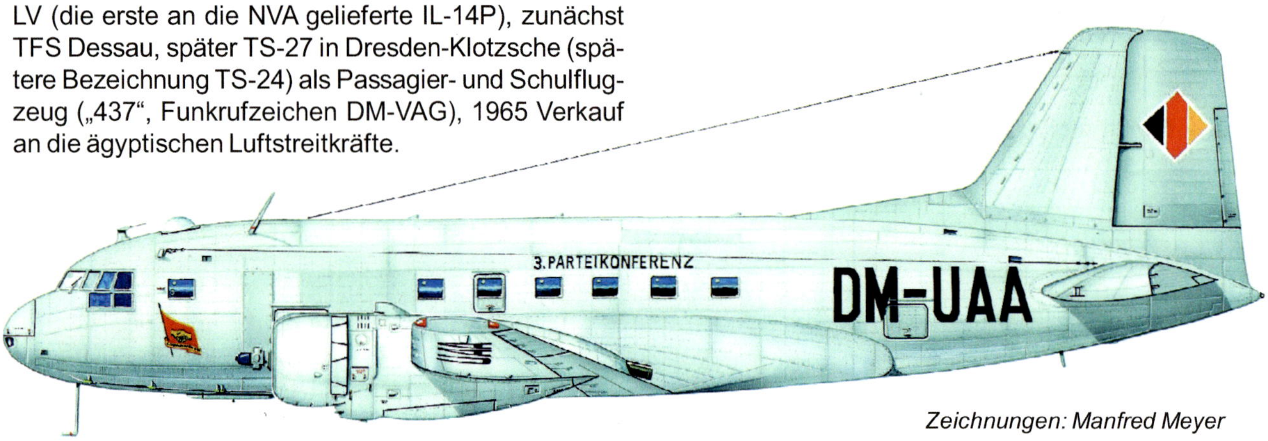


*Zeichnungen: Manfred Meyer*

**1480 3004:**
Auslieferung am 22.12.1956 (DM-ZZG, zivile Registrierung DM-UAB), Übergabe am 7.2.1957 an die LSK/LV, TFS Dessau, als Schulflugzeug („400“, Funkrufzeichen DM-VAH). Am 22.4.1958 verwechselte der Bordmechaniker nach der Landung den Ruderblockierungs- mit dem Fahrwerkshebel und fuhr das Fahrwerk ein. Am 22.7.1960 Absturz nach Kollision mit Kraftwerksschornstein bei Vockerode, wobei die siebenköpfige Besatzung starb (FF Oltn. Schott, 2. FF Ultn. d.R. Salaske, Ultn. Voigt, Steuermann Ultn. Stebens, Bordfunker Uffz. Werner, Bordmechaniker Uffz. Killig und Meteorologe Hptm. Schwarz).

*Die „400“ (Werknummer 1480 3004) auf dem Flughafen Berlin-Schönefeld* *Foto: Peter Noppens*

Foto: Archiv Manfred Meyer, ZB

**1480 3005:**
Auslieferung am 7.3.1957, Demonstrationsflugzeug der Flugzeugwerke Dresden (DM-SFK), ausgestellt auf der Leipziger Frühjahrsmesse 1957 (An- und Abtransport per Straße), Übergabe am 4.7.1957 an die Deutsche Lufthansa der DDR (umregistriert auf DM-SAA), ab Dezember 1958 INTERFLUG. Übergabe am 21.1.1961 an die LSK/LV, TS-27 in Dresden-Klotzsche (spätere Bezeichnung TS-24) als Passagierflugzeug („491"), 1963 Umbau zum Frachtflugzeug in Dresden-Klotzsche mit großer Frachtluke, 1964 Verkauf an die ägyptischen Luftstreitkräfte. Allerdings soll das Flugzeug gleich nach der Überführung von eigener Luftabwehr abgeschossen worden sein.

*Die Kabine des Demonstrationsflugzeuges IL-14P DM-SFK auf der Leipziger Frühjahrsmesse 1957*

**1480 3006:**
Auslieferung am 7.6.1957 an die LSK/LV, TFS Dessau, als Schulflugzeug („421", Funkrufzeichen DM-VAI), später Umbau in Dresden-Klotzsche zum Transportflugzeug mit Ladeluke für die TS-27 in Dresden-Klotzsche (spätere Bezeichnung TS-24), 1980 Verschrottung.

**1480 3007:**
Auslieferung am 8.6.1957 an die LSK/LV als Hörsaalflugzeug für die Navigatorausbildung in der TFS Dessau („445", Funkrufzeichen DM-VAJ), später Umbau in Dresden-Klotzsche zum Transportflugzeug mit Ladeluke für die TS-27 in Dresden-Klotzsche (spätere Bezeichnung TS-24), 1963 Verkauf an die ägyptischen Luftstreitkräfte. Das Flugzeug wurde unmittelbar nach der Überführung versehentlich von ägyptischer Flak über dem Mittelmeer abgeschossen.

Fotos: Frank-Dieter Lemke

*Oben und unten: IL-14P DM-SAB in den Farben der INTERFLUG im privaten Flugzeugmuseum in Cämmerswalde im Erzgebirge*

**1480 3008:**
Auslieferung am 26.8.1957 an die Deutsche Lufthansa der DDR (DM-SAB) mit 26 Plätzen, später 32 Plätze, 1968/69 Schulflugzeug der INTERFLUG/Fliegerische Aus- und Weiterbildung, Außerdienststellung am 5.10.1970, zunächst in Barth abgestellt und 1973 per Schiene und Straße zum privaten Flugzeugmuseum nach Cämmerswalde im Erzgebirge transportiert und als Café genutzt. Dort findet sich auch eine flotte Beschreibung, die hervorhebt, dass 32 Passagiere auf komfortable Weise in die Urlaubsorte flogen. „Das Reisen damals muss man sich von der Sitzqualität her eher wie Zugfahren vorstellen. Bequeme Vierer-Sitzgruppen mit Tisch in der Mitte erlaubten ein angenehmes Reisen, wie es heute nicht mehr vorstellbar ist."

Foto: Archiv Frank-Dieter Lemke

*IL-14P, DM-SAD, der Deutschen Lufthansa (der DDR) in Dresden-Klotzsche*

**1480 3009:**
Auslieferung am 17.9.1957 an die Deutsche Lufthansa der DDR (DM-SAC) mit 26 Plätzen, 1965 Außerdienststellung, am 19.1.1966 Verkauf an die syrischen Luftstreitkräfte.

**1480 3010:**
Auslieferung am 8.10.1957 an die LOT/Polen (SP-LNG) mit 26 Plätzen, 1964 Umbau auf 32 Plätze, 1969 Übergabe an die ZRLiLK und Umbau zum Kalibrierungsflugzeug, am 15.8.1990 Umregistrierung (SP-FNM) mit neuem Halter.

**1480 3011:**
Auslieferung am 3.10.1957 an die Deutsche Lufthansa der DDR (DM-SAD) mit 26 Plätzen, später Umbau auf 32 Plätze, am 13.12.1964 Verkauf an die ägyptischen Luftstreitkräfte.

**1480 3012:**
Auslieferung am 9.11.1957 an die LOT/Polen (SP-LNH) mit 26 Plätzen, 1964 Umbau auf 32 Plätze, am 27.7.1972 Verkauf an die Aeroflot.

**1480 3013:**
Auslieferung am 14.11.1957 an die LOT/Polen (SP-LNI) mit 26 Plätzen, 1964 Umbau auf 32 Plätze, 1971 Verkauf an die Aeroflot.

**1480 3014:**
Auslieferung am 21.11.1957 an die LOT/Polen (SP-LNK) mit 26 Plätzen, 1964 Umbau auf 32 Plätze, am 20.4.1973 Verkauf an die Aeroflot.

**1480 3015:**
Auslieferung am 23.11.1957 an die Deutsche Lufthansa der DDR (DM-SAE) mit 26 Plätzen, später Umbau auf 32 Plätze, 1965 Außerdienststellung, am 19.1.1966 Verkauf an die syrischen Luftstreitkräfte.

**1480 3016:**
Auslieferung am 10.12.1957 an die Deutsche Lufthansa der DDR (DM-SAF) mit 26 Plätzen, später Umbau auf 32 Plätze, Außerdienststellung am 17.11.1967 nach Rammen der Pistenkante bei harter Landung (Faltenbildung im Tragflügelmittelstück) in Leipzig-Mockau, 1968 Transport per Straße nach Halle und Aufstellung als Reisebüro vor der Eissporthalle, 1989 von neuem mit INTERFLUG-Bemalung versehen, 1995 in Privathand verkauft und in Pulsforte aufgestellt, seit September 2000 im Hugo-Junkers-Museum in Dessau.

**1480 3017:**
Auslieferung am 19.12.1957 an die LOT/Polen (SP-LNL) mit 26 Plätzen, 1964 Umbau auf 32 Plätze, am 21.7.1972 Verkauf an die Aeroflot.

**1480 3018:**
Auslieferung am 22.12.1957 an die LOT/Polen (SP-LNM) mit 26 Plätzen, 1964 Umbau auf 32 Plätze, am 21.7.1972 Verkauf an die Aeroflot.

**1480 3019:**
Auslieferung am 30.12.1957 an die Deutsche Lufthansa der DDR (DM-SAG) mit 26 Plätzen, 1965 Außerdienststellung, am 19.1.1966 Verkauf an die syrischen Luftstreitkräfte.

*IL-14P, DM-SAG, in den Farben der INTERFLUG auf dem Flughafen Berlin-Schönefeld*

*Foto: Fred Plischke*

*Die IL-14P DM-SAH in der neuen roten INTERFLUG-Bemalung 1964. Die acht Fenster an der rechten Rumpfseite zeigen, dass die Maschine 32 Passagierplätze besitzt.*

**1480 3020:**
Auslieferung am 31.12.1957 an die Deutsche Lufthansa der DDR (DM-SAH) mit 26 Plätzen, später 32 Plätze, 1968/69 Schulflugzeug der INTERFLUG/Fliegerische Aus- und Weiterbildung (FAW), Außerdienststellung am 5.10.1969, 1970 Aufstellung in Dessau nach Transport per Straße, 1988 Verschrottung.

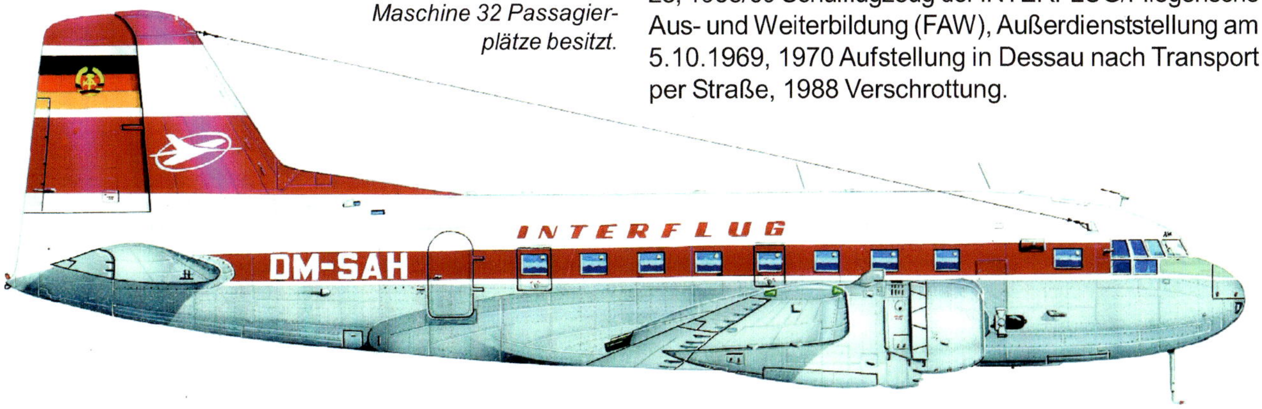


*Zeichnungen: Manfred Meyer*

**1480 3021:**
Auslieferung am 6.2.1958 an die LSK/LV als 18sitziges Schul- und Absetzflugzeug für TFS Dessau („401“, Funkrufzeichen DM-VAK), später TS-27 in Dresden-Klotzsche (spätere Bezeichnung TS-24), 1965 Verkauf an die ägyptischen Luftstreitkräfte.

**1480 3022:**
Auslieferung am 18.3.1958 an die LSK/LV, TFS Dessau, als Schul- und Absetzflugzeug („403“, Funkrufzeichen DM-VAL), später TS-24 in Dresden-Klotzsche und Umregistrierung auf „426“ und danach „411“, 1968/1969 vermietet an INTERFLUG/Fliegerische Aus- und Weiterbildung als Schulflugzeug – dabei am 27.8.1969 auf dem Flughafen Schönefeld bei Imitation Motorausfall eine Bauchlandung, weil vergessenen wurde, das Fahrwerk auszufahren. Reparatur durch die INTERFLUG in Berlin-Schönefeld und Rückgabe an die LSK/LV, zuletzt TS-24 in Dresden-Klotzsche, Außerdienststellung am 1.12.1980, danach Verkauf und Überführung per Luft nach Szolnok/Ungarn, Aufstellung als Museumsflugzeug an der Kiliany-Fliegerhochschule.

**1480 3023:**
Auslieferung am 11.2.1958 an die Deutsche Lufthansa der DDR (DM-SAI) mit 26 Plätzen, später Umbau auf 32 Plätze, 1968 Schulflugzeug der INTERFLUG/Fliegerische Aus- und Weiterbildung, Außerdienststellung am 24.10.1968, danach Kulisse für eine Fernsehshow in Schönefeld, 1972 bei Feuerwehrübung in Berlin-Schönefeld ausgebrannt.

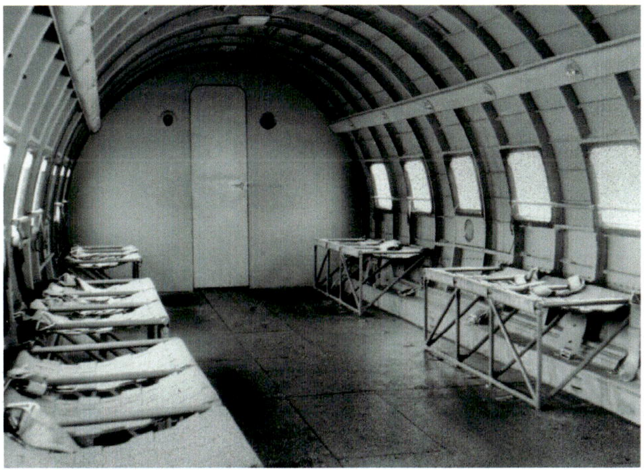

*Foto: Kissel*

*Das Innere der IL-14P „426“ (Werknummer 1480 3022) im Winter 1969 mit Klappsitzen für das Absetzen von Fallschirmspringern*

**1480 3024:**
Auslieferung am 10.3.1958 an die Deutsche Lufthansa der DDR (DM-SAK) mit 26 Plätzen, später Umbau auf 32 Plätze, am 27.12.1965 Verkauf an die syrischen Luftstreitkräfte.

*Die DM-SAK (Werknummer 1480 3024) im zweiten Bemalungsschema der Deutschen Lufthansa der DDR etwa 1969/1970. Die Kraniche und der Lufthansa-Schriftzug sind entfernt und dafür wurde eine frühe Form der INTERFLUG-Aufschrift am Bug angebracht. In dieser Übergangszeit wurde je nach Bedarf zwischen Lufthansa- und INTERFLUG-Identität hin- und hergewechselt.*

**1480 3025:**
Auslieferung am 14.3.1958 an die LSK/LV mit 26 Plätzen, Regierungsfliegerstaffel/STS-29 in Marxwalde/heute wieder Neuhardenberg („475“, Funkrufzeichen DM-VAC), später Umbau zum Salonflugzeug, dann TS-27 in Dresden-Klotzsche (spätere Bezeichnung TS-24), 1981 Verschrottung.

**1480 3026:**
Auslieferung am 14.3.1958 an die Deutsche Lufthansa der DDR (DM-SAL) mit 26 Plätzen, später Umbau auf 32 Plätze, 1968 Schulflugzeug der INTERFLUG/Fliegerische Aus- und Weiterbildung, danach Umbau zum Kalibrierungsflugzeug, Außerdienststellung am 15.3.1984 als letzte in der DDR registrierte IL-14P. Im April 1984 Überführung per Luft nach Dresden und Aufstellung im VEB Flugzeugwerft Dresden, 1989 neue Bemalung (DM-ZZB und Aufschrift „3. PARTEIKONFERENZ“) in Erinnerung an den ersten Prototyp der FWD IL-14P (DM-ZZB). Im Jahre 2000 Bemalung in der ursprünglichen Farbgebung bei der Auslieferung: DM-SAL der Deutschen Lufthansa der DDR.

Foto: Frank-Dieter Lemke

*Die IL-14P DM-SAL erhielt 1989 eine neue – aber für dieses Flugzeug historisch nicht haltbare – Bemalung in Erinnerung an den ersten Prototyp: das Kennzeichen DM-ZZB und die Aufschrift „3. PARTEIKONFERENZ“. Als 1992 das Foto entstand, war letztere Aufschrift bereits entfernt worden.*

*Zeichnungen: Manfred Meyer*

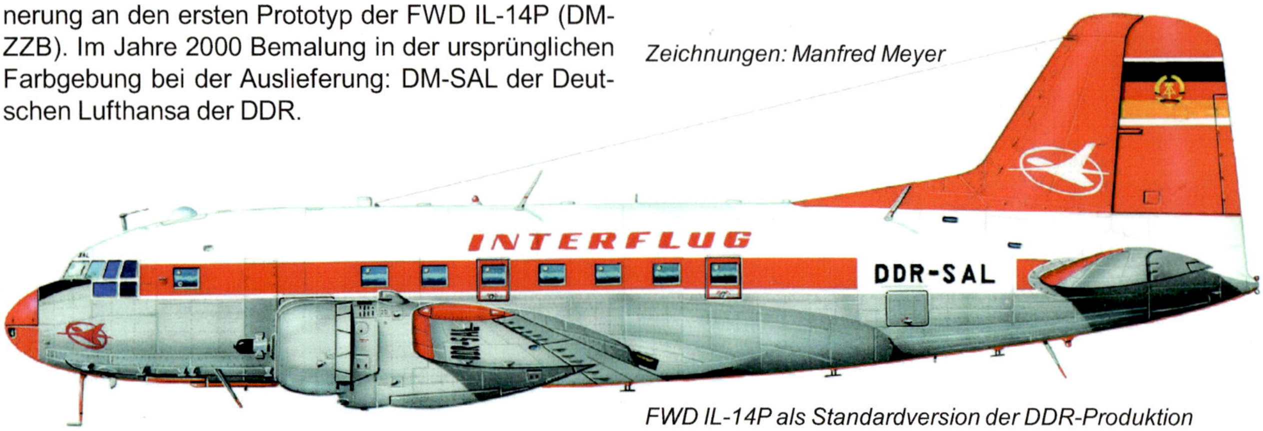


*FWD IL-14P als Standardversion der DDR-Produktion*

*Eine ausgemusterte Strahlturbine am LKW IFA G 5 als Eisabtaugerät neben der IL-14P DM-SAL auf dem Flughafen Berlin-Schönefeld*

*Foto: Archiv Frank-Dieter Lemke*

**1480 3027:**
Auslieferung am 27.10.1958 an die LSK/LV als Salonflugzeug mit sechs Plätzen, Regierungsfliegerstaffel/STS-29 in Marxwalde/heute wieder Neuhardenberg („485“, Funkrufzeichen DM-VAE), danach TS-27 in Dresden-Klotzsche, 1965 bis 1967 zeitweilige zivile Registrierung DM-SAT, 1980 Verschrottung.

*Glänzender Fleckentarnstrich ab Mitte der 1970er Jahre aller noch verbliebenen NVA-IL-14P mit Ausnahme der Fotoflugzeuge. Jedes Flugzeug hatte ein individuelles Fleckenmuster.*

*Von 1965 bis 1967 trug die ehemalige "485" (Werknummer 1480 3027) die zeitweilige zivile Registrierung DM-SAT. 1980 wurde das Flugzeug verschrottet.*
*Zeitweise benutzten die DDR-Regierungsflieger diese Pseudo-INTERFLUG-Kennzeichen für spezielle Einsätze.*

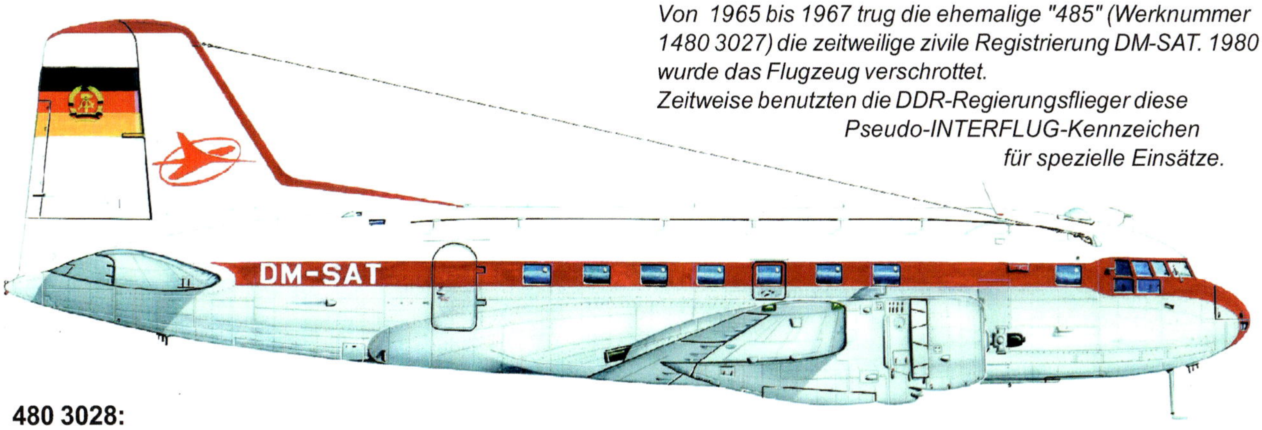


**480 3028:**
Auslieferung am 28.3.1958 an die MALEV/Ungarn (HA-MAD) mit 26 Plätzen, im Juli 1959 Umbau auf 28 Plätze und im März 1960 auf 32 Plätze, im Juni 1960 Neuzulassung nach Generalreparatur, im Mai 1961 Umrüstung auf 36 Plätze, 4798 Flugstunden im Jahre 1963, im März 1968 Verkaufsangebot für 62000 US$ an Syrien – das Geschäft kam nicht zustande, 8405 Flugstunden im Jahre 1969, am 3.6.1970 Verkauf an die Aeroflot.

**1480 3029:**
Auslieferung am 15.4.1958 an die MALEV/Ungarn (HA-MAE) mit 26 Plätzen, später Umbau auf 28 Plätze, im Mai 1961 auf 32 Plätze und im Januar 1964 auf 36 Plätze. Im Jahre 1963 hatte das Flugzeug 4841 Flugstunden absolviert. Im März 1966 Umbau in Dresden zur Frachtausführung mit rechtsseitiger Ladeluke, am 5.6.1970 Verkauf an die Aeroflot.

**1480 3030:**
Auslieferung am 24.4.1958 an die MALEV/Ungarn (HA-MAF) mit 26 Plätzen, im Juli 1959 Umbau auf 28 Plätze, im Mai 1960 auf 32 Plätze und im Mai 1964 auf 36 Plätze. Im März 1968 wurde das Flugzeug für 62000 US$ Syrien angeboten; das Geschäft kam jedoch nicht zustande. Im Jahre 1969 hatte das Flugzeug 8132 Flugstunden absolviert, und am 25.5.1970 wurde es an die Aeroflot verkauft.

**1480 3031:**
Auslieferung am 13.6.1958 an die LSK/LV, TFS Dessau, als 18sitziges Schul- und Absetzflugzeug („433“, Funkrufzeichen DM-VAM), später Umbau zum Transportflugzeug mit Ladeluke, danach TS-27 in Dresden-Klotzsche, 1982 Verschrottung.

**1480 3032:**
Auslieferung am 26.6.1958 an die LSK/LV (TFS Dessau) als 18sitziges Schul- und Absetzflugzeug („444“, Funkrufzeichen DM-VAN), danach TS-27 in Dresden-Klotzsche, 1979 Verschrottung.

**1480 3033:**
Auslieferung am 30.5.1958 an die MALEV/Ungarn (HA-MAH) mit 26 Plätzen, im April 1959 Umbau auf 28 Plätze, im Mai 1959 Umrüstung auf 32 Plätze und im Mai 1961 Umbau auf 36 Plätze. 1963 hatte das Flugzeug 4467 Flugstunden absolviert. Am 17.2.1964 durch Unachtsamkeit bei Wartungsarbeiten im Hangar in Ferihegy/Budapest durch Feuer zerstört.

**1480 3034:**
Auslieferung am 16.5.1958 an die MALEV/Ungarn (HA-MAI) mit 26 Plätzen, im August 1959 Umbau auf 28 Plätze, im Januar 1961 Umrüstung auf 32 Plätze und im Mai 1961 Umbau auf 36 Plätze. Im Jahre 1963 hatte das Flugzeug 4068 Stunden absolviert und sechs Jahre später insgesamt 7584 Stunden. 1968 wurde das Flugzeug Syrien für 62000 US$ angeboten; das Geschäft kam jedoch nicht zustande, am 29.5.1970 Verkauf an die Aeroflot: CCCP-61689, später RA-02254 (1994 in Krasnodar gesichtet).

**1480 3035:**
Auslieferung am 3.7.1958 an die LSK/LV als Salonflugzeug mit 16 Plätzen, Regierungsfliegerstaffel/STS-29 in Marxwalde/heute wieder Neuhardenberg („482“, Funkrufzeichen DM-VAD), danach TS-27 in Dresden-Klotzsche (spätere Bezeichnung TS-24), Außerdienststellung mit 6236 Flugstunden am 15.12.1982, danach Überführung per Luft nach Bautzen und Aufstellung als Museumsflugzeug an der Traditionsvorstartlinie der Offiziershochschule für Militärflieger „Otto Lilienthal“ in Kamenz. Nach der deutschen Vereinigung an das Luftfahrtmuseum Uetersen übergeben; heute Exponat der Luftfahrtsammlung Finowfurt.

*Die „444“ (Werknummer 1480 3032) der Transportfliegerschule Dessau in grüner Bemalung*

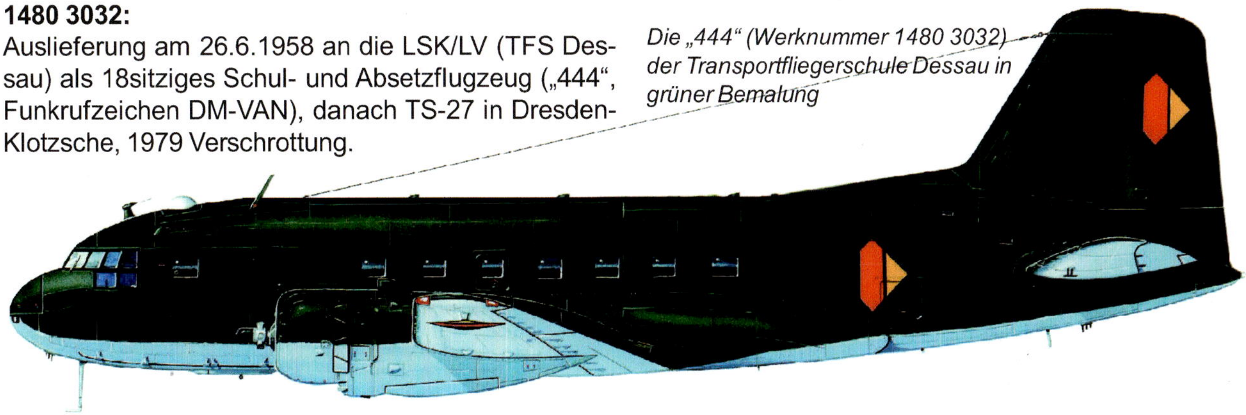

*Zeichnungen: Manfred Meyer*

*FWD IL-14P "482" (Werknummer 1480 3035), anfangs ein Salonflugzeug der Regierungsfliegerstaffel mit 16 Plätzen.*

*Zeichnung: Manfred Meyer*

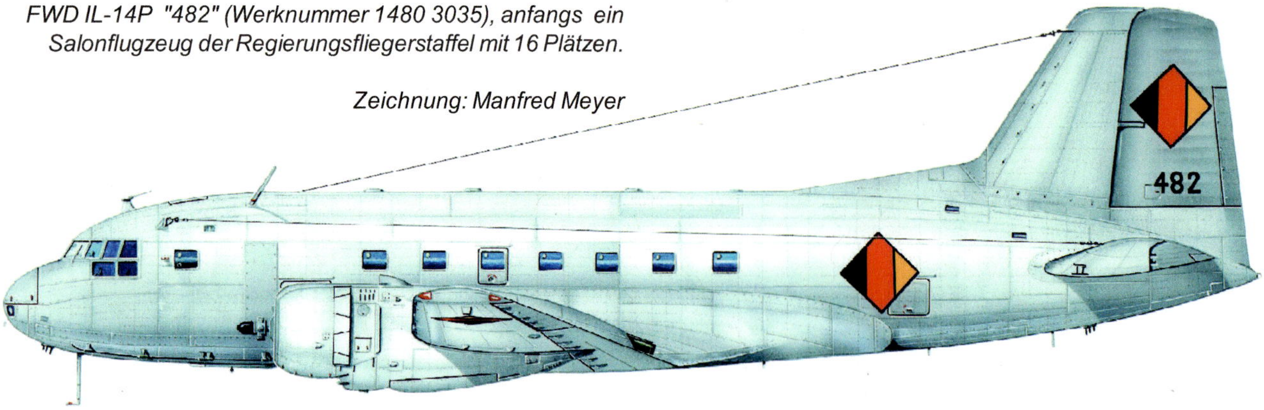


*Die „482“ (Werknummer 1480 3035) der Regierungsfliegerstaffel in Marxwalde (heute wieder Neuhardenberg) im Jahre 1959 – silbermetallfarben und mit den ersten Hoheitszeichen der NVA*

*Unten: die „482“ auf dem Flughafen Berlin-Schönefeld*

*Fotos: Archiv Frank-Dieter Lemke*

*Die „482“, ein ehemaliges Salonflugzeug der Regierungsfliegerstaffel, im Luftfahrtmuseum Finowfurt mit Tanklastzug IFA G 5 im Jahre 2015*

*Foto: Frank-Dieter Lemke*

**1480 3036:**
Auslieferung am 26.7.1958 an die polnischen Luftstreitkräfte als Passagierflugzeug mit 26 Plätzen („007“, „3036“); heute im Luft- und Raumfahrtmuseum Krakow-Balice/Polen.

**1480 3037:**
Auslieferung am 13.6.1958 an die polnischen Luftstreitkräfte als Passagierflugzeug mit 26 Plätzen („008“, „3037“, zeitweilig auch SP-LNZ); heute im Luft- und Raumfahrtmuseum Krakow-Balice/Polen.

**1480 3038:**
Auslieferung am 10.7.1958 an TABSO (später BALKAN)/ Bulgarien (LZ-ILC) mit 26 Plätzen.

Foto: Eckebrecht

*IL-14P mit dem anfangs verwendeten Signet der Deutschen Lufthansa der DDR am Rumpfbug*

nung TS-24), 1967 bis 1977 zivile Registrierung DM-SAT, 1981 Verschrottung.

**1480 3043 (Zeichnung unten):**
Auslieferung am 3.9.1958 an die LSK/LV, TFS Dessau, als 18sitziges Schul- und Absetzflugzeug („915", Funkrufzeichen DM-VAP), später Umregistrierung „405", Einsatz in der TS-27 in Dresden-Klotzsche (spätere Bezeichnung TS-24), in dieser Zeit Umbau zum Transportflugzeug mit Ladeluke, 1965 bis 1977 mit zeitweiliger ziviler Registrierung DM-SAS, Außerdienststellung im Mai 1977, 1981 Verschrottung.

**1480 3044:**
Auslieferung am 25.9.1958 an die LSK/LV, TFS Dessau, als 18sitziges Schul- und Absetzflugzeug („917", Funkrufzeichen DM-VAQ), später Umregistrierung „416", 1965 Umbau in Dresden-Klotzsche zum Fotoflugzeug für die 4. Kette der TS-27 in Dresden-Klotzsche (spätere Bezeichnung TS-24), 1983 Verschrottung.

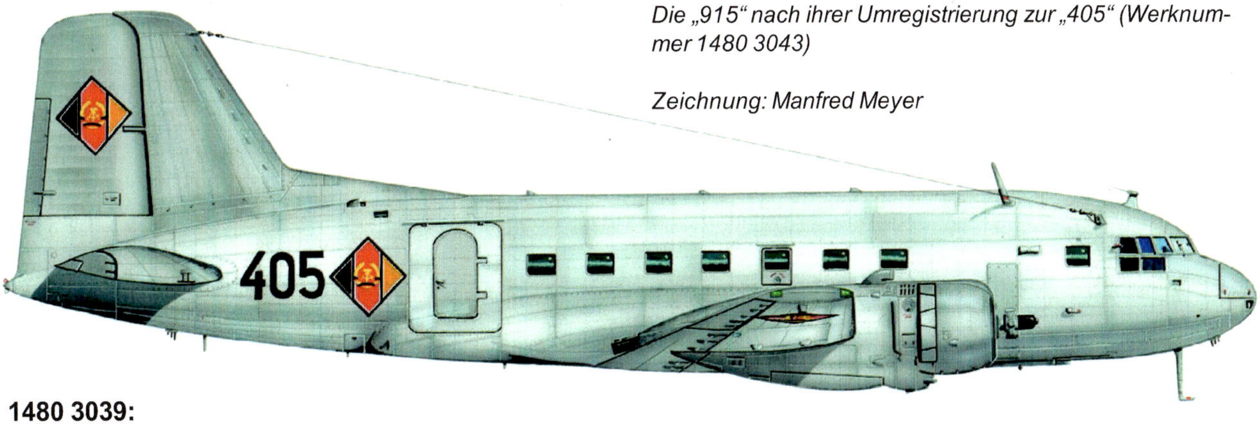


*Die „915" nach ihrer Umregistrierung zur „405" (Werknummer 1480 3043)*

*Zeichnung: Manfred Meyer*

**1480 3039:**
Auslieferung am 23.7.1958 an TABSO (später BALKAN)/ Bulgarien (LZ-ILD) mit 26 Plätzen.

**1480 3040:**
Auslieferung am 7.8.1958 an TABSO (später BALKAN)/ Bulgarien (LZ-ILE) mit 26 Plätzen, 1975 Außerdienststellung, 1978 Aufstellung als technisches Denkmal auf dem Flughafen Burgas.

**1480 3041:**
Auslieferung am 28.8.1958 an die LSK/LV, TFS Dessau, als 18sitziges Schul- und Absetzflugzeug („904", Funkrufzeichen DM-VAS), später Umregistrierung „488", danach TS-27 in Dresden-Klotzsche (spätere Bezeichnung TS-24), 1981 Verschrottung.

**1480 3042:**
Auslieferung am 2.9.1958 an die LSK/LV, TFS Dessau, als 18sitziges Schul- und Absetzflugzeug („909", Funkrufzeichen DM-VAO), später Umregistrierung „409", danach TS-27 in Dresden-Klotzsche (spätere Bezeich-

**1480 3045:**
Auslieferung am 16.10.1958 an die LSK/LV, TFS Dessau, als 18sitziges Schul- und Absetzflugzeug („921", Funkrufzeichen DM-VAR), später Umregistrierung „422", 1965 Umbau zum Fotoflugzeug. Bei Start und Landung musste der Foto-Operateur die Gondel aus Sicherheitsgründen verlassen. Zum Schutz vor Steinschlag durch das Bugrad gab es für die Gondel eine jalousieartige Abdeckung.
Am 7.1.1983 Übergabe an die INTERFLUG/Forschungs- und Industrieflug (DDR-SAM), Außerdienststellung am 2.12.1983, Überführung per Luft nach „Rote Jahne" bei Eilenburg und Aufstellung als Bodentrainer für die Antiterroreinheit des Ministeriums für Staatssicherheit.

Nach der Wende durch Vandalismus schwer beschädigt, befinden sich die Reste heute im Luftwaffenmuseum

FORTSETZUNG AUF SEITE 120 OBEN

FORTSETZUNG VON SEITE 119

Berlin-Gatow. Die Landung der IL-14P im Dezember 1983 in Eilenburg war übrigens recht kompliziert. Die nur 800 m kurze Landebahn war teilweise vereist, die Einflugschneise mit hohen Bäumen bewachsen. Und dennoch musste der Gleitwinkel sehr flach gehalten werden, weil rund 200 m an der vorgeschriebenen Landebahn fehlten.

*Foto: Detlev Grass*

*1965 wurde die „422" zum Fotoflugzeug umgebaut – auf dem Bild 1974 in Garz/Heringsdorf – und 1983 an die INTERFLUG, Forschungs- und Industrieflug, übergeben (DDR-SAM, Zeichnung), aber bereits im Dezember 1983 außer Dienst gestellt.*

*Zeichnung oben: 1962 und 1965 wurden drei FWD IL-14P zu Fotoflugzeugen mit Bodenwanne, die einen Operateur aufnahm, umgebaut. Hier die DDR-SAM (ex NVA „422") als Fotoflugzeug der INTERFLUG/Betrieb FIF (1983).*

*Zeichnung: Manfred Meyer*

*Links: Die DDR-SAM (ex „422") auf dem Militärflugplatz in Eilenburg „Rote Jahne" als Bodentrainer für die Antiterroreinheit des Ministeriums für Staatssicherheit.*

*Foto: Archiv Detlev Grass*

**1480 3046:**
Auslieferung am 14.11.1958 (DM-ZZX) mit 26 Plätzen, 1959 Verkauf an die CAAC/China als Passagierflugzeug mit Tropenausrüstung („662").

**1480 3047:**
Auslieferung am 31.7.1958 (DM-ZZY) mit 26 Plätzen, 1959 Verkauf an die CAAC/China als Passagierflugzeug mit Tropenausrüstung („664").

**1480 3048:**
Auslieferung am 31.7.1958 (DM-ZZZ) mit 26 Plätzen, 1959 Verkauf an die CAAC/China als Passagierflugzeug mit Tropenausrüstung („672").

**1480 3049:**
Auslieferung am 26.1.1958 (DM-ZZU) mit 26 Plätzen, 1958 Verkauf an die Sozialistische Republik Vietnam als Passagierflugzeug mit Tropenausrüstung („670").

**1480 3050:**
Auslieferung am 20.7.1958 (DM-ZZV) mit 26 Plätzen, 1958 Verkauf an die CAAC/China als Passagierflugzeug mit Tropenausrüstung („666"). Seit 1988 im Museum des Aeronautischen Instituts Peking.

**1480 3051:**
Auslieferung am 20.7.1958 (DM-ZZW) mit 26 Plätzen, 1958 Verkauf an die CAAC/China als Passagierflugzeug mit Tropenausrüstung („668").

**1480 3052:**
Auslieferung am 31.7.1958 (DM-ZZR) mit 26 Plätzen, 1959 Verkauf an die CAAC/China als Passagierflugzeug mit Tropenausrüstung („674").

**1480 3053:**
Auslieferung am 31.7.1958 (DM-ZZS) mit 26 Plätzen, 1959 Verkauf an die CAAC/China als Passagierflugzeug mit Tropenausrüstung („676"). 1988 in Guanchang abgestellt.

**1480 3054:**
Auslieferung im November 1958 (DM-ZZL) mit 18 Plätzen, am 24.2.1959 Verkauf als Mehrzweckflugzeug an die polnischen Luftstreitkräfte („009", „3054", zeitweilig auch SP-LNR). 1996 außer Dienst; ausgestellt im Orla Bialego Museum in Skarzysko-Kamienna.

**1480 3055:**
Auslieferung am 24.2.1959 an die polnischen Luftstreitkräfte als Mehrzweckflugzeug mit 18 Plätzen („005", „010", „021"), 1961 bis 1963 jeweils im Frühjahr Vermietung an die LOT für Frachtflüge (Export von Obst) mit zeitweiliger ziviler Registrierung SP-LNR.

**1480 3056:**
Auslieferung im November 1958 (DM-ZZT) mit 26 Plätzen, am 14.9.1959 Verkauf an die Sozialistische Republik Vietnam als Passagierflugzeug mit Tropenausrüstung.

**1480 3057:**
Auslieferung im November 1958 (DM-ZZN) mit 26 Plätzen, am 14.9.1959 Verkauf an die Sozialistische Republik Vietnam als Passagierflugzeug mit Tropenausrüstung.

**1480 3058:**
Auslieferung am 28.12.1959 (DM-ZZO) mit 26 Plätzen, 1959 Verkauf an die Luftstreitkräfte Chinas mit Tropenausrüstung („4217").

**1480 3059:**
Auslieferung am 28.12.1959 (DM-ZZP) mit 26 Plätzen, 1959 Verkauf an die Luftstreitkräfte Chinas mit Tropenausrüstung („4219"); 1971 Verkauf an die Luftstreitkräfte Albaniens („30-59"). Das Flugzeug wurde in den 1990er Jahren außer Dienst gestellt und befindet sich heute in Tirana.

**1480 3060:**
Auslieferung am 31.12.1959 (DM-ZZQ) mit 26–30 Plätzen und Verkauf am 31.3.1960 an die TAROM/Rumänien mit Sauerstoff- und Seenotausrüstung (YR-ILN; siehe Bild unten), am 18.7.1978 Verkauf an die Aeroflot.

**1480 3061:**
Auslieferung am 31.12.1959 (DM-ZXA) mit 26 bis 30 Plätzen und Verkauf an die TAROM/Rumänien mit Sauerstoff- und Seenotausrüstung (YR-ILO), am 1.3.1976 im Anflug auf Sibiu abgestürzt.

**1480 3062:**
Auslieferung am 31.12.1959 (DM-ZZM) mit 26 bis 30 Plätzen und Verkauf an die TAROM/Rumänien mit Sauerstoff- und Seenotausrüstung (YR-ILP), Außerdienststellung am 13.11.1975, am 28.7.1977 aus dem Register gestrichen, vermutlich verschrottet.

**1480 3063:**
Auslieferung 1959 (DM-ZXB) als Mehrzweckflugzeug mit 18 Plätzen, am 24.2.1959 Verkauf an die polnischen Luftstreitkräfte („022", „3063"), 1988 Weiterverkauf und Überführung per Luft (N163RR) zum Air Classic Museum in Reno/USA.

**1480 3064:**
Auslieferung am 1.6.1959 mit 26 bis 30 Plätzen und Verkauf an die TAROM/Rumänien mit Sauerstoff- und Seenotausrüstung (YR-ILH), am 17.4.1974 Übergabe an die rumänischen Luftstreitkräfte („064"), am 16.4.1975 Rückgabe an die TAROM, am 18.7.1978 Verkauf an die Aeroflot.

**1480 3065:**
Auslieferung am 26.3.1959 mit 18 Plätzen und Verkauf als Mehrzweckflugzeug an die polnischen Luftstreitkräfte („023", 44", „3065"), 1961 bis 1964 jeweils im Frühjahr Vermietung an die LOT für Frachtflüge (Export von Obst) mit zeitweiliger ziviler Registrierung SP-LNO. 1992 noch im Einsatz, heute im Luft- und Raumfahrtmuseum Krakow-Balice/Polen.

*FWD IL-14P YR-ILN der TAROM/Rumänien in der Endmontage. Dieses Flugzeug wurde mit Sauerstoff- und Seenotausrüstung ausgestattet.*

*Foto: Archiv Klaus-Hermann Mewes*

**1480 3066:**
Auslieferung am 30.5.1959 mit 26 bis 30 Plätzen und Verkauf an die TAROM/Rumänien mit Sauerstoff- und Seenotausrüstung (YR-ILI), am 17.4.1974 Übergabe an die rumänischen Luftstreitkräfte („066"), am 29.5.1975 Rückgabe an die TAROM, am 18.7.1978 Verkauf an die Aeroflot.

**1480 3067:**
Auslieferung am 30.6.1959 (DM-ZXC) mit 18 Plätzen und Verkauf als Mehrzweckflugzeug an die polnischen Luftstreitkräfte („024", „3067"), 1992 noch im Einsatz, heute im Luft- und Raumfahrtmuseum Krakow-Balice/ Polen.

**1480 3068:**
Auslieferung am 26.6.1959 (DM-ZXD) mit 26 bis 30 Plätzen und Verkauf an die TAROM/Rumänien mit Sauerstoff- und Seenotausrüstung (YR-ILK), am 17.4.1974 Übergabe an die rumänischen Luftstreitkräfte („068"), am 10.5.1975 Rückgabe an die TAROM, am 18.7.1978 Verkauf an die Aeroflot.

**1480 3069:**
Auslieferung am 30.6.1959 mit 18 Plätzen und Verkauf als Mehrzweckflugzeug an die polnischen Luftstreitkräfte („025", „45"), 1961 bis 1964 jeweils im Frühjahr Vermietung an die LOT für Frachtflüge (Export von Obst) mit zeitweiliger ziviler Registrierung SP-LNR, 1967 bis 1968 jeweils im Frühjahr Vermietung an die LOT für Frachtflüge mit zeitweiliger ziviler Registrierung SP-LNU, später auch SP-LNP, heute im Museum von Drzonow bei Zielona Gora („3069").

**1480 3070:**
Auslieferung am 20.6.1959 mit 26 bis 30 Plätzen und Verkauf an die TAROM/Rumänien mit Sauerstoff- und Seenotausrüstung (YR-ILJ), am 17.7.1978 Verkauf an die Aeroflot.

**1480 3071:**
Auslieferung am 1.9.1959 mit 18 Plätzen und Verkauf als Mehrzweckflugzeug an die polnischen Luftstreitkräfte („026", „46", „3071", „82").

**1480 3072:**
Auslieferung am 31.8.1959 mit 26 bis 30 Plätzen und Verkauf an die TAROM/Rumänien mit Sauerstoff- und Seenotausrüstung (YR-ILL), am 16.6.1963 drei Kilometer westlich von Bekkeszamson/Ungarn abgestürzt.

**1480 3073:**
Auslieferung am 1.9.1959 Verkauf als Mehrzweckflugzeug mit Ladeluke an die polnischen Luftstreitkräfte („027", „47", „3073"), 1966 im Frühjahr Vermietung an die LOT für Frachtflüge (Export von Obst) mit zeitweiliger ziviler Registrierung SP-LNS, später auch SP-LNP; im Jahre 1991 auf dem Schrottplatz in Krakow-Balice ohne Triebwerke gesichtet.

**1480 3074:**
Auslieferung am 25.9.1959 (DM-ZXE) mit 26 bis 30 Plätzen und Verkauf an die TAROM/Rumänien mit Sauerstoff- und Seenotausrüstung (YR-ILM), am 17.4.1974 übergeben an die rumänischen Luftstreitkräfte („074"), am 28.4.1975 Rückgabe an die TAROM, am 18.7.1978 Verkauf an die Aeroflot.

**1480 3075:**
Auslieferung am 7.8.1959 an die Deutsche Lufthansa der DDR als Mehrzweckflugzeug mit Ladeluke (DM-SAM), am 1.7.1964 Verkauf an die syrischen Luftstreitkräfte.

**1480 3076:**
Auslieferung am 31.12.1959 (DM-ZXF) an die polnischen Luftstreitkräfte als Salonflugzeug mit sechs Plätzen („010", „3076"), 1988 Außerdienststellung und Überführung per Luft nach Saarbrücken und von dort per Straße zur Leo-Junior-Flugausstellung in Hermeskeil bei Trier.

**1480 3077:**
Auslieferung am 18.5.1959 an die Deutsche Lufthansa der DDR als Mehrzweckflugzeug mit Ladeluke (DM-SAN), am 31.3.1965 Verkauf an die ägyptischen Luftstreitkräfte.

**1480 3078:**
Auslieferung am 10.11.1959 an die polnischen Luftstreitkräfte als Salonflugzeug mit sieben Plätzen („001", „3078"), heute im Luft- und Raumfahrtmuseum Krakow-Balice/Polen.

**1480 3079:**
Auslieferung am 26.9.1959 an die Deutsche Lufthansa der DDR als Mehrzweckflugzeug mit Ladeluke (DM-SAO), am 1.7.1964 Verkauf an die ägyptischen Luftstreitkräfte.

*FWD IL-14P, DM-SAO, mit Ladeluke*

*Foto: Rita Maahs*

**1480 3080:**
Auslieferung am 11.11.1959 an die polnischen Luftstreitkräfte als Salonflugzeug mit sieben Plätzen („002“, „3080“), 1975 Umbau zum Hörsaalflugzeug für die Offiziershochschule in Deblin mit Aufhängungen für Übungsbomben.

*Unten: im Cockpit der IL-14P* *Foto: Peter Noppens*

***IL-14P-Exponate im Verkehrsmuseum Dresden im Jahre 2018:***

*Schwezow ASch-82T, ein 14-Zylinder-Doppelsternmotor, mit Vierblatt-Verstell-Luftschraube AW-50. Dahinter ein (gelber) Kraftstoffbehälter, von denen die IL-14P in jedem Flügel vier Stück mit einem Gesamtfassungsvermögen von 3500 Litern besaß.*

*Ausfahrbarer Landescheinwerfer einer IL-14P*

*Flugzeugkabinenuhr Kal. 409 (1958/59), hergestellt im VEB Glashütter Uhrenbetriebe. Von dieser auch für die Passagierkabine der 152 vorgesehenen mechanischen Uhr wurden insgesamt 141 Exemplare gefertigt.*

*Fotos: Frank-Dieter Lemke*

KLAUS-HERMANN MEWES / FRANK-DIETER LEMKE

# VEB Entwicklungsbau Pirna

## DIE ERSTE FÜR DEN ZIVILEN EINSATZ VORGESEHENE STRAHLTURBINE DEUTSCHLANDS

*Erprobungsträger IL-28R (Kennzeichen DM-ZZI) mit der zusätzlichen Triebwerksgondel für das Versuchstriebwerk Pirna 014 A-0 unter dem Rumpf*

*Foto: Archiv Klaus-Hermann Mewes*

BEIM AUFBAU DES VEB ENTWICKLUNGSBAU PIRNA LIESS MAN DEN LEITENDEN KRÄFTEN WEITGEHEND FREIE HAND. SO ENTSTAND EINE PERSONALSTRUKTUR, DIE EINFACH UND ÜBERSCHAUBAR WAR UND DIE – IM UNTERSCHIED ZU ANDEREN WERKEN DER LUFTFAHRTINDUSTRIE – KEINERLEI ZUSÄTZLICHE, ORGANISATORISCH AUFWÄNDIGE KOMPETENZ-ABGRENZUNGEN ERFORDERLICH MACHTE. IN DEN WENIGEN JAHREN DER ERFOLGREICHEN TÄTIGKEIT ENTSTAND UNTER ANDEREM DAS ERSTE IN DEUTSCHLAND ENTWICKELTE ZIVILE STRAHLTRIEBWERK, DAS PIRNA 014, DAS EINE BEACHTENSWERTE LEISTUNG DARSTELLTE. ES ZÄHLTE DAMALS HINSICHTLICH SEINER BETRIEBSSICHERHEIT, WARTUNGSFREUNDLICHKEIT UND WIRTSCHAFTLICHKEIT MIT EINEM SPEZIFISCHEN KRAFTSTOFFVERBRAUCH VON 87,7 KG/KNH ZUR WELTSPITZE. DIE REALE CHANCE DER PIRNAER TRIEBWERKS-SPEZIALISTEN, DER INTERNATIONALEN KONKURRENZ IM STRAHLTRIEBWERKSBAU PAROLI ZU BIETEN, WAR DURCH DIE REGIERUNGSENTSCHEIDUNG ZUR AUFLÖSUNG DER DDR-LUFTFAHRTINDUSTRIE FÜR IMMER VERGEBEN.

Dresden-Klotzsche am 11. September 1959. Auf der Start- und Landebahn des VEB Flugzeugwerke Dresden steht eine IL-28R mit der zivilen Registrierung DM-ZZI zum Abflug bereit. Die Buchstabenkenner weisen die Iljuschin als Erprobungsträger der DDR-Luftfahrtindustrie aus. Unter seinem Rumpf trägt das Flugzeug in einer speziell dafür angefertigten Gondel das Versuchstriebwerk 014 A-0 aus dem VEB Entwicklungsbau Pirna. Mit diesem Start des umgerüsteten taktischen Bombers und Aufklärers aus der Sowjetunion begann offiziell die Flugerprobung des ersten in Deutschland für den zivilen Bedarf entwickelten Strahltriebwerkes.

***Der Ursprung der in Pirna entwickelten Strahlturbinen geht auf die Forschungsarbeiten bei Junkers und BMW zurück, die bis Kriegsende 1945 zur Serienproduktion der Strahltriebwerke Jumo 004B und BMW 003A führten. Zum Einsatz gelangten diese beiden Turbinen in der Me 262, Ar 234 und He 162, die zu den ersten Strahlflugzeugen in der Welt gehören.***

Mit dem Einmarsch US-amerikanischer Truppen in Dessau und Neu-Staßfurt kam die Arbeit an diesen Triebwerken zunächst zum Erliegen. Das galt auch für die parallel laufenden Entwicklungen Jumo 012 und BMW 018, die bis zu diesem Zeitpunkt schon sehr weit fortgeschritten waren. Spezialeinheiten der Alliierten durchforsteten sofort nach der Besetzung die ehemaligen Rüstungsbetriebe auf ihr technisches Know-how, insbesondere in der Flugzeug- und Triebwerksentwicklung. Alle wichtig erscheinenden Geräte, Muster, Forschungsergebnisse sowie die auf den Prüfständen befindlichen Objekte wurden sichergestellt und abtransportiert. Auch die Werksarchive und Bibliotheken blieben davon nicht verschont. Man hatte es sehr eilig damit, denn bereits Ende Juni mussten die US-Amerikaner die besetzten Gebiete wieder räumen, da nach dem Viermächte-Abkommen diese Territorien an die sowjetische Militärhoheit übergingen.
Am 1. Juli 1945 trat die Demarkationslinie in Kraft. Die sowjetischen Truppen übernahmen unter anderem die Gebiete um Dessau und Neu-Staßfurt und veranlassten umgehend in den von ihnen übernommenen Betrieben die notwendigen Aufräumungsarbeiten. Ausgeführt wurden sie durch alle noch erreichbaren ehemaligen Werksangehörigen. Obwohl zunächst die vollständige Demontage angeordnet worden war, erklärte die Sowjetische Militäradministration die ehemaligen Fertigungsstätten von Junkers und BMW zu SAG-Betrieben (SAG steht für Sowjetische Aktien-Gesellschaft). Sie befahl die Wiederaufnahme und Fortführung der Flugzeug- und Gasturbinenentwicklung. Zu diesem Zweck wurden alle Fachleute der einstigen deutschen Luftrüstungsindustrie zur Arbeitsaufnahme aufgefordert. Das gelang durch Sondervergünstigungen wie bevorzugten Lebensmittelbezug oder eine für damalige Verhältnisse exzellente Bezahlung ohne größere Schwierigkeiten.

Foto: Sammlung Mathias Simon

*Strahlturbine Pirna 014 A-0. Die Weiterentwicklung A-1 erhielt unter anderem ein Abblaseband und eine triebwerkseigene Einlaufenteisung.*

In Neu-Staßfurt wurden zunächst aus den noch vorgefundenen Teilen Triebwerke der Baumuster BMW 003C zusammengesetzt sowie der Aufbau der Triebwerke BMW 018 und 028 rekonstruiert. Als im Oktober 1945 der erste Probelauf eines BMW-018-Triebwerkes vorbereitet wurde, war die Zahl der Beschäftigten schon wieder auf 1500 Mitarbeiter angewachsen.

Der Neubeginn in Dessau verlief ähnlich. Dort nahm der größte Teil der Prüfstandsanlagen bereits im September 1945 wieder den Betrieb auf, und die Entwicklungsarbeiten an den Triebwerken Jumo 004B und Jumo 012 konnten fortgesetzt werden. Aber schon jetzt gab es viele Stimmen, die eine Verlagerung der Entwicklungs- und Produktionsstätten in die UdSSR befürchteten. Dennoch gelang es der sowjetischen Seite immer wieder, diese Ängste zu zerstreuen.

In den frühen Morgenstunden des 22. Oktober 1946 war es aber schließlich doch so weit. Die befürchtete Deportation der deutschen Flugzeugspezialisten, einschließlich ihrer Familien, erfolgte unter strengster militärischer Bewachung. Viele Sonderzüge mit unbekanntem Ziel, das irgendwo im Fernen Osten lag, wurden an

*Die Tupolew Tu-114, hier bei einer Landung in Berlin-Schönefeld, konnte in der Touristenklasse 220 Fluggäste befördern und war seinerzeit das größte Verkehrsflugzeug der Welt. Ihr Antrieb, die stärkste jemals entwickelte Propellerturbine NK-12M, wurde von deutschen Triebwerksspezialisten in der Sowjetunion geschaffen.*

Foto: Sammlung Klaus Wartmann

diesem Morgen und in den darauffolgenden Tagen abgefertigt. Einige tausend Familien gingen mit ihrem gesamten Hab und Gut als lebende Reparationsleistung in die UdSSR.

Die Gasturbinenspezialisten, rund 600 Familien, trafen nach etwa 14tägiger Bahnfahrt in Uprawlentscheski Gorodok, einem kleinen Örtchen an der Wolga nördlich von Kuibyschew (Samara) ein. Hier bauten sie, direkt neben ihrer Siedlung, einen kleinen Entwicklungsbetrieb für Flugzeuggasturbinen auf. Die dafür erforderlichen Werkzeugmaschinen kamen wenige Wochen später ebenfalls per Bahn an und stammten aus den Heimatwerken.

Im Sawod Nr. 2, wie der Entwicklungsbetrieb bezeichnet wurde, arbeiteten die deutschen Spezialisten von Junkers, BMW und Askania bis 1954 an der Entwicklung von Gasturbinen bis 3400 kp Schub und brachten sie bis zur Staatlichen Musterprüfung. Darunter die Strahlturbinen M-012 und M-018 sowie die Propellerturbinen TW-2 mit 5700 PS und schließlich das NK-12 mit einer Wellenleistung von 12000 PS und einem Restschub von 1180 kp. Die letzte Entwicklung, das K-Triebwerk oder NK-12, wie es in der Öffentlichkeit vorgestellt wurde, diente später als Antrieb für die strategischen Bomber Tu-95 und Tu-116 sowie für das Verkehrsflugzeug Tu-114 und den Großtransporter An-22, wobei es für diesen Einsatz bis zu einer Wellenleistung von 15.000 PS (11030 kW) weiterentwickelt worden war. Sogar ein Stauflügelobjekt, ein sogenannter Ekranoplan mit der Bezeichnung A-90, war mit einer Variante dieses Triebwerkes von 12.240 PS (9000 kW) ausgerüstet. Nach Abschluss der Arbeiten am K-Triebwerk im Oktober 1953 nahm man allgemein an, dass nun die Entlassung in die Heimat erfolgen würde. Aber die sowjetischen Behörden schickten nur einen Teil der deutschen Spezialisten nach Hause zurück.

Eine Restgruppe, etwa 150 Mann stark, wurde nach Sawjelowo nördlich von Moskau verbracht, wo sie mit der letzten Gruppe der Flugzeugbauer aus Podberesje zusammentraf. Das hier zusammengeführte Team erhielt unter der Leitung von Dipl.-Ing. Brunolf Baade und in Abstimmung zwischen der DDR- und der sowjetischen Regierung eine neue Aufgabe. Sie sah vor, das Projekt eines vierstrahligen Verkehrsflugzeuges für zunächst 26 Passagiere mit den dafür erforderlichen Strahltriebwerken mit einer Schubkraft von je 3000 kp zu erarbeiten. Dieser Entwurf bildete schließlich den Grundstock für den Aufbau einer inzwischen in Vorbereitung befindlichen Luftfahrtindustrie in der DDR.

### *Klaus-Hermann Mewes*

**16. Februar 1931 bis 4. Januar 2016**

Foto: Archiv Klaus-Hermann Mewes

Ständigen Kontakt zum Flugwesen hatte Klaus-Hermann Mewes bereits als Kind durch seinen Vater, der zum Ende des Zweiten Weltkrieges als Fliegeringenieur eine Reparatureinheit bei Messerschmitt und Dornier leitete.
Nach Abitur und Maschinenschlosserlehre wurde Klaus-Hermann aufgrund seiner ausgezeichneten Leistungen zum Studium an die TH Dresden delegiert, das er im März 1955 als Dipl.-Ingenieur abschloss. Seinen beruflichen Weg begann bei der HV 18 in Pirna als Konstrukteur für Regelungstechnik im Entwicklungsbau Pirna und qualifizierte sich im Selbststudium auf dem Gebiet in der Hydraulik. Er konstruierte die Steuerdruckgeber für das Pirna 014 sowie 018 und fuhr sie auf dem Prüffeld ein. Auch an der Entwicklung und Konstruktion des Anlassautomaten für das Pirna 014 war er wesentlich beteiligt. Nach weiterer Qualifizierung zum Flugversuchsingenieur für die IL-14P wurde er schließlich zum Gruppenleiter für die Flugerprobung der Pirna-Strahlturbinen an der IL-28R ernannt. Hier absolvierte er vom 30. April 1959 bis 20. Juni 1961 genau 86 Starts. Davon 26 Starts auf IL-14P, einen Flug auf der Super-Aero 45 zur Gerätejustierung und 59 Starts auf der IL-28R.

Das Triebwerkskollektiv arbeitete in Sawjelowo unter der Leitung von Dipl.-Ing. Ferdinand Brandner, einem Österreicher, der schon in Muldenstein als Technischer Leiter der Serienfertigung des Jumo 004 und dann auch in Uprawlentscheski als Konstruktionsleiter unter anderem bei der Entwicklung des NK-12 entsprechende Erfahrungen bei der Projektierung, Konstruktion und Fertigungsorganisation gesammelt hatte. Sein Stellvertreter war Dr.-Ing. Rudolf Scheinost, ein erfahrener Festigkeitsspezialist aus dem ehemaligen BMW-Team.

Das in Sawjelowo projektierte Flugzeug *namens* Samoljot 15.2 mit dem Triebwerk (Dwigatjel) 014 erhielt die bei Junkers übliche fortlaufende Numerierung für Neuentwicklungen bzw. Versuchsobjekte, die auch bis zur Produktionsaufnahme in der DDR beibehalten wurde.

Als Ende Juni 1954 der letzte Transport von Triebwerksspezialisten die Heimreise antrat, befand sich im Gepäck auch das Projekt 014. Am 5. Juli 1954 trafen die Spezialisten und Führungskader nach achtjährigem Zwangsaufenthalt in der UdSSR mit einem Sonderzug im sächsischen Pirna ein, wo inzwischen ebenfalls einiges geschehen war.

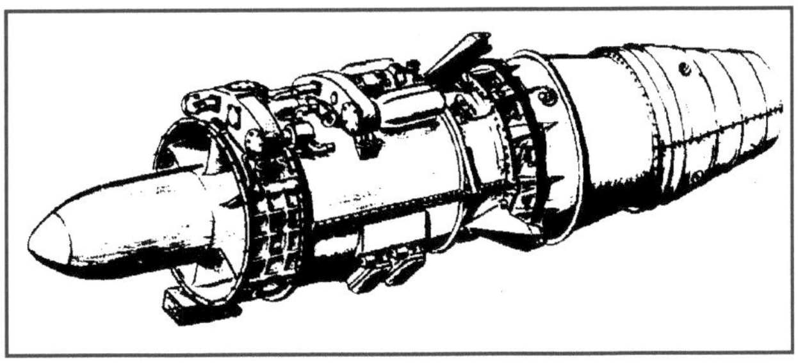

*Dwigatjel 014 für das Exekutivflugzeug Samoljot 15.2. In Klammern ist als Beschriftung zu lesen: (004 - 3.001). Aus den technischen Daten des Erprobungsflugzeuges 15.2A mit zwei Triebwerken (Dwigatjel) 014: Max. Schub ohne Zusatzverbrennung 2 x 5000 kp Max. Schub mit Zusatzverbrennung 2 x 5900 kp.*

*Zeichnung: Archiv Frank-Dieter Lemke*

Zu Beginn der 1950er Jahre hatte sich hier, auf dem Sonnenstein in Pirna, der Stab eines Organisationsbüros, die sogenannte Hauptverwaltung 18, eine Einrichtung des Volkswirtschaftsrates der DDR für Sonderaufgaben, niedergelassen. Eine ihr zugeordnete Unterlagenverwaltung hatte alle noch auffindbaren sowie inzwischen von den sowjetischen Behörden zurückgegebenen Dokumentationen und Unterlagen, Baugruppen, Armaturen und Geräte, zum Teil sogar Triebwerke, aus dem Bestand der ehemaligen deutschen Luftrüstungsindustrie gesammelt und eingelagert. Da aber laut Kontrollratsgesetz den deutschen Stellen noch immer jegliche Beschäftigung mit Aufgaben der Luftfahrt untersagt war, wurde dies alles – natürlich in Abstimmung mit der sowjetischen Besatzungsmacht – unter dem Siegel strengster Geheimhaltung betrieben. Das Objekt Sonnenstein in Pirna, das hoch über der Stadt auf einem Felsen liegt und durch eine hohe Mauer von der Außenwelt abgeriegelt ist, bot sich für diese geheimnisvolle Aufgabe geradezu an.

Von den aus der UdSSR zurückkehrenden deutschen Spezialisten waren bereits aus den ersten Rücktransporten entsprechende Führungskräfte und Spezialisten für die organisatorische und projektseitige Vorbereitung einer neuen Luftfahrtindustrie ausgewählt und vom Materialamt der Hauptverwaltung 18 eingestellt worden. Die neuen Mitarbeiter, zu denen sich die im Land verbliebenen Fachleute gesellten, wurden zur strengsten Geheimhaltung verpflichtet. Darüber hinaus mussten sie jegliche Kontakte zu ihren Verwandten im Westen abbrechen.
1954 waren die Vorbereitungen für das neue Entwicklungswerk für Gasturbinen auf dem Sonnenstein bereits weit gediehen. Der innere Gebäudekomplex war zu einem Bürogebäude mit kleineren Konstruktionssälen umfunktioniert und entsprechend ausgerüstet worden. Hier brachte man die Konstruktionsabteilungen für die Triebwerke, die Fertigungsmittel und auch die Prüfstände unter. Außerdem ließen sich hier der Chefkonstrukteur mit seinem Führungsstab sowie die Technische Leitung und die Vorentwicklung mit ihren Berechnungsabteilungen für die Auslegung der Triebwerke einschließlich der Dokumentation und Vervielfältigung nieder.

Die für die Fertigung erforderlichen Produktions- und Montagehallen, der Musterbau, die Wärmebetriebe wie Schmiede und Gießerei sowie die großen Triebwerksprüfstände, die erst auf der grünen Wiese hinter dem Objektgelände des Sonnensteins errichtet werden mussten, waren inzwischen von der Bausubstanz her so weit fortgeschritten, dass mit ihrer Innenausrüstung begonnen werden konnte.

Mit dem schon erwähnten Sonderzug im Juli 1954 trafen auf dem Sonnenstein die letzten sehnlichst erwarteten Führungskader ein. Es begann die konkrete Bearbeitung der mitgebrachten Unterlagen für das Triebwerksprojekt Dwigatjel 014.

Im November 1955 bestätigte die Regierung der DDR die Vorschläge der aus dem Materialamt hervorgegangenen Verwaltung für Industriebedarf zum Aufbau der Luftfahrtindustrie. Zu ihrem Technischen Leiter war Dipl.-Ing. Brunolf Baade ernannt worden. Seine Vorlage für das Entwicklungsprogramm von Verkehrsflugzeugen und Flugtriebwerken in der DDR vermerkte unter anderem folgendes:

*„Der VEB Entwicklungsbau Pirna (so die offizielle Bezeichnung des Entwicklungswerkes ab 1. Juni 1955; d.A.) hat die Aufgabe, in der DDR die Entwicklung von Gasturbinen zum Antrieb von Verkehrsflugzeugen durchzuführen. Die entwickelten Objekte sollen in späterer Zeit Gegenstand des Außenhandels werden.*
*Dieser Industriezweig muss neu geschaffen werden; es fehlt jede Ausgangsbasis. Z.B. fehlen die entsprechenden hochwarmfesten Werkstoffe sowie ganz allgemein die Zubringer-Industrien wie Gerätewerke, Leichtmetall-Gießereien und dergleichen, die den Qualitäts- und Präzisionsansprüchen der Luftfahrtindustrie gerecht werden könnten.*
*Der Facharbeiterstamm muss neu zusammengestellt und zum größten Teil herangebildet werden. Der VEB Entwicklungsbau Pirna kann jedoch auf ein, wenn auch kleines Kollektiv von Erfahrungsträgern zurückgreifen, die bis 1954 erfolgreich in der SU in der Gasturbinen-Entwicklung tätig waren."*

Weiter heißt es dort: *„Das Projekt 014 ist ein Turbinen-Luftstrahltriebwerk (TL) mit einem Standschub von 3150 kp, welches von dem deutschen Kollektiv in der SU entworfen wurde und die Billigung des sowjetischen Luftfahrtministeriums fand. Es wurde direkt für die Flugleistung des Flugzeuges 152 ausgelegt."*

Wie den Dokumenten zu entnehmen ist, mussten außer den zu bewältigenden baulichen Problemen noch einige wichtige Hürden überwunden werden. Dazu gehörten neben der Beschaffung von Präzisionswerkzeugmaschinen und Messgeräten vor allem die erforderlichen Werkstoffe. Für die erste Zeit hatte sich damals die Sowjetunion bereit erklärt, hier Hilfestellung zu leisten.

Das Team der Rückkehrer war inzwischen durch die jungen und von der neuen Aufgabe begeisterten Hoch- und Fachschulabsolventen sowie durch Facharbeiter aus dem Kreis Pirna und der Dresdner Umgebung erweitert worden. Dazu kamen die bereits in den Jahren 1950 bis 1953 unter anderem nach Dessau und Umgebung oder in den Berliner Raum entlassenen Heimkehrer aus der Sowjetunion. Diese ehemaligen Mitarbeiter von Junkers und BMW wurden bei ihrer Rückkehr in Frankfurt/Oder von der HV 18 empfangen und sofort auf extra dafür vorbereitete Listen der sogenannten SU-Spezialisten registriert. Auf der Grundlage dieser Listen wurden schließlich die für den Triebwerksbau erforderlichen Fachkräfte angesprochen und nach Pirna gerufen.

Nach Abschluss der eigentlichen Aufbauphase – etwa um die Jahresmitte 1956 – waren im Entwicklungsbau in Pirna auf dem Sonnenstein unter der Leitung des Werkdirektors und Chefkonstrukteurs Dr.-Ing. Rudolf Scheinost, der ein Jahr später zum Professor berufen wurde, bereits rund 2500 Mitarbeiter beschäftigt.

Der Entwicklungsbetrieb war nach sowjetischem Vorbild absolut fachbezogen gegliedert und vom Hauptabteilungsleiter bis hin zu den Gruppenleitern mit ehemaligen SU-Spezialisten besetzt. Auf diese Weise konnten die in der Sowjetunion gewonnenen Erfahrungen problemlos bei der Lösung der neuen Aufgaben angewendet werden. Die zu diesem erfahrenen Team neu hinzugekommenen jungen Mitarbeiter gelangten direkt in den Genuss des reichen Wissensschatzes der Experten von Junkers und BMW.

*Strahlturbine Pirna 014 mit vorgesetzten Triebwerkseinläufen auf dem Prüfstand 2*

*Foto: Archiv Klaus-Hermann Mewes*

*Foto: Archiv Klaus-Hermann Mewes*

*Im VEB MAB Schkeuditz entwickelter und gebauter Anblasprüfstand mit einem ummantelten ASch-82T-Motor als Blasgerät sowie zwei Pirna 014 in der Zwillingsgondel für die Stielerprobung der Triebwerksgondel der 152/II. Zum Anblasprüfstand gehörten auch je ein Kerosin- und Flugbenzintank sowie die Bedienstation. Das Bild rechts zeigt die Zwillingsgondel in 20 Grad Steigung für Schräganblasung (Dezember 1960).*

### *Das Strahltriebwerk Pirna 014*

Die erste Aufgabe des neuen Entwicklungskollektivs bestand darin, aus dem bereits in der Sowjetunion erarbeiteten Projekt ein einsatzfähiges Flugtriebwerk für das in Dresden gebaute Mittelstreckenverkehrsflugzeug 152 zu schaffen.

In verhältnismäßig kurzer Zeit entstand das erste Versuchstriebwerk, das nach seinem Entwicklungsort benannt wurde und somit den Namen Pirna 014 erhielt. Die Grundkonzeption des neuen Triebwerkes basierte auf einer Weiterentwicklung der bereits bei Junkers mit dem Jumo 004 und Jumo 012 sowie der bei BMW mit dem BMW 003 und 018 zu hoher Perfektion entwickelten Einwellen-Bauart. Bei dieser Bauart durchströmt die angesaugte Luft den Verdichter, die Brennkammern und die Turbine in axialer Richtung.

Der zwölfstufige Axialverdichter des Pirna 014 war wie beim Jumo 012 (bzw. M-012, der allerdings nur elf Stufen besaß) direkt über eine Kerbverzahnung mit der zweistufigen Axialturbine gekoppelt. Die Brennkammer war – nach dem von Ferdinand Brandner entwickelten Prinzip der kombinierten Ringbrennkammer – mit zwölf Brennerköpfen ausgestattet worden und besaß zwölf zweistufige Einspritzdüsen, die über den gesamten Drehzahlbereich hinweg für eine optimale Kraftstoffdosierung sorgen sollten.

Das erste Versuchstriebwerk absolvierte nach zwei Jahren, am 12. Oktober 1956, auf dem gerade fertiggestellten Prüfstand 2 seinen ersten Probelauf. Aber noch waren nicht alle Baugruppen aus den erforderlichen hochwertigen Werkstoffen gefertigt worden.

In dieser Konfiguration war das Triebwerk eigentlich nur als Fertigungs- und Funktionsmuster gedacht, an welchem mit Hilfe eines Fremdantriebes sowohl Strömungsmessungen am Verdichter als auch die Überprüfung des Schmierstoffkreislaufes vorgenommen werden sollten. Dennoch fasste die Leitung den – recht gewagten

*Das Pirna 014 vor der Montage unter dem Versuchsträger IL-28R*

*Foto: Archiv Klaus-Hermann Mewes*

*Foto: Archiv Klaus-Hermann Mewes*

*Die Zwillingsgondel im Blasprüfstand in 20 Grad Steigung für die Schräganblasung im Freigelände vor der Halle 285*

*Foto: Archiv Klaus-Hermann Mewes*

– Entschluss, das Triebwerk bereits mit eigener Kraft zu starten. Und wie man heute weiß, geschah dies mit überaus großem Erfolg. Beim ersten, immerhin 2,5 Stunden andauernden Lauf wurde lediglich ein Labyrinthring am Turbinenlager zerstört.

Ebenso zielstrebig trieben die Pirnaer die weiteren Arbeiten voran und bewiesen dabei eine Entscheidungsfreude, die sich nur positiv auf die Auslegung des 014 auswirkte. Zum Beispiel trennte man sich bereits nach dem dritten Versuchstriebwerk ohne zu zögern von den für das leichtere Hochfahren und auch für die Regulierung des Pumpverhaltens des Verdichters zuständigen Abblaseklappen. Da diese Klappen den im Verdichter entstehenden Druck am Umfang nur örtlich abbauen können, entschied man sich für ein kontinuierlich öffnendes Abblaseband. Auf diese Weise war nach knapp fünfjähriger Entwicklungszeit im August 1959 das Triebwerk Pirna 014 reif für die Staatliche Musterprüfung. Sie wurde mit einem 150-Stunden-Dauerlauf nach ICAO-Bestimmungen und einem zusätzlichen 150-Stunden-Werkslauf, wobei allein 90 Stunden mit Startschub gefahren wurden, erfolgreich absolviert. Gleichzeitig war damit das Triebwerk für die Flugerprobung freigegeben

*Lage des Pirna 014 unter dem Versuchsträger IL-28R. Als fliegenden Prüfstand erkannte man das einstige Aufklärungs- und Bombenflugzeug an der unter dem Bombenschacht angebrachten dritten Turbine. Im Bombenschacht befanden sich zahlreiche, für die Flugerprobung erforderliche Aggregate, Messgeräte und Messwertschreiber.*

*Foto: Sammlung Klaus-Hermann Mewes*

und konnte an den Erprobungsträger, einer zu einem fliegenden Prüfstand umgebauten sowjetischen IL-28R, montiert werden.

Eine weitere, sehr wesentliche Veränderung an dem in seiner Konzeption bereits in der Sowjetunion entworfenen Verdichter machte sich im Ergebnis der Flugerprobung und der Prüfstandsläufe erforderlich: Alle zwölf Stufen wurden neu berechnet und daraufhin mit anderen Schaufelprofilen ausgestattet. Das führte zu einem ruhigeren Triebwerkslauf in den kritischen Bereichen der Pumpgrenze. Dadurch erhöhte sich auch die Drehzahl ein wenig und verhalf dem Triebwerk zu dem etwas höheren Schub von 32,36 kN. Bereits ein Jahr später fand der erfolgreiche Musterlauf des weiterentwickelten

*Vorbereitung auf den ersten Standlauf mit Pirna 014 V-09. Die schuppenartige Verkleidung unter dem Rumpfheck des Erprobungsträgers schützte die Zelle vor dem Abgasstrahl des Pirna 014.*

*Foto: Archiv Klaus-Hermann Mewes*

Pirna 014 A-1 statt. Mit dem Erprobungsträger IL-28R konnte bei 211 Testflügen und den damit verbundenen umfangreichen Flugversuchen die Zuverlässigkeit des Triebwerkes bis zu einer Flughöhe von 12.500 m nachgewiesen werden. Die Pirnaer Triebwerkskonstrukteure hatten damit eine Strahlturbine geschaffen, die seinerzeit hinsichtlich ihrer Betriebssicherheit, Wartungsfreundlichkeit und Wirtschaftlichkeit mit einem spezifischen Kraftstoffverbrauch von 87,7 kg/kNh zur Weltspitze zählte.

Mit diesem von der Staatlichen Prüfstelle für Zivilluftfahrt freigegebenen Triebwerk wurde das in Dresden entwickelte vierstrahlige Verkehrsflugzeug vom Typ 152/II ausgerüstet: der Prototyp V-4 ab April 1960 und die V-5 im Juni 1960. Nach erfolgreichem Boden- und Rollprogramm führte die 152/II (V-4) mit der Kennung DM-ZYB am 26. August 1960 ihren Jungfernflug aus und am 4. September 1960 startete sie zum zweiten und letzten Mal.

Parallel dazu lief im VEB Industriewerk Ludwigsfelde die Serienfertigung der Triebwerke Pirna 014 an. Die im August 1960 nach Klotzsche angelieferten Triebwerke konnten mit der IL-28R noch im Fluge erprobt werden. Nicht mehr in die Luft gelangten die im Februar 1961 angelieferten und für die 152/II mit der Werknummer 008 vorgesehenen Serientriebwerke.

Die von der DDR-Regierung im März 1961 beschlossene Auflösung der Luftfahrtindustrie bedeutete zugleich das Ende des Pirna 014 als Flugtriebwerk.

*Montage der beiden in Zwillingsgondeln untergebrachten Pirna 014 am Prototyp V-4 des Verkehrsflugzeuges 152/II*

*Foto: Archiv Klaus-Hermann Mewes*

*Rollerprobung der 152 V-4 mit Pirna 014-Triebwerken*

*Foto: Archiv Jochen Werner*

### *Das Triebwerk Pirna 016 und weitere*

Parallel zu der beschriebenen Entwicklung des Pirna 014 hatten auf den Reißbrettern des VEB Entwicklungsbau weitere Projekte Gestalt angenommen, die teilweise bis auf den Prüfstand gelangten.

So besaß das auf der Basis der 014-Strahlturbine projektierte Pirna 016 einen höheren Schub von 34,3 kN. Insbesondere zeichnete es sich durch einen geringeren Kraftstoffverbrauch von 73,4 kg/kNh aus.

Die unter der Bezeichnung Pirna 017 ursprünglich für ein Turbinenauto konstruierte Kleingasturbine mit 96 kW Wellenleistung wurde in verschiedenen Konfigurationen gebaut und schließlich bis zum Pirna 027 bzw. Pirna 029 mit 132 bzw. 213,4 kW Wellenleistung weiterentwickelt. Etwa 3350 Exemplare von ihnen gelangten in den verschiedensten Bereichen der Industrie und des Verkehrswesens unter anderem als stationäre oder mobile Stromaggregate zum Einsatz.

Als Antrieb für das zweimotorige Kurz- und Mittelstreckenverkehrsflugzeug 153 war die in der Entwicklung recht weit fortgeschrittene Propellerturbine Pirna 018 mit 3680 kW Wellenleistung vorgesehen. Der Verdichter dieses Triebwerkes besaß bereits verstellbare Leitkränze und eine drehzahlabhängig gesteuerte Abblaseeinrichtung an mehreren Verdichterstufen, um das Anlassen des Triebwerkes zu erleichtern und den Pumpbereich des Verdichters besser zu beherrschen. Von diesem Triebwerkstyp gelangten zwei Versuchstriebwerke bis zur Prüfstandserprobung. Allerdings wurden die Arbeiten an der 153 im Flugzeugwerk in Dresden-Klotzsche schon im zweiten Quartal 1959 eingestellt, so dass auch die weitere Bearbeitung in Pirna gestoppt wurde.

Völliges Neuland beschritten die Pirnaer bereits im Jahre 1958 mit ihrem ersten Zweistromtriebwerk, dem Pirna

*Die Kleingasturbine Pirna 017 war zunächst als Antrieb für ein Turbinenfahrzeug gedacht. Die bis 1990 produzierten Nachfolgemuster dienten als Notstromaggregat, als Feuerlösch- oder Lenzpumpen. Im Aufbau ähnelte das kleine Triebwerk einer Propellerturbine, wobei die Nutzleistung über ein Untersetzungsgetriebe abgegeben wurde. Da es bei so einem Triebwerk nicht auf den Schub des Abgasstrahles ankommt, sondern auf die an der Getriebewelle abgegebene Leistung, musste die im Abgas noch vorhandene Wärmeenergie auch für den Abtrieb nutzbar gemacht werden. Das war auch deshalb notwendig, um einen ökonomisch vertretbaren Kraftstoffverbrauch zu erzielen.*

*Foto: Sammlung Frank-Dieter Lemke*

*Kleingasturbine Pirna 027. Diese leistungsstarke Turbine, die ab 1961 produziert wurde, war der ideale Antrieb für stationäre und mobile Notstrom- und Energieaggregate für Krankenhäuser, Industriebetriebe, Tagebaue, Sendestationen, Großbaustellen und für Flugplätze, wo sie als komplexes Energiesystem für die Startvorbereitung Verwendung fand. Insgesamt wurden im VEB Entwicklungsbau Pirna und seinen Nachfolgebetrieben bis 1992 etwa 3350 Kleingasturbinen gebaut und sowohl in die RGW-Staaten als auch nach Japan und in die Schweiz exportiert.*

*Foto: Frank-Dieter Lemke*

Foto: Manfred Jurleit

*Attrappe der Propellerturbine Pirna 018, die für das Kurz- und Mittelstreckenverkehrsflugzeug 153 vorgesehen war.*

020 für das zweistrahlige Verkehrsflugzeug 155. Es stellte zu seiner Zeit mit 36,3 kN Schub bei einem für damalige Verhältnisse einmaligen spezifischen Kraftstoffverbrauch von 55 kg/kNh eine Spitzenleistung dar. Mit den Verdichterbaugruppen wurden auf den Prüfständen zwar noch die geforderten Parameter nachgewiesen, aber wie so viele andere zukunftsträchtige Entwicklungen geriet auch dieses Triebwerk in den Strudel der Ereignisse im März 1961.

Die reale Chance der Pirnaer Triebwerks-Spezialisten, der internationalen Konkurrenz im Strahltriebwerksbau Paroli zu bieten, war durch die Regierungsentscheidung zur Auflösung der DDR-Luftfahrtindustrie für immer vergeben. Der VEB Entwicklungsbau Pirna wurde mit dem neuen Namen VEB Strömungsmaschinen dem Kraftwerksanlagenbau zugeordnet.

Ihre Leistungsfähigkeit und Zuverlässigkeit konnten lediglich die 66 in Pirna und in Ludwigsfelde bis zum ersten Quartal 1961 gefertigten Strahlturbinen Pirna 014 unter Beweis stellen. Nach entsprechendem Umbau zu Gaserzeugern Pirna 014 A-2 und Pirna 014 A-3, die anstelle von Kerosin mit Dieselkraftstoff betrieben wurden, dienten sie bis 1984 einerseits als Spitzenlastkraftwerk Pirna E-1 mit 12,5 MW Leistung und andererseits als Schiffsgasturbinen-Antriebsanlage Pirna 051/1 bzw. S1 für vierzehn U-Boot-Abwehrschiffe vom Typ *Hai* der Volksmarine der DDR.

Das Schnittmodell eines der ersten Fertigungsmuster der für den zivilen Einsatz entwickelten Strahlturbine Pirna 014 fand im Februar 1991 seinen Ehrenplatz in der Luftfahrtabteilung des Deutschen Museums in München. In der Abteilung Luftfahrt des Verkehrsmuseums in Dresden ist ein zu einem Gaserzeuger umkonstruiertes Triebwerk Pirna 014 A-2 und eine Kleingasturbine Pirna 029 neben den Modellen der Verkehrsflugzeuge 152/I, 152/II, 153, 154 und 155 zu besichtigen.

**Legende für die Tabellen rechts:**
V – Verdichterstufen, KRB – Kombinierte Ringbrennkammer, T – Turbinenstufen, KGT – Kleingasturbine, RV – Radialverdichter, RT – Radialturbine, AT – Axialturbinenstufen, VP – Verdichterprüfling, ...+(1) Attrappe, 0LK – Leitkranznullstufe vor 1. Verdichterstufe.
Bei den Kleingasturbinen sind nur die wichtigsten Etappen angegeben, die Zwischenetappen einschließlich der KGT 017D, 017E, 028-2 und 030 sind hier nicht aufgeführt.
*) Nach 1986 existierte noch eine Weiterentwicklung zum Pirna 030 mit 280 kW und 0,5 kg/kWh Kraftstoffverbrauch.

*Spitzenlast-Gasturbinenanlage E-1 mit zwei Pirna 014 als Gaserzeuger. Eine Turbine ist im Bild hinten links zu sehen, die zweite befindet sich – hier nicht sichtbar – hinten rechts. Vorn erkennt man den 12,5-MW-Generator, dahinter die Nutzturbine.*

*Foto: Archiv Klaus-Hermann Mewes*

***Turbinenluftstrahltriebwerke aus dem VEB Entwicklungsbau Pirna in der Zeit von 1954 bis 1961 und 1984/86***

| Typ | **Dwigatel 014** | **Pirna 014** | **Pirna 014** | **Pirna 014** | **Pirna 015** | **Pirna 016** |
|---|---|---|---|---|---|---|
| Baureihe | A | A-0 | A-1 | C | – | – |
| Projektbearbeitung | 1954/SU | 1955/56 | 1957 | 1958 | 1954 | 1957 |
| Baujahr | 1956 | 1956/57 | 1958 | 1959 | Proj. | 1959 |
| Bauart | TL<br>12VKRB2T | TL<br>12VKRB2T | TL<br>12VKRB2T<br>+0Lk | TL<br>12VKRB2T<br>+0LK | ZTL<br>4/8VKRB<br>2/2T | TL<br>12VKRB3T |
| Startschub kN | 30,89 | 30,89 | 32,36 | 33,12 | 44,13 | 34,3 |
| Startschub kp | 3150 | 3150 | 3300 | 3380 | 4500 | 3500 |
| Maximale Leistung kW | | | | | | |
| Maximale Leistung PS | | | | | | |
| Restschub kp | | | | | | |
| Dauerleistung kW | | | | | | |
| Dauerleistung PS | | | | | | |
| Maximale Drehzahl U/min | 8000 | 8000 | 8150 | 8200 | 7000/10000 | 8700 |
| Abtriebsdrehzahl | | | | | | |
| Propellerwelle U/min | | | | | | |
| Getriebe U/min | | | | | | |
| Luftdurchsatz kg/s | 50 | 52 | 57,5 | 57,5 | 100 | 60,2 |
| Verdichtung | 6,78 | 7,0 | 7,0 | 7,0 | 1,7/6,2 | 11,86 |
| Spezifischer | | | | | | |
| Kraftstoffverbrauch kg/kNh | | 86,7 | 87,7 | 87,65 | 66,32 | 73,4 |
| Kraftstoffverbrauch kg/kph | | 0,85 | 0,86 | 0,859 | 0,65 | 0,72 |
| Kraftstoffverbrauch kg/kWh | | | | | | |
| Kraftstoffverbrauch kg/PSh | | | | | | |
| Länge m | 3,94 | 3,94 | 3,94 | 3,96 | 3,80 | 4,02 |
| Masse kg | 1060 | 1060 | 1050 | 1060 | 1080 | 1060 |
| Produzierte Stückzahl | 1 | 45+(1) | 19 | 2+(1) | – | VP |

***Fortsetzung: Turbinenluftstrahltriebwerke aus dem VEB Entwicklungsbau Pirna in der Zeit von 1954 bis 1961 und 1984/86***

| Typ | **Pirna 020** | **Pirna 018** | **Pirna 017** | **Pirna 017-2** | **Pirna 027** | **Pirna 029*)** |
|---|---|---|---|---|---|---|
| Baureihe | B | – | A | – | – | B |
| Projektbearbeitung | 1959 | 1955/56 | 1955 | 1958 | 1962 | 1984 |
| Baujahr | 1960 | 1956 | 1957 | 1959 | 1964 | 1986 |
| Bauart | ZTL<br>6/8VKRB<br>1/2T | PTL<br>13VKRB4T | KGT<br>1RVRB<br>2AT | KGT<br>1RVRB<br>2AT | KGT<br>1RVRB<br>1RT | KGT<br>1RVRB<br>1RT |
| Startschub kN | 36,3 | | | | | |
| Startschub kp | 3700 | | | | | |
| Maximale Leistung kW | | 3680 | 96,0 | 121,4 | 173 | 213,4 |
| Maximale Leistung PS | | 5000 | 130 | 165 | 235 | 290 |
| Restschub kp | | 670 | | | | |
| Dauerleistung kW | | | 77.3 | 110,4 | 162 | 200,2 |
| Dauerleistung PS | | | 105 | 150 | 220 | 272 |
| Maximale Drehzahl U/min | 7100/13000 | 13400 | 32000 | 32000 | 32000 | 32000 |
| Abtriebsdrehzahl | | | | | | |
| Propellerwelle U/min | | 1012 | | | | |
| Getriebe U/min | | | 7500 | 1500–3000 | 1500–2400 | 1500 |
| Luftdurchsatz kg/s | 96 | 31,5 | 1,4 | 1,4 | | |
| Verdichtung | 12,0 | 10,0 | | | | |
| Spezifischer | | | | | | |
| Kraftstoffverbrauch kg/kNh | 55,0 | | | | | |
| Kraftstoffverbrauch kg/kph | 0,577 | | | | | |
| Kraftstoffverbrauch kg/kWh | | 0,345 | 0,839 | 0,760 | 0,585 | 0,524 |
| Kraftstoffverbrauch kg/PSh | | 0,245 | 0,640 | 0,580 | 0,445 | 0,400 |
| Länge m | 3,56 | 3,68 | 1,49 | 1,49 | 1,10 | 1,10 |
| Masse kg | 950 | 1300 | 120 | 185 | 200 | 205 |
| Produzierte Stückzahl | VP | 3+(1) | 2+(1) | ca. 150 | ca. 800 | ca. 500 |

*Heinz Lehmann im Cockpit der IL-28R vor dem Umbau des Flugzeuges zum Erprobungsträger*

*Foto: Archiv Klaus-Hermann Mewes*

## *Turbinenluftstrahltriebwerke in den Jahren 1957 bis 1960*

| | Pirna 014 A-0 | Pirna 014 A-1 | Orenda 016 | Rolls Royce Canada 14 | Bristol Ra 29 | Bristol Olympus 101 |
|---|---|---|---|---|---|---|
| Projekt /Baujahr | 1957 | 1959 | 1958 | 1958 | 1959 | 1960 |
| Startschub in kp | 3150 | 3300 | 3500 | 3450 | 4760 | 4990 |
| Drehzahl in U/min | 8000 | 8200 | 8700 | | | 8500 |
| Spezifischer Kraftstoffverbrauch in kg/kph | 0,85 | 0,86 | 0,72 | 0,9 | 0,775 | 0,76 |
| Luftdurchsatz in kg/s | 52,0 | 57,5 | 60,4 | 59,0 | 72,0 | |
| Turbineneintrittstemperatur in °K | 1050 | 1070 | 1035 | 1050 | 1100 | 1100 |
| Trockenmasse in kg | 1060 | 1050 | 1050 | 1120 | 1508 | 1596 |
| Einheitsgewicht in kg/kp | 0,336 | 0,318 | 0,300 | 0,325 | 0,317 | 0,320 |

**Erläuterungen:** Der Kraftstoffverbrauch von Turbinenluftstrahltriebwerken wird gemessen in kg je kp Schub und Stunde (h). Mit einem Einheitsgewicht von 0,318 kg/kp lag das Pirna 014 A-1 im Bereich der modernsten TL-Triebwerke aus anderen Ländern.
Wenn auch der Kraftstoffverbrauch noch nicht den optimalen Wert erreicht hatte, so war auch hier der weitere Weg durch das Pirna 016 in Richtung auf 0,72 kg/kph Verbrauch bereits vorgezeichnet.

## *Propellerturbinenluftstrahltriebwerke in den Jahren 1957 bis 1960*

| | Pirna 018 | Rolls Royce Tyne | Allison T-56 | Bristol Orion |
|---|---|---|---|---|
| Baujahr | 1958 | 1960 | 1957 | 1960 |
| Startleistung in äquivalent PS (kW) | 5000 (3680) | 4696 (3456) | 3800 (2797) | 5226 (3846) |
| Spezifischer Kraftstoffverbrauch in kg/PSh beim Start | 0,254 | 0,220 | 0,244 | 0,225 |
| im Reiseflug | 0,175 | 0,185 | 0,200 | 0,181 |
| Luftdurchsatz in kg/s 37,1 | 31,5 | 18,6 | | 17,68 |
| Turbineneintrittstemperatur in °K | 1000 | 1140 | 1240 | 1035 |
| Trockenmasse in kg | 1300 | 878 | 795 | 1430 |
| Einheitsgewicht in kg/PS | 0,26 | 0,187 | 0,209 | 0,274 |

**Erläuterungen:** Der Kraftstoffverbrauch von Propellerturbinen wird gemessen in kg je PS und Stunde (h). Trotz des verhältnismäßig hohen Einheitsgewichtes von 0,26 kg/PS des Pirna 018 zeichnete sich dieses Triebwerk schon damals durch seinen niedrigen Kraftstoffverbrauch im Reiseflug aus.

*IL-28R mit ziviler Registrierung DM-ZZK als Erprobungsträger für die Pirna 014-Turbine. Zwei IL-28R kamen als Importe für die Luftfahrtindustrie und wurden zu fliegenden Prüfständen umgebaut. Mit dem Erprobungsträger IL-28R konnte bei 211 Testflügen und den damit verbundenen umfangreichen Flugversuchen die Zuverlässigkeit des Pirna 014 bis zu einer Flughöhe von 12.500 m nachgewiesen werden.*

*Foto: Archiv Klaus-Hermann Mewes*

*Erprobungsträger IL-28R (DM-ZZI), unter dem Rumpf mit der zusätzlichen Triebwerksgondel für das Versuchstriebwerk Pirna 014 A-0. Im Bombenschacht war neben der zusätzlich installierten Ringträgergruppe zur Aufnahme des Erprobungstriebwerkes eine Zwischendecke eingezogen worden. Sie nahm u.a. auf: den automatischen Beobachter mit fernbedienter Kamera AK 16 oder einer Spiegelreflexkamera, ein Gerätepaneel und die Beleuchtungsanlage.*

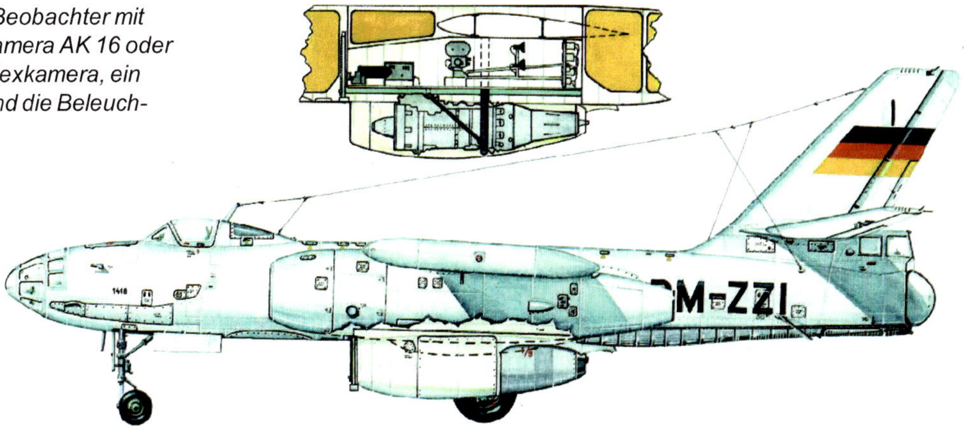

*Die „205" (Werknummer 54006279), eine IL-28 der Zieldarstellungsstaffel ZDS-21 im Aussehen zu Beginn der 1960er Jahre mit großen Hoheitszeichen und Schablonenziffern. Bis 1962 wuchs der IL-28-Bestand der LSK/LV auf zehn Flugzeuge an, darunter eine Schulmaschine IL-28U mit Doppelsteuerung. Keine IL-28 der NVA wurde als Bomber eingesetzt, sondern als Schleppflugzeuge zur Zieldarstellung für die Jagdflieger, die Truppenluftabwehr, die Bordflak der Schiffe der Volksmarine, aber auch für Sonderaufgaben wie den Abwurf sogenannter Agitationsbomben mit Flugblättern oder für Abwürfe von sandgefüllten Blechpuppen zur Erprobung neuer Fallschirme. Eine Maschine ging durch Unfall ohne Personenschaden verloren.*

*Zeichnungen: Manfred Meyer*

**Erprobungsträger IL-28R mit Strahltriebwerk Pirna 014**

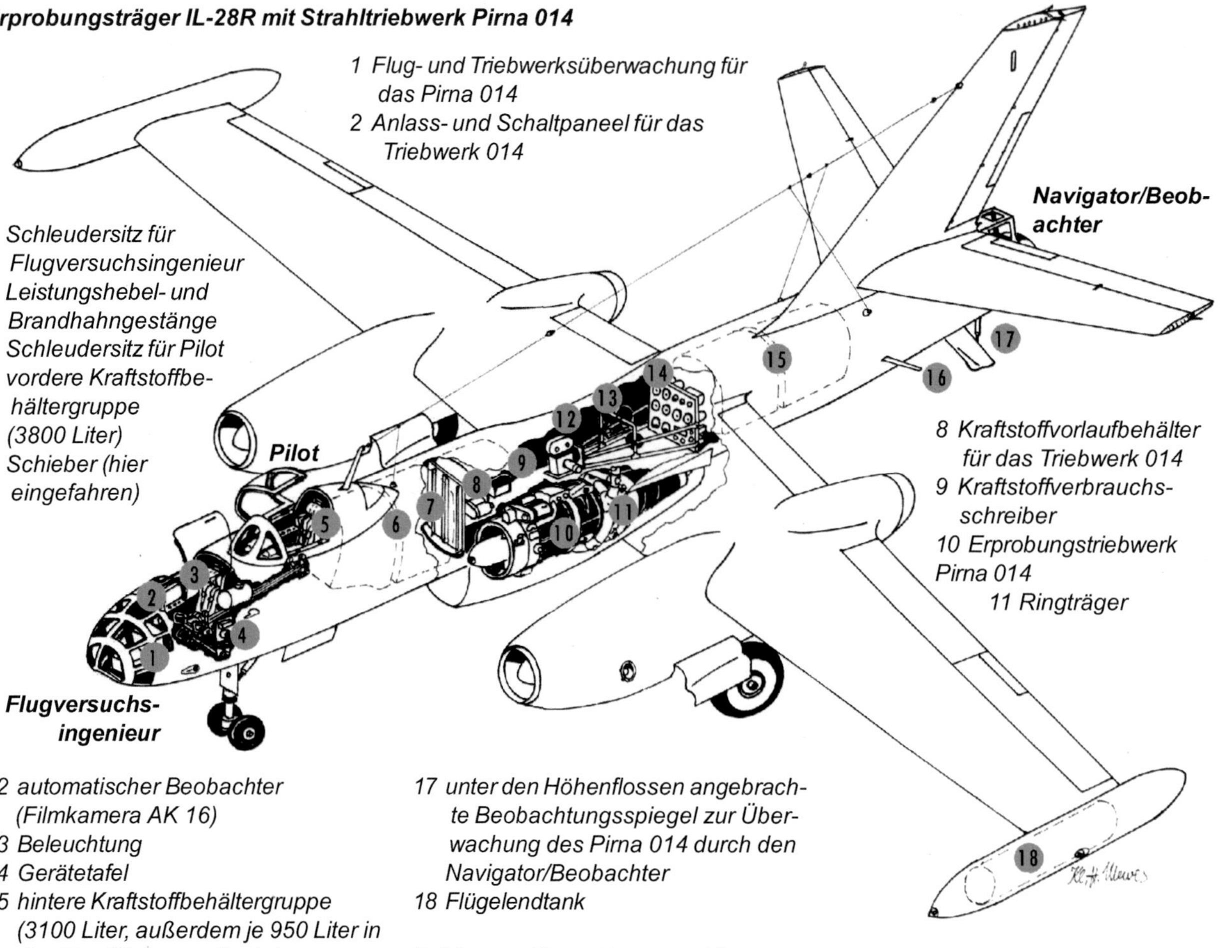


1 Flug- und Triebwerksüberwachung für das Pirna 014
2 Anlass- und Schaltpaneel für das Triebwerk 014
3 Schleudersitz für Flugversuchsingenieur
4 Leistungshebel- und Brandhahngestänge
5 Schleudersitz für Pilot
6 vordere Kraftstoffbehältergruppe (3800 Liter)
7 Schieber (hier eingefahren)
8 Kraftstoffvorlaufbehälter für das Triebwerk 014
9 Kraftstoffverbrauchsschreiber
10 Erprobungstriebwerk Pirna 014
11 Ringträger
12 automatischer Beobachter (Filmkamera AK 16)
13 Beleuchtung
14 Gerätetafel
15 hintere Kraftstoffbehältergruppe (3100 Liter, außerdem je 950 Liter in den Tragflächenendtanks)
16 zusätzlich installierte Antennenschwerter (beidseitig)
17 unter den Höhenflossen angebrachte Beobachtungsspiegel zur Überwachung des Pirna 014 durch den Navigator/Beobachter
18 Flügelendtank

Zeichnung: Klaus-Herrmann Mewes

## Technische Daten der ursprünglichen Aufklärerversion IL-28R

| | |
|---|---|
| Besatzung: | 3 |
| Triebwerk: | zwei TL WK-1 |
| Startschub in kN: | je 26,46 |
| Spannweite in m: | 22,65 |
| Flügelfläche in m²: | 60,8 |
| Länge in m: | 17,65 |
| Höhe in m: | 6,7 |
| Leermasse in kg: | 13518 |
| Normale Startmasse in kg: | 19500 |
| Maximale Startmasse in kg: | 22680 |
| Höchstgeschwindigkeit in 5000 m in km/h: | 876 |
| Marschgeschwindigkeit in km/h: | 750 |
| Landegeschwindigkeit in km/h: | 185 |
| Steiggeschwindigkeit in m/s: | 15 |
| Gipfelhöhe in m: | 12300 |
| Max. Reichweite mit Zusatzbehältern in km: | 2780 |
| Startrollstrecke in m: | 800...900 |
| Landerollstrecke in m: | 1000 |
| Bewaffnung: | eine starr und zwei beweglich eingebaute Maschinenkanonen NR-23 sowie Fotobomben |

Die beiden von den Flugzeugwerken Dresden verwendeten Erprobungsträger besaßen keine Bewaffnung.

## Das Flugerprobungsprogramm für die Triebwerke Pirna 014

**1.** Zünd- und Anlassversuche im Flug in verschiedenen Höhen und bei verschiedenen Geschwindigkeiten

**2.** Beharrungsflüge zur Leistungsbestimmung und Aufnahme von sogenannten Drosselkurven bis zur maximalen Flughöhe

**3.** Flüge zur Bestimmung des Beschleunigungsverhaltens des Triebwerks

**4.** Schiebe- und Wellenflüge zwischen +/-3 g (also dem Dreifachen der Erdbeschleunigung) zur Kontrolle der Kraftstoff- und Schmierstoffkreisläufe

**5.** Ermitteln der Verdichterabrissdrehzahlen in den verschiedenen Flug- und Beschleunigungszuständen in Abhängigkeit von Fluggeschwindigkeit und Höhe

**6.** Bestimmen der Verlöschgrenze des Triebwerkes im Flugleerlauf

**7.** Ermitteln der Fluggeschwindigkeiten und Flughöhen zum sicheren Anlassen der Triebwerke aus ihrer Windmühlendrehzahl, d.h. aus der Eigenrotation durch die Anströmung.

### *Laufprogramm für den Nachbaumusterprüflauf des dritten Triebwerks Pirna 014 A-0 vom 21. April bis 4. Mai 1960*

**1.** Aufbau und Vorbereitung zum Lauf
**2.** Funktionsprüfung und Messlauf
**3.** 150-Stunden-Dauererprobung nach den Richtlinien der PfL – bestehend aus:
75 Anlassvorgängen
125 Beschleunigungen von 3500...8000 U/min
30 Beschleunigungen von 5200...8000 U/min
10 Stunden Startschub bei 8000+100 U/min (3150+/-50 kp Schub)
89:15 Stunden höchstzulässiger Dauerschub bei 7650+100 U/min (2750+/-50 kp Schub)
45:30 Stunden bei 4000...7600 U/min
5:00 Stunden Bodenleerlauf bei 3500+/-100 U/min
15:00 Minuten Überdrehzahl bei 8250+50 U/min
**4.** Vergleichsläufe nach der Dauererprobung

*Pilotenkanzel der IL-28R*

*Foto: Klaus-Hermann Mewes*

*Arbeitsplatz für den Flugversuchsingenieur mit Flug- und Triebwerksüberwachungspaneel, Tonbandgerät und Farbdrucker sowie Laufruhemessgerät (Schwingungsmesser), dem weltweit ersten und in Pirna entwickelten elektronischen*

*Stichdrehzahlmesser mit digitaler Anzeige sowie mit Mach-Meter, Variometer und kombiniertem Beschleunigungs- und Längsneigungsmesser (im rechten Bild).*

*Fotos: Archiv Klaus-Hermann Mewes*

*Im Bombenschacht: links die Gerätetafel des automatischen Beobachters mit den Messgeräten und der Beleuchtungsanlage sowie die Filmkamera AK 16 (hier ohne Kassette); im rechten Bild der Antrieb für die Einzelbildschaltung*

# Ein Flugtag wie kein anderer

***Flugversuchsingenieur Klaus-Hermann Mewes erprobte mit dem Versuchsträger IL-28R die in Pirna entwickelten und gebauten Strahlturbinen. Dabei blieben Überraschungen nicht aus. Zwei Flüge allerdings, bei denen kaum Messergebnisse mit nach Hause gebracht wurden, liefen weit ungewöhnlicher ab als gewohnt. Klaus-Hermann Mewes erzählt:***

*Klaus-Hermann Mewes (mit Kopfhaube) am Cockpit der IL-28R*

*Foto: Archiv Klaus-Hermann Mewes*

Das Monatsende war bereits ziemlich nahe herangerückt und damit auch der Termin für den Abschluss der Versuchsreihe mit dem Strahltriebwerk Pirna 014 V-20.

Für den 1. April 1960 hatte das Stammwerk in Pirna schon das nächste zu testende Triebwerk, das V-22, avisiert, und ein Wochenendeinsatz lag aus diesem Grunde bereits hinter uns. Heute nun, am Montag, dem 28. März, erwartete ich meinen 21. Start zur Flugerprobung der Gasturbine Pirna 014, der gleichzeitig mein 13. mit dem Erprobungsträger DM-ZZK werden sollte. Einwände dagegen vorbringen konnten weder die Meteorologen – der Himmel zeigte sich nur leicht bedeckt – noch der Fliegerarzt.

Der Flugauftrag lautete: Beschleunigungsversuche mit dem V-20, übrigens der ersten A-1-Ausführung, in 6000 m Flughöhe bei unterschiedlichen Geschwindigkeiten.
Um 12.00 Uhr finden sich die Besatzungsmitglieder der IL-28R vor der sogenannten Einflughalle 285 ein – ich mit meinen vorbereiteten Protokollblättern und Tableaus.

Ganz kurz verständigen wir uns noch einmal über den Ablauf und nehmen die Plätze ein. Bis auf den Piloten ist es dieselbe Crew wie am Wochenende, denn Gerhard Puhlmann hatte am Freitag und Samstag auf der DM-ZZI mit dem Triebwerk V-9 Testflüge absolviert. Im Heckstand der Maschine sitzt Helmut Krautz, der Navigator und Funker, mein Arbeitsplatz ist der des Flugversuchsingenieurs in der Bugkanzel. Eine kurze Anfrage an Dresden-Turm; er erteilt uns die Erlaubnis zum Beginn der Startvorbereitung, worauf wir die Triebwerke anlassen und den Vorstartcheck durchführen. Dann schließen sich die Luken; Gerhard Puhlmann rollt die „Zulu-Kilo" zum Startpunkt „Zwo-Zwo". Nach dem üblichen Ritual zwischen dem Piloten und Dresden-Turm erhalten wir die Startfreigabe – die Triebwerke heulen auf, das Flugzeug setzt sich in Bewegung. Bei etwa 250 km/h hebt die Maschine ab – es ist 12.37 Uhr –, und in einer leichten Linkskurve gewinnen wir an Höhe, passieren Freital. Ich fahre mit Hilfe der Hydraulikpumpe den zum Schutz vor Fremdkörpern vor dem Versuchstriebwerk angebrachten Schieber ein, öffne damit den Einlaufdiffusor, und melde über Heidenau dem Piloten die Anlassbereitschaft für diese Turbine. Puhlmann bestätigt, und mit Erreichen der vorgeschriebenen Windmühlendrehzahl zünde ich das V-20. Der Anlassvorgang verläuft normal; ich reguliere nunmehr das Versuchstriebwerk auf eine Drehzahl von 7850 U/min, die sogenannte Steigleistung.

Damit liegen 30,89 kN Schub zusätzlich zum Schub der beiden WK-1A-Triebwerke der IL-28R an – das Flugzeug bäumt sich fast auf unter diesem ungewohnt hohen Leistungsangebot von insgesamt 83,81 kN und gewinnt an Höhe mit 35 m/s Anfangssteiggeschwindigkeit.

Über Pulsnitz, in 3000 m Höhe, kurven wir auf 240 Grad ein und legen die Sauerstoffmasken an. In der für die Messungen heute vorgesehenen Höhe von 6000 m drossele ich das Versuchstriebwerk auf etwa 6000 U/min. Der Schub verringert sich damit ebenfalls – auf 8,83 kN, also Flugleerlauf. Jetzt allerdings muss Puhlmann schon wieder auf Gegenkurs gehen. Nach der dafür notwendigen 180-Grad-Kurve verringert Gerhard die Geschwindigkeit auf 400 km/h Geräteanzeige – das entspricht etwa 560 km/h in Meeresspiegelhöhe.

Kurz vor Hainichen meldet mir unser Pilot: „Alle Werte konstant!" Das ist das Stichwort für den Beginn meiner eigentlichen Arbeit. Die Stoppuhr in der rechten Hand,

*Start des Erprobungsträgers IL-28R (DM-ZZK)*

*Foto: Archiv Klaus-Herrmann Mewes*

schiebe ich mit der linken den Leistungshebel zügig bis zum Anschlag nach vorn auf Volllast – wir spüren, wie uns die unsichtbare Kraft in die Sitze drückt. Um die für die IL-28R maximal zulässige Geschwindigkeit von 0,7 Mach (600 km/h Gerätegeschwindigkeit in 6000 m) nicht zu überschreiten, muss Gerhard sofort mitreagieren und im Gegenzug den Schub seiner beiden Triebwerke drosseln.

Inzwischen hat mein Triebwerk die Maximaldrehzahl erreicht, ich nehme die Zeit und betätige den im Bombenschacht untergebrachten automatischen Beobachter, der alle für das Messprotokoll wichtigen Anzeigen fotografiert. Danach nehme ich das V-20 wieder auf Flugleerlauf zurück – wir gehen auf Gegenkurs, um die zweite Messung zu absolvieren.

## *Ungewohnte Begleitung*

Ohne Beanstandungen durchfliegen wir auch den zweiten Messpunkt. Das einzig Ungewöhnliche: Ich höre über Kopfhörer, wie der Navigator den Piloten über die Annäherung von drei MiG-17 informiert. Kurz vor dem nächsten Messpunkt schließlich die Meldung von Helmut Krautz aus dem Heckstand: „Achtung, wir bekommen Begleitung! Die drei MiGs schließen auf!“ Das hatte es bislang noch nicht gegeben – und da sind sie auch schon; es sind sowjetische: eine MiG-17 links von uns, eine rechts und die dritte direkt hinter uns! Die Flugzeuge sind so nahe, dass wir die Gesichter der Piloten deutlich sehen. Da wir zur Vorbereitung der dritten Messung verhältnismäßig langsam fliegen, müssen die MiG-Piloten ständig ihre Luftbremsen betätigen, um mit uns auf gleicher Höhe bleiben zu können. Unter diesen Umständen ist an eine Fortsetzung unserer Versuchsreihe natürlich nicht zu denken. Also beobachten wir unsere Begleitung, von der wir annehmen, dass sie wohl nur ihre Neugier befriedigen will. Immerhin muss den sowjetischen Piloten unsere mit drei Triebwerken ausgestattete IL-28R fast unglaubwürdig vorkommen! Die Rückfrage bei Dresden-Turm belehrt uns aber eines Besseren. Inzwischen war nämlich der Luftraum gesperrt worden – im Raum Magdeburg hatte ein Flugzeug den internationalen Luftkorridor verlassen –, und man hatte schlichtweg vergessen, uns zurückzubeordern. Unser ständiges Manövrieren bei geringstmöglicher Fluggeschwindigkeit löst jetzt bei unseren Begleitern auch noch arges Missfallen aus; sie drohen sogar mit der Faust, wobei sie immer wieder nach vorn zeigen. Wahrscheinlich sollen wir etwas schneller fliegen.

Aber in Höhe Dresden-Freital fährt Gerhard das Fahrwerk aus, um ihnen zu zeigen, dass wir in Dresden-Klotzsche zu landen gedenken. Das war wohl zuviel des Guten, denn plötzlich beschleunigt eine der MiG-17, jagt unter uns hindurch nach vorn, zieht kurz hoch, um gleich darauf wieder nachzudrücken, mit den Flächen zu wakkeln und vor uns zu bleiben. Das war eindeutig, und wir fragen bei Dresden-Turm an, wie wir uns verhalten sollen. Die Antwort: „Folgen Sie dem Führungsflugzeug; wir bemühen uns um Ihre Freigabe!“

Ja, aber wohin geht die Reise! Puhlmann beauftragt den Navigator, mit darauf zu achten, welchen Platz wir nunmehr anfliegen, denn inzwischen geht es, nach einem großen Bogen, unter ständigem Sinken in Richtung Nordnordwest. Wie vermuten Großenhain, denn dort ist eine sowjetische Einheit stationiert, dort befindet sich auch die von unseren Piloten zur Lizenzerhaltung genutzte IL-28U. Der Höhenmesser zeigt 2000 m an, Gerhard lässt sich von Dresden-Turm die Bodenwerte von Großenhain geben, da wir noch immer keinen Funkkontakt zu den MiG-17 ebenso wie zum Flugplatz besitzen. Das Versuchstriebwerk ist abgestellt und der Schutzschieber ausgefahren, als wir die Wolken durchstoßen und ich Gerhards Stimme vernehme: „Ich erkenne die Gegend, das ist der Anflug Großenhain! Aber wo sind denn unsere Begleiter?“ Wieder rufen wir

Dresden-Turm, der uns nun mit seiner Antwort aus dieser doch recht vertrackten Situation erlöst: „Brechen Sie Landeanflug ab, kehren Sie zurück! Anflug Delta-Nord! Sie sind frei." Sofort fährt Gerhard Puhlmann das Fahrwerk ein und zieht die Iljuschin wieder hoch. Plötzlich höre ich Helmuts Stimme im Kopfhörer: „Unsere Begleiter sind wieder da!" Ja, tatsächlich, aber diesmal im Verbandsflug und in angemessenem Abstand. Die Piloten salutieren, wackeln mit den Flächen und drehen daraufhin in einem großen Bogen ab – wir hingegen atmen auf, das war überstanden!

### Bodenberührung

Nach der Landung rollen wir zum Abstellplatz. Gedauert hatte der Flug 48 Minuten; unser Programm jedoch war nicht einmal zur Hälfte erfüllt worden. Also Wiederholungsstart am Nachmittag, und das bedeutete: Filmwechsel im automatischen Beobachter, Erneuern der Messblätter in den im Rumpf der IL-28R installierten Messschreibern, Vorbereiten neuer Protokollblätter sowie Einholen eines Flugauftrages für den zweiten Flug.

Wieder steht die „Zulu-Kilo" am Startpunkt „Zwo-Zwo". Die Wolken haben sich jetzt etwas dichter zusammengeschoben, und der Wind ist stärker geworden, als Gerhard Puhlmann die IL-28R beschleunigt. Wenig später lösen wir uns vom Boden. Aber dann, welch' ein Schreck, sackt die Maschine durch und setzt wieder auf! Durch das Flugzeug geht ein kräftiger Ruck – hinter uns, so erzählen später die anderen, bleibt eine dicke blau-weiße Wolke von verbranntem Gummi zurück. Erneut zieht Gerhard hoch, doch wieder sackt das Flugzeug durch und berührt kurz den Boden. Jetzt ist das Bahnende fast heran, wir kommen wiederum frei und – die Kursweg-Antenne vom ILS ist zum Greifen nahe – gewinnen Meter um Meter an Höhe. Es meldet sich Dresden-Turm: „Sie hatten Bodenberührung!? Ihre Startzeit 16.25 Uhr."

Nach Erreichen der Sicherheitshöhe fährt Gerhard das Fahrwerk wieder aus, und Helmut Krautz begutachtet vom Heckstand aus über die beiden für die Beobachtung des Versuchstriebwerkes vorgesehenen Spiegel unter den Höhenflossen den Zustand unserer Reifen: „Auf beiden Reifen eine breite weiße Spur. Mehr ist nicht zu erkennen!" Wir entschließen uns zur Landung, da nicht sicher ist, ob die Reifen den Versuchsflug aufgrund des geringeren Luftdruckes in der größeren Höhe auch tatsächlich heil überstehen würden. Das hätte uns schließlich am heutigen Tage gerade noch gefehlt: eine Landung mit geplatzten Reifen! Die Landeerlaubnis wird auch unverzüglich erteilt, und inzwischen laufen die Räder, die sofort nach dem Ausfahren hydraulisch in

*Start der IL-28R (R für Raswedschik – Aufklärer) mit dem zivilen Kennzeichen DM-ZZK. Als erste „zivile" IL-28 traf die DM-ZZI am 5. Oktober 1957 in Schkeuditz ein. Die etwas später folgende DM-ZZK trug englische Beschriftungen und war eigentlich für Ägypten bestimmt gewesen.*
*Beide Flugzeuge besaßen weder eine Waffenanlage noch ein Radargerät und wurden beim VEB MAB Schkeuditz entsprechend modifiziert und auf die Aufgabe als Erprobungsträger für das Strahltriebwerk Pirna 014 vorbereitet.*
*Nach dem Aus des DDR-Flugzeugbaus gingen beide Maschinen als Zieldarsteller an die Nationale Volksarmee. Vor der Übergabe wurden die Flugzeuge in den ursprünglichen Zustand versetzt, überholt und zur Aufnahme von Schleppsack sowie Seilvorrichtung vorbereitet.*
*Die DM-ZZI gehörte mit der taktischen Nummer 180 ab März 1961 zum Bestand der Luftstreitkräfte, und ab 20. Juni 1961 auch die DM-ZZK mit der Nummer 184.*
*Die Schkeuditzer sollten auch noch eine dritte IL-28R – hier sogar mit den Pirna 014-Turbinen in den Originalgondeln – umbauen. Aber dieses Projekt wurde aus Kostengründen gestrichen. Die IL-28R fand auch in Polen als Erprobungsträger für Strahltriebwerke Verwendung.*

*Foto: Archiv Klaus-Hermann Mewes*

Drehung versetzt werden, mit Maximaldrehzahl. Allerdings bewirkt der durch das Aufsetzen entstandene Abrieb eine derartige Unwucht, dass es zu starken Stößen und Schwingungen kommt, die Gerhard während des Anfluges durch Abbremsen zu dämpfen versucht – der Erfolg ist jedoch minimal. Dennoch schafft es unser Pilot, eingedenk der Gefahren, in die ein Flugzeug durch platzende Reifen beim Aufsetzen geraten kann, butterweich zu landen. Die Unwucht der Räder spüren wir dann sogar beim Zurückrollen zum Abstellplatz, wo selbst die Bodenwarte in respektvoller Entfernung warten, dass sich die Reifen etwas abkühlen.
Das Ergebnis der Inaugenscheinnahme: Am linken Reifen sind von den 21 Gummi- und Leinwandlagen zwölf durchgescheuert, am rechten gar achtzehn! Damit war die Entscheidung gefallen: Die DM-ZZK muss in die Halle zum Radwechsel. Beim Dispatcher und dem bei ihm vorliegenden Winddiagramm erfahren wir dann auch die Ursache für das Missgeschick: Der Wind hatte, noch während wir am Startpunkt standen, nicht nur zugenommen, sondern auch gedreht. Nach dem Abheben erwischten uns schließlich zwei kräftige Böen direkt von hinten; wir hätten also eigentlich von der Gegenrichtung aus starten müssen. Dies wurde selbstverständlich entsprechend ausgewertet, allerdings war dieser Flugtag, der wie kein anderer abgelaufen war, für uns natürlich zu Ende.

*Ablauf eines Messfluges und dessen Protokollierung*

*Zeichnung: Klaus-Hermann Mewes*

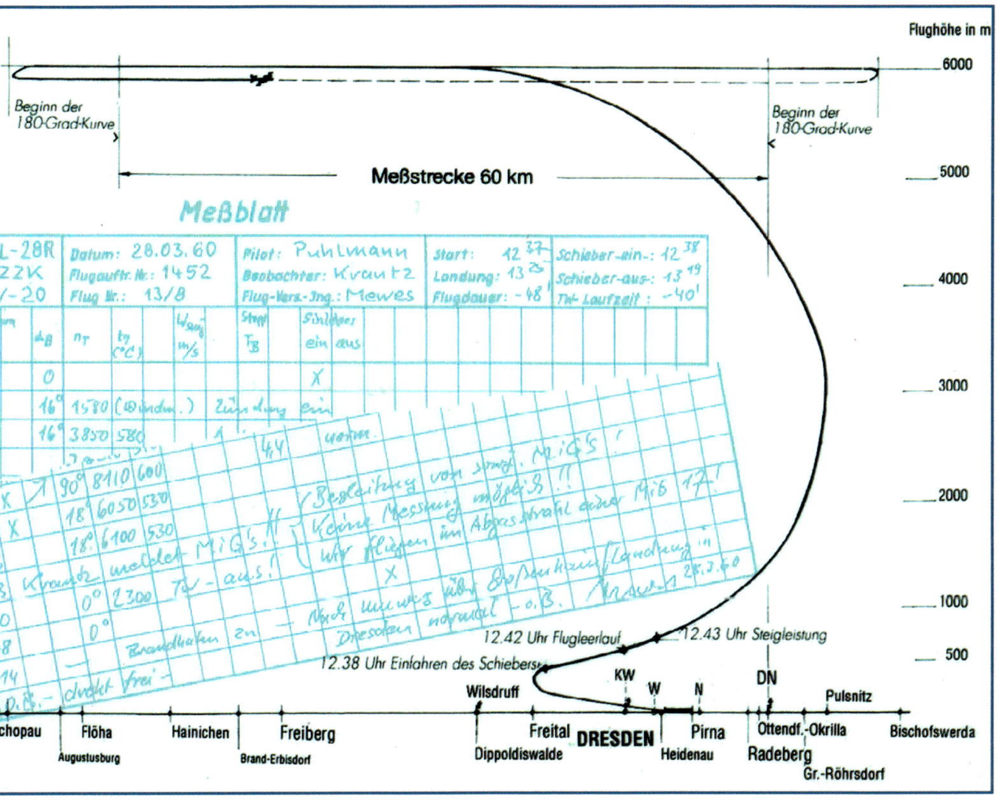


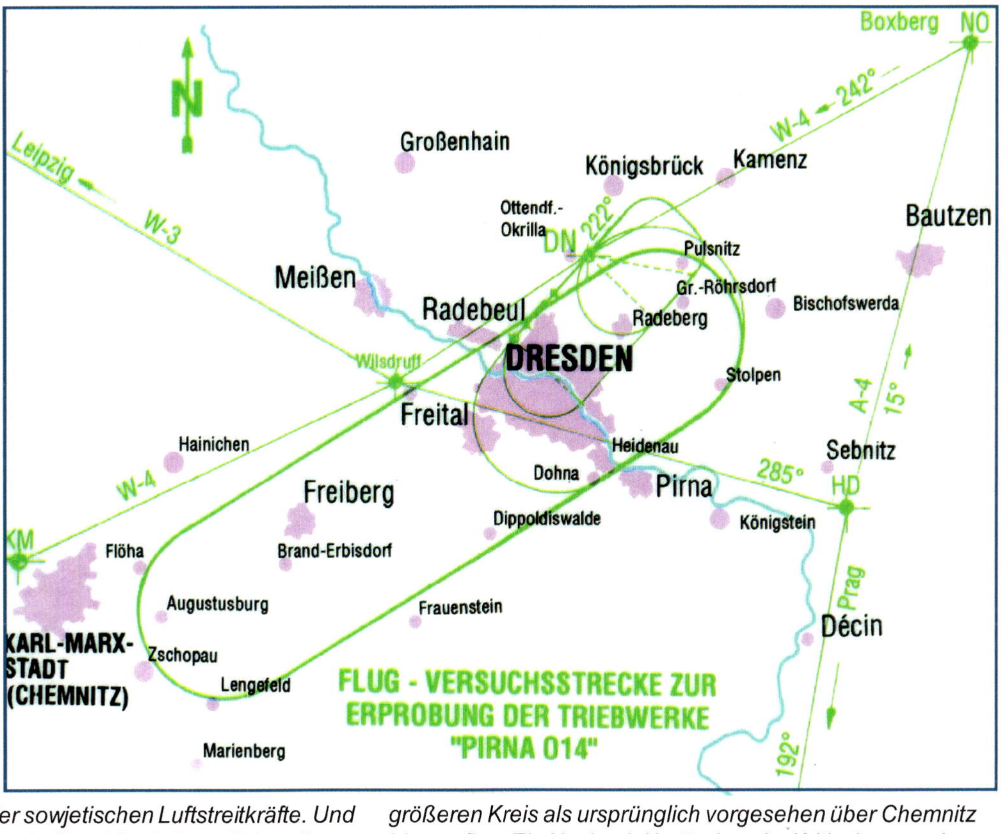


*Zeichnung: Klaus-Hermann Mewes*

*Flugversuchsstrecke zur Erprobung der Triebwerke Pirna 014. Für die Erprobungsflüge stand als Messstrecke nur der Luftraum zwischen Marienberg und Pulsnitz zur Verfügung, der Geradeaus- und Horizontalflüge auf 60 km Länge ermöglichte. Das entsprach, je nach Geschwindigkeit und Flughöhe, einer Messzeit von 3,5 bis 4,5 min. Den Bemühungen um eine längere und damit die Arbeit erleichternde Messstrecke, beispielsweise zwischen Dresden und Barth/Stralsund, wollte man nicht nachkommen, da auf dieser Strecke Sperrgebiete der NVA lagen sowie Flugplätze der sowjetischen Luftstreitkräfte. Und nicht zu vergessen der Luftkorridor A 4 parallel zu dieser gedachten Streckenführung. Der Raum weiter westlich, etwa in Richtung Erfurt, verbot sich wegen der Nähe zum „Eisernen Vorhang" fast von selbst.*

*Dagegen kam es im Süden, an der Grenze zur CSSR, durchaus schon einmal vor, dass im Arbeitseifer die Hinweise des Navigators überhört wurden und das Flugzeug einen größeren Kreis als ursprünglich vorgesehen über Chemnitz hinaus flog. Ein Nachspiel hatte das nie. Kritischer war das schon in Richtung Osten, wo sich eine Fliegerschule der NVA befand, denn an einer Begegnung mit Flugzeugen, die von unerfahrenen Piloten gesteuert wurden, war der Besatzung des Erprobungsträgers nicht gelegen.*

HANS RAMM / FRANK-DIETER LEMKE

# VEB Industriewerke Ludwigsfelde

## DIE ERSTE ZIVILE STRAHLTURBINE IN DEUTSCHLAND WURDE IN LUDWIGSFELDE GEFERTIGT

*In dieser Produktionshalle befand sich die mechanische Fertigung des VEB Industriewerke Ludwigsfelde (IWL).*

*Foto: Archiv Klaus-Hermann Mewes*

IM JAHRE 1936, DIE KRIEGSVORBEREITUNGEN IN DEUTSCHLAND WAREN IN VOLLEM GANGE, ENTSTAND IN DER DAMALS KLEINEN GEMEINDE LUDWIGSFELDE MIT DER DAIMLER-BENZ MOTOREN GMBH GENSHAGEN EINES DER GRÖSSTEN UND MODERNSTEN MOTORENWERKE EUROPAS FÜR DEN BAU VON FLUG- UND PANZERMOTOREN. GEGEN ENDE DES WELTKRIEGES BETRUG DER JÄHRLICHE AUSSTOSS ETWA 10.000 MOTOREN DER BAUREIHE DB 600.

AB MAI 1945 LIESS DIE SOWJETISCHE MILITÄRADMINISTRATION IN DEUTSCHLAND DEN BETRIEB DEMONTIEREN UND DIE WERKSANLAGEN SPRENGEN.

AB BEGINN DER 1950ER JAHRE WURDEN NEUE HALLEN FÜR DEN BAU VON SCHIFFSMOTOREN UND LANDMASCHINEN, KLEINTRANSPORTERN UND MOTORROLLERN ERRICHTET. DER NAME DIESES BETRIEBES: VEB INDUSTRIEWERKE LUDWIGSFELDE (IWL).

Im Serienwerk in Ludwigsfelde wurden insgesamt 28 Strahltriebwerke Pirna 014 fertiggestellt.

Ihre praktische Verwendung im Mittelstreckenverkehrsflugzeug 152/II verhinderte der Regierungsbeschluss zur Einstellung des DDR-Flugzeugbaus im März 1961.

Alle im IWL gefertigten Triebwerke wurden zu Gaserzeugern für die Schiffsantriebsanlage von U-Boot-Abwehrschiffen der DDR-Volksmarine umgerüstet.

Erhalten blieb in Ludwigsfelde nach der Auflösung der DDR-Luftfahrtindustrie die Generalinstandsetzung von Strahltriebwerken für die Luftstreitkräfte des Landes.

Über den Triebwerksbau in Ludwigsfelde wusste in der DDR kaum jemand etwas. Einen Namen hatte sich der Standort durch seine bei der Bevölkerung beliebten Motorroller und die Produktion von Lastkraftwagen gemacht.

***Am 1. Januar 1957 erhielt der VEB Industriewerke Ludwigsfelde (IWL) die Zusatzbezeichnung Werk 807 und wurde der Vereinigung Volkseigener Betriebe (VVB) Flugzeugbau zugeordnet. Das Ziel dieser Entscheidung: die Serienproduktion der vom VEB Entwicklungsbau Pirna konstruierten Strahltriebwerke. Sie sollten die ersten für den zivilen Flugzeugbau konstruierten und gebauten Turbinen in Deutschland werden.***

*Der Motorroller SR 56 Wiesel (1956) aus dem VEB Industriewerke Ludwigsfelde war ebenso wie der Vorläufer Pitty oder die Nachfolger Berlin und Troll sehr beliebt bei der DDR-Bevölkerung. Für das Werk war diese Produktion ein wichtiges Standbein neben der Strahltriebwerksfertigung.*

*Foto: Archiv Klaus-Hermann Mewes*

Da für die Produktionsaufnahme dieser Triebwerke mit hohen Kosten gerechnet wurde, hielt man es für sinnvoll, für eine gewisse Übergangszeit (etwa bis 1961) die seit 1956 in Ludwigsfelde angesiedelte Serienfertigung von jährlich rund 30.000 Motorrollern aufrechtzuerhalten. Zuerst verließ der *Pitty* das Werk; ihm folgten der *Wiesel*, der *Berlin* und zu Beginn der 1960er Jahre der ebenfalls in Ludwigsfelde entwickelte Typ *Troll*. Insgesamt wurden schließlich 239.149 dieser bei der Bevölkerung sehr beliebten Motorroller gebaut.

Der vorgesehene Serienbau der Turbinenluftstrahltriebwerke erforderte nicht nur ein völlig neues Herangehen an die Organisation der Produktion, sondern auch die hochpräzise Verarbeitung neuartiger hochwarmfester Werkstoffe. Dafür waren umfangreiche Vorbereitungen sowohl in materieller als auch in personeller Hinsicht erforderlich.

Während die Materialprobleme für die Triebwerksproduktion nie zufriedenstellend gelöst werden konnten – bei Rohstoffen war die DDR durch die Teilung Deutschlands bis auf Kalisalze und Rohbraunkohle nie autark –, erwiesen sich die anfänglichen Probleme im personellen Bereich als durchaus lösbar.

Zahlreiche Spezialisten kamen aus dem Werk 804, dem Hersteller für den sowjetischen 14-Zylinder-Doppelsternmotor ASch-82T in Karl-Marx-Stadt (Chemnitz), und aus dem Werk 802. Dahinter verbarg sich der für die Entwicklung der Strahltriebwerke zuständige VEB Entwicklungsbau Pirna. Einige der Techniker und Ingenieure hielten sich nur für eine bestimmte Zeit in Ludwigsfelde auf, andere blieben ständig dort. Darunter als Technischer Direktor Ingenieur Walter Prüß, als Chefkonstrukteur Ingenieur Hans-Joachim Börner sowie unter anderem die Ingenieure Kurt Dubnack und Kurt Schell.

Weitere Ingenieure des neuen Werkes waren in der Sowjetunion als Spezialisten tätig gewesen und bis Juli 1954 wieder in die Heimat zurückgekehrt. Zu diesen Erfahrungsträgern gesellten sich junge Ingenieure und Dipl.-Ingenieure aus anderen Bereichen der Volkswirtschaft, insbesondere aus dem Maschinenbau, denn die neue Luftfahrtindustrie bot ihnen äußerst günstige berufliche Entwicklungsmöglichkeiten.

*Motorroller vom Typ Berlin aus Ludwigsfelde neben der 152/II V-5, DM-ZYC*

*Foto: Archiv Klaus-Hermann Mewes*

Zu Beginn der 1960er Jahre zählte der Betrieb rund 3200 Mitarbeiter, darunter etwa 200 Lehrlinge, die in einer vorzüglich eingerichteten Lehrwerkstatt auch für den VEB Entwicklungsbau Pirna ausgebildet wurden. Um die Lehrlinge frühzeitig an eine qualifizierte und anspruchsvolle Arbeit heranzuführen, bauten sie einen Außenbordrennmotor, den RM 175, in Serie, der sogar exportiert wurde.

Erster Werkdirektor des VEB IWL in der Aufbauphase war Ingenieur Hans Singhuber. Am 1. Dezember 1959 übernahm Dipl.-Ingenieur Hans Ramm diese Funktion. Nach Auflösung der DDR-Luftfahrtindustrie, der ein zunächst streng geheim gehaltener Beschluss des Politbüros der SED vom 28. Februar 1961 vorausging und dem schließlich der offiziell bekanntgewordene Beschluss des Zentralkomitees der SED vom 5. April 1961 folgte, schied Hans Ramm nach vorläufigem Abschluss der ersten schwierigen Umstellungsphase am 31. Oktober 1962 aus. Die Leitung des Betriebes übernahm Ingenieur Reinhard Martin. Danach wechselten sowohl die Zuordnung des Betriebes und als Folge davon auch Struktur und Leitung mehrmals.

## *Arbeitskräftemangel und „Störfreimachung“*

Mit Errichtung der Mauer am 13. August 1961 erleichterte sich spürbar die Arbeitskräftesituation in Ludwigsfelde. Der verkehrstechnisch günstige Anschluss des Ortes an das Berliner S-Bahnnetz hatte dazu geführt, dass viele Einwohner der damaligen Gemeinde einer beruflichen Tätigkeit in Westberlin nachgingen. Ihren gegenüber den Westberlinern vergleichsweise geringen Lohn in DM tauschten sie im Verhältnis 1:4 oder sogar noch höher gegen die Mark der DDR um. So kam es zu der absurden Situation, dass beispielsweise Frauen, die als Hilfsarbeiterinnen in Westberlin arbeiteten, über ein höheres Einkommen verfügten als mancher Fachdirektor im VEB Industriewerke Ludwigsfelde.

1960 war übrigens diese ungünstige Arbeitskräftesituation des Betriebes durch einen Regierungsbeschluss noch verschärft worden. Der VEB IWL hatte die Anweisung erhalten, für längere Zeit zehn

## *Vorbereitung des Turbinenbaus*

Neben leitungstechnischen und organisatorischen Problemen erwies sich die räumliche Trennung zwischen Entwicklung und Serienproduktion der Triebwerke unter den damaligen Bedingungen des Aufbaus im geteilten Deutschland als außerordentlich nachteilig. Nur mit großer Mühe und durch hohe Disziplin in der Fertigungstechnik und den Versuch einer möglichst engen Zusammenarbeit zwischen dem Entwicklungs- und Produktionsbetrieb konnten die Schwierigkeiten in Grenzen gehalten werden. Gleichzeitig mit den Vorbereitungen für den Gasturbinenbau lief in Ludwigsfelde als Zulieferproduktion für das Werk 804 in Karl-Marx-Stadt der Bau von Kurbelwellen für den Kolbenmotor ASch-82T an.

*Die ersten Serien-Triebwerke Pirna 014 A-1 in Ludwigsfelde*

*Foto: Sammlung Mathias Simon*

Die hochwarmfesten Stähle für die Turbinenscheiben wurden aus der Sowjetunion und anfangs auch aus England importiert. Dazu und darüber hinaus in Vorbereitung für Importe von weiteren Luftfahrtgeräten war zuvor eine Gruppe von Mitarbeitern unter Prof. Baades Leitung nach England gereist.

Die Vorbearbeitung, Prüfung und Fertigstellung der Turbinenscheiben sowie der Aufbau einer Genaugießerei

***Laufprogramm***
für den Nachbaumusterprüflauf des dritten Triebwerks Pirna 014 A-0 vom 21. April bis 4. Mai 1960:

**1.** Aufbau und Vorbereitung zum Lauf
**2.** Funktionsprüfung und Messlauf
**3.** 150-Stunden-Dauererprobung nach den Richtlinien der PfL – bestehend aus:
**75** Anlassvorgängen
**125** Beschleunigungen von 3500...8000 U/min
**30** Beschleunigungen von 5200...8000 U/min
**10** Stunden Startschub bei 8000+100 U/min (3150+/-50 kp Schub)
**89:15** Stunden höchstzulässiger Dauerschub bei 7650+100 U/min (2750+/-50 kp Schub)
**45:30** Stunden bei 4000...7600 U/min
**5** Stunden Bodenleerlauf bei 3500+/-100 U/min
**15** Minuten Überdrehzahl bei 8250+50 U/min
**4.** Vergleichsläufe nach der Dauererprobung.

Prozent seiner Arbeiter und Angestellten (etwa 300 Mitarbeiter) für die sogenannte freiwillige Bildung von Landwirtschaftlichen Produktionsgenossenschaften (LPG) abzustellen. Die damals auf dem Dorf gebotenen günstigen Lebensbedingungen sorgten schließlich dafür, dass viele der ehemaligen Ludwigsfelder für immer in der Landwirtschaft blieben. Durch diese Zwangsmaßnahme, die viele weitere Betriebe betraf, war es der Regierung der DDR möglich, innerhalb eines Jahres die Zahl der Mitglieder in den Landwirtschaftlichen Produktionsgenossenschaften zu verdoppeln: von 435.365 im Jahre 1959 auf 901.490 im Jahre 1960. Welche Auswirkungen ein solcher Einschnitt im Bereich der Facharbeiter für einen Industriebetrieb wie den VEB IWL mit seinen 50 Prozent Bruttoproduktion des gesamten Landkreises Zossen hatte, ist sicher vorstellbar.

Die politische Situation in dieser Zeit wurde ebenso von der Viermächtekonferenz im Mai 1960 und den Differenzen zwischen der DDR und der BRD in der Berlin-Frage überschattet. Am 30. September 1960 kündigte die Bonner Regierung das Abkommen über den Handel zwischen den beiden deutschen Staaten, das sogenannte Interzonenhandelsabkommen, worauf die DDR Anfang 1961 gezwungen war, Maßnahmen zur „Störfreimachung“, d.h. das Freimachen von westlichen Importen, einzuleiten. Das belastete auch die Luftfahrtindustrie erheblich. So wurde der VEB IWL im Jahre 1961, nach der Auflösung der DDR-Luftfahrtindustrie und der Zuordnung zu den VVB Energiemaschinenbau, auf der Grundlage eines Generalplanes zur „Störfreimachung“ zum Zulieferbetrieb für rund 300 verschiedene von Importen sehr abhängige Artikel deformiert. Das machte außergewöhnliche Anstrengungen erforderlich, die das Betriebsergebnis erheblich schmälerten.
HANS RAMM

für die Turbinenschaufeln und einer Schmiede für die Verdichterschaufeln lag in den Händen der Mitarbeiter des Werkes.

Das ursprünglich für die Tests der großen Schiffsdieselmotoren errichtete Prüfstandsgebäude mit drei Prüfboxen musste für die Prüfung von Strahltriebwerken entsprechend umgebaut werden. Es entstanden drei Prüfstände, jedoch zunächst ohne Abgasanlagen. Zusätzlich wurde ein Freiprüfstand errichtet, um das Triebwerk bei freier Anströmung zu testen und die Standkonstanten ermitteln zu können. Ein Problem dabei war die Lärmbelästigung des nur knapp ein Kilometer entfernt liegenden Krankenhauses. Nach Absprache mit dem Chefarzt durften daher nur außerhalb der Operationszeiten die Triebwerke gefahren werden.

Auch beim Bau der Abgaskanäle gab es Schwierigkeiten. Das dafür benötigte dickwandige Blech war damals nur für den Schiffbau bestimmt, und es bedurfte einer Sondergenehmigung des Ministeriums, um es zu bekommen, was natürlich wieder mit Zeitverlusten verbunden war. Der Freiprüfstand wurde nach Aufbau der Abgaskanäle hinter das Prüfstandsgebäude verlegt.

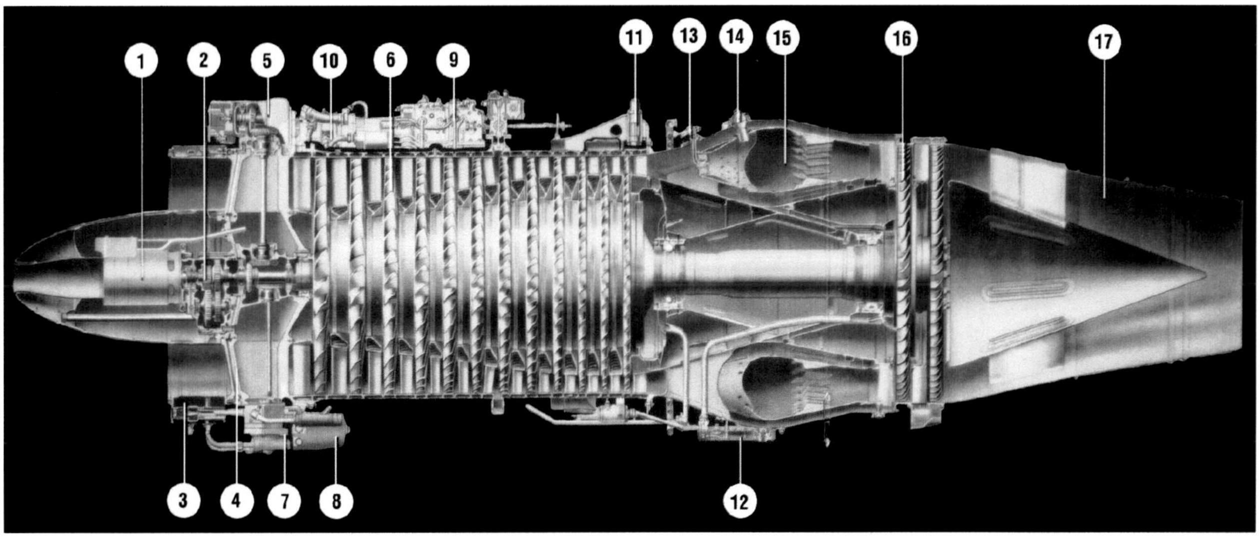


*Das Pirna 014 A-1, wie es in Ludwigsfelde gebaut wurde:*
*1 – Startergenerator*
*2 – Anlassgetriebe*
*3 – Öltank*
*4 – Stirngehäuse*
*5 – Geräteträger*
*6 – Verdichterrotor*
*7 – Ölpumpenblock*
*8 – Ölfilter*
*9 – Kommandogerät*
*10 – Kraftstoffpumpe mit Steuerdruckgeber*
*11 – Triebwerksaufhängung*
*12 – Dränagebehälter*
*13 – Einspritzdüse*
*14 – Zündkammer*
*15 – Brennkammer*
*16 – Turbinenrotor*
*17 – Schubdüse*

*Foto: Sammlung Mathias Simon*

*Montage von Pirna 014-Turbinen in Ludwigsfelde*

*Foto: Archiv Klaus-Hermann Mewes*

## *Pirna 014 im Serienbau*

In Pirna hatte nach zwei Jahren Entwicklungszeit das erste Versuchstriebwerk 014 am 12. Oktober 1956 mit den Probeläufen begonnen. Die Staatliche Musterprüfung erfolgte im August 1958.

Im Verlaufe des Jahres 1958 traf der VEB IWL die technologischen Vorbereitungen für den Beginn der Serienfertigung des Pirna 014. Allerdings traten selbst nach der staatlichen Abnahme dieses Triebwerkes immer wieder Verzögerungen beim Fertigungsanlauf durch ständig neue, wenn auch kleinere Änderungen an der Konstruktion auf. Darüber hinaus hatte der VEB IWL Probleme bei der Bereitstellung entsprechender Werkstoffe, die fast ausschließlich aus der Sowjetunion kamen. Besonders die hochwarmfesten Materialien waren in der DDR nicht beschaffbar. So wurden beispielsweise aus Großbritannien genaugeschmiedete Turbinenschaufeln eingeführt, die ab dem neunten Triebwerk Pirna A-0 zum Einbau gelangten. Auch die normalen Stähle und anderen Werkstoffe konnten von der DDR-Industrie nicht in der für die Luftfahrttechnik notwendigen Qualität geliefert werden. Das gleiche traf auf die Wälzlager zu. Viele Schwierigkeiten gab es auch bei der Fertigung der Rohrleitungen. Es verging später kaum eine Plankontrolle, bei der sie nicht als Terminhemmnis für die Auslieferung der Triebwerke genannt wurde.

Trotz dieser Schwierigkeiten lief im Mai 1959 die erste in Ludwigsfelde hergestellte Gasturbine Pirna 014 A-0 unter Anwesenheit der Kollegen aus dem Werk 802 (Pirna) auf dem Prüfstand zwecks Funktionsprüfung des Triebwerks und der Prüfeinrichtung. Das war noch die sogenannte L-Ausführung – der Bauzustand mit Abblaseklappen entsprechend den ersten drei in Pirna gefertigten Triebwerken. Der erste, aber noch inoffizielle Werksdauerlauf über 150 Stunden erfolgte im Februar 1960 mit dem Pirna 014/L4.

Die Nachbaumusterprüfung, d.h. der offizielle Abnahmelauf durch die PfL, erfolgte im April/Mai 1960, und dies war gleichbedeutend mit der staatlichen Freigabe der Serienproduktion dieser Gasturbine. Die Flugerprobung der ersten vier in Ludwigsfelde gebauten Triebwerke Pirna 014 A-0 begann im August 1960. Diese vier Turbinen absolvierten bis Februar 1961 in Dresden-Klotzsche insgesamt 30 Testflüge mit dem Erprobungsträger IL-28R.

## *Auflösung der Luftfahrtindustrie*

Die Erprobung von vier weiteren, im Februar/März 1961 bereitgestellten Triebwerken fiel dem Beschluss zur Auflösung der Luftfahrtindustrie durch die DDR-Regierung zum Opfer. Sie waren für die 152/II mit der Werk-Nr. 008 vorgesehen. Das gleiche Schicksal ereilte auch vier A-1-Triebwerke, die für die 152/II mit der Werk-Nr. 009 gedacht waren.

Als weiteres Projekt aus dem VEB Entwicklungsbau Pirna gelangte im März 1959 der erste Zeichnungssatz des Propellerturbinen-Luftstrahltriebwerkes (PTL) Pirna 018 nach Ludwigsfelde. Dieses PTL war für das Kurz- und Mittelstreckenflugzeug 153, dem Nachfolgemuster der IL-14P, vorgesehen. Die Arbeiten am Pirna 018 wurden jedoch im Juli 1959 sowohl in Pirna als auch in Ludwigsfelde wieder eingestellt, nachdem sowohl das Projekt 153 als auch die anderen Entwicklungen trotz der inzwischen entstandenen Kosten in Höhe von rund 14 Mio DDR-Mark wieder aufgegeben worden waren.
Bis zum Beschluss zur Einstellung der Luftfahrtindustrie in der DDR wurden in Ludwigsfelde neben einer Nullserie von fünf Triebwerken Pirna 014 (sie entsprachen der Versuchsausführung V-3 aus Pirna) zur Vorbereitung der Serienfertigung immerhin 17 Pirna 014 A-0 und sechs Pirna 014 A-1 gebaut. Insgesamt wurden damit von 1959 bis 1961 genau 28 Strahltriebwerke bereitgestellt.

1961 meldete die Volksmarine für den Zeitraum 1962 bis 1965 einen Bedarf von 31 Strahlturbinen für die Verwendung als Gaserzeuger (für die Schiffsgasturbinen-Anlage Pirna 051/1 bzw. S1) auf den U-Boot-Abwehrschiffen vom Typ *Hai* an. Alle noch in Ludwigsfelde vorhandenen fertigen Triebwerke sowie Baugruppen wurden nach Pirna geliefert und dort für die Schiffsgasturbinen-Anlage S1 umgebaut. Dieser Auftrag war der letzte für die Strahlturbinenfertigung der Ludwigsfelder.

*Fotos: Archiv Klaus-Hermann Mewes*

*Die Strahlturbine Pirna 014 fand nach dem Ende der DDR-Luftfahrtindustrie als Gaserzeuger für die Schiffsgasturbinen-Anlage S1 (Pirna 051/1) des UAW-Schiffes Hai Verwendung.*

*Abbildung: Archiv Klaus-Hermann Mewes*

*Die Schiffsgasturbinenanlage S1 des UAW-Schiffes Hai leistete 7355 kW (10.000 PS) und verlieh dem U-Boot-Jäger 37 Knoten (60 km/h) Maximalgeschwindigkeit.*
*Im Einsatz befand sich das UAW-Schiff von 1964 bis 1984.*

*Insgesamt wurden von 1964 bis 1967 vierzehn U-Boot-Abwehrschiffe vom Typ Hai mit dem Gasturbinen-Antrieb aus Pirna und Ludwigsfelde ausgerüstet. Jedes Schiff erhielt zwei Turbinen (eine davon als Ersatztriebwerk). Der Antrieb bewährte sich zwanzig Jahre lang auf diesen UAW-Schiffen. Zwei Turbinen wurden an die beiden Marineschulen zur Ausbildung der Maate und Bordingenieure geliefert.*

*Die Maschinenraumeinrichtung des U-Boot-Jägers Hai:*

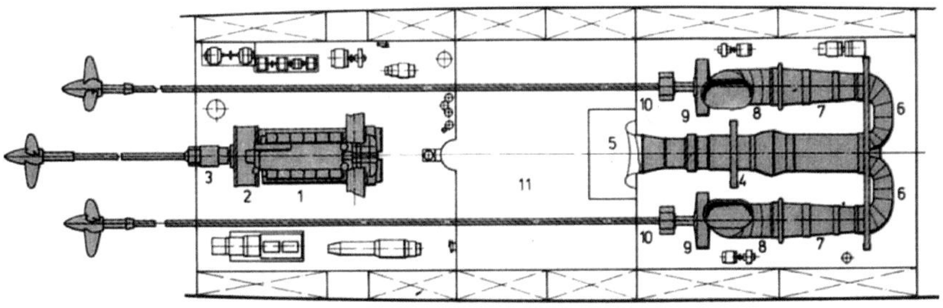

*1 – Dieselmotor D 40 (Marschantrieb)*
*2 – Kupplung*
*3 – Drucklager*
*4 – Gaserzeuger*
*5 – Ansaugschacht*
*6 – Gasstromumlenkung*
*7 – Nutzturbine*
*8 – Abgasführung*
*9 – Getriebe*
*10 – Drucklager*
*11 – Maschinenleitstand*

*Zeichnung aus: Vom Küstenschutzboot zum Raketenschiff, Berlin 1986*

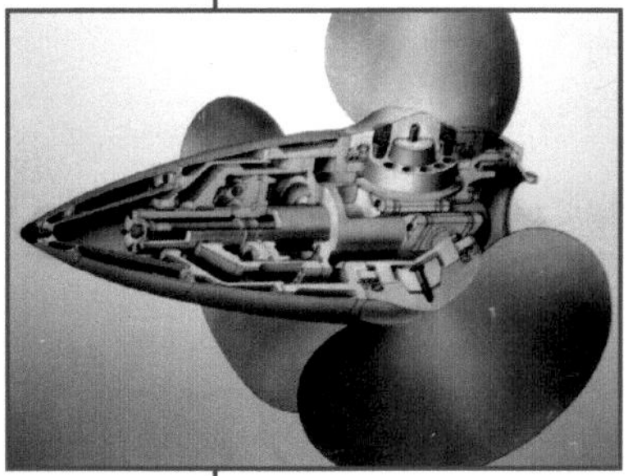

*Hydraulischer Verstellpropeller für die S1 und den Zwölfzylinder-Marschdiesel D 40, entwickelt und gebaut im VEB Entwicklungsbau Pirna.*

### Kraftfahrzeugbau in Ludwigsfelde

Neben der 1961 auslaufenden Produktion von Motorrollern für die Bevölkerung baute der VEB IWL für die Nationale Volksarmee den Geländewagen P 3M und für die Wirtschaft des Landes unter anderem die sogenannte Diesel-Ameise in Serie.

Ab 1962 wurde der VEB IWL zu einem LKW-Werk umstrukturiert. Am 17. Juli 1965, an demselben Tag erhielt die Gemeinde Ludwigsfelde das Stadtrecht, verließ der erste Fünftonner IFA W 50 (120 PS) den VEB Automobilbau Ludwigsfelde, den man ein Jahr zuvor aus dem VEB Industriewerke Ludwigsfelde ausgegliedert hatte.

Der bis 1990 gebaute IFA W 50 war zunächst vorwiegend für die Nationale Volksarmee und den Export in die Länder des RGW bestimmt. Er entstand in nahezu 60 verschiedenen Aufbautenvarianten und war zuletzt in mehr als 40 Ländern im Einsatz. Ab 1987 stellte das Werk die Produktion schrittweise auf den in Nordhausen entwickelten Sechstonner IFA L 60 (180 PS) um. Für größere Exporte in das westliche Ausland war jedoch das Leistungsgewicht des L 60 noch immer zu gering.

### *Instandsetzung von Strahlturbinen*

Bereits 1959, parallel zum Produktionsanlauf des Pirna 014, hatte der VEB Industriewerke Ludwigsfelde, Betriebsteil Triebwerksreparatur, die Generalreparatur von Strahlturbinen der Luftstreitkräfte der NVA übernommen. Zunächst waren es RD-45 und WK-1A für die Flugzeuge MiG-15bis und MiG-15UTI bzw. WK-1A/A für die IL-28 und später WK-1F für die MiG-17 und ab 1961 das RD-9B für die MiG-19. Bei diesen Instandsetzungen bewährte sich die gute Zusammenarbeit mit der Gruppe der Sowjetischen Streitkräfte in Wünsdorf und in Rangsdorf, die roh vorgeschmiedete Turbinenschaufeln lieferte.

*Der VEB IWL baute für die Nationale Volksarmee ab 1961 den Geländewagen P 3M, der auch – wie hier auf dem Bild – bei der Feuerwehr oder in anderen zivilen Bereichen Verwendung fand.*

*In Serie gebaut wurde auch der IFA W 50 (120 PS) in Ludwigsfelde – hier als Sattelschlepper IFA W 50L.*

*Fotos: Frank-Dieter Lemke*

### *Strukturierungsprobleme*

In der Phase der Umstrukturierung der ehemaligen Betriebe der DDR-Luftfahrtindustrie zu Beginn der 1960er Jahre wurde wider besseres Wissen und entgegen aller Vorschläge der Leitung des VEB IWL der Betrieb nicht den VVB Automobilbau zugeordnet. Ebenso wie beim Entwicklungsbau Pirna fällte man die Entscheidung über die Köpfe der IWL-Leitung hinweg und gliederte das Werk der VVB Energiemaschinenbau an. Das darauf folgende Produktionsprofil unter anderem als Zulieferer von rund 300 sehr unterschiedlichen Artikeln der VVB Energiemaschinenbau, die dafür keine Kapazitäten besaß, sowie die Fertigung der damals recht modernen Elektronenstrahl-Mehrkammeröfen, die Manfred von Ardenne in Dresden entwickelt hatte und für die kein Produzent gefunden werden konnte, kam der Zerschlagung der ursprünglichen Struktur des VEB Industriewerke Ludwigsfelde gleich.

Dennoch gelang es nach der Liquidierung der Luftfahrtindustrie der DDR, den Sektor der Strahltriebwerksreparatur für die Luftstreitkräfte der Nationalen Volksarmee nicht nur aufrechtzuerhalten, sondern auch weiter auszubauen. Dafür wurde ein großer Teil der Mitarbeiter aus dem Bereich TL 014 übernommen.

Im Jahre 1964 wurde nach einer weiteren Umstrukturierung des VEB Industriewerke Ludwigsfelde der Bereich der Triebwerksreparatur aus- und am 1. Juli 1965 der Flugzeugwerft Dresden als Betriebsteil 2 angegliedert. Diese Neuprofilierung kam den Vorschlägen der alten Leitung des VEB IWL von August 1962 recht nahe und rettete viele der Erfahrungsträger für den Triebwerksbereich.

In jenem Jahr begann die Reparatur der Triebwerke R-11-F300 für die MiG-21, und 1969 lief die Instandsetzung der Triebwerksmuster RD-45, WK-1A, WK-1F und RD-9B aus. Ab Beginn der 1970er Jahre wurde das Überholungsprogramm um Hubschraubertriebwerke sowie die neue R-13-Generation und später ihrer Nachfolgemuster erweitert (siehe Bildkasten auf der folgenden Seite).

Mit Wirkung vom 1. Januar 1971 wurde der Betriebsteil aus dem VEB Flugzeugwerft Dresden ausgegliedert und zu einem ökonomisch selbständigen, mit eigenen Rechten und Pflichten ausgestatteten Kombinatsbetrieb umgebildet. Sein neuer Name: VEB Instandsetzungswerk Ludwigsfelde (INL).

1991 wurde der VEB INL in eine GmbH umgewandelt und später von der MTU übernommen. Heute repariert bzw. überholt sie als MTU Motoren- und Turbinen-Union Ludwigsfelde GmbH die unterschiedlichsten Typen von Strahltriebwerken und zählt unter anderem BMW-Rolls-Royce zu ihren Kunden.

*Ab 1965 reparierte der VEB Industriewerke Ludwigsfelde die Triebwerke R-11-F300 für die MiG-21 – hier eine MiG-21 F-13 der DDR-Luftstreitkräfte.*

*Foto: Archiv Frank-Dieter Lemke*

*Foto: Archiv Frank-Dieter Lemke*

*1959 begann der VEB Industriewerke Ludwigsfelde mit der Instandsetzung von Strahlturbinen der DDR-Luftstreitkräfte. Links eine MiG-19S der LSK/LV.*

*MiG-17PF der LSK/LV*

*Foto: Archiv Frank-Dieter Lemke*

*MiG-17PF der LSK/LV im Nachtflugbetrieb*

*Foto: Archiv Frank-Dieter Lemke*

*Foto: Rudi Körting*

*In den 1970er Jahren wurde das Ludwigsfelder Überholungsprogramm um Hubschraubertriebwerke erweitert. Auf dem Bild ein Mi-4 der NVA mit angeblich versuchsweiser verladener Lom 58/I Libelle-Standard für den Rücktransport von Außenlandungen. Aber in Wahrheit handelte es sich um einen gestellten Schnappschuss, der als Aprilscherz in der DDR-Presse veröffentlicht wurde.*

FRANK-DIETER LEMKE / JOHANNES HÖNTSCH

# Kleinflugzeuge aus der DDR

## NUR EIN MOTORFLUGZEUG WURDE GEBAUT

*Im Jahre 1955 konzipierte Lo 56 (Lom 56) aus dem VEB Apparatebau Lommatzsch. Das zweisitzige Motorflugzeug für Schulung, Sport und Reise wurde nicht verwirklicht.*

*Foto: Archiv Rudolf Bahr*

NEBEN ERSTEN IDEEN AUS DEM JAHRE 1952 UND DEN STRAHL-TRAINER-ENTWÜRFEN AUS SCHKEUDITZ SOWIE DEM PROJEKT DES LANDWIRTSCHAFTSFLUGZEUGES *FLORA* AUS DEM VEB MAB SCHKEUDITZ, DEM LETZTEN VERSUCH DER DDR-LUFTFAHRTINDUSTRIE VOR IHRER AUFLÖSUNG, GAB ES 1955 DEN VERSUCH VON KONSTRUKTION UND BAU DER LO 56 (SPÄTER LOM 56), EINEM ZWEISITZIGEN SCHUL-, SPORT, REISE- UND SCHLEPPFLUGZEUG AUS DEM VEB APPARATEBAU LOMMATZSCH, DAS JEDOCH NIE GEBAUT WURDE.

Das einzige Motorflugzeug, das jemals in der DDR konstruiert und gebaut wurde, war die zweisitzige FSS-100 *Tourist* aus der Abteilung Segelflugtechnik der GST-Flugsportschule Schönhagen.

Doch das Interesse für diesen gelungenen Tiefdecker hielt nicht lange an, weil die GST zahlreiche moderne Motorflugzeuge aus der Sowjetunion und der CSSR einführte.

Heute harrt der *Tourist* in Finsterwalde der Restauration.

# Lom 56 – Projekt eines Motorflugzeuges

***Im Jahre 1955 erhielt die Forschungs- und Entwicklungsstelle des VEB Apparatebau Lommatzsch den Auftrag, ein vielseitig verwendbares Motorflugzeug zu projektieren. Hier die ergänzte Fassung aus „Segelflugzeugbau in der DDR“ von Frank-Dieter Lemke.***

Den Bedarf für das neue Motorflugzeug hatten sowohl die Verbände der Kasernierten Volkspolizei (KVP) Luft als auch der Aeroklub, so wurde damals die Verwaltung der Verbände der KVP Luft bezeichnet, angemeldet. Die KVP forderte die Lieferung von 50 Exemplaren im Jahre 1957 und von 50 weiteren Maschinen bis 1960; der Aeroklub interessierte sich für 30 bis 40 Flugzeuge, die bis 1960 geliefert werden sollten. Beide warteten vergeblich auf das neue Motorflugzeug.

Den Auftrag für die Neuentwicklung erhielt der Technische Leiter Heinz Roessing Ende 1955. Bereits am 10. Januar 1956 soll er ein anspruchsvolles Vorprojekt vorlegen – mit dem künftigen Aufgabenspektrum als Schul-, Sport-, Reise- und Schleppflugzeug. Das Militär erwartete, dass nicht nur die Erfahrungen mit der beliebten Jak-18 einflossen; das neue Flugzeug sollte zudem wesentlich fortschrittlicher als die sowjetische Konstruktion sein. Den Forderungskatalog für das als Lo 56, später Lom 56 bezeichnete Projekt hatte zum Großteil die von Generalmajor Heinz Keßler befehligte Kasernierte Volkspolizei Luft zusammengestellt.

Unter schwierigsten Bedingungen – das Werk war noch im Aufbau begriffen – gingen die Konstrukteure an die Arbeit. Ihnen war bewusst, dass dieses Projekt durch die zahlreichen geforderten Verwendungsmöglichkeiten nur eine Kompromisslösung darstellen konnte. Doppelsitzig sollte die Lom 56 eingeschränkt kunstflugtauglich und als Einsitzer für den hohen Kunstflug zugelassen sein. Als Antrieb für die Vorserienmuster zog man den tschechoslowakischen Reihenmotor Walter Minor 6-III (118 kW) in Betracht; für die Serienausführung sah man den Lizenzbau dieses Triebwerkes vor.

Obwohl die ersten Vorschläge die Gemischtbauweise (teilweise metallbeplankter sowie stoffbespannter Stahlrohrrumpf und Trag- sowie Leitwerk aus Holz) favorisierten, fiel die Entscheidung zugunsten der Ganzmetallbauweise, da sie das Abstellen der Flugzeuge auch im Freien erlaubt.

Allerdings wurde zu diesem Zeitpunkt die Beschaffung von entsprechenden Leichtmetallblechen und -profilen noch als recht problematisch angesehen, weil mit den damals vorhandenen und abgenutzten Walzeinrichtungen die geforderten Toleranzen nicht einzuhalten waren.

Dennoch hatte man auch für dieses Problem schon eine Lösung parat: Für die ersten drei Maschinen sollte das Material aus der Sowjetunion eingeführt werden. Über den Bau der Musterflugzeuge in Lommatzsch waren sich

### *1952 – erste Ideen*

Erste Gedanken zum Aufbau einer Luftfahrtindustrie gab es bereits im Mai 1952. Im Ministerium für Maschinenbau schlug man vor, für den Kurier- und Postdienst sowie den Geschäftsreiseverkehr ein leichtes Sport- und Reiseflugzeug zu entwickeln. Als Produktionsstandort war zunächst Drewitz vorgesehen, weil außerhalb der für die alliierten Mächte vorgesehenen Luftkorridore in der Nähe von Cottbus gelegen. Der Entwurf der P 101 nach dem Vorbild der Arado 79 und der dafür vorgesehene Flugmotor T 102 – Vorbild war der Hirth HM 504A – entstanden aus Baugruppen, die in einem Lager nördlich von Pirna, in Mockethal, verwahrt wurden. Dort hatte man alle in der sowjetischen Besatzungszone aufgefundenen und noch verwendbaren Flugzeugteile, Triebwerke, Baugruppen und Ausrüstungsteile eingelagert.

*P 101 – Projekt eines kleinen Flugzeuges mit T 102-Motor vorzugsweise für den Kurier- und Postdienst*

*Links : P 101 in der Dreiseitenansicht. Das Projekt trug die Registriernummer 55/4302c und wurde streng vertraulich behandelt.*

Zeichnungen: Archiv Klaus-Hermann Mewes

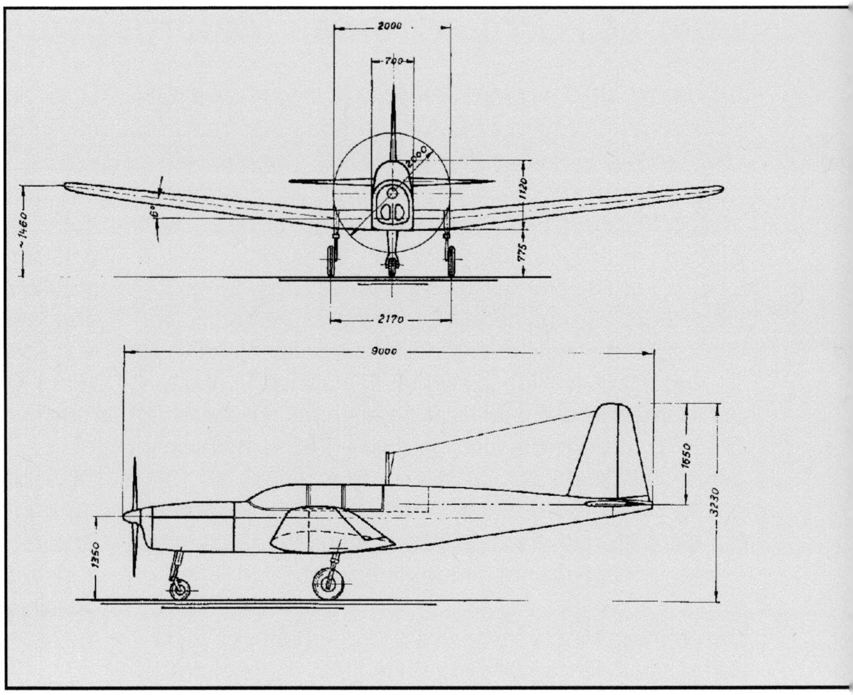


alle Beteiligten einig; weit auseinander gingen jedoch die Meinungen über den Ort der Serienfertigung.

Während sich Professor Dipl.-Ing. Brunolf Baade für den VEB Maschinen- und Apparatebau Schkeuditz aussprach, begründete der bis 1945 bei Siebel tätige Heinz Roessing seinen Gegenvorschlag mit dem Argument, dass in Halle sowohl die besseren technischen als auch personellen Voraussetzungen für einen Serienbau der Lom 56 gegeben seien.

Es begann ein Streit, der später noch in vielen anderen Fragen seine Fortsetzung fand und eigentlich nur zwei Parteien kannte: die ehemaligen Junkers-Leute auf der einen und die ehemaligen Mitarbeiter von Arado bis Siebel auf der anderen Seite.

Ebenfalls noch nicht eindeutig geklärt war die Frage, wer die eigentlichen Konstruktionsarbeiten ausführen sollte. Fritz Freytag (auch „der schlaue Fritz" genannt), Chefkonstrukteur der Dresdener Flugzeugwerke, war ganz und gar nicht mit den Lommatzschern einverstanden und schlug sein Werk für diese Aufgabe vor, weil, so seine Begründung, nach dem Perspektivplan für die nächsten Jahre die entsprechenden Kapazitäten dafür frei werden würden und Lommatzsch ohnehin keine Voraussetzungen dafür besäße. Aus seiner Sicht mangelte es dem Werk nicht nur an den erforderlichen Maschinen, sondern auch an Fachleuten. Aber Heinz Roessing hielt dagegen und erklärte, dass für das Triebwerk, die Elektrik und die Funkausrüstung nur wenige Spezialisten erforderlich seien – eine Ansicht, worin sich der Technische Leiter vom Apparatebau Lommatzsch und später des VEB MAB Schkeuditz durch Professor Baade bestärkt sah.

Aber alles Gerangel um die Ausführung dieses Auftrages fand schließlich sein Ende, als die Verwaltung für Industriebedarf in Pirna – hinter diesem Namen verbarg sich jene Institution, in der alle Fäden der künftigen DDR-Luftfahrtindustrie zusammenliefen – und der Wissenschaftlich-Technische Rat am 23. Januar 1956 ihr Urteil zum Projekt Lom 56 abgaben. Das fiel geradezu vernichtend aus – verbunden mit einem bitteren Beigeschmack für die an diesem Projekt beteiligten Ingenieure, die bereits einige hundert Stunden in das neue Flugzeug investiert hatten.

Zunächst stellten die Fachgutachter lapidar fest, dass die Lom 56 keine neuzeitliche Entwicklung sei, wobei sie den Projektanten unter anderem vorwarfen, dass die Bahngeschwindigkeit des besten Steigens mit 130 km/h viel zu hoch läge. Die Schleppgeschwindigkeit für Segelflugzeuge würde im Allgemeinen schließlich nicht mehr als 100 km/h betragen. Einen besseren Vorschlag für ein Flugzeug, das die Eigenschaften eines Reise- ebenso wie die eines Schleppflugzeuges in sich vereinigt, hatten die Gutachter allerdings auch nicht.

Weiter behaupteten sie, dass die Widerstandsbeiwerte für die Lom 56 viel zu günstig errechnet worden seien, wobei sie auf ihre eigenen Erfahrungen aus Flugvermessungen mit der Messerschmitt Bf 108 Taifun verwiesen. Auch entspräche die errechnete Steiggeschwindigkeit nicht der Forderung der KVP von mehr als 7 m/s. Kritisch sahen die Gutachter auch die konstruktive Auslegung, wo sie den Lommatzschern unter

*Das von den Militärs vorgegebene sowjetische Vorbild Jak-18, hier die Version Jak-18U, deren Leistungen von der Lom 56 übertroffen werden sollten.*

*Foto: Archiv Frank-Dieter Lemke*

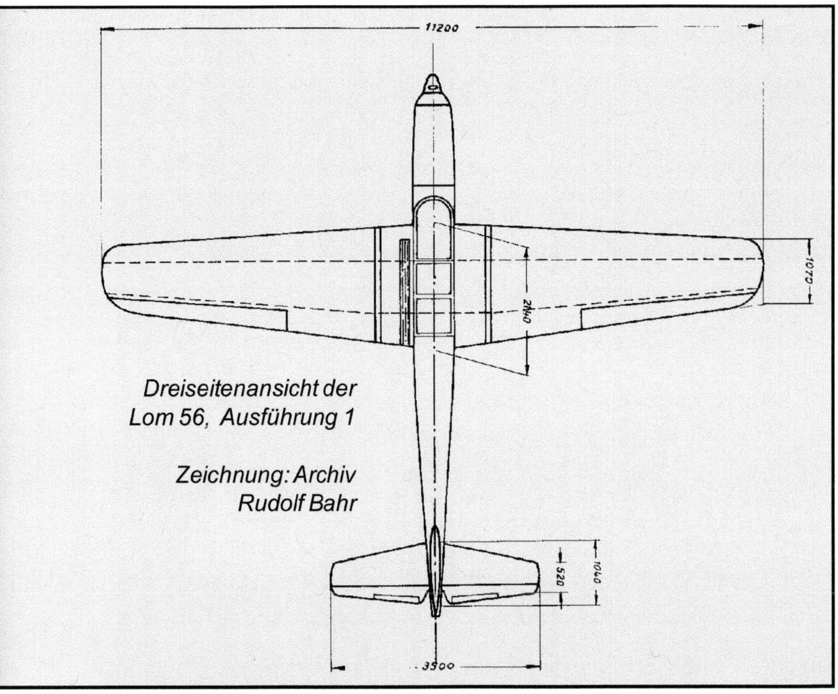


*Dreiseitenansicht der Lom 56, Ausführung 1*

*Zeichnung: Archiv Rudolf Bahr*

mit Wertungen in dieser Richtung noch gar nicht getroffen werden konnten.

Und schließlich hielt man den Lommatzschern vor, dass die Konstruktionsarbeiten noch einige zusätzliche Spezialisten erfordern würden – mit entsprechend zusätzlichen Kosten. Die prinzipiell ablehnende Haltung der Gutachter gegenüber diesem Projekt war offenkundig.

Den Schlussstrich zogen sie schließlich mit einem geradezu lächerlichen Argument: Eine Zulieferindustrie, für deren Aufbau sich der Aufwand noch erhöhen würde, sei ohnehin nicht vorhanden. Aber hier muss man wissen: Dieser fadenscheinige Einwand wurde zu einer Zeit vorgebracht, in der die DDR-Luftfahrtindustrie all ihre Anstrengungen auf die Konstruktion und den Bau des Strahlverkehrsflugzeuges 152 richtete und damit natürlich auch auf den Aufbau einer entsprechenden Zulieferindustrie. Die Gegner des insbesondere von ehemaligen Siebel-Mitarbeitern geforderten und, wie wir heute wissen, wirtschaftlich wesentlich vernünftigeren Kleinflugzeugbaus trugen damit den Sieg davon. Die Lom 56 wurde zu den Akten gelegt, ehe sie überhaupt Gestalt annehmen konnte.

FRANK-DIETER LEMKE

*Das schnittige Modell der Lom 56, von der die Konstrukteure drei Varianten entwarfen, hier die Ausführung 1 mit Bugradfahrwerk.*

*Fotos: Archiv Rudolf Bahr*

### *Lo 56 (später Lom 56) – ausgewählte projektierte Daten*

| | |
|---|---|
| Besatzung: | 1+1 |
| Triebwerk: | ein Reihenmotor Walter Minor 6-III |
| Startleistung in PS (kW): | 160 (118) |
| Spannweite in m: | 11,2 |
| Länge in m: | 9,0 |
| Höhe in m: | 3,23 |
| V-Stellung Tragwerk in Grad: | 6 |
| Höchstgeschwindigkeit in km/h: | 250 bis 270 |
| Landegeschwindigkeit in km/h: | 80 bis 85 |
| Steiggeschwindigkeit zweisitzig in m/s: | 4,7 |
| Steiggeschwindigkeit einsitzig in m/s: (Nachrechnungen ergaben 5 bis 6 m/s) | 4,9 |
| Schlepplast für Segelflugzeugschlepp auf 3000 m in kg: | 600 |

anderem vorwarfen, dass der Rumpf im Bereich des Leitwerkanschlusses außerordentlich schlank erscheine. Aus Steifigkeitsgründen forderten sie einen völligeren Rumpf, wobei man wissen muss, dass zu diesem Zeitpunkt keine statischen Berechnungen vorlagen und da-

# FSS-100 Tourist – der Smaragd aus der DDR

***Die Entstehung dieses zweisitzigen Leichtflugzeuges entbehrt nicht einer gewissen Komik. „Schuld“ an seinem Bau trägt ein auf der Leipziger Messe gekaufter tschechoslowakischer Reihenmotor Walter Mikron III. Jener Flugmotor stand auf Anweisung des GST-Zentralvorstandes mehrere Jahre in der Abteilung Segelflugtechnik der GST-Flugsportschule Schönhagen. Nach einer Anfrage höherenorts im Jahre 1958 über dessen weitere Zukunft kam als Antwort: „Baut doch einfach ein Flugzeug dazu!“ Damit war – erstaunlich unbürokratisch – der Bau der FSS-100 genehmigt worden.***

Foto: Günter Schmitt

Neben der Begeisterung für den Bau der FSS-100 mit dem Eigennamen *Tourist* waren natürlich auch warnende Stimmen zu vernehmen, denn die Erfahrungen der Schönhagener beschränkten sich eigentlich auf das Gebiet des Segelflugzeugbaus. Da eine völlige Neuentwicklung sicher das vorzeitige Aus für das Projekt bedeutet hätte, machte sich Johannes Höntsch im weit fortgeschrittenen französischen Amateurflugzeugbau kundig und wählte als Vorbild für das Projekt die von Claude Piel konstruierte CP-30 *Emeraude* (zu deutsch *Smaragd*), deren Weiterentwicklung CP-301A im Jahre 1955 in Frankreich zur besten Neukonstruktion eines zweisitzigen Sportflugzeuges gekürt worden war.

Ein Prospekt und einige Fragmente von Zeichnungen dieses Musters konnten die Mitarbeiter der GST-Fliegerschule beschaffen, aber andere, wesentlich wichtigere Fertigungsunterlagen musste Johannes Höntsch nachempfinden. Das ist unter anderem auch die Erklärung für die gegenüber dem Ausgangsmuster konstruktiven Veränderungen am Triebwerksträger, an der Triebwerksverkleidung, der Kabinenhaube und in der äußeren Formgebung. Auf dieser Grundlage begann der Bau, an dem neben Johannes Höntsch für die Konstruktion und die Zeichnungen auch das Institut für Flugwerk des Forschungszentrums für Luftfahrtindustrie und die Prüfstelle für Luftfahrtgerät maßgeblich beteiligt waren.

Der mit Doppelsteuer ausgestattete Rumpf entstand aus zwei vorgefertigten gitterförmigen Seitenteilen aus Gurten und Stäben. Die Seitenteile wurden durch vier Spante verbunden, oben und unten ausgekreuzt und schließ-

*Die FSS-100 im Bau, der anfangs allein in den Händen von Segelflugzeugbaumeister Gerhard Winkler lag (im rechten Bild). Die Werknummer der Maschine lautet übrigens 01-62. Auf dem Bild unten an der Rückwand der Rumpf der "Podwa" DM-WAZ.*

Fotos: Archiv Frank-Dieter Lemke

## FSS-100 – technische Daten und Flugleistungen

| | |
|---|---|
| Besatzung: | 1+1 |
| Triebwerk: | ein luftgekühlter Vierzylinder-Reihenmotor Walter Mikron III |
| Startleistung in PS (kW): | 65 (47,8) |
| Luftschraube: | 2-Blatt, Holz |
| Durchmesser in m: | 1,57 |
| Spannweite in m: | 8,04 |
| Länge in m: | 6,53 |
| Flügelprofil: | NACA 23012 |
| Rüstmasse in kg: | 325 |
| Zuladung in kg: | 215 |
| Maximale Startmasse in kg: | 540 |
| Maximal zulässige Geschwindigkeit in km/h: | 180 |
| Reisegeschwindigkeit in km/h: | 150 |
| Landegeschwindigkeit in km/h: | 75 |
| Steiggeschwindigkeit in m/s: | 2 |
| Steigzeit auf 1000 m in min: | 7,3 |
| Steigzeit auf 2000 m in min: | 20 |
| Reichweite in km: | 525 |
| Dienstgipfelhöhe in m: | 3000 |
| Flugdauer in h (mit 30 min Navigationsreserve): | 3 |
| Startrollstrecke in m: | 180 |
| Landerollstrecke in m (ohne Betätigung der Bremsen): | 270 |

*FSS-100 in Schönhagen*

*Foto: Wolfgang Herbich*

lich das Fachwerk im Vorderteil beplankt. Für die endgültige Kontur des stoffbespannten Rumpfes sorgten Formspante und -leisten auf dem rechteckigen Rumpfgerüst. Ebenfalls beplankt wurden die Seiten- und Höhenflossen; die in der bekannten Holm-Rippenbauweise hergestellten Ruder wurden mit Stoff bespannt. Die vollverglaste Kabinenhaube war nach hinten aufschiebbar.

Der einteilige Tragflügel mit elliptischer Außenform erhielt einen Kastenholm in 25% der Flügeltiefe, eine verdrehsteife Nasenbeplankung und dahinter Stoffbespannung. Als durchgängiges Flügelprofil kam das bewährte laminare NACA 23012 zur Anwendung. Das rechteckige Mittelteil des Tragflügels wurde an den Spanten des Rumpfes verschraubt. Den Motor deckte eine mehrteilige Verkleidung aus GFK ab. Ebenfalls aus GFK, aber nach einer Beratung mit Professor Landmann vom Institut für Flugzeugkonstruktion in Dresden in GFK-Papierwaben-Sandwichbauweise, bauten die Schönhagener den unter dem Geräteträger untergebrachten und komplex als Haupt- und Reservetank zusammengefassten 58-Liter-Kraftstofftank. Allerdings füllten sich mit den Jahren durch die zu dünne innere Stützschicht des Tanks einige Papierwaben mit Kraftstoff. Der Versuch, die Leckstellen durch Ausgießen mit verdünntem Polyesterlack zu schließen, scheiterte, weil sich die Lackschicht auflöste und die Tankbelüftung zusetzte. Deshalb musste der leichte Tank gegen einen um ein Kilogramm schwereren aus Leichtmetall ausgetauscht werden.

Die federgedämpften und mechanisch bremsbaren Räder (420 x 160 mm) für das Hauptfahrwerk stammen von einer ausgesonderten Zlin Z-126 *Trener*, das mit einer Blattfeder gedämpfte Vollgummi-Spornrad (160 mm Durchmesser) wurde 360 Grad schwenkbar gelagert und mit dem Seitenruder lenkbar verbunden. Da es den Erbauern an Bronze mangelte, bestanden die Buchsen für die Federbeine aus in Öl gekochtem Pressholz, das auf diese Weise eine längere Selbstschmierung garantierte. Die Feuerlöschanlage bestand aus einer 1-Liter-Feuerlöschbordflasche.

Bis zur Rohbaumontage vollzog sich der Bau, mit längeren Unterbrechungen von 1958 bis 1962, als Einmannarbeit von Segelflugzeugbaumeister Gerhard Wink-

*Der Tourist auf dem Hallenvorfeld der Schönhagener GST-Flugsportschule*

*Foto: Wolfgang Rapsilber*

*Die FSS-100 Tourist im Fluge*

*Foto: Günter Schmitt*

ler. An den Abschlussarbeiten waren alle Mitarbeiter des Bereiches Segelflugtechnik beteiligt, wobei sie wertvolle Unterstützung durch Dr.-Ing. H.-D. Möller vom Institut für Flugzeugfestigkeit im damaligen Forschungszentrum der Luftfahrtindustrie und durch die Prüfstelle für Luftfahrtgerät erhielten. Die finanzielle Seite übernahm die Abteilung Flugsport im Zentralvorstand der GST.

Die Flugerprobung begann am 9. Oktober 1962, nachdem tschechoslowakische Flieger, die ein ganzes Sortiment von Luftschrauben zur Auswahl mitgebracht hatten, das Problem des fehlenden Propellers lösten.

Als Einflieger fungierte Fritz Fliegauf, der bis zum Abschluss der Erprobung 50 Starts, davon 14 zweisitzige, mit einer Gesamtflugzeit von 19 Stunden auf der FSS-100 absolvierte. Er äußerte sich sehr zufrieden über die ausgezeichneten Sichtverhältnisse und die guten Flugeigenschaften und war besonders vom geringen Triebwerksgeräusch in der Kabine angetan.

Verändert werden musste nach der Erprobung die Trimmklappe, weil schon die geringste Verstellung zu einer sprunghaften Veränderung der Geschwindigkeit führte. Kummer bereitete noch lange das Triebwerk, das per Hand an der Luftschraube angerissen werden musste und im Leerlauf am Boden oft stehenblieb. Als endlich der Fehler im Entlüftungssystem zum Kraftstoffbehälter entdeckt worden war, wurde auch dieser Mangel schnell behoben.

*Heck der FSS-100 Tourist*

*Foto: Sammlung Wolfgang Herbich*

Aus Zeitgründen verzichteten die Schönhagener beim Bau des Flugzeuges auf eine wirksame Start- und Landehilfe, so dass der *Tourist* kurz vor dem Aufsetzen noch wie ein Segelflugzeug schwebte, schwebte und schwebte...

Das Interesse an diesem Leichtflugzeug hielt allerdings nicht lange an und erlosch gänzlich mit der Einführung zahlreicher neuer Motorflugzeuge. Da die Schönhagener, obgleich die Schöpfer, keinerlei Verfügungsgewalt über die FSS-100 besaßen, wurde aus dem *Tourist* zunächst ein Vorzeige- und später ein Standgerät.

*Walter Schmeier in der FSS-100 Tourist in Schönhagen*

*Foto: Sammlung Winfried Morgner*

*Die zwei Bemalungsvarianten des Tourist: nach der Fertigstellung (links) und nach der Grundüberholung in Schönhagen (unten)*

*Zeichnungen: Manfred Meyer*

*Fritz Fliegauf (vorn) in der FSS-100 Tourist in Schönhagen*

*Foto: Archiv Frank-Dieter Lemke*

***Die zwei Bemalungsvarianten der FSS-100***

| | *nach der Fertigstellung (1962)* | *nach der Grundüberholung in Schönhagen* |
|---|---|---|
| Grundfarbe: | weiß | alu |
| Rumpfspitze: | - | rot |
| Oberdeck vor der Kabine: | schwarz/ocker | schwarz/alu |
| Rumpfrücken: | ocker | alu |
| Zierstreifen: | blau/rot | blau |
| Eigenname: | blau | blau |
| Kennzeichen: | blau | blau |
| Seitenflosse: | rot | rot |
| Tragflügelrandbögen: | rot | rot |

Zu DDR-Zeiten befand sich der Tiefdecker wohlverwahrt und geschützt vor „Demontagetrupps“ in einer Werkstatt der Fliegerschule Schönhagen. Heute gehört der *Tourist* zum Bestand des einstigen Flugsportmuseums Finsterwalde und soll dort, sofern sich Enthusiasten für die Restaurierung finden, wieder zum Fliegen gebracht werden.

JOHANNES HÖNTSCH / FRANK-DIETER LEMKE

*Oben und links: Rumpf und Tragfläche der FSS-100 Tourist im einstigen Flugsportmuseum Finsterwalde (2018)*

*Fotos: Frank-Dieter Lemke*

FRANK-DIETER LEMKE

# Segelflugzeugbau in der DDR

## SEGELFLUGZEUGE AUS LOMMATZSCH FLIEGEN NOCH HEUTE

*Die einzige in die Bundesrepublik Deutschland – unter dramatischen Umständen – verkaufte Lom 57 Libelle war die DM-2515, die, nach weitgehendem Rückbau in den Originalzustand, noch heute fliegt.*

*Foto: Ulf Wackernagel*

DER VEB APPARATEBAU LOMMATZSCH LIEFERTE VON 1955 BIS 1962 INSGESAMT 681 SEGELFLUGZEUGE AUS: 190 BABY IIB, 145 MEISEN, 220 LEHRMEISTER, 95 LIBELLEN UND LIBELLE-STANDARD, 22 LIBELLE-LAMINAR, VIER LO-MEISEN UND FÜNF FAVORIT. REPARIERT UND GRUNDÜBERHOLT WURDEN BIS 1961 GENAU 369 SEGELFLUGZEUGE UND VON 1962 BIS 1972 NOCHMALS RUND 1100 FLUGZEUGE – EINE BEEINDRUCKENDE ZAHL. OBWOHL SICH DAS DDR-SEGELFLUGZEUGWERK DANK ORIGINELLER, MODERNER KONSTRUKTIONEN, EFFEKTIVER PRODUKTION UND ZUKUNFTSWEISENDER ENTWICKLUNGEN AUCH INTERNATIONAL EINEN NAMEN ZU MACHEN BEGANN, MUSSTE DIE FERTIGUNG EINGESTELLT WERDEN.

Die Einstellung des Segelflugzeugbaus in der DDR war ein schleichender Prozess und begann damit, dass Mitte der 1960er Jahre der Flugsport der GST gut mit Segelflugzeugen ausgerüstet war und einfach keine Flugzeuge benötigte.

Neben Reparaturen und Grundüberholungen von Segelflugzeugen (bis 1972) fertigten die hochqualifizierten Flugzeugbauer Präzisionsmesslatten und Holzbehälter für den VEB Carl Zeiss, an den der inzwischen einstige VEB Apparatebau Lommatzsch am 1. Januar 1964 schließlich überschrieben wurde. Der VEB Carl Zeiss zeigte jedoch keinerlei Interesse am Segelflugzeugbau.

Die verordnete Einfuhr von Segelflugzeugen, zumeist aus Polen, verursachte dem DDR-Flugsport unvergleichlich höhere Kosten als der Weiterbau eigener Flugzeuge.

Die ursprünglich angedachte Instandhaltung der Segelflugzeuge aus dem sozialistischen Ausland ließ sich in der Praxis nicht verwirklichen.

# VEB Apparatebau Lommatzsch

(Den folgenden Text entnahm Frank-Dieter Lemke auf zahlreichem Wunsch seinem Buch „Segelflugzeugbau in der DDR“. Er wird hier stark gekürzt wiedergegeben.)

Am 13. Juni 1962 hatte der Schweriner Adolf Daumann als einer der ersten in Europa gemeinsam mit zehn osteuropäischen Segelfliegern während eines Wettkampfes in Leszno/Polen mit dem Prototyp der Lom 61 *Favorit* ein 500-km-Dreieck umrundet. Und dem setzte er noch eins drauf: Einen Monat später, am 29. Juli 1962, wiederholte er diese Leistung – als erster Deutscher auf deutschem Territorium.

Nur ganz wenige dürften zu diesem Zeitpunkt geahnt haben, dass mit der Lom 61 eine anfangs recht komplizierte und auch widersprüchliche, doch im Ganzen sehr erfolgreiche Episode des DDR-Flugzeugbaus zu Ende gehen sollte. Im Gegenteil: Es gab allen Grund, optimistisch zu sein, weil die Beschlüsse der Regierung zur Auflösung der DDR-Luftfahrtindustrie ab März 1961 den unweit von Meißen angesiedelten Segelflugzeughersteller nur am Rande betrafen. Immerhin war noch am 21. Dezember 1962 von offizieller Stelle mitgeteilt worden, dass der VEB Apparatebau Lommatzsch künftig zwar zur VVB Regelungstechnik, Gerätebau und Optik gehören würde, doch das Produktionsprogramm schrieb eindeutig die Reparatur ebenso wie die Neufertigung von Segelflugzeugen für die GST fest. Die übrige Kapazität sollte der dem Maschinenbau zugehörigen Optikindustrie vorbehalten bleiben. Aber am Ende kam alles ganz anders.

### Die beiden Vorgänger der Lommatzscher Segelflugzeugbauer

#### VEB NAGEMA Schmiedeberg

Die Abteilung Segelflugzeugbau dieses Betriebes mit dem Namen NAGEMA, hinter dem sich ein Hersteller von Nahrungs- und Genussmittel-Maschinen verbarg, produzierte vom 1. Mai 1951 bis 31. Juli 1953 einen Schulgleiter *Zögling 35*, 67 SG 38 und Austauschbaugruppen für weitere 20 Schulgleiter dieses Typs sowie 94 *Baby IIb*, davon die ersten elf mit elliptischem Flügelgrundriss. Und schließlich entstand in Schmiedeberg der Doppelsitzer *Patriot*, das erste in der DDR konstruierte Segelflugzeug.

#### VEB Lokomotiv- und Waggonbau (LOWA) Gotha

Der VEB Lokomotiv- und Waggonbau (LOWA) Gotha ging aus der Gothaer Waggonfabrik AG hervor – bis 1945 einer der bekanntesten deutschen Rüstungskonzerne und Hersteller von Lastenseglern. Am 1. Oktober 1953 nahm das Werk erneut den Flugzeugbau auf und bis zum 30. Juni 1955 lieferten die Gothaer 330 SG 38 und 200 Bausätze sowie 107 *Baby IIb* nebst Austauschbaugruppen für sechs weitere *Babys* aus. Der Schuldoppelsitzer Go 530, von dem zwei Versuchsmuster entstanden, ging beim VEB Apparatebau Lommatzsch als FES 530 *Lehrmeister* in Serie.

## Hin und Her

Am 1. Januar 1962 war der VEB Apparatebau Lommatzsch dem VEB Flugzeugwerft Dresden als Betriebsteil angegliedert und die Forschungs- und Entwicklungsstelle aufgelöst worden. Lommatzsch übernahm die Holzproduktion des VEB Carl Zeiss Jena, während der Neubau und die Reparatur von Segelflugzeugen fortgesetzt wurden. Nach dem Beschluss des Ministerrates der DDR zur künftigen Entwicklung in den ehemaligen Werken der Luftfahrtindustrie vom 21. Dezember 1962 stand dort für Lommatzsch kurz und knapp geschrieben: Neufertigung und Reparatur von Segelflugzeugen für die GST, übrige Kapazität für den Maschinenbau. Ab 1. Januar 1963 agierte der VEB Apparatebau Lommatzsch nun wieder als eigenständiger Betrieb, aber auch nur noch bis zum 31. Dezember 1963.

Dieses heute schwer verständliche Hin und Her hatte durchaus seine Gründe. Der VEB Apparatebau Lommatzsch besaß eine in wenigen Jahren auf einen hohen Stand entwickelte Fertigungskapazität, die sich nun „rächte“. Dieses von der GST geforderte Produktionsvolumen führte jetzt dazu, dass ihr Bedarf völlig gedeckt

*Das erste in DDR konstruierte Segelflugzeug: der Doppelsitzer Patriot von Ernst Reinecke aus dem VEB NAGEMA Schmiedeberg* *Foto: Archiv Frank-Dieter Lemke*

Foto: Archiv Frank-Dieter Lemke

*Das Baby bauten alle drei DDR-Segelflugzeughersteller. Aus Schmiedeberg kamen 94 Exemplare, aus Gotha 107 Stück und aus Lommatzsch immerhin 190 Flugzeuge. Auf dem Bild die von Lommatzsch ausgelieferte DM-1550 in Friedersdorf.*

war, und neue Segelflugzeuge wollte sie als einziger Abnehmer (von einzelnen Kunden im Ausland einmal abgesehen) erst wieder ab 1967 erwerben. Hinzu kam, dass schon seit 1960 die Kosten, zwangsläufig bedingt durch die ständig sinkenden Produktionszahlen, eine von staatlichen Stellen argwöhnisch beobachtete und für die Lommatzscher ungünstige Höhe erreicht hatten. Daran konnte auch die Nebenproduktion von hunderten Wander-Canadiern nichts ändern. Die Situation spitzte sich weiter zu, als dann auch noch die sehnlichst erhofften Exportverträge ausblieben – eine Aufgabe, an der das dafür zuständige DDR-Außenhandelsunternehmen Technocommerz scheiterte.

1963 wurde Generalmajor Wolfgang Reinhold, damals Stellvertreter des Chefs Luftstreitkräfte/Luftverteidigung, damit beauftragt, gemeinsam mit der Abteilung Flugsport der GST Vorschläge zur Aufrechterhaltung der Entwicklung und Produktion von Segelflugzeugen in der DDR zu unterbreiten. Doch er scheiterte ebenfalls daran, dass gegenwärtig einfach keine Flugzeuge benötigt wurden.

Inzwischen fertigten die hochqualifizierten Lommatzscher Flugzeugbauer Präzisionsmesslatten und Holzbehälter für den VEB Carl Zeiss Jena. Daneben liefen Reparaturen und Grundüberholungen von Segelflugzeugen. An den VEB Carl Zeiss, dessen Werkleiter Hugo Schrade bereits deutlich zu verstehen gegeben hatte, dass er an einer Weiterführung der Segelflugzeugproduktion nicht interessiert sei, wurde schließlich der ehemalige VEB Apparatebau Lommatzsch mit Wirkung vom 1. Januar 1964 überschrieben.

In jenem Jahr profilierte man den VEB Carl Zeiss zu einem Kombinat um. Kurz nach dieser Umstellung, so erzählte Wolfgang Eilhardt, wurde in Lommatzsch eine Sitzung der Werkleiter aller rund 40 dem Kombinat angeschlossenen Betriebe anberaumt. In dem dafür vorgesehenen Klubraum erinnerten zahlreiche Bilder sowie Modelle der *Libelle* und des *Lehrmeisters* im Maßstab 1:10 an die Geschichte des Betriebes. Von dieser Tradition wollte jedoch der inzwischen zum Generaldirektor aufgestiegene Hugo Schrade nichts wissen. „Das kommt weg", befahl er. „Ich will davon nichts mehr sehen!"

Aber die Lommatzscher gaben noch immer nicht auf. Im Frühjahr 1964 reiste Betriebsleiter Heinz Rößler gemeinsam mit seinem Verkaufsleiter Kurt Götze nach Neuenhagen zum GST-Zentralvorstand, um neuerlich auf die bedrohliche Situation für den DDR-Segelflugzeugbau aufmerksam zu machen und ihn zu bitten, 1965 und 1966 wenigstens fünf Segelflugzeuge jährlich abzunehmen. Die beiden Lommatzscher hofften darauf, der Generaldirektion von Carl Zeiss Jena mit überzeugenden Argumenten gegenübertreten zu können.

Aber wiederum führte kein Weg zu einer vernünftigen Lösung. Kurt Lohberger, Vorsitzender des Zentralvorstandes der GST, und Heinz Schubert, der Vorsitzende des DDR-Aeroklubs, lehnten auch diese Bitte rundweg ab und erklärten, dass sich an ihrer Position nichts ändern würde, da, wie bereits mehrmals betont, neue Segelflugzeuge frühestens 1967 erforderlich seien.

Im April 1965 erfuhr Kurt Götze, dass die Generaldirektion von Carl Zeiss Jena alles daransetzte, den Segelflugzeugbau, der mit den Grundüberholungen eigentlich nur noch ein Schatten seiner selbst war, auszulagern bzw. auch den ursprünglich ab 1967 vorgesehenen Neubau von jährlich etwa 50 Segelflugzeugen zu verhindern. In den neuen Planvorgaben für den Lommatzscher Betrieb, die damals von allen Mitarbeitern – ob es Sinn machte oder nicht – diskutiert werden mussten, war der Flugzeugbau mit keiner Silbe erwähnt worden.

*In Lommatzsch gebaute Meise (DM-2142) während einer Bezirksmeisterschaft zu Beginn der 1970er Jahre in Eisenhüttenstadt. Der VEB Apparatebau Lommatzsch lieferte die Meise von 1956 bis 1958 in 145 Exemplaren aus.*

*Foto: Herbert Hagen*

*Der FES 530 Lehrmeister verließ in drei Ausführungen den VEB Apparatebau Lommatzsch:*
*FES 530 – verstrebte 17-m-Variante (im Bild), 96 Exemplare*
*FES 530/I Lehrmeister I – 17-m-Variante als Freiträger, 15 Exemplare*
*FES 530/II Lehrmeister II – 15-m-Variante als Freiträger, 108 Exemplare.*

*Foto: Heinrich Hein*

Kurt Götze richtete eine ausführliche, fünf Seiten umfassende Eingabe an die Staatliche Plankommission beim Ministerrat der DDR, die Gerhard Schürer, Vorsitzender der SPK und einst Fluglehrer von Kurt Götze bei der Deutschen Luftwaffe, beantwortete:

„Werter Genosse Götze! Nach Abstimmung zwischen der Abteilung Werkzeugmaschinen- und Gerätebau der Staatlichen Plankommission und der Abteilung Werkzeugmaschinenbau und Automatisierung des Volkswirtschaftsrates besteht darüber Klarheit, dass die derzeitige Kapazität zur Reparatur und Grundüberholung von Segelflugzeugen im VEB Carl Zeiss Jena, Betriebsteil Lommatzsch, im notwendigen Umfange erhalten bleibt.
Ein Neubau von Segelflugzeugen wird in der Perspektive in unserer Republik nicht vorgesehen. Die zur Lösung der Ausbildungsaufgaben der GST entsprechend der vom Ministerium für Nationale Verteidigung für die Perspektive vorgesehenen neuen Segelflugzeuge müssen aus einem Lande des sozialistischen Lagers importiert werden. Die Instandhaltung dieser Flugzeuge erfolgt ebenfalls im Betriebsteil Lommatzsch.
Ich halte diese auf Grund unserer volkswirtschaftlichen Möglichkeiten getroffene Entscheidung für richtig. Mit dieser Entscheidung sind die Interessen des Segelflug-

*Der Prototyp der Libelle, die Lom 55 V-1, absolvierte auf dem Flughafen Dresden-Klotzsche mit Karl Treuter am Steuer am 13. Februar 1957 den offiziellen Jungfernflug.*

*Foto: Archiv Franz Gottschlich*

*Lom 57 Libelle, DDR-2504, das erste Flugzeug aus der Serie vor der Breitenerprobung in Laucha.*
*Die Lom 57 entstand in zwölf Exemplaren; von der Lom 57/I Libelle wurden 13 Exemplare ausgeliefert. Später wurden bei den Grundüberholungen fast alle Lom 57 auf den Bauzustand der Lom 57/I gebracht.*

*Foto: Sammlung Udo Krause*

*Lom 58/I Libelle-Standard. Dieses Muster wurde von den GST-Segelfliegern liebevoll die „Kleine" genannt und in 62 Exemplaren ausgeliefert. Auf dem Bild die DM-2540 in Riesa-Canitz.*

*Foto: Peter Korrell*

Foto: Sammlung Manfred Iltzsche

*Die in 22 Exemplaren gebaute Lom 58/II Libelle-Laminar (links) und davor die Lom 58/I Libelle-Standard. Die Libelle-Laminar besaß bei 16,5 m Spannweite (hier mit alukaschierter Flügeloberfläche) ein NACA-Laminarprofil und Wölbklappen.*

sportes in unserer Republik gewahrt und Ihre Eingabe vom 28.4.1965 geklärt.
Mit sozialistischem Gruß – Schürer"

Wer aber glaubt, dass hiermit für den nun bereits in der Agonie liegenden Segelflugzeughersteller der Schlussstrich gezogen war, der irrt. Es folgte noch ein Schlussakkord.

Um 1967 herum wurde seitens der GST tatsächlich noch einmal die Frage nach einer Neuaufnahme der ursprünglichen Lommatzscher Produktion aufgeworfen. Bis 1970 sollten jährlich zwölf Leistungssegelflugzeuge gebaut werden. Hoffnungen wurden wach, die sich allerdings ganz schnell wieder zerschlugen. Unumwunden erklärte Ernst Gallerach, der neue Generaldirektor von Carl Zeiss: Mit der in Lommatzsch angesiedelten Produktion für Carl Zeiss Jena arbeitet der Betrieb rentabel und mit einem hohen Nutzeffekt für das Stammwerk. Das Gegenteil ist jedoch mit dem Bau von Segelflugzeugen der Fall. Da käme ihm selbst die Errichtung eines Segelflugzeugwerkes in Polen billiger!

Damit war das Todesurteil, das sich schon so lange angedeutet hatte, für den Segelflugzeugbau in der DDR gesprochen. Bis zum 31. Dezember 1972 wurden in Lommatzsch noch Grundüberholungen ausgeführt und zuletzt verließen zwei instandgesetzte Lom 58/II *Libelle-Laminar* das einstige Herstellerwerk. Auf das Thema Instandhaltung der „aus einem Lande des sozialistischen Lagers importierten" Segelflugzeuge kam man zwar noch einmal zurück, aber in der Praxis ließ sich das nicht verwirklichen, weil es den Interessen der polnischen Segelflugzeugbauer zuwiderlief. Hier waren die Verantwortlichen einfach zu blauäugig. Zu spät kam auch Ge-

*Lo 59 Lo-Meise. Von dieser technologisch interessanten Weiterentwicklung der Meise entstanden vier Exemplare.*

*Foto: Gerd Rossow*

neralmajor Günther Teller, seit 1968 Vorsitzender des GST-Zentralvorstandes, der sich noch einmal für die Wiederaufnahme der Segelflugzeugproduktion in Lommatzsch eingesetzt hatte.

Der nach dieser Entscheidung verordnete Einkauf von Segelflugzeugen fast ausschließlich polnischer Produktion und die damit verbundenen Abhängigkeiten (Ersatzteile, Reparaturen, Hauptinstandsetzungen) verursachten dem DDR-Flugsport unvergleichlich höhere Kosten, als sie bei der Weiterführung der eigenen Produktion entstanden wären. Johannes Höntsch sagte später: "Polen hätte seinen Segelflugzeugbau einstellen müssen, wenn sich innerhalb des RGW mit der DDR nicht ein starker Kunde gefunden hätte..."

*Lom 61 Favorit, die letzte fliegende Konstruktion des VEB Apparatebau Lommatzsch in fünf Exemplaren. Interessante Weiterentwicklungen mussten aufgegeben werden.*

*Foto: Sammlung Bernd Wegerich*

## *Erhalt und Wiedergeburt*

## *Segelflugzeuge aus der DDR fliegen wieder*

Foto: Frank-Dieter Lemke

*Der robuste Schulgleiter SG 38 bestimmte in den Anfangsjahren des Segelfluges in der DDR in großer Zahl die Ausbildung auf den GST-Stützpunkten. Unser Bild zeigt einen Nachbau (ex 550 der DDR) der Zentralen Entwicklungs- und Reparaturbasis (ZERB) in Schönhagen aus dem Jahre 1989. Hier ist der in Brandenburg stationierte SG 38 mit Klaus Augennadel am Steuer zu sehen (2008).*

***Wenn zahlreiche historische Segelflugzeuge den Himmel bevölkern, dann haben entweder Oldtimer-Enthusiasten aus Vereinen oder die Organisatoren der traditionellen VGC International Rally einen Anteil daran. Die VGC Rally wird jährlich in einem anderen Land in Europa ausgetragen und findet ebenso wie das jährliche Kleine Segelflugzeug-Oldtimertreffen neben vielen anderen Treffen im ganzen Land großen Zuspruch bei Segelfliegern und Zuschauern.***

Während Strausberger Segelflieger das Kleine Segelflugzeug-Oldtimertreffen im Jahre 1997 aus der Taufe hoben, wurde der Vintage Glider Club (VGC) 1973 auf Initiative des Engländers Chris Wills gegründet. Sein Ziel war der Erhalt historischer Segelflugzeuge. Die Idee machte Schule und in vielen Ländern bis Übersee entstanden Sektionen des VGC, deren Mitglieder viel Liebe, Zeit und Sorgfalt in die Restauration oder den Bau historischer Segelflugzeuge investieren. Alle diese Flugzeuge sind wertvolle Zeugen der technischen Entwicklung des Segelfluges – gefertigt in der damals üblichen Holzbauweise, von der für die Oldtimerpiloten eine ungebrochene Faszination ausgeht. Es ist nicht ungewöhnlich, dass viele dieser Enthusiasten wesentlich jünger sind als ihre Flugzeuge, die zumeist einen bewegenden Lebenslauf vorweisen können und von denen manche durch ihre Weltrekorde oder Titel auf internationalen Wettbewerben berühmt geworden sind. Das ist Luftfahrtgeschichte pur.

In diese interessante Entwicklung reiht sich auch das Schicksal der in der DDR gebauten Segelflugzeuge mit allen Bemühungen ein, nach der deutschen Vereinigung die bereits in der DDR abgeschriebenen und noch nicht vernichteten Flugzeuge wieder zum Leben zu erwekken. Das gelang bei jenen Exemplaren, die beispielsweise die Hürde der vom LBA geforderten Festigkeitsproben (als Leimschubproben bezeichnet) nahmen und nach aufwändiger Grundüberholung oder sogar nach Neubau wieder in die Luft kamen.

### *SG 38 – Schulgleiter aus dem Jahre 1938*

Der SG 38 entstand weltweit in mehr als 5000 Exemplaren, darunter sehr viele im Gruppenselbstbau. Er war der meistgebaute Schulgleiter und auf ihm erlernten die künftigen Piloten in zahlreichen Ländern die Steuertechnik des Fliegens. Der SG 38 flog entweder mit oder ohne Führersitzverkleidung, dem sogenannten Boot.

Die Ausbildung begann mit Übungen auf dem Pendelbock, denen kurze Rutscher folgten und schließlich, z.B. in der DDR auf den damals mehr als 100 Segelflugstützpunkten, der sogenannte Lauchaer Lange Meter. Hier schleppte der Windenfahrer den Flugschüler auf dem Gleitflugzeug am Windenseil bis zu dreimal auf drei Meter Höhe an die Schleppwinde (damals noch die Maybach-Winde) heran. Der Höhepunkt war ein Hochstart auf 250 m Höhe oder mehr, wobei der Fluglehrer immer am Boden stand. So lernte man damals fliegen!

Nicht mehr beim VEB Apparatebau Lommatzsch, jedoch bei den Vorgängerbetrieben VEB NAGEMA Schmiedeberg sowie VEB LOWA Gotha oder vielerorts als Gruppenselbstbau – auch mit Bauteilen aus industrieller Fertigung – entstand der SG 38 in der DDR in hoher Stück-

*Herkules III, eine Schleppwinde aus GST-Zeiten in Finsterwalde-Heinrichsruh, ein Flugplatz mit historischem Flair.*
*Die tschechoslowakische Herkules III bewährt sich beim Schleppen von Oldtimer-Segelflugzeugen hervorragend. Auf dem Bild Windenfahrer Bernd Jordan im Jahre 2018.*

*Foto: Christian Bujack*

## Im Flugrausch der Urväter:

### *Auf SG 38 am Gummiseil*

***Es gibt Luftsportler, die gewöhnlich mit schnellen Segelflugzeugen stundenlang über Land ziehen oder als Fluglehrer tätig sind, aber für wenige Sekunden Fliegens auf dem SG 38 die weite Fahrt beispielsweise zur Wasserkuppe in der Rhön auf sich nehmen. Sie tauschen ihr gewohntes Cockpit, das die Annehmlichkeiten moderner Avionik enthält, gegen einen offenen Oldtimer, um nur wenige Meter über dem Boden dahin zu gleiten, sich den Fahrtwind um die Nase wehen zu lassen und auf diese Weise in die Anfänge des Segelfliegens hineinzuschnuppern. So geschehen im Jahre 1997.***

Sieben PPL-C-Inhaber, darunter drei Segelfluglehrer, aus Eisenhüttenstadt, Pirna und Strausberg befanden sich an einem heißen Juli-Wochenende in der Rhön und fühlten sich vor ihrem Fluglehrer Georg Schwab wieder als Schüler. Und das waren sie jetzt auch. Nur einer von ihnen, wesentlich älteren Jahrgangs, hatte fünfzig Jahre zuvor, an der Reichssegelflugschule in Leba an der Ostseeküste, auf dem SG 38 das Fliegen erlernt und dabei auch den Start am Gummiseil kennengelernt.

Als in den Morgenstunden der übliche rege Betrieb auf der Wasserkuppe einsetzte und die modernen GFK-Segelflugzeuge im Flugzeugschlepp starteten, zogen die Schulgleiter-Jünger mit ihrem verspannten und aus Holz gebauten SG 38 (D-7055) an den Westhang der Kuppe. Sie legten das Gummiseil aus und formierten sich mit ihren Helfern, zu denen sich sogar Rhönwanderer gesellten, zu einer vierköpfigen Halte- und einer zwölfköpfigen Startmannschaft.

Als schließlich der erste „Flugschüler“ auf dem Holzbrett des Schulgleiters Platz nahm, sich anschnallte und versuchsweise die Ruder mit ihren ungewohnt großen Wegen betätigte, war die Aufregung bei allen groß. Würde man sich nach dem Hinausschnellen vom Hang sofort in die Steuerung des Gleiters hineinfinden oder etwa zu hastig die Ruder betätigen? Die Fahrt, das halbe Leben – war sie ohne die gewohnten Anhaltspunkte einzuhalten? Und dann die Landung! Wird sie auf dem vorgeschriebenen Feld ohne Schaden gelingen? Fragen, die alle Sinne für das bevorstehende, bodennahe, nur 14 bis 24 Sekunden währende Flugabenteuer schärften. Das „Kribbeln“ gehört eben dazu und macht das Erlebnis SG 38 vielleicht noch köstlicher.

In zwei Punkten allerdings entsprach der Hangflugbetrieb nicht den historischen Gepflogenheiten: in der Helferzahl und der erforderlichen körperlichen Konstitution. Zugegeben, ein wenig bequem sind wir doch alle geworden! Deshalb ersetzte auf der einen Seite des Gummiseils ein Traktor die Startmannschaft, der den SG 38 nach dem Flug auch wieder zur Startstelle zurückschleppte.

Zu einem besonderen Erlebnis wurde der Aufenthalt auf der Wasserkuppe für ein Mädchen aus dem Kreis der Strausberger Flieger: für die 14jährige Marie-Kristin Lemke. Ihre Segelflugausbildung hatte sie als 13jährige begonnen und stand nun kurz vor ihrem ersten Alleinflug. Aber eigentlich war sie wie ihre noch jüngere Schwester nur zum Schauen mitgekommen. Wer konnte ahnen, dass es dabei nicht bleiben würde!

Als Georg Schwab von ihr erfuhr, überraschte er Marie-Kristin und ihren Vater, ebenfalls Segelfluglehrer, mit der Frage, ob sie nicht auch auf dem SG 38 fliegen wolle. Na klar! Zumal ihr ebenfalls anwesender Segelfluglehrer Thomas Graupner sofort einverstanden war.

So absolvierte Marie-Kristin auf dem Pelzner-Hang zunächst einen Rutscher und schließlich ihren ersten, zweiten und dritten A-Flug – alle Starts gelangen, und das völlig problemlos. Somit hatte erstmals nach dreißig Jahren wieder ein Segelflieger das A-Abzeichen auf dem SG 38 im Gummiseilstart erflogen.

Foto: Frank-Dieter Lemke

*Die 14jährige Marie-Kristin Lemke vor ihren ersten Alleinflügen auf dem Schulgleiter SG 38*

zahl. Man spricht von mehr als 430 gebauten Exemplaren, von denen heute nur noch ganz wenige existieren.

*Start des SG 38 aus Nardt, hier noch mit der Registrierung D-7738, im Jahre 2006 in Stölln-Rhinow am Gummiseil*

Foto: Frank-Dieter Lemke

### *SG 38 – zwei Neubauten von 1987 bis 1989*

Nach Originalzeichnungen und unter fachlicher Anleitung von Johannes Höntsch bauten einstige DDR-Flugzeugbauer, nunmehr Rentner, gemeinsam mit ZERB-Mitarbeitern und GST-Segelfliegern von 1987 bis 1989 zwei neue SG 38. Die D-5550 (ex DDR-550, Werknummer 0010) ist heute in Brandenburg-Mühlenfeld und die D-1511 (ex DDR-551, Werknummer 0011) in Schönhagen zu Hause. In „Segelflugzeugbau in der DDR" von Frank-Dieter Lemke (Verlag Rockstuhl) findet sich auf Seite 171 eine ausführliche Schilderung vom spannenden Bau dieser beiden Schulgleiter, bei denen neuere Erkenntnisse aus dem Flugzeugbau Eingang fanden. Im „Inneren" der modernen SG 38 sorgt die Verwendung von Epoxidharz (Epilox EGK-19) anstelle des früher üblichen, mit dem Nachteil der Feuchtigkeitsempfindlichkeit behafteten Kaseinleimes für eine höhere Festigkeit und eine weit höhere Lebensdauer der nunmehr miteinander verklebten Einzelteile. Die beiden SG 38 erhielten ein modifiziertes Tragflügelprofil, um ein besseres Gleiten zu erzielen. Eine weitere wichtige, sogar ins Auge fallende Änderung betraf die Lackierung. Die D-5550 und die D-1511 präsentieren sich heute in strahlendem Weiß, das sich bei Verwitterungstests als beständigster Lack erwiesen hatte. Für den Bau des ersten Exemplars waren mehr als 6000 Arbeitstunden aufzubringen und für den zweiten, dank der zuvor reichlich gewonnenen Erfahrungen, nur noch 4500 Stunden.

Auf Anregung von Gunter Eisold sollte ursprünglich für jeden Bezirk in der DDR ein SG 38 als Attraktion für Flugveranstaltungen gebaut werden. Schwer vorstellbar, wie allein schon aus personeller Sicht dieses Ziel erreichbar gewesen wäre.

Für die D-5550 in Brandenburg hat Dennis Tosch eine kleine Gruppe junger Segelflieger um sich geschart, die sich nach der vom LBA geforderten Kontrolle für die Lebensdauererhöhung mit der Wiederzulassung dieses SG 38 befasst. Die D-1511 in Schönhagen hingegen befindet sich seit vielen Jahren im Dornröschenschlaf. Die Segelflieger dort sind am Überlegen, wie sie ihren SG 38 weiter betreiben sollen. Ein durchaus sinnvoller Vorschlag lautet: Eine Interessengemeinschaft finden, ihr den Schulgleiter zur Nutzung übergeben und die Schönhagener bleiben Eigentümer.

### *SG 38 in Nardt*

Der SG 38 mit der Werknummer 1310/585 aus Gothaer Produktion war am 28. Oktober 1953 in Dienst gestellt worden und flog bis 19. Juli 1967 unter der Zulassungsnummer 269 am Flugplatz Bronkow. Der verwendete Leim begrenzte damals die Lebensdauer des Schulgleiters auf 15 Jahre. Nach jahrzehntelanger Aufbewahrung an den Flugplätzen Nardt (Sachsen) und Bronkow (Brandenburg) wurde der Schulgleiter vom Aeroklub Hoyerswerda e.V. unter der Leitung von Werkstattleiter Herbert Hansel von 1992 bis 1994 in 1950 Stunden grundüberholt. Den erneuten Jungfernflug absolvierte Fluglehrer Heinz Mehlhose am 5. August 1994.

Dieser SG 38, der 2006 auch für den Flugzeugschlepp zugelassen wurde, trug nun das Kennzeichen D-7738 und besitzt seit August 2013 auch seinen eigenen Pendelbock. Später folgte eine erneute Grundüberholung

Foto: Frank-Dieter Lemke

*Nach erneuter Restaurierung wurde der SG 38 aus Nardt als ultraleichtes Segelflugzeug (D-NNSG) zugelassen. Der „Krabat"-Schriftzug weist den Schulgleiter als Teil der Krabat-Region mit dem Ort Schwarzkollm und seiner Schwarzen Mühle aus.*

*Alexander Görnitz startet hier, in Jena-Schöngleina 2017, mit der ultraleichten D-NNSG im Autoschlepp.*

Foto: Ulf Wackernagel

mit Neubau der Tragflächen durch Gerhard Maleschka (Langhennersdorf) und Jiri Lenik (AC Rana, Tschechien). Der Strausberger Sven Brandhorst wiederum kümmerte sich um die Zulassung dieses SG 38 als Luftsportgerät, während die Vattenfall GmbH mit einer Spende das Projekt finanziell unterstützte.

Foto: Frank-Dieter Lemke

*SG-38 mit der Registrierung D-4454 in Finsterwalde*

Am 16. Januar 2017 wurde dieser SG 38 mit dem neuen Kennzeichen D-NNSG als Luftsportgerät, also ultraleichtes Segelflugzeug, zugelassen und ist oft auf Fliegertreffen anzutreffen. Dort startet er sowohl am Gummiseil als auch an der Drachenwinde oder im Auto- oder Flugzeugschlepp. Windenstart ist ebenfalls möglich, sofern die Winde dafür geeignet ist und der Windenfahrer das richtige Schleppgefühl mitbringt. Beispielsweise in Oschatz mit der Herkules IV und einem passenden Team oder ebenso in Nardt mit der Herkules III, wie Alexander Görnitz erzählte.

## *SG 38 in Finsterwalde*

Als die Finsterwalder Segelflieger Mitte der 1980er Jahre den SG 38 mit der Werknummer 1310/691 für ihr damals im Aufbau begriffenes Flugsportmuseum übernahmen, befand er sich in einem denkbar schlechten Zustand. Auf Ausstellungen hatte der Schulgleiter nach seiner Abschreibung gute Dienste geleistet. Aber die Transporte, Wind und Wetter hatten das Ihrige getan: kurz vor dem Auseinanderfallen der Kufenkasten, eine an vielen Stellen eingedrückte Nasenbeplankung, Risse und Löcher „zierten“ die Bespannung. In diesem Zustand gelangte der SG 38 in die Hände von Roland Leonhardt, der zu jenen gehörte, die wahrlich fiebern, wenn sie sich der Restauration alter Flugzeuge zuwenden dürfen. Mit nimmermüdem Elan versetzte der ehemalige Segelfluglehrer den Schulgleiter in einen guten Zustand. Geflogen wurde der SG 38 damals, im Jahre 1988, noch nicht. Aber Wilfried Arlt lobte Leonhardts präzise Arbeit mit den Worten: „Ich würde sofort auf diesen SG steigen und mit ihm fliegen.“

Ohne Führersitzverkleidung, dem Boot, und Sturzhelm, der in grauer Vorzeit beim Fliegen vom Piloten getragen werden musste, ist selbst der bestens hergerichtete SG 38 nur eine halbe Sache. Aber auch diese Hürde konnte genommen werden, denn das fehlende Boot fand sich in der dunklen Ecke eines Hangars, auch ein Sturzhelm – der sogenannte Trudelbecher!
Später, in den 1990er Jahren, sollte der Schulgleiter nun auch wieder fliegen. Die Vorbereitung auf die Flugtüchtigkeit wurde zum Verdienst von Herbert Hansel aus dem Segelflugverein in Nardt. Er erneuerte den Kufenkasten, den Gitterschwanz und die Torsionsnase und andere halfen beim Bespannen der Flügel mit Ceconite. Als letzten Schritt vor dem Wiedererstflug unterzog Prüfleiter Reinhard Woelk aus Eggersdorf (bei Strausberg) den SG 38 einer Belastungsprobe. Der Schulgleiter wurde auf dem Rücken gelagert und auf den Flügeln mit 650 kg Gesamtmasse Berliner Telefonbücher beaufschlagt. Der SG 38 reagierte darauf nicht einmal mit einem Knarren. Den Jungfernflug mit dem wieder aufgebauten SG 38, der die Registrierung D-4454 erhalten hatte, absolvierte Heinz Pelikan am 8. Oktober 2000 mit einem Windenschlepp an der Herkules III.

Im Jahre 2005 wurde der SG 38 mit einer Belastungsprobe an der Schleppkupplung (nach einem Programm des Luftfahrtbundesamtes) für den Flugzeugschlepp zugelassen. Während bei Windenschlepps das Tragen eines Fallschirms nicht üblich ist, werden die Flugzeugschlepps, bis auf 1000 m Höhe, gern mit Fallschirm absolviert.

Inzwischen gehört dieser SG 38 zur denkmalgeschützten Sammlung alter Flugzeuge der Flugsportvereinigung „Otto Lilienthal“ Finsterwalde e.V. Am 17. Februar 2017 verlieh der Landkreis Elbe-Elster dem FSV „Otto Lilienthal“ e.V. einen Preis für Denkmalpflege. In den Genuss des Fliegens mit diesem Schulgleiter kommen während der Sommerlager besonders gern Gäste aus anderen Vereinen. Für Vereinsmitglieder mit gültiger Segelfluglizenz stellt der Flug mit dem SG 38 noch immer ein fliegerisches Vergnügen ganz eigener Art dar.

## *SG 38 in Bad Berka*

Dieser Schulgleiter, 1954 vom VEB LOWA Gotha ausgeliefert, „landete“ auf Umwegen auf dem Flugplatz Bad Berka, wo er mehr als vier Jahrzehnte in einem Regal „schlummerte“. Aber die lange Zeit hinterließ ihre Spuren: Einiges ging kaputt, wurde spröde, zerbrach oder verschwand. Alles in allem ein sehr trauriger Zustand für ein Flugzeug. Nach einem Spendenaufruf begann 2014 auf Initiative von Sophia Dienst, die das Projekt

*Der 81jährige Karl Legrat bereit für den ersten Start an der von Dieter Rahm gefühlvoll bedienten TOST-Winde.*

*Den SG 38 aus Bad Berka bauten Herbert Almus, Christian Conen, Sophia und Steffen Dienst, Rolf Ettler, Karl Legrat, Thomas Menger, Harald Stehr und Armin Wohlfahrt.*

*Foto: Manfred Materne*

gung der fünfzehn Rippen je Tragfläche. Innerhalb von drei Monaten baute er nach Feierabend in Heimarbeit alle Rippen für den ersten Flügel. Am 13. Januar 2018 bestand der SG 38 mit der Werknummer AB-002 B schließlich die Rohbauprüfung. Der erfolgreiche Jungfernflug folgte am 1. September 2018 durch Karl Legrat mit zwei Starts; ihm folgte Steffen Dienst mit zwei weiteren Starts. Sein Kommentar: „Dieser Gleiter fliegt wunderbar und bietet ein einmaliges Flugerlebnis.“ Als nächstes Projekt plant der Fliegerclub Bad Berka-Weimar e.V. den Bau eines Trailers für seinen SG 38.

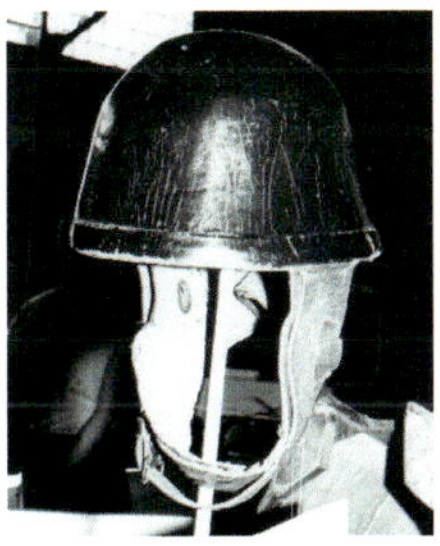

*Vor 80 Jahren trug der Pilot pflichtgemäß den "Trudelbecher" als Kopfbedeckung; heute darf es auch der Integralhelm sein.*

*Foto: Frank-Dieter Lemke*

als Abschlussarbeit an der Waldorfschule in Weimar begleitete, der Wiederaufbau, der praktisch ein Neubau des SG 38 war. Als solcher wurde er beim LBA auch angemeldet. Der neue Schulgleiter entstand unter Anleitung von Karl Legrat, der ein mehr als 50jähriges Interesse an diesem SG 38 hatte, mit dem kaum vorhersehbaren Aufwand von 1775 Stunden bis zum Rohbau. Die Schulleitung der Waldorfschule hatte den Segelfliegern einen Teil ihrer Werkstatt auch über die Projektphase der Schüler-Abschlussarbeit hinaus zur Verfügung gestellt. Besonders dankbar sind sie Werkstattleiter Armin Zinke, der die Segelflieger bis zuletzt unterstützte.

Nach dem Zerlegen der Baugruppen war klar, dass sehr viele Teile unter den strengen Prüfbedingungen des Luftfahrtbundesamtes neu gebaut werden mussten. Steffen Dienst beispielsweise spezialisierte sich auf die Ferti-

## *Baby IIb aus Lommatzsch*

Der VEB Apparatebau Lommatzsch fertigte von 1955 bis 1963 genau 694 Segelflugzeuge. Einige wenige sind bis heute im Einsatz, der größte Teil jedoch fiel den geforderten technischen Abschreibungen und damit der in der DDR betriebenen Vernichtung durch die Säge oder das Feuer zum Opfer. An den Erhalt historisch wertvoller Flugzeuge dachten damals nur wenige. Doch einige Exemplare überlebten das Desaster und erfahren im vereinigten Deutschland eine Renaissance.

In der DDR gehörte das *Baby* IIb, das auch vom VEB NAGEMA Schmiedeberg und VEB LOWA Gotha, gefertigt wurde, lange Zeit zu den wichtigsten Ausbildungsflugzeugen. 1954 wurde sogar der erste Wettbewerb auf diesem kleinen Einsitzer geflogen. Jeder der 25 Pi-

*Ein Neubau ist dieser SG 38A – das A steht für die Führersitzverkleidung, dem Boot – von Claus Bolze-Ludwig aus Klinke bei Gardelegen. Seine D-1506, hier in Stendal, flog erstmals am 1. August 2013 auf der Wasserkuppe im Gummiseilstart.*
*Die Bauzeit betrug 3000 Stunden – und das allein und nach Feierabend in zwei Jahren – erstaunlich!*

*Foto: Frank-Dieter Lemke*

loten absolvierte fünf Flüge: eine Zielstrecke mit Rückkehr über 30 km sowie vier Flüge mit vorgeschriebenem Programm. Dazu gehörten eine halbe Umdrehung Trudeln, hochgezogene Kehrtkurven, Steilkreise und die Platzrunde mit Ziellandung.

## *Baby IIb in Taucha*

Die in der BRD registrierte D-1627 mit dem historischen Kennzeichen DM-1621 (Werknummer 00621) wurde 1957 vom VEB Apparatebau Lommatzsch ausgeliefert und flog viele Jahre im Schulbetrieb der Gesellschaft für Sport und Technik. Nach seiner Abschreibung wurde das Lom *Baby* IIb jedoch nicht zerstört, sondern ebenso wie die Lom 61 *Favorit* (DM-2704) in Schkeuditz eingelagert, aber mit der Schließung des GST-Stützpunktes Taucha im Jahre 1979 schlichtweg vergessen. Der Wiederaufbau erfolgte, wie Manfred Wonneberger schrieb, durch den Aero Club Hannover mit seinen guten Verbindungen zum LBA nach Braunschweig. Diese vereinfachten offenbar den Prozess der Wiederzulassung und das Schreiben des Betriebshandbuches erheblich. Der Jungfernflug erfolgte am 9. April 1993. Gemeinsam mit dem *Baby* IIb aus Bad Frankenhausen begann somit die Geschichte des Wiederaufbaus Lommatzscher Segelflugzeuge.

Die D-1627 gehörte bis 1993 beiden Vereinen, also dem AC Hannover und FC Leipzig-Taucha, und ging dann vollständig in die Halterschaft der Tauchaer über. Von 1993 bis Oktober 2018 absolvierte das Flugzeug 674 Starts und 142:58 Flugstunden. Als längstem Flug gelangen 2:07 Stunden.

## *Baby IIb in Bad Frankenhausen*

Ganz im Stillen, ohne mediales Trara, brachten Segelflieger in Bad Frankenhausen ihr *Baby* wieder in die Luft: die 1956 in Lommatzsch gebaute Werknummer 00536 und mit dem heutigen Kennzeichen D-1530.

Kurioserweise überlebte dieses *Baby* die DDR-Zeit, weil es kurz nach einer Grundüberholung schwer beschädigt worden war. Nach einer harten Landung war die Kielleiste gebrochen; der Schaden wurde nicht mehr repariert, aber das Flugzeug dennoch für Ausstellungszwecke verwendet. Daher entging es der üblichen Zerstörungspraxis.

Als der Flugplatz Bad Frankenhausen im Jahre 1980 wegen seiner Grenznähe geschlossen werden musste, brachte man das *Baby* nach Aschersleben und lagerte es dort unter dem Hallendach ein. Mit der Gründung des Aeroclubs „Hans Grade“ im Jahre 1990 gelangte

Foto: Anton Wildberger

*Der Freie Deutsche Gewerkschaftsbund (DDR) schenkte im Jahre 1962 den Segelfliegern Österreichs das Lom Baby mit der Werknummer 00597 (OE-0616). Heute ist es in Loar-Altlichtenwarth stationiert, aber gegenwärtig nicht flugtüchtig. Das Bild entstand 2006 in Wien.*

Foto: Frank-Dieter Lemke

*Das Baby IIb mit dem Kennzeichen D-1627 auf dem Kleinen Segelflugzeug-Oldtimertreffen in Stölln-Rhinow 2006. Das Flugzeug war 1957 vom VEB Apparatebau Lommatzsch ausgeliefert worden und flog viele Jahre als DM-1621 bei der Gesellschaft für Sport und Technik. Lange eingelagert, wurde es von 1990 bis 1992 von Segelfliegern des AC Hannover restauriert.*

*Das „Kyffhäuser“-Baby aus Bad Frankenhausen wurde auf dem Kleinen Segelflugzeug-Oldtimertreffen in Jena-Schöngleina 2017 von der berühmten Po-2 (CSS-13) „Podwa“ geschleppt.*

*Foto: Frank-Dieter Lemke*

Foto: Wolfgang Herbich

*Unverwüstlich: Das erste vom VEB Apparatebau Lommatzsch ausgelieferte Lom Baby IIb aus dem Jahre 1955 existiert noch heute – auf dem Bild in Riesa-Canitz –, befindet sich nach einer kleinen Odyssee in privater Hand und harrt der Restaurierung.*

Foto: Sammlung Hans-Jürgen Dressler

*Egon Erhardt flog am 31. Mai 1997 von Bad Frankenhausen bis zur Wasserkuppe. Das war ein Streckenflug von immerhin 127 km mit einem Segelflugzeug, dessen bestes Gleiten geradem al 17 beträgt.*

das Flugzeug wieder nach Bad Frankenhausen, wurde grundüberholt und fliegt seit 1992 wieder.

Bereits kurz nach der deutschen Vereinigung besuchten Segelflieger der Wasserkuppe den Flugplatz Bad Frankenhausen, wobei eine Wette abgeschlossen wurde: Jenem Verein, der mit seinem *Baby* als erster auf dem Flugplatz des anderen Vereins landet, dem spendiert der unterlegene Verein ein Fass Bier. Die durchaus Aufsehen erregende fliegerische Leistung gelang Egon Erhardt am 31. Mai 1997, als er auf dem „Kyffhäuser"-*Baby* in 2:56 Stunden von Bad Frankenhausen bis zur Wasserkuppe flog. Das sind immerhin 127 km! Im Jahre 2018 startete übrigens ein junger Bad Frankenhauser Pilot erneut zu diesem Flug, musste aber einige Kilometer vor dem Ziel, der Wasserkuppe, außenlanden.

Wie Roland Schmidt berichtete, ist das *Baby*, das 2003 eine weitere Grundüberholung erhalten hatte, in einem guten Zustand. Allerdings sei das zulässige Pilotengewicht von 81,5 bis 85 kg zu beachten. Die Fallschirmwanne wird mit Kissen gefüllt, da es keine passenden Fallschirme mehr gibt. Das *Baby* wird wegen der Einschränkung bei der Zuladung nur von vier oder fünf Piloten im Verein geflogen – im Sommer bei Thermikflügen am Platz, auf Oldtimertreffen oder Flugplatzfesten sowie bei Ziellandewettbewerben, die jährlich beim Abfliegen stattfinden. Inzwischen sei es eine Auszeichnung, das gute Stück fliegen zu dürfen.

### *Darf noch nicht fliegen!*

Dieses in Lommatzsch 1956 gebaute *Baby* IIb (Gerätenummer 108-49, Werknummer 00528) mit der DDR-Registrierung DM-1528, eingelagert bis heute in Rudolstadt, präsentierten Teilnehmer des Kleinen Segelflugzeug-Oldtimertreffens voller Stolz in Jena-Schöngleina 2017. Trotz verrosteter Bolzen gelang es den Segelfliegern, mit Unterstützung vieler kundiger Helfer, das Flugzeug, dessen Wiederaufbau gegenwärtig noch nicht einmal angedacht ist, wieder zusammenzustecken. Für das Aufrüsten genügten das Säubern der Bolzen und ein wenig Fett. Christian Bujack aus Bad Berka schaute später in sein erstes Flugbuch, um zu lesen, dass er genau auf diesem *Baby* am 25. Oktober 1970 seinen ersten Alleinflug und dann noch viele weitere schöne Flüge gemacht hatte.

*Links: Kein erfreulicher Anblick – das in den Jahren der Aufbewahrung irgendwann „geplünderte" Cockpit des Baby IIb D-1528.*

Fotos: Christian Bujack, Frank-Dieter Lemke

Im Bild rechts: Lom Meise DM-2188 in Darmstadt-Griesheim; sie dient künftig als Ausstellungsobjekt. Links eine neugebaute Horten IV.

Foto: Martin Stenger

Auch eine Lom Meise (rechts) gehört zur Sammlung historischer Segelflugzeuge in Finsterwalde – hier im Jahre 2018. Techniker Horst Lange aus Hoyerswerda rettete diese Meise vor der Zerstörung.

Fotos: Frank-Dieter Lemke

Die Meise wurde vom VEB Apparatebau Lommatzsch in 145 Exemplaren ausgeliefert, aber die wenigen überlebenden Exemplare können wegen Festigkeitsprobleme der Verleimung nicht restauriert werden. Das Bild zeigt eine Lom Meise im Jahre 2009 im Junkers-Museum in Dessau.

## FES 530 Lehrmeister – auch im Ausland begehrt

Als Lommatzscher Produkt mit dem längsten fliegerischen Atem erweist sich unbestritten der FES 530 *Lehrmeister*, der seinerzeit in 221 Exemplaren ausgeliefert wurde. Aber während in der DDR dieses Muster nach zwanzig Einsatzjahren ausgemustert und zumeist verschrottet wurde, stellt der *Lehrmeister* insbesondere in Dänemark und Norwegen seine Langlebigkeit eindrucksvoll unter Beweis. Dorthin wurden von den 22 in sechs Ländern verkauften Flugzeugen immerhin zwölf *Lehrmeister* exportiert, deren Geschichte durchaus eine besondere ist, weil sie ebenso wie die der Flugzeuge, die nach Österreich gingen, ziemlich genau nachvollzogen werden kann.

Sieben *Lehrmeister* in Dänemark und Norwegen fielen inzwischen Havarien zum Opfer: davon zwei beim F-Schlepp, zwei bei Windenstarts, zwei ohne nähere Angabe der Gründe und einer wurde bei einem Sturm total zerstört. Folgende vier *Lehrmeister* fliegen noch immer in Dänemark sowie Norwegen (Status 2018):

**FES 530/I, OY-BAX** (ex DM-3178, Werk-Nr. 0178). Erstregistrierung in Dänemark am 28. Juli 1959. Bis Januar 1998 genau 8473 Starts sowie 1050 Flugstunden, davon absolvierte der damals neue Besitzer Bo Christiansen, ein *Lehrmeister*-Pilot aus Passion, selbst rund 1000 Starts. Das Flugzeug bereitete ihm keinerlei technische Probleme und wurde 1998 sowie 2006 von Bo Christiansen in Ostermarie restauriert.

**FES 530/I, OY-XAU** (ex DM-3269, Werk-Nr. 0219). Erstregistrierung in Dänemark am 19. Juni 1961. Bis Januar 1998 absolvierte das Flugzeug 5214 Starts und 1101 Flugstunden. Das Flugzeug bereitete seinem Besitzer Jan Marstrand Pedersen auch nach fast vierzig Jahren keinerlei technische Probleme und fliegt in Bolhede.

**FES 530/I, OY-XAY** (ex DM-3270, Werk-Nr. 0220). Erstregistrierung in Dänemark am 15. Mai 1960. Bis Januar 1998 genau 14.511 Starts und 2350 Flugstunden. 1997 führten die dänischen Behörden eine Hauptkontrolle am Flugzeug durch und konnten keine Mängel feststellen. Der damalige Besitzer Per Tander schrieb, dass das Flugzeug sehr leicht zu erhalten sei, da es solide gebaut sei. Heute befindet sich dieser *Lehrmeister* im Besitz u.a. von Ove B. Hillersborg und Johannes Lyng in Jelling.

### Lehrmeister – gebaut wurden:

- Go 530 V-1 beim VEB LOWA Gotha
- Go 530 V-2 beim VEB LOWA Gotha (später umbenannt in FES 530)
- 96 FES 530, 17-m-verstrebt, in Lommatzsch
- 15 FES 530/I, 17-m-Freiträger, in Lommatzsch
- 108 FES 530/II, 15-m-Freiträger, in Lommatzsch.

Summa summarum flogen 221 *Lehrmeister*, von denen 219 vom VEB Apparatebau Lommatzsch ausgeliefert worden sind.

Oben: Gemeinsames Abladen des Rumpfes vor dem Aufrüsten des FES 530/I Lehrmeister, OY-XAR. Von links:Jorgen O. Jorgensen (Dänemark), Sven Brandhorst (Strausberg und Alexander Görnitz (Nardt).

Fotos: Frank-Dieter Lemke (2), Elke von Essen (2)

Vor und im Lehrmeister (von links): Klaus Burkhard, Frank-Dieter Lemke und Joachim Maleschka

Jorgen O. Jorgensen, Kurt Götze und Knud Harbo (von links). Oben ihr ehemaliger Lehrmeister im Landeanflug in Oschatz 2012.

**FES 530/I, OY-DXK** (ex DM-3273, Werk-Nr. 0223). Erstregistrierung in Dänemark am 19. Juni 1961. Gegenwärtig fliegt dieser *Lehrmeister* mit seiner dänischen Zulassung in Norwegen.

## *Abschied vom Lehrmeister OY-XAR*

Unweit seiner Geburtsstätte Lommatzsch und vom Einflugort Riesa-Canitz nahmen im Jahre 2012 die Teilnehmer des 16. Kleinen Segelflugzeug-Oldtimertreffens in Oschatz Abschied von einem *Lehrmeister*, der auf 51 Jahre Flugbetrieb zurückblickte. Der FES 530/I mit der Registrierung OY-XAR, erbaut im 20 km entfernten VEB Apparatebau Lommatzsch, war am 18. Januar 1961 von Wolfgang Eilhardt auf dem neun Kilometer entfernten Flugplatz Riesa-Canitz eingeflogen worden. Der 17-m-Freiträger gehörte zur zweiten, in 15 Exemplaren gebauten Serienversion von insgesamt 221 produzierten Doppelsitzern dieses Typs und stellte in seinen ersten Jahren in Dänemark sogar das leistungsfähigste Flugzeug in seinem Silkeborger Verein dar. Einer der beiden letzten Besitzer, Jorgen O. Jorgensen, erlernte auf ihm nicht nur das Fliegen, sondern wurde darauf auch Fluglehrer.

Die drei letzten Flugtage bis zum 26. August 2012 in Oschatz bestritten fünf Dänen und zehn Deutsche mit 17 Starts und einigen Thermikflügen, bei denen der *Lehrmeister* sein hervorragendes Steigvermögen noch einmal eindrucksvoll unter Beweis stellte. Den Abschiedsflugtag erlebte auch Kurt Götze mit – der 90jährige war bis zur Auflösung des DDR-Segelflugzeugbaus Einflieger und Verkaufsleiter in Lommatzsch.

Das letzte Abrüsten vor dem Transport tags darauf in das Deutsche Technik-Museum Berlin, an das der *Lehrmeister* für einen symbolischen Preis von einem Euro übergeben wurde, ließen sich viele Segelflieger nicht entgehen und legten noch einmal Hand mit an. Damit ging die OY-XAR wohl für immer in den Ruhestand. Leider hatte sich niemand gefunden, der das Flugzeug weiter betreiben wollte.

### *Schöne Momente*

Auf dem 16. Kleinen Segelflugzeug-Oldtimertreffen in Oschatz 2012 genossen die drei Piloten des Grunau-*Baby*-Teams aus Strausberg und Nardt einen schönen Flug und kreisten gemeinsam in der Thermik. Sven Brandhorst flog sein mit der gelben Bemalung unübersehbares und 1944 in Grunau gebautes *Baby* IIB, Alexander Görnitz einen SZD-30 *Pirat* aus Oschatz und Frank-Dieter Lemke den *Lehrmeister* OY-XAR. Das waren schöne Momente für das Team.

### *Erstaunen*

Für Verblüffung beim Angesprochenen sorgte ein etwas älterer dänischer Flugschüler (auf OY-XAR) mit seiner Frage an einen ehemaligen DDR-Segelflieger: „Gehörst Du auch zu den berühmten MiG-Piloten aus der DDR?“
Dessen Antwort nebst Gegenfrage: „Zu schön, um wahr zu sein – Aber wie kommst Du darauf?“
„Sind denn alle einstigen DDR-Segelflieger nicht auch ehemalige MiG-Piloten?“

### *OY-XAR – lückenloser Lebenslauf*

*FES 530/I Lehrmeister, Baujahr 1959, Werk-Nr. 0222. Letzte Eigentümer: Jorgen O. Jorgensen und Knud Harbo (beide Dänemark). Jorgen führte auch alle Reparaturen und Modifikationen aus.*

**18. Januar 1961** – Erstflug in Riesa-Canitz mit Wolfgang Eilhardt am Steuer.
**4. März 1961** – Übernahme in Aalborg durch Niels Sejstrup, mehrfacher dänischer Meister.
**Mai 1961** – „Diebstahl" des Flugzeuges, wovon der Besitzer P.V. Frandsen aus der Zeitung erfährt, die das beschädigte Flugzeug auf einem Außenlandefeld zeigt. Der Pilot mit dem bezeichnenden Spitznamen Indianer hatte sich den *Lehrmeister* für einen Streckenflug „ausgeborgt" und war mit ihm 180 km weit geflogen.
**1961** – Kauf durch den Silkeborg Flyveklub, Einsatz als Schulflugzeug auf dem Flugfeld Soholt in Silkeborg – damals das leistungsfähigste Flugzeug im Verein.
**18. August 1962** – zu niedrig ausgeleiteter Slip mit Durchsacken: Reparatur des linken Flügels.
**1963** - viele Außenlandungen im Umkreis von 50 km von Silkeborg.
**1963** – Teilnahme an den dänischen Meisterschaften, allerdings nur letzter Platz.
**1964** – erster Start auf dem neuen Flugfeld der Silkeborger Segelflieger in Christianshede. Dort diente der FES bis 1977 als Schulflugzeug im Verein.
**1969** – kleine Reparatur eines Loches im Sperrholz unter dem Cockpit nach zu steilem Windenstart. Der Fluglehrer hatte „Drücken!" gerufen und wohl mehr als zügig drückte der Flugschüler den Steuerknüppel, als das Höhenrudersteuerseil hinter der Seilrolle riss. Der Fluglehrer landete den *Lehrmeister* mit Hilfe der Trimmung.
**12. August 1970** – nach harter Landung Reparatur des Hauptspants und Erneuerung der Radaufhängung.
**1975** – zwei 107-km-Dreiecke, aber Streckenflüge waren mit dem *Lehrmeister* nicht üblich, weil er hauptsächlich als Schulflugzeug genutzt wurde.
**11. Mai 1975** – zu spätes Ausleiten des Seitengleitfluges, Reparatur beider Flügel am Querruderende.
**19. August 1975** – 185-km-Streckenflug in 4:50 Stunden.
**24. Juni 1976** – zu spätes Slip-Ausleiten, Reparatur der Querruder.
**24. Mai 1977** – nach harter Landung Reparatur des Hauptspants sowie des Spants am Höhenleitwerk, den die Höhenruderseile nach vorn gezogen hatten.
**9. Juli 1978** – Austausch der rechten Tragfläche (von der Werknummer 0184, OY-XAH) nach Unfall. Der Windenfahrer hatte das falsche Seil eingezogen, das mit seinem Seilfallschirm den Außenflügel im Querruder-Bereich abriss.
**1978** – Kauf des Flugzeuges durch die beiden letzten Eigentümer. Auch als Privatflugzeug gelegentlicher Einsatz in der Schulung, wenn der Vereins-Blanik wieder einmal Probleme mit dem Spornrad hatte.
**1980** – in Dänemark ab diesem Jahr Kontrolle aller Flugzeuge in Holzbauweise älter als 20 Jahre auf den Zustand ihrer Verleimung (alle fünf Jahre Wiederholung). Daraufhin neue Endleiste am linken Flügel nebst Neubespannung.
**27. März 1990** – Reparatur eines Schadens aus dem Sommer im Jahr zuvor. Der linke Flügel war beim Hangarieren beschädigt worden und das Endstück abgebrochen. Bis zur Reparatur konnte weiter geflogen werden.
**14. Juni 1990** – Reparatur des eingeschlagenen Rades nach harter Landung.
**21. August 1996** – Reparatur nach zu steilem Start, als die Sollbruchstelle riss und das Vorseil in Rumpf und Höhenruder einschlug und beide beschädigte.
**1999** – erstmals zu Gast beim 3. Kleinen Segelflugzeug-Oldtimertreffen in Strausberg. Außer 2010 war die OY-XAR immer auf dem Treffen vertreten.
**16. März 2002** – Einkleben von Anschlägen in die Bremsklappenkästen nach AW 1/64 *Lehrmeister*. Die DDR hat ihre Aufgabe als Musterbetreuer nicht mehr wahrgenommen und es existierte auch kein Kontakt zum Herstellerland. Der Hinweis auf die Anweisung kam von Helmut Böhle aus Dresden.
**2005** – Grundüberholung Rumpf.
**22.-26. August 2012** – letzte Flüge beim 16. Kleinen Segelflugzeug-Oldtimertreffen in Oschatz. Das dänische Luftfahrtamt bestimmte auf Vorschlag der Silkeborger Segelflieger den Strausberger Frank-Dieter Lemke zum verantwortlichen Fluglehrer.
**27. August 2012** – Übergabe an das Deutsche Technik-Museum in Berlin nach 17.465 Landungen und 2819:40 Flugstunden.

### *Lehrmeister in Schönhagen*

Der FES 530/II mit der Registrierung OE-0702 (ex DM-3264, Werknummer 0214) ist der erste von vier *Lehrmeistern*, die wieder eine fliegerische Heimat in Deutschland gefunden haben. Der 15-m-Freiträger war 1960 als Geschenk des Freien Deutschen Gewerkschaftsbundes (DDR) an die österreichischen Segelflieger übergeben worden. Im Jahre 2001 kaufte ihn die Haltergemeinschaft (um Matthias Fischer und Priska Wollein vom Aero-Club Berlin e.V.) aus Reinsdorf-Schönhagen vom Eisenbahner-Segelflieger-Verein „Helios" in Wien. Die neuen Besitzer versahen den *Lehrmeister* mit der ursprünglichen Kennung DM-3264 und flogen ihn recht lange Zeit – unter anderem im Jahre 2003 beim Kleinen Segelflugzeug-Oldtimertreffen, wo der Görlitzer Fluglehrer Kai Hönicke den *Lehrmeister* kennen lernte. Kai hatte – von den modernen Doppelsitzern

## *Jorgen O. Jorgensen über den Lehrmeister*

„Es war kein gewöhnliches, sondern ein besonderes Flugzeug, denn normalerweise wurde damals auf *Bergfalke*, *Rhönlerche* oder K 7 geschult. Der *Lehrmeister*, das leistungsfähigste Flugzeug im Verein, wurde sehr viel geflogen. Das verwundert nicht, wenn man bedenkt, dass die anderen Muster auch *Baby* II und B-*Spatz* waren."

Jorgen zu den Flugeigenschaften: „Querruder etwas schwergängig, Seitenruder leichtgängig, Trimmung nicht ausreichend. Die Landung mit ausgefallenem Höhenruder und allein mit der Trimmung gelang damals deshalb, weil vor allem genügend Gewicht vor dem Schwerpunkt lag. Flugleistungen wie K 7 oder *Blanik*. Steigt gut mit geringer Geschwindigkeit, aber bei 60 bis 65 km/h sind große Ruderausschläge erforderlich. Ende 1961 standen 540 Landungen und 105 Flugstunden zu Buche. Das war sehr viel für damalige Verhältnisse. Für die Piloten war es ein neues und interessantes Flugzeug."
2012 flog Flugschüler Hans-Jürgen Pedersen (Dänemark) in Oschatz erstmals den *Lehrmeister* OY-XAR. Sein Kommentar: „Ein gutes Flugzeug – alt, aber schön!"

nicht zu reden – sowohl den *Bocian* als auch die K 7 sehr viel geflogen und flog nun auch den *Lehrmeister*. Er war begeistert – auch von den Flugeigenschaften – und zugleich überrascht: „Solche genialen Flugzeuge hat man damals gebaut?"

Inzwischen wurde das Flugzeug grundüberholt und gegenwärtig wird es auf die deutsche Zulassung vorbereitet. 2019 soll es wieder fliegen.

## *Lehrmeister in Pirna*

Regelmäßig auf Oldtimertreffen in ganz Europa ist der 15-m-Freiträger D-8152 (ex DM-3152, Werknummer 0152) zu bewundern. Von 1998 bis 2004 restaurierten ihn Helmut Böhle, Lothar Naumann, Gerd und Sören Rossow, Frank Schneider sowie Roland und Robert Sturm – allesamt Mitglieder des Aeroclubs Pirna. Die Älteren unter den Restauratoren haben auf diesem Flugzeugtyp nicht nur fliegen gelernt, sondern als Fluglehrer auch gelehrt.

Fast dreißig Jahre lang stand dieser FES 530/II im ehemaligen Hangar des VEB Apparatebau Lommatzsch in Riesa-Canitz, wie Hubert Lange in einem Artikel schrieb. Helmut Böhle hatte den *Lehrmeister* ohne Bespannung entdeckt und in ihm keimte die Idee, das Flugzeug zu restaurieren und damit wieder zu fliegen. In Riesa-Canitz konnte niemand mit dem „Wrack" etwas anfangen und der Luftsportverband Sachsen gab es frei. Schon wenige Tage später fuhr Helmut Böhle mit dem Flugzeug nach Pirna-Pratzschwitz.

Foto: Reinhardt Grocholl

*Wird bald wieder und mit deutscher Zulassung fliegen: die OE-0702 (ex DM-3264), ein 15-m-Freiträger aus Reinsdorf-Schönhagen – hier beim Kleinen Segelflugzeug-Oldtimertreffen 2003 in Görlitz.*

Foto: Archiv Frank-Dieter Lemke

*Historie: Beim Eisenbahner-Segelflieger-Verein „Helios" in Wien flog die OE-0702 noch mit Kunstflugbemalung auf den Tragflächen.*

Foto: Frank-Dieter Lemke

*Europaweit auf vielen Oldtimertreffen dabei: der FES 530/II Lehrmeister DM-3152 (D-8152) aus Pirna.*

Seine Vereinskameraden waren allerdings ziemlich skeptisch. Der Verein verfügte fast ausschließlich über Holzflugzeuge und die machen im Winter schon genug Arbeit. Und die zog sich am *Lehrmeister*, wie so häufig, viel länger hin als gedacht. Um die Genehmigung für den Wiederaufbau zu erhalten, mussten am Rumpf und den Flügeln an wichtigen Stellen Leimschubproben entnommen werden. Nach den erfolgreichen Festigkeitsprüfungen begannen im Jahre 2000 die Arbeiten am rechten Flügel, immer im Konflikt mit der Werkstattbelegung durch die Winterwartung oder Reparatur aktueller Flugzeuge. Eine Ausweichwerkstatt war nicht zu finden.

Schwung in das Projekt kam, als Gerd Rossow 2002 wieder an seinen Heimatflugplatz zurückkehrte. Nachdem er sich zunächst mit dringend notwendigen Gebäudesanierungen am Flugplatz die „Zeit vertrieben" hatte, kniete er sich im Herbst 2003 mit ganzer Kraft in die Arbeit am *Lehrmeister*, zunächst an den Flügeln. Mit dem nun deutlich sichtbaren Vorankommen bei der Rekonstruktion wuchs langsam die Akzeptanz und Mitwirkung. Die anderen wurden von Gerd Rossow förmlich zu Fortschritten an ihren Bauteilen gedrängt.

Im 4. August 2004 war es dann soweit. Nach mehr als 4000 Arbeitstunden stand der *Lehrmeister* zur Abnahme vor dem Prüfer Rolf Hoppe vom LTB Oberlausitz. Er hatte alle Arbeiten begleitet und deshalb gab es seinerseits auch keine größeren „Wünsche".

Als bereits am 20. August der ersehnte Brief vom LBA mit der Vorläufigen Verkehrszulassung eintraf, gab es kein Halten mehr. Gerd Rossow durfte als erster Pilot im *Lehrmeister* Platz nehmen. Er hatte sich den Jungfernflug auch mehr als verdient. Fast jede freie Stunde hielt er sich in der Werkstatt auf, hatte gesägt, geschäftet, geschliffen, gegrübelt, bespannt, lackiert und oft auch laut geflucht. Denn bei einem Flugzeug, das fast dreißig Jahre in einer alten Halle verbracht hat und auf Veranstaltungen oder Ausstellungen umhergeschleppt worden war, weiß man nie, welche Überraschungen einen als nächstes erwarten. Aber Gerd Rossow ist ein alter Fuchs, von dem seine jahrzehntelange Erfahrung als Techniker oft gefordert wurde.

Er schnallte sich an, schloss die nagelneue Kabinenhaube und atmete noch einmal tief durch. Das F-Schlepp-Seil straffte sich, in 1000 m Höhe klinkte er aus und war frei. Gerd Rossow absolvierte das Prüfprogramm mit Langsamflug und Trudeln. Dann kam er zur Landung und rollte aus. Alle strahlten vor Begeisterung.

Helmut Böhle war der zweite der Piloten. Ohne ihn wäre es nie zu diesem Wieder-Erstflug gekommen. Er setzte den Wiederaufbau gegen manch anfänglichen Widerstand im Verein hartnäckig durch und hatte hunderte Stunden in der Werkstatt geschwitzt. Das Wetter aber erlaubte auch ihm nur das Abgleiten der Höhe mit diversen Flugeigenschaftsprüfungen, aber dies war einer der schönsten Flüge seines Lebens.

Nun war auch Roland Sturm an der Reihe. Der 62-Jährige wurde durch die Flugerlebnisse seines Vaters und

Foto: Archiv Frank-Dieter Lemke

*Der DDR-Schuldoppelsitzers FES 530/II Lehrmeister, hier die DM-3152 aus Pirna, besitzt ein großräumiges Cockpit sowohl für den Flugschüler als auch Fluglehrer.*

eine Segelflugvorführung auf dem Pioniertreffen 1952 an der Dresdner Saloppe – hier flog Kurt Götze mit dem Grunau *Baby* IIB aus der Winde zehn Loopings – zum Fliegen animiert. Von seiner Firma war er in die Arbeitslosigkeit entlassen worden und hatte daran sehr zu schlucken. So nutzte er die Arbeit am *Lehrmeister* auch, um auf andere Gedanken zu kommen. Als Fluglehrer auf dem legendären Flugplatz Dresden-Elbwiese hatte er auf dem *Lehrmeister* seine Schüler in die Geheimnisse des motorlosen Fliegens eingeweiht. Selten genoss er einen Flug wie diesen.

Frank Schneider hatte an diesem Tag als letzter die Ehre zu fliegen. Im Rahmen einer SAM (sogenannte Strukturanpassungsmaßnahme) war er wochentags Flugleiter, Windenfahrer, Schlepp-Pilot und „Mädchen für alles". Viele Gastvereine lernten seinen Einsatz schätzen. Aber immer, wenn es seine Zeit erlaubte, beteiligte er sich am *Lehrmeister*-Aufbau.

Allein Lothar Naumann konnte an diesem Tag nicht dabei sein. Er ist ein Segelflieger ganz alter Schule, der als Modellflieger begann und das Handwerk der Reparatur von Holzflugzeugen beherrscht. Wenn die Akteure mit ihrem *Lehrmeister* riefen, war er mit seinen Erfahrungen sofort zur Stelle.

### *Lehrmeister in Aalen-Elchingen*

Der 1959 nach Österreich exportierte FES 530/I (ex DM-3182, Werknummer 0182) mit dem Kennzeichen OE-0575 kehrte später wieder nach Deutschland zurück. Anfang 2009 kümmerte sich Mario Selss im Verein zur Förderung des historischen Segelfluges um den seinerzeit stillgelegten 17-m-Freiträger. Bis zur Wiederzulassung war aber – nach Rücksprache mit dem LBA und Austro-Control – noch viel Arbeit erforderlich. So mussten die Restauratoren den Nachweis erbringen, dass alle Verleimungen in bestem Zustand sind. Dazu öffneten sie an beiden Tragflächen an je zwei Stellen über drei Rippenbreiten die Torsionsnase und konnten feststellen, dass es keinen Grund zur Besorgnis gibt. 2009 erhielt der *Lehrmeister* die Wiederzulassung und ist heute in Aalen-Elchingen zu Hause.

Foto: Frank-Dieter Lemke

*Dieser FES 530/II Lehrmeister wurde von Mitgliedern des Aero Clubs Zwickau um Horst Naumann in einen sehr guten Zustand versetzt und im Jahre 2000 von Gudrun Herbich, der Präsidentin des LSV Sachsen, dem Deutschen Segelflugmuseum auf der Wasserkuppe übergeben.*

**_Anträge..._**

...für bewegliche technische Kulturgüter nimmt die für die Stadt zuständige Denkmalschutzbehörde entgegen, wobei unter anderem die Besonderheit des Flugzeuges zu begründen ist.

## *Lehrmeister in Finsterwalde*

In den Wirren der sogenannten Wendezeit gehörte Wilfried Arlt aus Finsterwalde zu den wenigen Segelfliegern, die jene abgeschriebenen Flugzeuge sicherten, die man nach ihrer Außerdienststellung nicht sogleich verbrannt hatte. Zu den für die Nachwelt aufbewahrten Flugzeugen gehört der FES 530/II *Lehrmeister* (ex DM-3312). Der 15-Meter-Freiträger mit der Werknummer 0262 war am 31. Oktober 1962 erstmals zugelassen worden und kam zunächst am GST-Stützpunkt Altglietzen bis zu seiner Schließung Ende der 1970er Jahre und danach in Strausberg zum Einsatz. Dann wurde der Doppelsitzer in Schönhagen geflogen, später abgeschrieben und eingelagert.

Den Wiederaufbau in Finsterwalde initiierte Gerhard Allerdissen, Kurator des Deutschen Segelflugmuseums auf der Wasserkuppe, und restauriert wurde das Flugzeug von mehr als zwölf Vereinsmitgliedern des FSV „Otto Lilienthal". Spezielle Arbeiten sowie die Lackierung führte der Luftfahrttechnische Betrieb in Jezów Sudecki (Polen) aus.

Entsprechend den Bestimmungen für ein Fliegendes Denkmal – inzwischen war die gesamte in Finsterwalde befindliche Sammlung unter Denkmalschutz gestellt worden – galt es den originalen, also ursprünglichen Zustand des Flugzeuges wiederherzustellen. Deshalb wurde der *Lehrmeister* in elfenbein lackiert. Am Seitenruder befindet sich die DDR-Flagge und am Rumpf sowie auf den Tragflächen das DDR-Kennzeichen DM-3312.

Foto: Philipp Grundke

*Highlight auf der Aero 2015 in Friedrichshafen: der FES 530/II (DM-3312, D-4112) der Finsterwalder Segelflieger in der Ausstellung der denkmalgeschützten Flugzeuge*

Alle Arbeiten erfolgten in enger Zusammenarbeit mit dem LBA und mit Unterstützung durch die Stiftung Denkmalschutz in Deutschland, die einen großen Beitrag leistete, sowie durch den Luftsportlandesverband Brandenburg und die Untere Denkmalschutzbehörde des Landkreises Elbe-Elster. Gemeinsam mit dem LBA wurde im Winter 2014/2015 das aufwändige Zulassungsverfahren abgeschlossen; dem erneuten Erstflug dieses *Lehrmeisters* mit dem historischen Kennzeichen DM-3312 sowie der Registrierung D-4112 sollte nichts mehr im Wege stehen.

## *Libelle aus Lommatzsch*

Zu einer langen Geschichte mit einem guten Ende entwickelt sich offenbar die Restauration von Segelflugzeugen des Typs *Libelle* aus Lommatzsch, von denen der VEB Apparatebau 117 Exemplare verschiedener Varianten fertigte.

Eine einzige *Libelle* fliegt noch immer und kann inzwischen eine bewegte Geschichte erzählen. Das Flugzeug mit der Werknummer 015 wurde 1959 vom VEB Apparatebau Lommatzsch gebaut und war das letzte Exemplar der *Libelle*-Reihe mit dem anfangs noch 6,79 m langen Rumpf, unter den Fliegern auch „Langnase" genannt. Die Tragflächen mit 16,5 m Spannweite besitzen ein verdicktes Profil Gö 549, damals auch als halblaminar bezeichnet, das dem Flugzeug ein erstaunliches Steigvermögen verleiht.

Ein BRD-Bürger, der Meteorologe Dr. Otto Heberlein, hatte das Flugzeug käuflich erworben und trat auf Bitten des VEB Apparatebau Lommatzsch als Werksvertreter im Land auf – ein damals wie heute durchaus gängiges Verfahren. Als Mitglied der DKP warf man ihm jedoch Spionage für das Ministerium für Staatssicherheit vor. Nach der ersten Befragung durch den Bundesverfassungsschutz floh Otto Heberlein in die DDR, wo er sich in Eisenhüttenstadt niederließ. Seine Silber-C

Foto: Archiv Frank-Dieter Lemke

Die einzige in die BRD verkaufte Lom 57 Libelle (D-5813) im Jahre 1973 in Bad Zwischenahn

Foto: Archiv Heinz Schleinhege

*Links: Dr. Otto Heberlein (im Bild rechts), der ursprünliche Besitzer des Flugzeuges, sah sich nach Spionageanschuldigungen gezwungen, die BRD zu verlassen und in die DDR zu fliehen.*

Foto: Frank-Dieter Lemke

*Links: Die Libelle mit dem Kennzeichen D-5813 nach dem Umbau auf eine Kabinenhaube der LS 1-f*

*Rückbau in den Originalzustand mit aufgesetzter Kabinenhaube im LTB Eichelsdörfer in Bamberg*

Foto: Sandro Rutz

*Auf der International Vintage Glider Rally 2018 in Stendal-Borstel präsentierte sich die Lom 57 Libelle mit ihrem ursprünglichen Kennzeichen DM-2515 in ihrer ganzen Schönheit.*

*Foto: Frank-Dieter Lemke*

hatte er in Spanien erflogen – erkennbar an den drei Buchstaben ESP auf dem Abzeichen. Er trug es immer voller Stolz am Revers. Bemerkenswert seine ungewöhnlich knarrende Stimme; auch trug er ständig eine gewisse Überheblichkeit zur Schau. Aber blickte man hinter diese Fassade und erlebte ihn als Fluglehrer auf dem Flugplatz, dann erwies er sich immer wieder als ein Mensch, der ein großes Herz für die Jugend hatte.

Die *Libelle* stand noch einige Zeit verwaist herum und schließlich kaufte der Luftsportverein Rennefeld das Flugzeug vom DDR-Außenhandel. Dort flog die *Libelle* mit dem Kennzeichen D-5813 viele Jahre lang erfolgreich und erhielt später die Kabinenhaube der LS 1-f. Dann fiel die *Libelle* einer teuflischen Bosheit zum Opfer, so ein Zeitungsartikel vom 8./9. Februar 1984. Brandstifter hatten die jahrelange Aufbauarbeit des Segelflugvereins Aschendorf-Herbrum e.V. vernichtet, eine Flugzeughalle auf dem Segelfluggelände Alte Ems bei Papenburg in Brand gesetzt, der von den dort eingestellten sieben Segelflugzeugen fünf total vernichtete. Darunter befand sich die vermutlich einzige Lommatzsch-*Libelle* in der Bundesrepublik, wie der Autor des Artikels damals schrieb.

Bei diesem Brand war die Lom 57 schwer beschädigt worden, gelangte danach in Privatbesitz und wurde 1996 bei Rolf Hoppe im LTB Oberlausitz in Sachsen wieder aufgebaut. Dort erhielt die *Libelle* anstelle der Bugkufe

*Rasantes Flugbild der Lom 57 Libelle (DM-2515) mit Sandro Rutz am Steuer*

*Foto: Claudia Zimmermann*

*Unten: Sandro Rutz baute gemeinsam mit Freunden auch den Trailer in der Tradition des VEB Apparatebau Lommatzsch für sein Flugzeug.*

*Foto: Frank-Dieter Lemke*

ein Bugrad. 1970 kam ein gebremstes TOST-Rad hinzu, dessen Seilzug an den Bedienhebel für die Bremsklappen angeschlossen wurde.

2004 nahm diese *Libelle* am 8. Kleinen Segelflugzeug-Oldtimertreffen in Taucha teil. Der Autor durfte sie mehr als fünf Stunden in der Luft erleben und konnte sich dabei in Konkurrenz mit zahlreichen anderen Mustern von ihren herausragenden Steigleistungen und sehr angenehmen Flugeigenschaften überzeugen. Danach stand die Lom 57 viele Jahre lang in Borkenberge in einem Trailer und wurde nicht mehr geflogen. Nach der Zwischenstation in Kyritz erwarb schließlich Sandro Rutz im September 2014 das Flugzeug. Mit ihm kehrte die *Libelle* nach Sachsen zurück und erhielt dort als erstes Flugzeug in diesem Bundesland den Status als technisches Denkmal. Im LTB Eichelsdörfer in Bamberg ließ Sandro Rutz die *Libelle* umbauen und wieder in ihren Urzustand mit aufgesetzter Kabinenhaube versetzen. Als einziges modernes Zugeständnis besitzt die DM-2515 noch immer das Bugrad anstelle der Bugkufe. Ihren Wiedererstflug absolvierte diese Lom 57 am 7. Mai 2016.

Auf der International Vintage Glider Rally 2018 in Stendal-Borstel war die *Libelle* von Sandro Rutz noch als einzige vertreten. Doch bald wird wohl eine kleine Staffel von *Libellen* im Anflug sein, denn gegenwärtig werden im Osten Deutschlands immerhin fünf Exemplare restauriert.

### *Libelle in Roitzschjora*

Eine dieser *Libellen* ist die Lom 57, ex DM-2513, in Roitzschjora. Das Flugzeug, das 1980 offiziell „verbrannt“ worden ist – sogar ein Protokoll war darüber aufgesetzt worden –, lagerte viele Jahre als „Asche“ auf dem Werkstattboden des Flugplatzes Roitzschjora und wurde inzwischen von Reinhard und Robert Mettin wieder bis zum Rohbauzustand restauriert. Allerdings mussten die beiden zunächst auf einer Helling den Rumpf wieder zusammenfügen, da er damals, bei der Einlagerung, durchgesägt worden war. Der Gesetzeswidrigkeit, das Flugzeug in der DDR nicht vernichtet zu haben, wollten die beiden Segelflieger aus Roitzschjora nicht noch das Verwahren eines vollständigen Flugzeuges hinzufügen.

### *Restauration weiterer Libellen*

Uwe Sondhauß restauriert in Zwickau gemeinsam mit Gerhard Maleschka die Lom 57/I *Libelle, ex DM-2573.*

Die ex DM-2595, eine Lom 58/I *Libelle-Standard*, kaufte der Langhennersdorfer Gerhard Maleschka in Gera,

*Foto: Frank-Dieter Lemke*

*Foto: Sandro Rutz*

*Sandro Rutz an seiner Libelle. Links Ernst Schmutterer.*

*Erinnerung an den VEB Apparatebau Lommatzsch: Sandro Rutz spendete für Riesa-Canitz diese Tafel.*

und die Arbeiten an diesem Flugzeug sind gemeinsam mit Joachim Maleschka aus Schernsdorf, einem Strausberger Segelflieger, in vollem Gange.

In Suhl-Goldlauter widmet sich Wolfgang Heusinger geduldig und akribisch, wie ihn alle kennen, dem Wiederaufbau der Lom 58/I *Libelle-Standard* mit dem einstigen DDR-Kennzeichen DM-2598. Sie war die letzte vom VEB Apparatebau Lommatzsch ausgelieferte *Libelle-Standard*.

Die Lom 57/I *Libelle* mit der DDR-Registrierung DM-2599, ursprünglich die Lom 58/II V-5 *Libelle-Laminar* mit Wölbklappenflügel, der Prototyp, ist ein Geschenk des AC Schwarzheide für die neuen Besitzer und wird in Strausberg von Frank-Dieter Lemke und Sven Brandhorst mit Unterstützung von Sandro Rutz sowie Lutz Müller wieder aufgebaut.

### *Lom 58/II Libelle-Laminar*

In Finsterwalde befinden sich zwei gut erhaltene Lom 58/II *Libelle-Laminar*, für deren Restaurierung noch Enthusiasten gesucht werden.

Eine andere *Libelle-Laminar*, die ex DM-2668, ist bereits fertiggestellt. Allerdings fliegt sie nicht, sondern wurde von Kamenzer Segelfliegern von März bis Juni 1992 in 800 Stunden freiwilliger und unbezahlter Arbeit für das Deutsche Segelflugmuseum auf der Wasserkuppe restauriert. Das Flugzeug hatte bis zu seiner Außerdienststellung im Jahre 1978 genau 1296 Starts absolviert und war mehr als 2000 Stunden geflogen.

Foto: Frank-Dieter Lemke

*Lom 58/II Libelle-Laminar im Deutschen Segelflugmuseum auf der Wasserkuppe*

Foto: Robert Mettin

*Proberüsten der Lom 57/I Libelle, DM-2513, von Reinhard und Robert Mettin in Roitzschjora*

Foto: Frank-Dieter Lemke

*Die Lom 57/I Libelle mit dem Kennzeichen DM-2599 – auf dem Bild noch am ursprünglichen Aufbewahrungsort in Schwarzheide – wird in Strausberg von Frank-Dieter Lemke und Sven Brandhorst mit Unterstützung von Sandro Rutz und Lutz Müller restauriert.*

Foto: Detlef Albinus

*In Finsterwalde befinden sich zwei gut erhaltene Lom 58/II Libelle-Laminar, die noch der Restaurierung harren. Hier die ex DM-2660 mit alukaschierter Tragwerksoberfläche.*

*Joachim Maleschka mit dem Pedalantrieb seiner Lom 58/I Libelle-Standard, die er in der Garage restauriert.*

*Foto:*
*Frank-Dieter Lemke*

Foto: Gerd Rossow

*Die einzige der Nachwelt erhalten gebliebene Lom 59 Lo-Meise ist die DM-2223. Das erklärte Ziel, das einstige Schul- und Leistungssegelflugzeug wieder zum Fliegen zu bringen, scheiterte. Die vom LBA geforderten Leimschubproben verliefen niederschmetternd und die Pirnaer Segelflieger um Gerd Rossow und Roland Sturm restaurierten in 2000 Arbeitsstunden das Flugzeug für das Deutsche Segelflugmuseum auf der Wasserkuppe. Das Bild zeigt die Lo-Meise gemeinsam mit dem Lehrmeister DM-3152 noch in Pirna.*

Foto: Gerhard Albold

*Das Flaggschiff der Lommatzscher Flugzeugbauer, die Lom 61 Favorit, im Deutschen Segelflugmuseum auf der Wasserkuppe*

## *Lom 61 Favorit*

Die Lom 61 *Favorit* gehört neben den *Elfen* des Schweizers Albert Neukom zu den Höhepunkten des Holzflugzeugbaus. Mit der revolutionären Wabenbauweise der Lom 61 gelang die Fertigung einer noch heute konkurrenzfähigen Tragwerksoberfläche geringster Unebenheiten und es wurden Flugleistungen erreicht, die erst Jahre später von GFK-Flugzeugen erreicht und später übertroffen wurden. Bemerkenswert waren auch die sehr fortschrittlichen automatischen Ruderanschlüsse, die zudem durch eine Klappe auf der Rumpfoberseite gut zugänglich waren.

Das in fünf Exemplaren entstandene Flaggschiff der Lommatzscher Segelflugzeugbauer, das letzte in der DDR gebaute Segelflugzeug, machte seinem Namen *Favorit* alle Ehre, als Adolf Daumann auf dem Wettkampf der sozialistischen Länder in Leszno (VR Polen) im Jahre 1962 als einer der ersten Segelflieger in Europa und kurz darauf als erster in Deutschland das 500-km-Dreieck umrundete. Das waren Leistungen, denen auch der mit Adolf Daumann befreundete Rekordsegelflieger Hans-Werner Grosse aus der BRD noch Jahre später seine Achtung zollte.

Allerdings schob das Luftfahrtbundesamt in den 1990er Jahren allen Bemühungen um eine Wiederzulassung des Hochleistungssegelflugzeuges einen Riegel vor, weil es das beim Kleben der wabengestützten Sandwichbauweise verwendete Phenolharz Plastavis L 47 als bedenklich empfand.

Deshalb restaurierte ein Team des Fliegerclubs Leipzig-Taucha die Lom 61 mit dem Kennzeichen DM-2704, und so fand diese außergewöhnliche Lommatzscher Konstruktion den ihr gebührenden Platz im Deutschen Segelflugmuseum auf der Wasserkuppe. Auf diese Weise blieb zunächst ein *Favorit* der Nachwelt erhalten.

Die Restaurierung leitete Werkstattleiter Andreas Huth, der allein rund 400 Stunden am Flugzeug gearbeitet hat. Bei der Lackierung stand ihm Georg Wagner, ein Fördermitglied des Vereins, mit Rat und Tat zur Seite. Die Arbeiten unterstützte das Deutsche Segelflugmuseum mit einer Aufwandsentschädigung.

Die DM-2704 war übrigens 1966 aus zwei Lom 61 zusammengebaut worden: aus der 1963 von Adolf Daumann schwer beschädigten DM-2702 und der DM-2704, der ein Jahr später Manfred Blauert – ebenfalls bei einer Außenlandung – das Heck abgebrochen hatte. Aus beiden Flugzeugen baute Hans Machill aus Schwarzheide im Oktober/November 1966 während eines Lehrgangs zum Instrukteur für Segelflugtechnik Stufe I (entspricht dem heutigen Werkstattleiter) in Schönhagen auf der Grundlage der Bauunterlagen aus Lommatzsch eine Helling und fügte auf ihr das Vorderteil der DM-2704 mit dem Heck der DM-2702 zusammen – eine Meisterleistung! Die Werknummer am Hauptspant des „neuen“ Flugzeuges lautete 0704, und aus diesem Grund war es damals mit dem Kennzeichen DM-2704 wieder neu zugelassen worden.

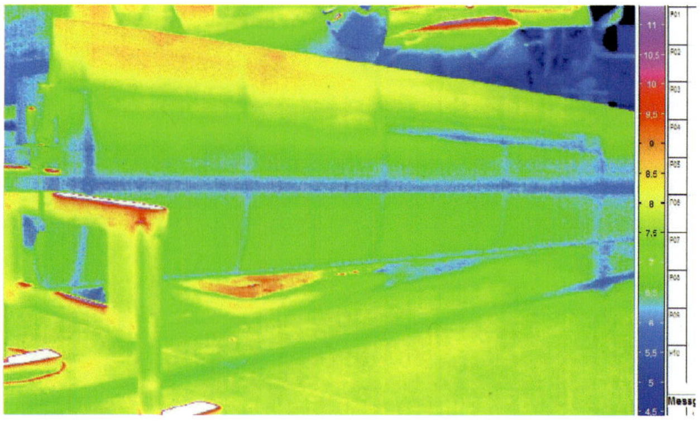

*Linker Tragflügel oben in der Thermografie*

## *Der Favorit DM-2700 soll wieder fliegen*

Der in fünf Exemplaren gefertigte *Favorit* gehört zu den wenigen Segelflugzeugen, die in Sandwichbauweise mit Deckschichten aus Sperrholz und phenolharzgetränkten Papierwaben als Stützschicht sowie mit Aluminiumholm gebaut wurden. Entwickelt worden war die Lom 61 für die damalige FAI-Standardklasse, also mit 15 m Spannweite und festem Fahrwerk. Das beste Gleiten beträgt 38; der Wert war erflogen worden.

Am 13. August 1963 wurde dieser *Favorit* auf Beschluss der Kombinatsleitung des VEB Carl Zeiss Jena zum Flugplatz Jena-Schöngleina überführt. Zwanzig Jahre später, nach 847 Flugstunden und 871 Landungen, folgte 1983 die Abschreibung, worauf Wilfried Arlt in Schönhagen das „ausgeschlachtete“ Flugzeug für die Sammlung des Flugsportmuseums Finsterwalde übernahm.

Dort kam Sandro Rutz im Juni 2017 auf die Idee, diesen *Favorit* wieder zum Fliegen zu bringen – allerdings eine sehr anspruchsvolle Aufgabe, denn bevor man sie angehen kann, waren noch wichtige technische Fragen zu klären. Was weiter geschah, erzählt Sandro Rutz:

„Am 15. November 2018 fand die Übergabe des *Favorit* auf dem Flugplatz Jahnsdorf statt und wir nahmen mit dem LBA Kontakt auf, das nach unserem Antrag auf Wiederherstellung der Lufttüchtigkeit diverse Bedingungen stellte. Dazu gehörten eine Thermografie zur Kontrolle auf Fehlleimungen und die Entnahme von Leimproben zur Messung der Leimfestigkeit (Leimschubproben). Diese Prüfung hatte bereits der *Favorit* DM-2704 über sich ergehen lassen müssen, der heute im Deutschen Segelflugmuseum auf der Wasserkuppe zu besichtigen ist. Erhebliche Fehlleimungsstellen sowie mangelnde Leimfestigkeit hatten damals zur Entscheidung geführt, dieses Flugzeug nicht mehr bis zur Flugtüchtigkeit zu restaurieren.

Im Januar 2019 fand schließlich in Jahnsdorf durch das Institut für Holztechnologie Dresden die spannende Thermografie an den beiden Tragflächen und am Höhenleitwerk statt. Dabei war sicherzustellen, dass die zu untersuchenden Teile kälter als die Umgebungstemperatur sind, denn die Qualität der Verleimung wird durch die unterschiedliche Wärmeaufnahme der verschiedenen Holzstärken und der darunter liegenden Bauteile sichtbar. Das Ergebnis war beeindruckend positiv und es konnten weder Fehlleimungen noch Losleimungen festgestellt werden.

Der nächste Schritt war die Entnahme von Leimproben zur Festigkeitsbestimmung. Allerdings bestand die Gefahr, dass zwei der fünf zunächst geforderten Entnahmestellen den *Favorit* erheblich beschädigen würden. Deshalb nahm Bernd Junker, Vertreter des DAeC-Bundesausschusses Kultur aus Braunschweig, Kontakt mit dem Sachbearbeiter des LBA auf und erreichte nach sachgerechter Abstimmung eine Änderung der Entnahmestellen. Bei der Entnahme der Leimproben sahen wir bereits, dass die Verleimung gut war. Die Hoffnung auf

*Übergabe der Lom 61 Favorit (DM-2700) am 15. November 2018 in Jahnsdorf an Sandro Rutz.*

*Von links: Gerhard Maleschka, Thomas Fischer (Präsident des Luftsport-Landesverbandes Brandenburg), Sandro Rutz, Gerd Fiedler und Detlef Albinus (Vereinsvorsitzender in Finsterwalde)*

*Foto: Claudia Zimmermann*

ein positives Ergebnis wuchs und wir sandten die Proben zum Entwicklungs- und Prüflabor für Holztechnologie nach Dresden. Aber das Labor lehnte das Prüfen der Proben ab, weil die Probengröße als zu klein angesehen wurde.

Zum Glück erklärte sich das Fraunhofer Institut in Braunschweig bereit, diese Leimproben zu untersuchen, doch gingen die Leimproben auf dem Rückweg verloren und es mussten nochmals fünf Löcher in den *Favorit* geschnitten werden, der inzwischen wie ein Schweizer Käse aussah. Die Tests in Braunschweig verliefen eindeutig, denn alle Leimproben erbrachten höhere Werte als die geforderte Festigkeit. Die Brüche der Proben traten allein im Holz auf. Die gemessenen Bruchwerte betrugen 12 MPa (N/mm²). Für Leimungen und zur Festlegung von Schäftungslängen werden 5 MPa angesetzt. Damit wurde auch diese Nachweisbedingung gegenüber dem LBA erfüllt. Sobald die offizielle Freigabe durch das LBA vorliegt, kann in der Werkstatt von Gerd Fiedler in Jahnsdorf die Grundüberholung beginnen."

### *Segelflugzeug-Transportanhänger Universal*

„Keiner will ihn haben" – so hieß es noch in „Segelflugzeugbau in der DDR" über den SFTW 86 *Universal*, weil er nicht zu gebrauchen sei. Den Bedarf an diesem Anhänger meldete überhaupt nur eine einzige GST-Bezirksorganisation an und die DDR-Segelflieger nannten diesen Vielzweck-Trailer, auf dem sich so gut wie jedes Segelflugzeug transportieren lässt, auch etwas abfällig „große Abschussrampe", „SS-20-Startrampe" oder „Eisold-Lafette", wobei die Kritik an Gunter Eisold, dem Koordinator zwischen Auftraggeber und Hersteller, gänzlich ungerechtfertigt war, denn Möglichkeiten der Einflussnahme auf die Auslegung dieses Anhängers hatte er nicht.

Aber inzwischen hat sich herausgestellt, dass der SFTW 86 *Universal* noch immer im Einsatz ist. Mit dem liebevollen Beinamen „Atlantis" fand er sich in Schönhagen, aber auch in Anklam, wo er für den Transport der *Foka* genutzt wird. Doch kaum jemand kennt noch die bei der GST verwendeten Zugfahrzeuge LKW IFA W 50, Robur LO 1800/2000 oder den Kleintransporter UAS 469. Heute wird der *Universal* von PKW gezogen und dafür wurde er entsprechend umgebaut – auf eine niedrigere Achse mit anderen Rädern sowie Auflaufbremse. Die Zugdeichsel erhielt anstelle der Zugöse eine Kugelkupplung für PKW als Zugfahrzeug.

Inzwischen fand sich für den *Universal* aus Schönhagen ein neuer Interessent aus England, der den offenen Trailer für 2000 € kaufte.

Foto: Frank-Dieter Lemke

*Die letzte Entwicklung eines Segelflugzeug-Transportanhängers in der DDR: Der Universal, der wenig Freunde fand. Auf dem Bild im Jahre 1989 mit einem LKW als Zugfahrzeug.*

Aus dem Gutachten der technischen Prüfstelle für den Kraftfahrzeugverkehr vom 29. Juni 1994 für den *Universal*:

| | |
|---|---|
| Länge: | 9,88 m |
| Breite: | 2,14 m |
| Höhe: | 2,81 m |
| Leermasse: | 1150 kg |
| Zuladung: | 400 kg |
| Zulässige Gesamtmasse: | 1550 kg |
| Zul. Höchstgeschwindigkeit: | 80 km/h |

*Ein für den PKW als Zugfahrzeug modifizierter SFTW 86 Universal im Jahre 2019 in Schönhagen vor dem Verkauf nach England.*

*Foto: Frank-Dieter Lemke*

Die Baugruppen der „Podwa“ – Rumpf, Tragflächen und Motor – im Jahre 2011 im LTB von Gerd Fiedler in Jahnsdorf

Die „Podwa“ mit dem historischen Kennzeichen DM-WAH im Vorbeiflug in Jena-Schöngleina 2017

*Fotos: Frank-Dieter Lemke*

## *Po-2 – geliebte „Podwa“*

Auf Oldtimertreffen in den ostdeutschen Ländern ist die Polikarpow Po-2 mit dem historischen Kennzeichen DM-WAH der „Historische Flugzeuge Sachsen e.V“ ein gefragtes Flugzeug, das alle begeistert. Auch als Schleppflugzeug.

Die „Podwa“, wie sie liebevoll genannt wird, war Wegbereiter und Wegbegleiter einer ganzen Generation von GST-Flugsportlern und leistete eine unschätzbare Hilfe beim Aufbau des Flugsports der Gesellschaft für Sport und Technik in der DDR. Auf der „Podwa“ von Nikolai N. Polikarpow, einem bekannten Konstrukteur von Jagdflugzeugen, schulten die ersten Motorflugzeugführer und ebenso wurden die ersten Fallschirmspringer aus diesem vielseitig verwendbaren Flugzeug abgesetzt. Beim Schleppen von Segelflugzeugen vermochten die „Podwa“-Piloten außengelandete Segelflieger selbst aus den kleinsten Feldern herauszuholen. Auch damit erwarb sich der Doppeldecker den Ruf, dass man mit ihm einfach alles könne.

Als die „Podwa“, in Wahrheit eine 1954 gebaute CSS-13, der polnische Lizenzbau der Po-2, mit dem klassischen Sound ihres Fünfzylinder-Sternmotors M-11FR von 160 PS im Jahre 2017 während des Kleinen Segelflugzeug-Oldtimertreffens in Jena-Schöngleina landete, war es die Landung einer Po-2 nach 49 Jahren Abstinenz!

Ironischerweise rettete Waldbrandgefahr das letzte deutsche Exemplar der „Podwa“ vor der Vernichtung. Das in den 1970er Jahren ausgemusterte Flugzeug sollte eigentlich am Waldrand verbrannt werden, doch Lutz-Peter Kern, Geschäftsführer des Luftsportverbandes Sachsen, rettete den Doppeldecker „aus Brandschutzgründen“, versteckte ihn in Riesa-Canitz und bewahrte ihn auf diese Weise vor der Vernichtung. Der Wiederaufbau erfolgte unter der Leitung von Gerd Fiedler und vielen Helfern in Jahnsdorf. Ohne den Einsatz von Lutz-Peter Kern, der unter anderem neue Tragflügel – sie kosteten immerhin 12.000 € – aus Polen organisierte, hätte mancher Arbeitsschritt noch wesentlich länger gedauert. Baumwolle als Bespannstoff wurde übrigens nicht mehr zugelassen. Der Motor wiederum wurde mit einer Luftschraube ausgestattet, die ein ehemaliger LPG-Vorsitzender aufbewahrt hatte. Ein ABM-Vorhaben für die Restauration scheiterte, wie Gerd Fiedler erzählte. Aber nach acht Jahren Wiederaufbau erhob sich das Schmuckstück mit dem beim LBA registrierten Kennzeichen D-EHML, pilotiert von Gerold Weber und Prüfer Gerd Fiedler als Fluggast, am 6. Juni 2016 erstmals wieder in die Luft. Gerold Weber: „Ich verneige mich tief vor allen Helfern und bin voller Dankbarkeit für diesen einmaligen Moment in meinem Fliegerleben. Die Flugeigenschaften für ein Flugzeug, das 1927 konstruiert worden ist, empfinde ich als erstaunlich gut!“

Die „Podwa“ schleppt in Jena-Schöngleina 2017 den Doppelsitzer FES 530/II Lehrmeister, DM-3152.
Foto: Ulf Wackernagel

Foto: Archiv Frank-Dieter Lemke

Attraktiven Motorkunstflug auf Luftfahrtveranstaltungen in der DDR boten Heinz Richter, unten in der für ihn speziell präparierten Z-226 T6 Trener, und Ex-Weltmeister Erwin Bläske, oben in der Z-326A, u.a. mit dem Spiegelflug (auf dem Bild 1967). Sensationell war damals Heinz Richters bodennaher Kunstflug bis 10 m Höhe.

*Heinz Richter im Jahre 1982*

*Ex-Weltmeister Erwin Bläske*

*Bereits zu DDR-Zeiten war die Z-226 T6, DM-WEJ, von Frank Herzog aus Neuhausen sorgfältig restauriert worden. Später organisierten die Finsterwalder um Wilfried Arlt eine Grundüberholung nebst Neulackierung und Modernisierung – unter anderem erhielt das Flugzeug Wing-Tips – zur Z-226 MS durch Aerotechnik in Kunovice (Tschechien).*
*Nach der Grundüberholung flog sie (mit der Registrierung D-EWEJ) erstmals wieder im Jahre 1994 und schleppt nun Segelflugzeuge in Finsterwalde-Heinrichsruh. Hier landet die Zlin 226 MS soeben auf dem Verkehrslandeplatz Strausberg.*

Fotos: Archiv Frank-Dieter Lemke (2), Horst Pattky

*Blick in den gut besuchten Museumshangar in Finsterwalde-Heinrichsruh. Das ehrenamtlich geführte Flugsportmuseum war seit Anfang der 1980er Jahre aufgebaut und 1987 öffentlich zugänglich gemacht worden.*

*Foto: Frank Hilbert*

FLUGSPORT MUSEUM FINSTERWALDE

Auf dem damals ehemaligen, weil aus wirtschaftlichen Gründen geschlossenen GST-Flugplatz Finsterwalde-Heinrichsruh befand sich das einzige Flugsportmuseum in der DDR, das im Mai 1987 vom ehrenamtlichen Museumsleiter Wilfried Arlt (siehe Bild) eröffnet wurde. „Das ist selten – ein Museum, das sich allein dem Flugsport widmet!“, zeigten sich polnische Freunde vom Aeroklub Zielone Gora begeistert. Vor der Eröffnung war die Grundorganisation Flugsport Finsterwalde für die professionelle Gestaltung des Museums mit der Ernst-Schneller-Medaille in Bronze ausgezeichnet worden, doch wäre weit eher diese Auszeichnung in Gold verdient gewesen. Aber das verhinderten einflussreiche GST-Funktionäre, denen die Eigeninitiative der Finsterwalder Segelflieger offenbar zu weit ging.

Und die Zukunft des Flugsportmuseums? Wilfried Arlt im Jahre 2018: „Gegenwärtig haben wir noch keine Vorstellungen. Wir sichern alles, aber wollen auch fliegen. Eine statische Ausstellung ist demnächst nicht zu erwarten.“

*Wilfried Arlt im Jahre 1988*

Foto: Frank-Dieter Lemke

# Ewige Rekordliste – die Segelflugrekorde in der DDR

## *Zusammengestellt von Frank-Dieter Lemke, Detlev Graupner und Rolf Peter (Stand 8. August 1989)*

***Diverse gesamtdeutsche Luftfahrtredaktionen weigerten sich aus "unerfindlichen" Gründen, diese aus historischer Sicht Ewige Rekordliste, ein historisches Zeugnis des Segelfluges in der DDR, zu veröffentlichen. Bildporträts der Rekordflieger sowie Abbildungen des Baby sowie der ausländischen Flugzeugmuster der GST ergänzen die Zusammenstellung.***

**Dauerflug**

| | | | | |
|---|---|---|---|---|
| 24:04 Std. | 22.-23.9.1952 | *Baby* IIb, „210" | Kurt Götze | Laucha |
| 26:40 Std. | 1.-2.4.1954 | *Baby* IIb, DDR-1041 | Heinz Fischer | Röhnberg bei Gotha |
| 27:07 Std. | 18.-19.7.1954 | *Baby* IIb, DDR-1095 | Kurt Götze | Laucha |
| 30:00 Std. | 19.-20.10.1954 | LG-125 *Sohaj* 2, DDR-2011 | Fritz Fliegauf | Laucha |

Die Fédération Aéronautique Internationale (FAI) registrierte ab November 1955 keine Dauerflugrekorde im Segelflug mehr, da die inzwischen erreichten Flugzeiten große Gefahren für die Piloten heraufbeschworen. Als neue Disziplinen wurden Geschwindigkeitsflüge über die 200- sowie 300-km-Dreiecksstrecken aufgenommen.

*Kurt Götze landete nach seinem 24-Stunden-Dauerflug auf Baby IIb im Unstruttal bei Laucha. Im Hintergrund die Segelflugschule Laucha.*

Foto: Archiv Frank-Dieter Lemke

*Kurt Götze*

*Heinz Fischer*

*Fritz Fliegauf, dahinter Werner Garitz*

*Erste internationale Wettkampfteilnahme von DDR-Segelfliegern nach dem Zweiten Weltkrieg in Leszno (Polen) 1954 – von links: Alfred Hannß, Wilhelm Lienemann, Heinz Fischer, Herbert Guckel, Helmut Schmiedecke, Rudolf Krause, Kurt Dewerner, Gerhard Münzner, Degenhard Lück und Kurt Götze. In Leszno wurden auch die ersten Geschwindigkeits - und Streckenflugrekorde geflogen.*

Foto: Sammlung Udo Krause

**Geschwindigkeitsflug 100-km-Dreieck, D I – Herren**

| | | | | |
|---|---|---|---|---|
| 45,7 km/h (105,5 km) | 25.6.1954 | LG-125 *Sohaj* 2, DDR-2008 | Helmut Schmiedecke | Leszno-Rawisz-Gostyn-Leszno (VR Polen) |
| 55,03 km/h (111 km) | 31.5.1957 | Lom *Meise*, DDR-2103 | Gerhard Greif | Roitzschjora-Gröbzig-Dessau-Roitzschjora |
| 82,052 km/h (112 km) | 7.6.1959 | SZD-8bis *Jaskolka*, DM-2017 | Werner Runge | Schönhagen-Teupitz-Dahme-Schönhagen |
| 103,4 km/h (106 km) | 2.7.1961 | Lom 58/II *Libelle-Laminar*, DM-2652 | Gerhard Wissmann | Zossen-Storkow-Golßen-Zossen |
| 107 km/h (107 km) | 2.8.1969 | Lom 61 *Favorit*, DM-2704 | Jürgen Leistner | Klix-Sabrodt-Hermsdorf-Klix |
| 110,4 km/h (104,5 km) | 24.8.1975 | SZD-38A *Jantar* 1, DM-2403 | Heinz-Peter Klose | Wadu li Wody-Gojanoi-Karmanowa-Wadu li Wody (Kishinjow/UdSSR) |
| 115,91 km/h (245 km) | 16.4.1976 | SZD-41A *Jantar-Standard*, DM-2405 | Johannes Barwick | Wadu li Wody-Satitsche-Wadu li Wody (Kishinjow/UdSSR) |

**Geschwindigkeitsflug 200-km-Dreieck, D I – Herren**

| | | | | |
|---|---|---|---|---|
| 59,74 km/h (210 km) | 18.6.1959 | SZD-8bis Jaskolka, DM-2020 | Heinz Schramm | Schönhagen–Lindenberg-Finsterwalde-Schönhagen |
| 68,57 km/h (208 km) | 5.5.1960 | Lom 57 Libelle, DM-2510 | Walter Kaup | Schönhagen-Lindenberg-Finsterwalde-Schönhagen |
| 80,23 km/h (230 km) | 15.6.1962 | Lom 58/II Libelle-Laminar, DM-2659 | Bernd Nolte | Schönhagen-Mörtitz-Finsterwalde-Schönhagen |

*LG-125 Sohaj 2 aus der CSR/CSSR*

*Zeichnungen: Manfred Meyer*

*SZD-8bis Jaskolka aus der VR Polen*

*SZD-8bis Jaskolka*

*Foto: Archiv Frank-Dieter Lemke*

*Foto: Sammlung Udo Krause*

*LG-125 Sohaj 2 in Leszno 1954. Die GST kaufte ab 1953 zwölf Sohaj 2.*

*Foto: Wolfgang Herbich*

*SZD-8bis Jaskolka der Technischen Hochschule Dresden. Die GST erwarb ab 1955 genau 15 Stück dieses Einsitzers.*

**Geschwindigkeitsflug 300-km-Dreieck, D I – Herren**

| | | | | |
|---|---|---|---|---|
| 51,18 km/h (308 km) | 31.5.1957 | LG-125 *Sohaj* 2, DM-2009 | Harry Berndt | Schönhagen-Neuhausen-Riesa-Schönhagen |
| 54,035 km/h (308 km) | 24.5.1959 | SZD-8bis *Jaskolka*, DM-2017 | Werner Runge | Schönhagen-Neuhausen-Riesa-Schönhagen |
| 58,08 km/h (301 km) | 20.6.1959 | Lom 57 *Libelle*, DM-2511 | Adolf Daumann | Schönhagen-Neuhausen-Riesa-Schönhagen |
| 68,38 km/h (302 km) | 5.5.1960 | Lom 58/I *Libelle-Standard*, DM-2548 | Gerhard Wissmann | Schönhagen-Neuhausen-Riesa-Schönhagen |
| 71,2 km/h (302 km) | 10.6.1962 | Lom 58/II *Libelle-Laminar*, DM-2666 | Manfred Blauert | Leszno-Miroslawice-Ostrow-Leszno (VR Polen) |
| 88,823 km/h (302 km) | 4.6.1963 | SZD-24C *Foka*, DM-2036 | Horst Rakowski | Schönhagen-Neuhausen-Riesa/Canitz-Schönhagen |

Den alten Rekord überboten zeitgleich auch Klaus König und Udo Elke. Zuerkannt wurde der Rekord Horst Rakowski. Fünf weitere Segelflieger überboten an diesem Tag ebenfalls die alte Rekordmarke.

| | | | | |
|---|---|---|---|---|
| 102,213 km/h (322 km) | 10.6.1974 | SZD-38A *Jantar* 1, DM-2400 | Heinz-Peter Klose | Orel-Ucmadokolo-Kocopka-Orel (UdSSR) |
| 105,1 km/h (320 km) | 25.8.1975 | SZD-38A *Jantar* 1, DM-2402 | Jürgen Burmeister | Wadu li Wody-Kugureschty-Marianowka-Wadu li Wody (Kishinjow/ UdSSR) |

*Harry Berndt*

*Gerhard Greif*

*Walter Kaup*

*Von links: Hans Möde, Helmut Schmiedecke und Wilhelm Jung in Großrückerswalde 1959*

*Klaus König (links) und Jürgen Leistner*

**Geschwindigkeitsflug 500-km-Dreieck, D I – Herren**

| | | | | |
|---|---|---|---|---|
| 66,7 km/h (508 km) | 13.6.1962 | Lom 61 *Favorit*, DM-2700 | Adolf Daumann | Leszno-Lask-Jaksice-Leszno (VR Polen) |

Elf Piloten umrundeten am 13. Juni 1962 das damals sagenwobende 500-km-Dreieck auf dem Wettkampf der sozialistischen Länder in Leszno zum ersten Mal in Europa. Darunter Adolf Daumann, der nur wenige Wochen später, am 29. Juli 1962, das „Mammut"-Dreieck als erster Segelflieger über deutschem Territorium bewältigte.

| | | | | |
|---|---|---|---|---|
| 73,356 km/h (535,5 km) | 10.6.1964 | SZD-24C *Foka*, DM-2036 | Horst Rakowski | Leszno-Lubien-Olesno-Leszno (VR Polen) |
| 77,88 km/h (607 km) | 18.5.1976 | SZD-38A *Jantar* 1, DM-2402 | Jürgen Grossehelweg | Leszno-Tuczno-Redziny-Leszno (VR Polen) |
| 89,31 km/h (524 km) | 15.8.1976 | SZD-38A *Jantar* 1, DM-2402 | Jürgen Grossehelweg | Klix-Nardt-Senftenberg-Altglietzen-Lübben-Renneritz-Roitzschjora-Torgau-Elsterwerda-Nardt-Klix |
| 100,75 km/h (510 km) sowie | 22.7.1989 | SZD-42-2 *Jantar* 2B, DDR-2429 | Eberhard Wötzel | Leszno-Tuczno-Borlinak-Leszno (Polen) |
| 100,75 km/h (510 km) | 22.7.1989 | SZD-42-2 *Jantar* 2B, DDR-2422 | Joachim Oelschlägel | Leszno-Tuczno-Borlinak-Leszno (Polen) |
| 103,14 km/h (501 km) | 27.7.1989 | SZD-48-1 *Jantar-Standard* 2, DDR-2430 | Andreas Kühl | Leszno-Lodz-Inowroclaw-Leszno (Polen) |

Am 27. Juli 1989 flogen Andreas Kühl und Anett Arndt, beide auf *Jantar-Standard* 2, die beiden letzten DDR-Rekorde und schlossen damit die Ewige Rekordliste der DDR-Segelflieger ab.

**Zielstrecke mit Rückkehr in gerader Linie, D I – Herren**

| | | | | |
|---|---|---|---|---|
| 214 km (4:37 h) | 19.7.1956 | SZD-8bis *Jaskolka*, DDR-2022 | Joachim Bauch | Schönhagen-Neuhausen-Schönhagen |
| 340 km (7:20 h) | 24.5.1959 | Lom 57 *Libelle*, DM-2506 | Horst Kny | Eggersdorf-Leipzig-Eggersdorf |
| 375 km (7:20 h) | 25.6.1960 | Lom 58/I *Libelle-Standard*, DM-2561 | Bernd Nolte | Eggersdorf-Halle-Eggersdorf |
| 400 km (5:34 h) | 29.7.1962 | Lom 58/II *Libelle-Laminar*, DM-2654 | Horst Rakowski | Eisenhüttenstadt-Halle-Eisenhüttenstadt |
| 413 km (5:39 h) | 9.6.1967 | SZD-24-4A *Foka* 4, DM-2045 | Bernd Nolte | Lisie Katy-Drawno-Lisie Katy (VR Polen) |
| 502 km (8:35 h) | 18.6.1978 | SZD-42-1 *Jantar* 2, DM-2421 | Johannes Barwick | Klix-Senftenberg-Lübben-Kossenblatt-Berkenbrück-Buckow-Wriezen-Altglietzen-Pasewalk und zurück |
| 513 km (6:18 h) | 29.8.1982 | SZD-42-2 *Jantar* 2B, DM-2429 | Horst Heimann | Riesa/Göhlis-Jatznick-Riesa/Göhlis |
| 543 km (7:11 h) sowie | 12.6.1983 | SZD-42-2 *Jantar* 2B, DM-2422 | Johannes Barwick | Riesa/Göhlis-Bahnhof Borkenfriede-Riesa/Göhlis |
| 543 km (7:15 h) | 12.6.1983 | SZD-42-2 *Jantar* 2B, DM-2428 | Heinz-Peter Klose | Riesa/Göhlis-Bahnhof Borkenfriede-Riesa/Göhlis |

**Zielstrecke in gerader Linie, D I – Herren**

| | | | | |
|---|---|---|---|---|
| 305 km (6:01 h) | 23.6.1954 | LG-125 *Sohaj* 2, DDR-2008 | Helmut Schmiedecke | Leszno-Kielce (VR Polen) |
| 335 km (6:40 h) | 5.5.1960 | Lom 57 *Libelle*, DM-2506 | Rüdiger Karisch | Kietz/Oder-Gotha/Ost |
| 520 km (8:37 h) | 23.5.1961 | Lom 58/I *Libelle-Standard*, DM-2581 | Horst Rakowski | Stalinstadt-Mielec (VR Polen) |
| 665 km (9:00 h) | 20.6.1961 | Lom 58/II *Libelle-Laminar*, DM-2651 | Adolf Daumann | Schönhagen-Lublin/Swidnik (VR Polen) |

**Freie Strecke in gerader Linie, D I – Herren**

| | | | | |
|---|---|---|---|---|
| 337 km | 23.6.1954 | LG-125 *Sohaj* 2, DDR-2009 | Wilhelm Lienemann | Leszno-Blaziny (VR Polen) |
| 485 km (7:09 h) | 25.5.1960 | Lom 58/I *Libelle-Standard*, DM-2557 | Walter Mudraschk | Finsterwalde-Kalino Reckiny Ractawice (VR Polen) |
| 520 km (8:37 h) | 23.5.1961 | Lom 58/I *Libelle-Standard*, DM-2581 | Horst Rakowski | Stalinstadt-Mielec (VR Polen) |
| 665 km (9:00 h) | 20.6.1961 | Lom 58/II *Libelle-Laminar*, DM-2651 | Adolf Daumann | Schönhagen-Lublin/Swidnik (VR Polen) |
| 691,5 km (8:05 h) | 20.6.1965 | SZD-24C *Foka*, DM-2035 | Horst Rakowski | Schönhagen-Grodzisko/Dolne (VR Polen) |

Im Ergebnis der I. Kongresses der GST vom 14. bis 16. September 1956 wurden mit den Bruderorganisationen in der VR Polen und der CSSR Vereinbarungen zum Überfliegen der Landesgrenzen der Nachbarstaaten sowie eine „Vereinbarung zur Förderung des Leistungssegelfluges" unterzeichnet. Dem folgten viele interessante Flüge in der wohl erfolgreichsten Zeit des DDR-Streckensegelfluges.

1959 nahm Gerhard Wissmann an den Staatsmeisterschaften in Ungarn teil und erzielte am 11. Juli 1959 –

so die Dokumentation "Geschichte der GST" – angeblich einen DDR-Rekord auf Lom 58/I *Libelle-Standard*. Bei einem Zielstreckenflug über 300 km mit anschließender freier Strecke hatte Gerhard Wissmann mit 417 km hinter Edward Makula (VR Polen, 440 km) und dem CSR-Piloten Rudolf Mestan (424 km), CSSR-Staatsmeister sowie Vizeweltmeister in jenem Jahr, den dritten Platz errungen. Gerhard Wissmanns Flug entsprach jedoch nicht der von der FAI vorgeschriebenen Streckenführung.

Am 20. Juni 1961 erzielte Adolf Daumann seinen Aufsehen erregenden Zielstreckenrekord über 665 km. An diesem Tag waren 16 weitere Piloten in Polen eingeflogen und hatten Kurs auf die sowjetische Grenze genommen. Fast alle hatten das gleiche Ziel wie Daumann angemeldet; allein er vermochte es zu erreichen: den Grenzübergang Hubieszow bei Lublin.

Seinen 500-km-Diamanten erwarb an diesem Tag auch Rolf Peter auf *Libelle-Standard* – bei 2500 m Basis mit großartigen Bedingungen. 9:35 Stunden war er in der Luft. Rolf Peter landete gemeinsam mit Werner Runge in Lodz. Aber jeder musste selbst zusehen, wie er wieder nach Hause gelangte. Manche kehrten erst Tage später wieder heim. Und manche flogen auch von Flugplatz zu Flugplatz, um nötigenfalls Rückschleppmöglichkeiten nutzen zu können. Klaus König hatte seine *Libelle-Standard* bei der Außenlandung schwer beschädigt. Sie wurde per LKW nach Görlitz transportiert, der Rumpf wurde über die Grenze geschoben, die Tragflächen getragen – deshalb heißt es wohl auch Tragfläche, so Rolf Peter schmunzelnd.

Wilhelm Lienemann hatte sich in Magdeburg auf 3000 m Höhe schleppen lassen und flog lange vor dem Einsetzen der Thermik ab. Die zu große Schlepphöhe war der Grund dafür, dass seine 500 km keine Anerkennung fanden. Darüber hinaus trat Lienemann in seinem Landeort Lodz „feldherrenmäßig" auf und die Polen ließen ihn einfach „hängen". Erst eine Woche später kehrte er als letzter in die DDR zurück.

Dem 665-km-Zielstreckenrekord von Adolf Daumann folgten viele Verbesserungsversuche, sogar Fluganmeldungen bis Nitra. Aber alle Versuche misslangen – so auch der folgende interessante Flug, als die beiden Eisenhüttenstädter Horst Rakowski und Bernd Nolte am 20. Juni 1965 zu einer 750 km langen Zielstrecke von Schönhagen nach Polen bis fast an die sowjetische Grenze starteten. Horst flog die SZD-24C *Foka* (DM-2035), Bernd eine SZD-24-4A *Foka* 4. Der Start erfolgte um 9.00 Uhr, und bereits eine Stunde später passierten die beiden *Fokas* Eisenhüttenstadt unweit der polnischen Grenze. Nahe Leszno verschlechterten sich jedoch die thermischen Bedingungen, wurden aber danach wieder besser. Dennoch war die verloren gegangene Zeit nicht mehr aufzuholen. Bernd Nolte landete nach 645 km, Horst Rakowski flog in der Abendthermik

*Joachim Bauch*

*Manfred Blauert*

*Arnold Bock*

*Adolf Daumann*

*Udo Elke*

*Rudolf Hirschfelder*

*Rüdiger Karisch*

*Horst Kny*

*Wilhelm Lienemann*

*Walter Mudraschk*

*Bernd Nolte*

*Rolf Peter*

*Horst Rakowski*

*Werner Runge*

*Gerhard Wissmann*

noch bis fast an 700-km-Grenze heran. Nach 8:05 Stunden hatte er erstaunliche 691,5 km zurückgelegt.

Später gestalteten sich die Streckenflugbedingungen für die Segelflieger in der DDR zunehmend schwieriger. Die Flugüberwachung schrieb genaue Streckenführungen vor, die für den Tag angemeldet werden mussten. Gewöhnlich war eine 20 km breite Trasse mit vorgeschriebenen Wendepunkten ähnlich dem Motorflug einzuhalten, also Abweichungen vom Kurs waren unmöglich. Es gab sogar Streckenabschnitte, die nur sechs Kilometer breit waren. Erschwerend kamen Höheneinschränkungen beim Unterfliegen von Luftstraßen in maximal 1000 m Flughöhe Standarddruck hinzu. Das waren unzumutbare Bedingungen für die Segelflieger.

SZD-24C Foka

SZD-32A Foka 5

Zeichnungen: Manfred Meyer

*Die zwei von der GST gekauften SZD-24C Foka mit Manfred Blauert und Bernd Nolte im Jahre 1963 in Eisenhüttenstadt*

*SZD-24-4A Foka 4 von Bernd Nolte in Eisenhüttenstadt vor den Segelflugweltmeisterschaften 1968 in Leszno. Die GST kaufte 29 Foka 4.*

*Fotos: Archiv Frank-Dieter Lemke*

*Foto: Eckhard Peter*

*Mit der SZD-38A Jantar 1 (fünf Exemplare ab 1974) vollzogen die Piloten der DDR-Nationalmannschaft den Umstieg auf die glasfaserverstärkte Kunststoffbauweise. Der SZD-36A Cobra 15 (14 Stück), die ebenfalls von der Nationalauswahl eingesetzt wurde, gelang kein Segelflugrekord in der DDR.*

*SZD-32A Foka 5 in Eisenhüttenstadt. 33 Foka 5 flogen bei der GST.*

*Foto: Frank-Dieter Lemke*

**Größtes Dreieck, D I – Herren**

607 km 18.5.1976 SZD-38A *Jantar* 1, DM-2402 Jürgen Grossehelweg Leszno-Tuczno-Redziny-Leszno (VR Polen)

*Johannes Barwick*

*Jürgen Burmeister und die Urkunde für seinen Rekordflug (rechts)*

URKUNDE

Jürgen Burmeister
flog am 25.8.1975 eine 300 km Dreieckstrecke
mit einer Geschwindigkeit von

105,1 km/h.

Diese Leistung wird vom
Aeroklub der DDR
als

DDR-Rekord

Klasse D I
anerkannt.

*Jürgen Grossehelweg*

Horst Heimann

Heinz-Peter Klose (links)

Andreas Kühl und seine Helfer Hans-Peter „Broddy“ Kriegel (links) sowie Susanne Zacharias (alle Eisenhüttenstadt)

Links: Joachim „Eddy“ Oelschlägel

Rechts: Eberhard Wötzel

Mitglieder der DDR-Auswahlmannschaft um 1978 – v.l.: Trainer Rolf Peter, Heinz-Peter Klose, Monika Warstat, Irmgard Morgner, Horst Heimann, Gerold Weber und Johannes Barwick

Foto: Sammlung Gerold Weber

Foto: Hartmut Buch

Von der SZD-41A Jantar-Standard erwarb die GST zehn Stück.

Foto: Frank-Dieter Lemke

Vorn eine SZD-48-1 Jantar-Standard 2, dahinter, die DDR-2427, eine SZD-48 Jantar-Standard 2. Die GST kaufte je zwei SZD-48 und SZD-48-1 Jantar-Standard 2 sowie fünf SZD-48-3 Jantar-Standard 3.

Foto: Frank-Dieter Lemke

SZD-42-1 Jantar 2A in Klix im Jahre 2015. Die Bezeichnung 2A irritiert, weil die SZD-42-1 eigentlich ein Jantar 2 ist. Die GST erwarb ein Exemplar.

Foto: Archiv Frank-Dieter Lemke

SZD-42-2 Jantar 2B. Vier Flugzeuge dieses Musters flogen bei der GST.

**Startüberhöhung / relativer Höhengewinn, D I – Herren**

| | | | | |
|---|---|---|---|---|
| 3712 m | 1.7.1957 | SZD-9bis 1C *Bocian*, DM-3033 | Wilhelm Lienemann | Schönhagen |
| 4200 m | 18.5.1959 | SZD-9bis 1C *Bocian*, DM-3206 | Fredy Voss | Leipzig-Mockau-Schkeuditz |
| 5570 m | 1.12.1959 | SZD-12A *Mucha* 100A, SP-1796 | Manfred Blauert | Jezow/Sudecki (VR Polen) |
| 7150 m | 5.12.1961 | SZD-9bis *Bocian*, SP-2052 | Joachim Bauch | Jezow/Sudecki (VR Polen) |
| 9260 m | 4.11.1966 | SZD-22 *Mucha-Standard*, SP-2238 | Günter Schütze | Jelenia Gora (VR Polen) |

**Absolute Höhe / absoluter Höhengewinn, D I – Herren**

| | | | | |
|---|---|---|---|---|
| 6961,5 m | 1.12.1959 | SZD-12A *Mucha* 100A, SP-1796 | Manfred Blauert | Jezow/Sudecki (VR Polen) |
| 8500 m | 5.12.1961 | SZD-9bis *Bocian*, SP-2052 | Joachim Bauch | Jezow/Sudecki (VR Polen) |
| 9970 m | 4.11.1966 | SZD-22 *Mucha-Standard*, SP-2238 | Günter Schütze | Jelenia Gora (VR Polen) |

*Günter Schütze*

*Fredy Voss*

*Links: SZD-22 Mucha-Standard (VR Polen)*

**Geschwindigkeitsflug 100-km-Dreieck, D I – Damen**

| | | | | |
|---|---|---|---|---|
| 55,2 km/h (104 km) | 19.8.1965 | Lom 58/I *Libelle-Standard*, DM-2583 | Ursel Heinicke | Schöngleina-Gera-Weißenfels-Schöngleina |
| 69,6 km/h (101 km) | 17.6.1966 | Lom 58/II *Libelle-Laminar*, DM-2652 | Monika Warstat | Neustadt-Glewe-Lübs-Pinnow-Neustadt-Glewe |
| 73,2 km/h (101 km) | 16.6.1969 | Lom 58/II *Libelle-Laminar*, DM-2663 | Ursel Wötzel | Neustadt-Glewe-Pinnow-Lübs-Neustadt-Glewe |
| 78,97 km/h (145 km) | 2.6.1978 | SZD-41A *Jantar-Standard*, DM-2417 | Irmgard Morgner | Schumen-Kaolinowo-Prostorno-Schumen (UdSSR) |
| 85,95 km/h (145 km) | 8.6.1978 | SZD-41A *Jantar-Standard*, DM-2417 | Irmgard Morgner | Schumen-Kaolinowo-Prostorno-Schumen (UdSSR) |

**Geschwindigkeitsflug 300-km-Dreieck, D I – Damen**

| | | | | |
|---|---|---|---|---|
| 46,0 km/h (301 km) | 18.7.1964 | Lom 58/I *Libelle-Standard*, DM-2583 | Ursel Heinicke | Laucha-Göhlis-Dobien bei Lutherstadt Wittenberg-Laucha |
| 75,528 km/h (304 km) | 13.6.1969 | SZD-24-4A *Foka* 4, DM-2046 | Monika Warstat | Neustadt-Glewe-Tüzen-Altfriesack-Neustadt-Glewe |
| 78,11 km/h (322 km) | 26.6.1973 | SZD-30 *Pirat, DM-1846* | Monika Warstat | Leszno-Ostrzesznow-Wrzesnia-Leszno (VR Polen) |

*Die GST kaufte ab 1967 in der Volksrepublik Polen 216 SZD-30 Pirat. 1979 kamen über den VEB Carl Zeiss noch zwei SZD-30C Pirat für die Segelflieger in Jena-Schöngleina hinzu.*

*Rechts: Pirat-Galerie während der Meisterschaften des Bezirkes Frankfurt/Oder in Eisenhüttenstadt 1988*

*Foto: Frank-Dieter Lemke*

*SZD-30 Pirat*

*Zeichnung: Manfred Meyer*

**Geschwindigkeitsflug 500-km-Dreieck, D I – Damen**

| | | | | |
|---|---|---|---|---|
| 83,81 km/h (501 km) | 20.8.1984 | SZD-48-1 *Jantar-Standard* 2, DDR-2430 | Monika Warstat | Leszno-Lodz-Inowroclaw-Leszno (VR Polen) |
| 88,27 km/h (510 km) | 22.7.1989 | SZD-48-1 *Jantar-Standard* 2, DDR-2431 | Anett Arndt | Leszno-Tuczno-Borlinak-Leszno (Polen) |
| 98,48 km/h (501 km) | 27.7.1989 | SZD-48-1 *Jantar-Standard* 2, DDR-2431 | Anett Arndt | Leszno-Lodz-Inowroclaw-Leszno (Polen) |

Wie für Andreas Kühl war der Flug am 27. Juli 1989 auch für Anett Arndt, beide auf *Jantar-Standard* 2, der letzte erzielte DDR-Rekord und der Abschluss der nunmehr Ewigen Rekordliste der DDR-Segelflieger.

**Größtes Dreieck, D I – Damen**

| | | | | |
|---|---|---|---|---|
| 510 km | 22.7.1989 | SZD-48-1 *Jantar-Standard* 2, DDR-2431 | Anett Arndt | Leszno-Tuczno-Borlinak-Leszno (Polen) |

**Zielstrecke mit Rückkehr in gerader Linie, D I – Damen**

| | | | | |
|---|---|---|---|---|
| 232 km (4:43 h) | 12.8.1965 | Lom 58/I *Libelle-Standard*, DM-2579 | Ursel Heinicke | Schönhagen-Halle-Schönhagen |
| 300 km (4:50 h) | 24.5.1966 | Lom 58/II *Libelle-Laminar*, DM-2656 | Irmgard Morgner | Schönhagen-Baruth/Bautzen-Schönhagen |
| 336 km (6:24 h) | 7.7.1969 | SZD-24-4A *Foka* 4, DM-2046 | Monika Warstat | Orel-Taliza-Orel (UdSSR) |
| 390 km (6:22 h) | 10.7.1971 | SZD-32A *Foka* 5, DM-2207 | Irmgard Morgner | Dunakeszi-Kalle-Ujteherto-Dunakeszi (Ungarn) |
| 513 km (6:41 h) | 29.8.1982 | SZD-42-2 *Jantar* 2B, DM-2428 | Monika Warstat | Riesa/Göhlis-Jatznick-Riesa/Göhlis |

**Freie Strecke in gerader Linie, D I – Damen**

| | | | | |
|---|---|---|---|---|
| 307,5 km (6:32 h) | 29.7.1968 | SZD-24-4A *Foka* 4, DM-2046 | Monika Warstat | Klix-Renneritz-Landung in Großsärchen bei Klix |
| 444 km (8:00 h) | 27.6.1973 | SZD-30 *Pirat*, DM-1813 | Irmgard Morgner | Leszno-Lubien-Oleszno-Jemielna (VR Polen) |

Für ihren angeblichen DDR-Rekord über 307,5 km, ein unvollendeter Zielrückkehrflug mit Außenlandung, erhielt Monika Warstat nie eine Urkunde.

Die 444 km von Irmgard Morgner wiederum waren ein unvollendetes, wegen schlechtem Wetter abgebrochenes 503-km-Dreieck. Diesen Flug absolvierte Irmgard gemeinsam mit Monika Warstat, die zuerst landete. Aber weil sie kurz zuvor einen DDR-Rekord erzielt hatte, „übereignete" sie ihn Irmgard Morgner. Die Anerkennung dieses Fluges über zwei Wendepunkte als Landesrekord über der Freien Strecke geht zurück auf eine Änderung des Sport Code Sektion III, gültig ab 1. Januar 1973.

**Startüberhöhung / relativer Höhengewinn, D I – Damen**

| | | | | |
|---|---|---|---|---|
| 4390 m | 26.11.1965 | SZD-22 *Mucha-Standard*, SP-2103 | Ursel Heinicke | Jezow/Sudecki (VR Polen) |
| 5550 m | 4.11.1966 | SZD-22 *Mucha-Standard*, SP-1993 | Irmgard Morgner | Jelenia Gora (VR Polen) |
| 5800 m | 12.11.1969 | SZD-22 *Mucha-Standard*, SP-2238 | Monika Warstat | Jelenia Gora (VR Polen) |

**Absolute Höhe / absoluter Höhengewinn, D I – Damen**

| | | | | |
|---|---|---|---|---|
| 5870 m | 26.11.1965 | SZD-22 *Mucha-Standard*, SP-2103 | Ursel Heinicke | Jezow/Sudecki (VR Polen) |
| 6790 m | 4.11.1966 | SZD-22 *Mucha-Standard*, SP-1993 | Irmgard Morgner | Jelenia Gora (VR Polen) |
| 6992 m | 12.11.1969 | SZD-22 *Mucha-Standard*, SP-2238 | Monika Warstat | Jelenia Gora (VR Polen) |

Während Monika Warstat für ihren Höhengewinn am 12. November 1969 eine Rekordflug-Urkunde erhielt, ist das für die Absolute Höhe nicht der Fall. Die akribische Monika hat den interessanten Flug detailliert beschrieben und auch dort gibt es keinen Hinweis auf einen DDR-Rekord.

*Anett Arndt*

*Ursel Heinicke (später Wötzel)*

*Irmgard Morgner*

*Monika Warstat*

*Links: Monika Warstat, die erste Europameisterin der Damen (1979). Keinem anderen gelang ein internationaler Titel für den DDR-Segelflug.*

**Geschwindigkeitsflug 100-km-Dreieck, D II – Herren**

| | | | | |
|---|---|---|---|---|
| 54,338 km/h (108 km) | 13.7.1957 | SZD-9bis 1C *Bocian*, DM-3033 | Wilhelm Lienemann/Kurt Rusch | Schönhagen-Niemegk-Welsickendorf-Schönhagen |
| 75,251 km/h (112 km) | 7.6.1959 | SZD-9bis 1C *Bocian*, DM-3017 | Wilhelm Lienemann/Erhard Kirsche | Schönhagen-Teupitz-Dahme-Schönhagen |
| 87,8 km/h (110 km) | 5.9.1975 | L-13 *Blanik*, K 24 | Johannes Barwick/Leonhard Gruhn | Wadu li Wody-Kranju Kut-Karmanowo-Wadu li Wody (Kishinjow/UdSSR) |

Interessanterweise überbot Johannes Barwick gemeinsam mit Leonhard Gruhn am 5. September 1975 gleich zweimal den 16 Jahre alten DDR-Rekord von Wilhelm Lienemann mit einem Start. Barwick/Gruhn starteten um 13.37 Uhr und landeten um 17.04 Uhr. In dieser Zeit umrundeten sie das 110-km-Dreieck zweimal erfolgreich.

**Geschwindigkeitsflug 200-km-Dreieck, D II – Herren**

| | | | | |
|---|---|---|---|---|
| 59,04 km/h (210 km) | 18.6.1959 | SZD-9bis 1C *Bocian*, DM-3017 | Wilhelm Lienemann/Erhard Kirsche | Schönhagen-Finsterwalde-Lindenberg-Schönhagen |

**Geschwindigkeitsflug 300-km-Dreieck, D II – Herren**

| | | | | |
|---|---|---|---|---|
| 53,73 km/h (308 km) | 24.5.1959 | SZD-9bis 1C *Bocian*, DM-3202 | Fritz Fliegauf/Waltraud Simanowski | Schönhagen-Neuhausen-Riesa-Schönhagen |
| 59,022 km/h (302 km) | 25.5.1961 | L-13 *Blanik*, DM-3208 | Manfred Blauert/Hans-Joachim Pöthko | Schönhagen-Neuhausen-Riesa-Schönhagen |
| 67,8 km/h (311 km) | 6.9.1975 | L-13 *Blanik*, K 24 | Gerold Weber/Leonhard Gruhn | Wadu li Wody-Kotjuschen-Marianowka-Wadu li Wody (Kishinjow/UdSSR) |

*Hans-Joachim Pöthko mit Tochter*

*Leonhard Gruhn*

*Kurt Rusch*

*Gerold Weber*

*Gerold Weber (vorn) und Wilfried Schubert im Cockpit der L-13 Blanik der DOSAAF; an der Flügelvorderkante Dietrich Habermehl.*

**Zielstrecke in gerader Linie, D II – Herren**

| | | | | |
|---|---|---|---|---|
| 335 km (4:30 h) | 25.6.1960 | SZD-9bis 1D *Bocian*, DM-3207 | Arnold Bock/Otto Sachtleben | Kietz/Oder-Gotha/Ost |

**Zielstrecke mit Rückkehr in gerader Linie, D II – Herren**

| | | | | |
|---|---|---|---|---|
| 180 km (6:35) | 14.7.1955 | SZD-9bis *Bocian*, SP-1564 | Rolf Peter/Fritz Fliegauf | Leszno-Lisie Katy-Leszno (VR Polen) |

Der Rekordflug am 14. Juli 1955, die 180-km-Zielstrecke mit Rückkehr von Peter/Fliegauf, fand zwar Aufnahme in der Dokumentation der GST-Geschichte, ist aber offiziell nicht anerkannt worden.

*Rechts: DDR-Segelflieger weilten 1955 auf Einladung polnischer Segelflieger in Lisie Katy und sammelten erste Erfahrungen. Hier mit dem Rekordflugzeug, einem der ersten Bocian-Versionen – damals ein Hochleistungsflugzeug.*

*Foto: Archiv Frank-Dieter Lemke*

| | | | | |
|---|---|---|---|---|
| 214 km | 19.7.1956 | SZD-9bis 1C *Bocian*, DM-3028 | Rolf Peter/Buchmann | Schönhagen-Neuhausen-Schönhagen |
| 290 km (6:01 h) | 5.5.1960 | SZD-9bis 1D *Bocian*, DM-3207 | Horst Rieck/Werner Fiedler | Eggersdorf-Riesa/Canitz-Eggersdorf |

**Fortsetzung Zielstrecke mit Rückkehr in gerader Linie, D II – Herren**

| | | | | |
|---|---|---|---|---|
| 400 km (7:35 h) | 20.6.1961 | SZD-9bis 1D *Bocian*, DM-3207 | Bernd Nolte/Horst Rakowski | Stalinstadt-Halle-Stalinstadt |

Auf spektakuläre Weise kehrten Nolte/Rakowski von ihrem 400-km-Flug zu ihrem Heimatflugplatz Stalinstadt (noch der alte Flugplatz) zurück. „Atze“ Rakowski hatte seine Kabinenhaube geöffnet, also nach hinten geschoben, sich vom Gurtzeug gelöst, stand aufgerichtet in der hinteren Kabine und entbot mit der rechten Hand an der Schläfe die militärische Ehrenbezeugung. Das war der Anblick, der sich den Segelfliegern am Boden bot, als der *Bocian* in geringer Höhe über sie hinweg glitt. Unübersehbar war der berechtigte Stolz von Bernd Nolte und Horst Rakowski auf ihren Flug und die erbrachte Leistung.

**Freie Strecke in gerader Linie, D II – Herren**

| | | | | |
|---|---|---|---|---|
| 359 km (4:47 h) | 15.7.1961 | SZD-9bis 1D *Bocian*, DM-3207 | Horst Rakowski/Udo Elke | Bremsdorf-Bozewo (VR Polen) |
| 425 km (6:17 h) | 2.6.1962 | L-13 *Blanik*, DM-3208 | Horst Rakowski/Rudolf Hirschfelder | Schönhagen-Gnoyno (VR Polen) |
| 486 km (7:45 h) | 20.6.1962 | vermutlich L-13 *Blanik*, DM-3208 | Horst Rakowski/Klaus König | Schönhagen-Leonow (VR Polen) |

**Startüberhöhung / relativer Höhengewinn, D II – Herren**

| | | | | |
|---|---|---|---|---|
| 4000 m | 13.4.1989 | SZD-50-3 *Puchacz, SP-3403* | Max Skuppin/Harald Kludt | Jelenia Gora (Polen) |

**Absolute Höhe / absoluter Höhengewinn, D II – Herren**

| | | | | |
|---|---|---|---|---|
| 4734 m | 24.8.1959 | FES 530 *Lehrmeister* | Gerhard Schmiedecke/Willi Deutschmann | Friedersdorf |

Der Höhenrekord von Gerhard Schmiedecke und Willi Deutschmann am 24. August 1959, so schrieb Thomas Grimm, war nicht anerkannt worden: "Schmiedecke und Deutschmann starteten auf dem Schuldoppelsitzer FES 530 in Friedersdorf. Damals war der Abflug noch in alle Richtungen offen. Die *Lehrmeister*-Besatzung ließ sich über dem Kiesabbaugebiet nördlich des Flugplatzes in eine gewaltige Cumuluswolke hineinsaugen und stieg im Blindflug bis weit über 4000 m Höhe. Über Rüdersdorf kam die Besatzung seitlich aus der Wolke heraus, orientierte sich am Straussee und den Schloten des Kalkwerkes und landete sicher. Die Sportzeugen erkannten den Barographenschrieb des Fluges zunächst als Beweis für den Rekord an, aber später wurde bekannt, dass kein Sauerstoffgerät benutzt worden war und die Sportzeugen zogen die Anerkennung wieder zurück."

*Links Gerhard Schmiedecke sowie Willi Deutschmann*

*Harry Kludt*

*Horst Rieck*

*Otto Sachtleben*

*Max Skuppin*

Foto: Monika Warstat

*SZD-9bis 1C Bocian in Klix mit Irmgard Morgner (links) und Renate Böhme*

Foto: Archiv Frank-Dieter Lemke

*Von der SZD-9bis 1C Bocian flogen ab 1955 neun Exemplare bei der GST.*

Foto: Archiv Frank-Dieter Lemke

*Verladen einer SZD-9bis 1D Bocian auf einen STW I, dem sogenannten „Transatlantik", ein aufwändiger Straßentransportwagen.*

Foto: Winfried Morgner

*Rumpfbug einer SZD-9bis 1D Bocian, hier der DM-3207. Zwischen 1960 und 1968 kaufte die GST vier Exemplare der Version 1D.*

**Geschwindigkeitsflug 100-km-Dreieck, D II – Damen**

| | | | | |
|---|---|---|---|---|
| 44,73 km/h (106,6 km) | 6.8.1967 | SZD-9bis 1C *Bocian*, DM-3205 | Irmgard Morgner/Gudrun Drößler | Schönebeck-Vahldorf-Theeßen-Schönebeck |

**Zielstrecke mit Rückkehr in gerader Linie, D II – Damen**

| | | | | |
|---|---|---|---|---|
| 144 km (2:36 h) | 5.6.1966 | L-13 *Blanik*, DM-3208 | Irmgard Morgner/Helga Pape | Schönhagen-Finsterwalde-Schönhagen |
| 137 km (2:28 h) | 11.9.1976 | L-13 *Blanik*, Nr. 28 | Romy Friebel/Ulrike Hoppe | Wadu li Wody-Satimy-Wadu li Wody (UdSSR) |

*Gudrun Drößler (später Scheel)*

*Ulrike Hoppe*

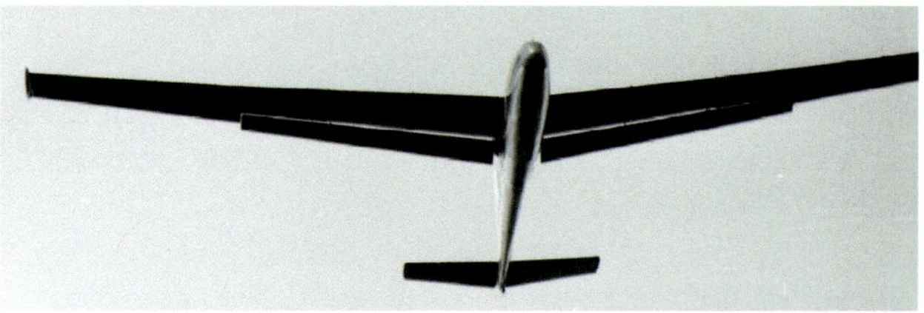

*Der Flug von Romy Friebel (rechts) und Ulrike Hoppe (links) fand eigenartigerweise Aufnahme in der Rekordliste, obwohl die Anzahl der geflogenen Kilometer geringer ist als beim vorhergehenden Flug von Irmgard Morgner und Helga Pape. Eine Erklärung dafür vermochte niemand zu liefern.*

*Foto: Dietrich Habermehl*

Fotos: Archiv Frank-Dieter Lemke

*Die L-13 Blanik aus der CSSR, in den 1950er Jahren der „Cadillac der Lüfte", gelangte in der DDR nur in drei Exemplaren zum Einsatz. Einen Blanik (Bild oben und rechts) kaufte die GST im Jahre 1960, zwei Flugzeuge dieses Typs der VEB Carl Zeiss im Jahre 1978 für die Segelflieger in Jena-Schöngleina.*

Zeichnung: Manfred Meyer

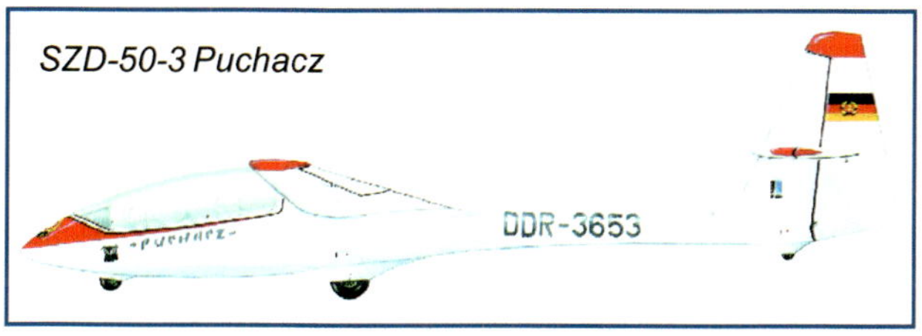

Foto: Frank-Dieter Lemke

*Rechts: SZD-50-3 Puchacz (VR Polen) im Jahre 1986 auf dem Flugplatz Eggersdorf bei Müncheberg. Die GST kaufte ab 1983 genau 62 Flugzeuge dieses Typs für die Anfängerschulung. Rekordversuche mit diesem leistungsfähigen Doppelsitzer sind jedoch nur durch Dr. Erland Lorenzen bekannt geworden. Sein fehlender Erfolg war den schlechten Streckenflugbedingungen in der DDR geschuldet, denn erforderliche Umwege und Höheneinschränkungen kosteten einfach zu viel Zeit.*

## DDR-Bestleistungen

**Freier Streckenflug, D I – Herren**
337 km | 23.6.1954 | Vermutlich LG-125 *Sohaj* 2 | Wilhelm Lienemann | Leszno-Blazing (Polen)

**Geschwindigkeitsflug 100-km-Dreieck, D II – Herren**
54,338 km/h (108 km) | 13.7.1957 | SZD-9bis 1C *Bocian* | Wilhelm Lienemann/Kurt Rusch | Schönhagen

**Geschwindigkeitsflug 100 km Zielstrecke, D I – Herren**
131,6 km/h | 6.6.1962 | Lom 61 *Favorit* | Adolf Daumann

**Geschwindigkeitsflug 300 km Zielstrecke mit Rückkehr, D I – Damen**
83,928 km/h (300 km) | 23.7.78 | SZD-41A *Jantar-Standard*, DM-2417 | Ulrike Hoppe | Klix-Döbern-Klix

**Geschwindigkeitsflug 300 km Zielstrecke mit Rückkehr, D I – Herren**
92,299 km/h (300 km) | 23.7.78 | SZD-42-1 *Jantar* 2, DM-2421 | Johannes Barwick | Klix-Döbern-Klix

**Geschwindigkeitsflug 500 km Zielstrecke mit Rückkehr, D I – Herren**
81,21 km/h (513 km) | 29.8.82 | SZD-42-2 *Jantar* 2B, DM-2429 | Horst Heimann | Riesa/Göhlis-Jatznick-Riesa/Göhlis

**Geschwindigkeitsflug 500 km Zielstrecke mit Rückkehr, D I – Damen**
76,7 km/h (513 km) | 29.8.82 | SZD-42-2 *Jantar* 2B, DM-2428 | Monika Warstat | Riesa/Göhlis-Jatznick-Riesa/Göhlis

Neben der Urkunde als Bestätigung für den DDR-Rekord über die 513-km-Zielstrecke mit Rückkehr erhielt Monika Warstat vom GST-Zentralvorstand, unterschrieben von Werner Hempel, auch eine Urkunde für den angeblichen Geschwindigkeitsrekord bei diesem Flug über die 500-km-Zielstrecke mit Rückkehr. Aber das war eine „erfundene" Rekordkategorie, die es offiziell gar nicht gab.

*Schnappschuss am 5. August 1990 in Suhl-Goldlauter: Adolf Henke schreibt spaßeshalber als Vorgriff auf die Zukunft eine 1000-km-Strecke auf Jantar 1 aus.*

*Foto: Frank-Dieter Lemke*

*Bildquellen für die Fotos der Rekordflieger: Archiv Frank-Dieter Lemke (27), Archiv Hans Möde, Calibris Marketing+Design, Rudolf Daum, Dietrich Habermehl (3), Klaus „Theo" Körner, Frank-Dieter Lemke, LSC INTERFLUG (2), Peter Noppens, Eckhard Peter und Rolf Peter. Aus Sammlungen von Jürgen Burmeister (2), Leonhard Gruhn (2), Harry Kludt, Horst Kny, Udo Krause, Walter Mudraschk, Joachim Oelschlägel, Hans-Joachim Pöthko, Jutta Sachtleben, Monika Warstat sowie Gerold Weber (2).*

BERND HAVENSTEIN / FRANK-DIETER LEMKE / GERT ROLLE

# Delphin-Luftschiff mit Wellpropeller-Antrieb

## DAS VIELSEITIG VERWENDBARE DELPHIN-LUFTSCHIFF BLIEB EINE VISION

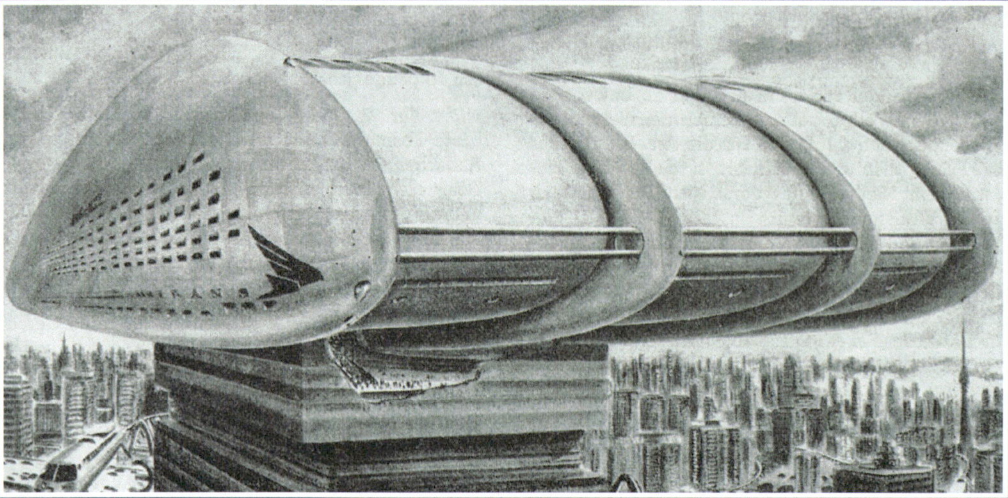

*Vision von Wilhelm Schmidt von einem neuartigen Luftschiff mit Delphin-Körper und Wellpropeller-Antrieb, das im Stadt-Stadt-Verkehr zum Einsatz gelangt und auf Hochhäusern landet.*

*Zeichnung: Otto Reich/Lengenfeld*

IM JAHRE 1970 – NEUN JAHRE NACH DEM AUS DER DDR-LUFTFAHRTINDUSTRIE – VERÖFFENTLICHTE DIE ZEITSCHRIFT FLIEGERREVUE EINEN ARTIKEL VON DIPL.-VOLKSWIRT ULRICH QUECK MIT DEM TITEL „DELPHIN DER LUFT“. DIESER ARTIKEL ENTSPRACH IN WESENTLICHEN TEILEN EINEM GEMEINSAMEN BEITRAG VON IHM UND DR.-ING. WILHELM SCHMIDT IN DER SCHRIFTENREIHE „TECHNISCH-ÖKONOMISCHE INFORMATIONEN DER ZIVILEN LUFTFAHRT“ VOM MAI GLEICHEN JAHRES, IN DEM SIE IHR PROJEKT EINES LUFTSCHIFFES MIT WELLPROPELLER-ANTRIEB VORSTELLTEN.
WAREN DIESE FORSCHUNGEN ALLEINGÄNGE VON LUFTFAHRTENTHUSIASTEN ODER DEUTETE SICH HIER EIN VERSUCH ZUM ERNEUTEN AUFBAU EINER LUFTFAHRTINDUSTRIE IN DER DDR AN?

Für sein Delphin-Luftschiff sah Wilhelm Schmidt einen tragflügelartigen Luftschiffkörper mit nahezu symmetrischem Profil und halbtropfenförmigen Endscheiben vor.

Der Wellantrieb befand sich vorn und hinten. Letzterer diente zugleich als Absaugvorrichtung und sollte die Strömung über den gesamten Luftschiffkörper laminar halten und außerdem noch Vortrieb liefern.

Als niederfrequenten Propellerantrieb erhoffte man sich vom Wellerprinzip eine vergleichsweise geringe Lärm-Emission.

Die hohe Manövrierfähigkeit und auch die Geschwindigkeit von sage und schreibe bis zu 500 km/h schien das Delphin-Luftschiff für Montagearbeiten ebenso wie für die Fracht- und Pasagierbeförderung zu prädestinieren. Aber das Projekt scheiterte bereits in der Forschungsphase, weil nur wenige von der Möglichkeit seiner Verwirklichung überzeugt waren.

***Schon einige Jahre lang hatte damals der von Wilhelm Schmidt entwickelte und neuartige Antrieb für ein Flugauto in den Zeitungen und Zeitschriften der DDR eine breite Publizität erfahren. Die Darstellungen reichten von sachlicher Information bis hin zu utopischen Visionen, etwa wie in der Monatszeitschrift Armeerundschau, in der ein Zeichner Mot.-Schützen der Nationalen Volksarmee einen Schützenpanzerwagen mit Wellpropeller-Antrieb besteigen ließ.***

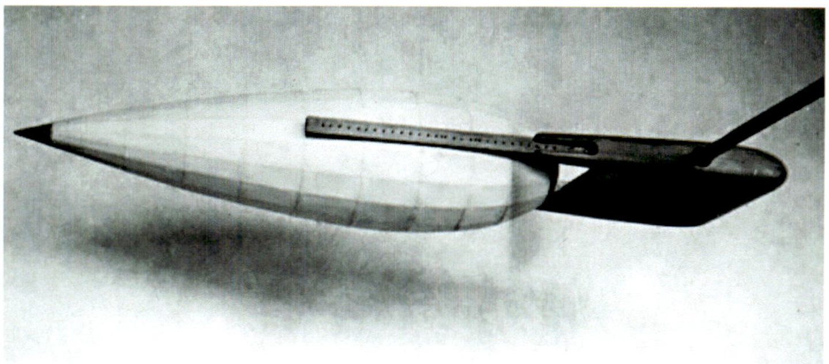

*Entdeckt in einer Bildersammlung: die Vorstufe des rotierenden Wellers, hier als Versuchsaufbau mit Auftriebskörper und Schlagruder, das sich verschiebbar auf einer Schiene befindet, um den optimalen Abstand zwischen Auftriebskörper und Antrieb zu ermitteln.*

*Foto: Archiv Frank-Dieter Lemke*

## *Wer war Wilhelm Schmidt?*

Wilhelm Schmidt wurde am 16. Oktober 1901 als erster von drei Söhnen des Postanwärters Karl Julius Schmidt in Aachen geboren. Die Familie zog im November 1905 nach Naumburg an der Saale. Sein Abitur am Realgymnasium absolvierte Wilhelm Schmidt im Februar 1921. Im gleichen Jahr begann er ein Studium an der Technischen Hochschule in Berlin-Charlottenburg und beendete es fünf Jahre später als Diplom-Ingenieur. Zu Jahresbeginn 1927 wurde er Assistent bei Prof. Dr. Richard Fuchs an der Deutschen Versuchsanstalt für Luftfahrt in Berlin-Adlershof.

Von Sommer 1929 bis Oktober 1931 arbeitete er für die Aerodynamische Versuchsanstalt (AVA) in Göttingen. Hier lernte Wilhelm Schmidt nicht nur Gustav Lilienthal (verstorben 1933 in Berlin) und dessen Schlagflügel-Flugapparat kennen, sondern promovierte auch zum Dr.-Ingenieur. In Göttingen dachte Gustav Lilienthal über die gewellte Strömung nach und irgendwann erfand er den Wellpropeller als logische Fortsetzung seiner Überlegungen. Davon profitierte offenbar Wilhelm Schmidt.

In seiner Dissertation beschäftigte sich Schmidt mit der Entwicklung eines autorotationsfreien, steil landbaren Fluggerätes. Die Arbeit wurde in der Zeitschrift für Flugtechnik und Motorluftschiffahrt Heft 18 (1931) veröffentlicht.

Die Wirtschaftskrise in Deutschland, die unter anderem auch die normale Arbeit sowie die notwendigen baulichen Erweiterungen der Deutschen Versuchsanstalt für Luftfahrt in Berlin-Adlershof beeinträchtigte, ließ auch Wilhelm Schmidt nach seiner Göttinger Zeit lange keine Anstellung finden. Er musste von Arbeitslosenunterstützung und einer Forschungsbeihilfe der Notgemeinschaft der Deutschen Wissenschaft leben. Erst im Sommer 1934 – im Zuge der durch die NSDAP forcierten Luftrüstung – konnte er wieder eine feste Anstellung finden. Seit Juli 1934 war Schmidt wissenschaftlicher Mitarbeiter, später Gruppenleiter bei den Henschel-Flugzeugwerken, die kurze Zeit später das neuerrichtete Objekt einschließlich Werkflugplatz in Schönefeld südlich von Berlin bezogen. Wissenschaftliche Veröffentlichungen Schmidts finden sich in den Jahrbüchern 1939, 1941 und 1942 der deutschen Luftfahrtforschung (Bericht der Henschel-Flugzeugwerke AG).

In den Jahren 1943 bis zum Kriegsende im Mai 1945 arbeitete Schmidt in der Arbeitsgemeinschaft Cornelius in Berlin bzw. leitete in Schwaderbach selbst eine andere Arbeitsgemeinschaft. Nach dem Kriegsende zog er zu seinen Eltern, die noch immer in Naumburg lebten. Die Zeit bis zum 1. September 1946 überbrückte Wilhelm Schmidt als Hilfsarbeiter, und bis 1957 war er an der Gewerblichen Berufsschule in Naumburg tätig.

## *Vom Schlagruder zum Schlagrotor*

In den Jahren an der Naumburger Berufsschule arbeitete er neben seiner Lehrtätigkeit auch weiter an Themen, die teilweise schon Eingang in seinen in den 1930er Jahren erteilten Patenten gefunden hatten: dem Schlagrotor. In den Archivunterlagen des Otto-Lilienthal-Museums Anklam findet sich ein Foto, datiert vom 21. November 1953, das Schmidt, umringt von seinen Schülern, vor einem selbstgebauten Automobil mit Schlagruderantrieb zeigt.

Der von der Regierung der DDR beschlossene Aufbau einer eigenen zivilen Luftfahrtindustrie mit seiner Konzentration im Dresdener Raum und dem dadurch erforderlich gewordenen Bedarf an Facharbeitern und Wis-

***Patente von Wilhelm Schmidt:***
Nr. 563820 vom 29.9.1929
Nr. 661746 vom 25.6.1938
Nr. 673932 vom 27.7.1937
Nr. 22869 Kl. 62b 38 vom 14.3.1959 und vom 9.1.1960.

*Funktionsmodell mit Schlagruder und Entweller. Vorstellbar ist in der Bohrung eine exzentrische Welle bzw. Kurbelwelle mit einer angesteckten Kurbel (Vielleicht sogar mit einem Motor?), womit das Schlagruder in Bewegung gesetzt wird und einen spürbaren Vortrieb erzeugt.*

*Ein Modell-Schlagrotor mit zwei Wellblättern*

*Fotos: Bernd Havenstein*

senschaftlern eröffnete auch für Wilhelm Schmidt die Möglichkeit des Wiedereinstiegs in seine eigentliche Profession. Ab September 1957 konnte er eine wissenschaftliche Tätigkeit im Forschungszentrum der Luftfahrtindustrie in Dresden-Klotzsche aufnehmen.

Zwei Jahre später veröffentlichte er in der Zeitschrift Deutsche Flugtechnik (Ausgabe 11/1959) erste Ergebnisse von Rundlaufversuchen mit einem Schlagrudermodell in der Luft. Zwei weitere Arbeiten finden sich in den Heften 7 und 11 des Jahres 1960.

Sein Interesse galt der Erforschung der gewellten Strömung, deren Wirkung erstmals durch Knoller und Betz am Segelflug der Vögel beobachtet und theoretisch formuliert (1909) sowie von Katzmayr 1922 durch Windkanalversuche (Strömung durch eine Jalousie mit veränderlichen Blättern) praktisch bestätigt wurde. Der Knoller-Betz-Effekt erklärt den Segelflug der Vögel bei nicht vorhandenem Aufwind durch die wechselnde Anströmung des Flügels einmal von schräg unten oder von schräg oben.

Ein Schlagruder diente Schmidt nun zur Erzeugung dieser gewellten Strömung, in die er Leitwerksflügel variabler Tiefe und Dicke sowie in unterschiedlichen Abständen zum Schlagruder brachte. Dabei stellte er fest, dass ein Leitwerksflügel hinter dem Schlagruder keine Verkleinerung, sondern eine Vergrößerung der Geschwindigkeit erbrachte und dass der größte Vortrieb bei einem Verhältnis der Flügeldicke zur Flügeltiefe bei ca. 0,25 erreicht wird. Ebenso stellte er fest, dass mit zunehmendem Abstand des Flügels vom Schlagruder die Vortriebserzeugung rasch abnimmt. Später entwickelte Schmidt das Schlagruder zum rotierenden Weller, d.h. zwei oder vier Blätter, befestigt zwischen zwei Kreisscheiben, rotieren um eine Achse und erzeugen den erforderlichen Wellstrom. Mit dieser Anordnung konnten bessere Werte erreicht werden, unter anderem dadurch, dass die Totpunkte eines Schlagruders entfielen.

In diese intensive wissenschaftliche Arbeit fiel die überraschende Einstellung des Flugzeugbaus in der DDR im Frühjahr 1961. Nach der Schließung des Zentrums der Luftfahrtforschung konnte Schmidt – nun tätig am Institut für Angewandte Mathematik und Mechanik der Deutschen Akademie der Wissenschaften in Berlin – seine praktischen Forschungen 1963 und 1964 am Institut für Schiffbau in Rostock fortsetzen. Die Versuchsreihen dort verliefen jedoch nicht mit den von Schmidt erhofften Erfolgen. In einem Bericht aus dem Jahre 1964 stellte der Leiter der Schiffbau-Versuchsanstalt Dr.-Ing. Henschke fest: „Für eine Anwendung des Wellpropellers in der Praxis können bei dem zur Zeit erreichten Stand der Versuchsresultate keine Empfehlungen gegeben werden.“ Das Thema fand keine Aufnahme in den Plan Forschung und Entwicklung des Institutes für das dar-

*Links: Funktionsmodell eines Heckwellers mit zwei Wellblättern (Schlagrotor) und Entweller sowie rechts ein Modell mit Schlagrotor und Höhenruder (im rechten Bild an der linken Bildkante)*

*Funktionsmodell eines Heckwellers mit dem ganz hinten angebrachten verstellbaren Entweller*

auffolgende Jahr 1965. Henschke empfahl aber, Untersuchungen im Windkanal zur Ermittlung der aerodynamischen Beiwerte und des Wirkungsgrades dieses Antriebes vorzunehmen.

## *Der Wellpropeller – ein neuer Antrieb*

Auf dem III. Europäischen Luftfahrtkongress Anfang September 1965 in München war Wilhelm Schmidt mit dem Beitrag „Der Wellpropeller, ein neuer Antrieb für Wasser-, Land- und Luftfahrzeuge" vertreten. Allerdings nicht persönlich. Den Vortrag hielt stellvertretend Prof. Dr.-Ing. Kurt Schnauffer von der TH München.

Auch nach seiner Pensionierung im Jahre 1966 widmete sich Schmidt mit ganzer Energie seinen Wellpropeller-Projekten. Im Juni 1966 veröffentlichte er in der Schriftenreihe „Technisch-ökonomische Informationen der Zivilen Luftfahrt" seine Arbeit zum Luftfahrtkongress in München unter dem abgewandelten Titel „Der Wellpropeller – ein neuartiger Antrieb für Landwirtschaftsflugzeuge, Luftkissenfahrzeuge und Flugautos". Schmidt zeigte in diesem Artikel die Prinzipskizze eines Landwirtschaftsflugzeuges mit Wellantrieb. Bei diesem Flugzeug befand sich der Antrieb hinter der Flugzeugzelle, die im wesentlichen einem vergrößerten Tragflügelstück entsprach.

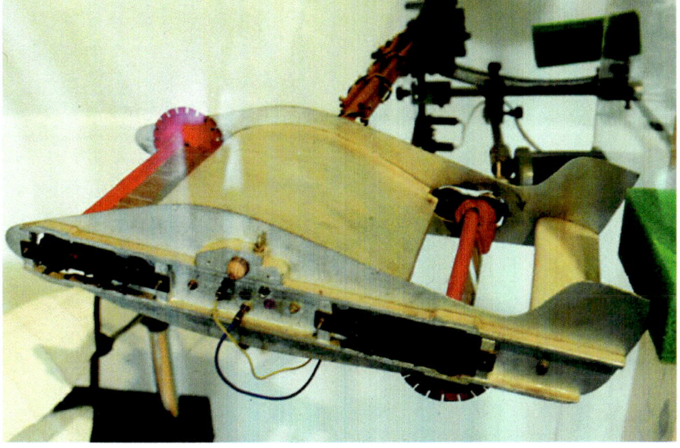

*Funktionsmodell für den Rundlaufbetrieb mit jeweils einblättrigem Bug- und Heckweller sowie Entweller*

Nach Gert Rolle erzeugt der Wellpropeller eine gewellte Strömung analog dem Vogelschlag. Die gewellte Strömung weist aber im Unterschied zur laminaren Strömung Besonderheiten auf. So wurde zum Beispiel bei Messreihen ermittelt, dass Wellpropellerflügel mit einem negativen Anstellwinkel von ein bis drei Grad den größten Vortrieb erzeugen. Vorteilhaft erwies sich neben dem vorderen auch ein Wellpropeller hinter dem Flügel, um die Strömung abzusaugen. Auch die relativ große Profildicke hat in gewellter Strömung Vorteile. Deshalb müssen Vögel nicht unbedingt schlank sein, was wiederum für den Flügel bedeutet, dass er Nutzlast aufnehmen kann.

Mit seinen Projekten stieß Schmidt unter den Kollegen jedoch auch auf Skepsis und sogar ernste Kritik. In seiner Stellungnahme vom April 1966 zur Anwendung des Wellpropellers in der Luftfahrt stellte Professor Brunolf Baade fest, dass die mit dem Wellantrieb erreichten Vortriebswirkungsgrade stets unter denen mit einer Luftschraube erreichbaren liegen würden. Dies träfe auch für die Auftriebsbeiwerte zu.

## *Schmidts Flugauto*

Das von Schmidt propagierte Flugauto wurde von Baade als nicht realisierbar eingeschätzt. Er verwies zudem auf ungeklärte Fragen der Steuerung und Stabilisierung, Schwingungssicherheit, Wirtschaftlichkeit und auf die Gefahr gegenseitiger Behinderung bei einem allgemeinen Einsatz mit Start und Landung auf öffentlichen Verkehrswegen oder über Wohngebieten, weil Schmidts Flugauto sich nach normaler Autofahrt unter Zuschaltung der Wellpropeller in die Luft erheben und als Flugzeug weiterfliegen sollte.

Wörtlich formulierte Baade: „Um den gleichen technischen Stand (wie im Flugzeugbau; d.A.) zu erreichen, müssten noch umfangreiche kostspielige Forschungsarbeiten mit allerdings zweifelhaftem Erfolg durchgeführt werden. Da in der DDR eine Flugzeugentwicklung nicht mehr betrieben wird, ist es jedoch meines Erachtens unzweckmäßig, weitere Mittel für diese Forschung auszugeben."

Darüber hinaus sprach er sich gegen eine weitere Aufrechterhaltung der Patente von Schmidt aus, da ein Rückfluss der aufgewendeten Mittel durch Lizenzvergabe auf absehbare Zeit nicht zu erwarten sei. Schmidt hatte drei Patentanmeldungen für Wellpropellerantriebe in der DDR, BRD, Österreich, Italien, Schweden, Frankreich und der CSSR hinterlegt. Das kostete mit den Jahren steigende Valuta-Beträge.

*Von Dieter Gottschling für Dr. Wilhelm Schmidt (auf dem Bild unten) gebaute Luftschiffmodelle bei Rundlaufversuchen an der Fachschule für Eisenbahnwesen Dresden um 1973/74. 1986 wurde diese Fachschule in die Hochschule für Verkehrswesen integriert.*

*Fotos: Sammlung Gert Rolle*

### *Helfer von Dr. Wilhelm Schmidt*

Dipl.-Ing. Dieter Gottschling aus dem Werkzeugbau der VEB Flugzeugwerft Dresden fertigte gemeinsam mit Dr. Wilhelm Schmidt Luftschiffmodelle mit Wellpropellern. Schmidt testete seine Modelle unter anderem an der Technischen Universität Dresden bei Rundlaufversuchen und erstellte Messreihen. Die Modelle bestanden aus einem Flügelprofil mit ca. 200 Prozent Dicke und einem Wellpropeller vor, später auch mit einem zweiten hinter dem Flügel.
Die Modelle waren etwa sechs mal zwei Meter groß und rund 0,80 Meter hoch.
Als Helfer war auch Gert Rolle mit dabei, der sich auf diese Weise sein Motorrad verdiente. Nächster Schritt sollte ein Freiflugmodell werden. Doch dafür wurde kein Geld bewilligt.

Der Dresdener Dieter Gottschling baute seinerzeit in einer GST-Werkstatt ein Modellauto mit Wellantrieb, also ein Flugauto, das, gefesselt an einer Seilrolle, tatsächlich flog. Allerdings lieferte der Entweller nur als kleines Modell einen gewissen Schub, denn mit wachsender Größe wurde der Wirkungsgrad immer geringer. Die praktischen Versuche mit einem Segelflugzeug mit Wellantrieb von Wilhelm Schmidt wurden erst gar nicht aufgenommen (detaillierte Informationen in „Segelflugzeugbau in der DDR“ von Frank-Dieter Lemke auf Seite 79).

## *Luftschiff mit Wellpropeller-Antrieb*

Wilhelm Schmidt ließ sich jedoch nicht entmutigen und suchte neue Partner für seine Ideen. Als es in der zweiten Hälfte der 1960er Jahre eine zumindest publizistische Renaissance des Luftschiffes gab, versuchte Schmidt seinen neuen Antrieb mit dem Luftschiff zu verbinden, indem er das Projekt eines Katamaran-Luftschiffes entwarf. Nach seinem Artikel gemeinsam mit Ulrich Queck aus dem Jahre 1970, in dem er sein Delphin-Luftschiff konzipierte, folgten in den Jahren 1973 bis 1976 noch zehn weitere Beiträge in der Fachliteratur, in denen er einzelne Aspekte und Kriterien seines Projektes näher erläuterte bzw. Ergebnisse von Versuchsreihen mit seinen Modellen veröffentlichte. Verständlicherweise stießen zu diesem Zeitpunkt Schmidts Ideen auch in der DDR auf offene Ohren. Die Ingenieur-Organisation Kammer der Technik (KdT), konkret der Industriezweigverband Luftfahrt im Fachausschuss Fahrzeugbau und Verkehr, gründete 1968 einen Arbeitsausschuss zum Studium der Luftschifffahrt. Der Vorstand des Fachverbandes hatte im März 1970 die Arbeitsergebnisse des Ausschusses bestätigt und empfohlen, die bisherigen Forschungsarbeiten fortzuführen.

Das Ergebnis dieser Bestätigung war der Bau von Versuchsmodellen eines Delphin-Luftschiffes mit zwei vorderen und zwei hinteren Wellpropeller-Antrieben (4,0 m x 3,93 m und 4,0 m x 5,0 m). Diese Modelle wurden in den Jahren 1973 bis 1975 an der Verkehrshochschule Dresden im Rundlauf getestet und konnten ihre prinzipielle Funktionstüchtigkeit beweisen.

Nach 1976 erschienen plötzlich keine Veröffentlichungen mehr zu diesem Thema. Es ist zu vermuten, dass mit dem IX. Parteitag der SED in jenem Jahr auch in

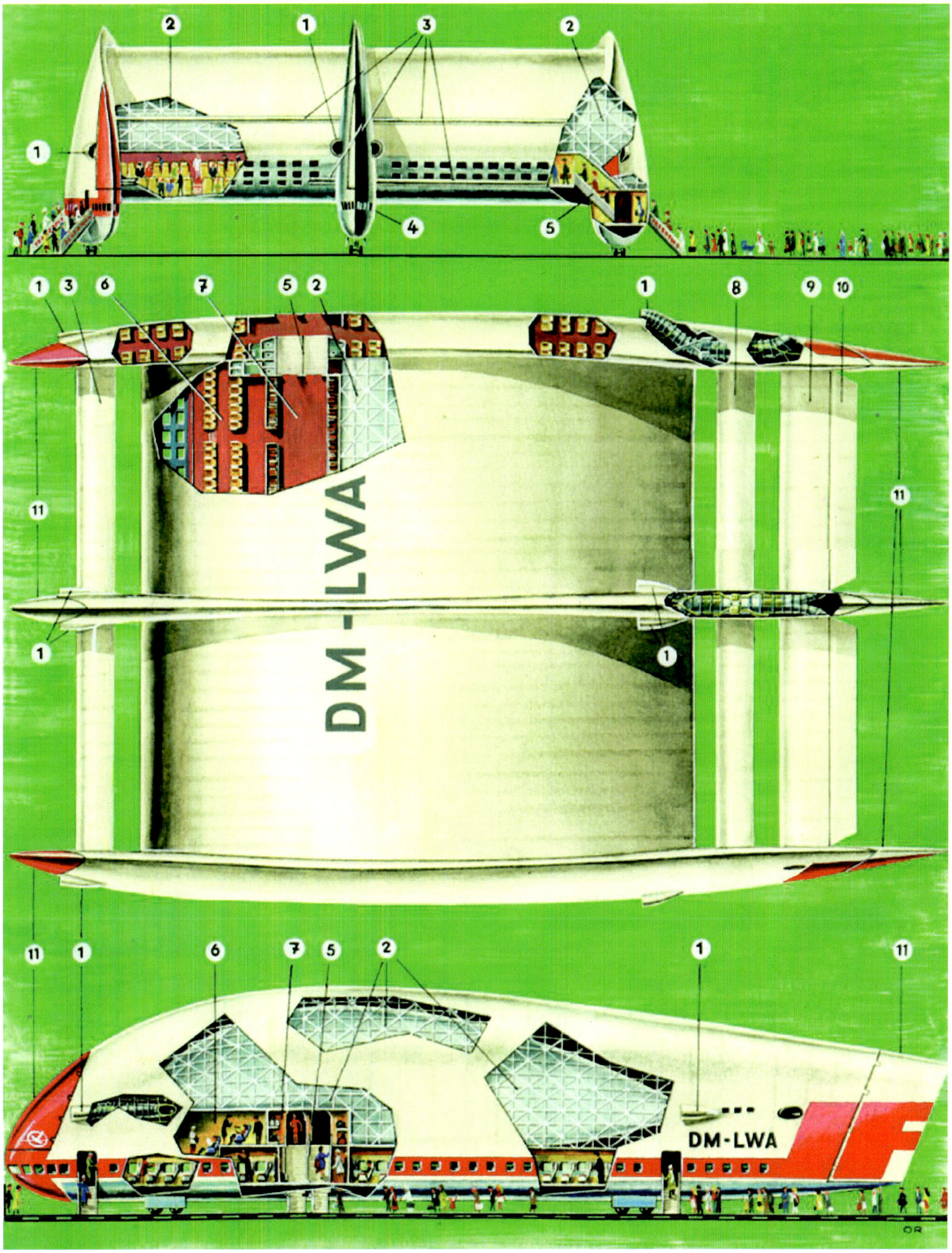


*Projekt des Delphin-Luftschiffes mit Wellpropeller-Antrieb von Wilhelm Schmidt*

***Legende:***
*1 – Lufteinlauf für Gasturbine*
*2 – heliumgefüllte Gaszellen*
*3 – zweiblättriger rechter Bugweller*
*4 – Mittel-Bug mit Seitenruder*
*5 – Zugang zum Passagierdeck*
*6 – Passagierdeck*
*7 – Gang mit Gepäckablage*
*8 – zweiblättriger rechter Heckweller*
*9 – Entweller*
*10 – Höhenruder*
*11 – Seitenruder*

*Zeichnung:*
*Otto Reich/Lengenfeld*

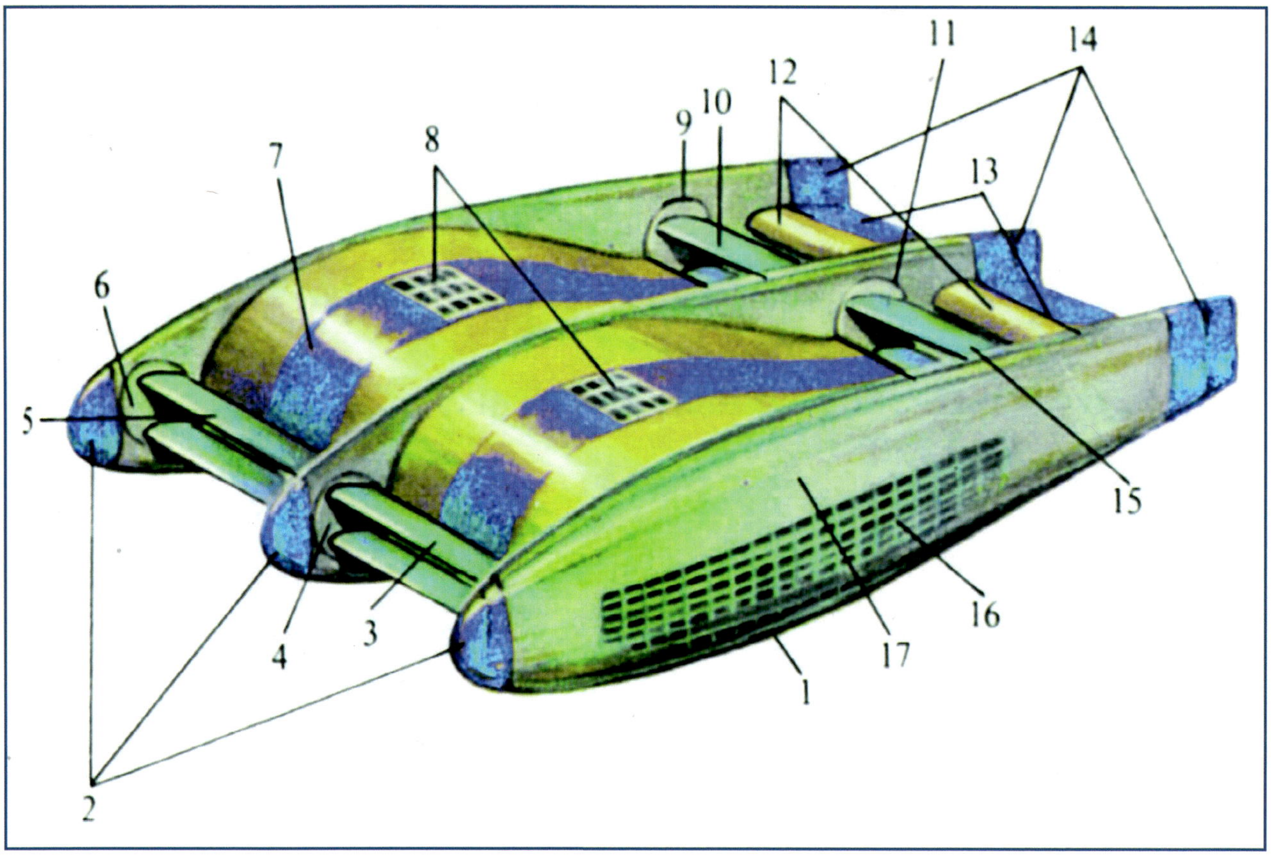


*Entdeckt im Büchlein „Leichter als Luft" von Gottfried Kurze – Farbzeichnung eines weiteren Delphin-Luftschiffes mit Wellpropeller-Antrieb:*

***Legende:***

| | | |
|---|---|---|
| *1 – Aussichtsdeck* | *7 – Luftschiffkörper mit Helium-Gaszellen* | *13 – Höhenruder* |
| *2 – Seitenruder* | *8 – Sonnendeck* | *14 – Seitenruder* |
| *3 – Wellpropeller* | *9 – rechter Heckweller* | *15 – Wellpropeller* |
| *4 – linker Bugweller* | *10 – Wellpropeller* | *16 – Passagierkabinen* |
| *5 – Wellpropeller* | *11 – linker Heckweller* | *17 – halbtropfenförmige Endscheibe* |
| *6 – rechter Bugweller* | *12 – Entweller* | |

der Entwicklung von Wissenschaft und Technik – anders als dies Walter Ulbricht mit seiner absoluten Orientierung auf die wissenschaftlich-technische Revolution tat – neue Prioritäten gesetzt wurden. Möglicherweise fanden sich auch innerhalb der Wirtschaftsgemeinschaft der sozialistischen Länder (RGW) keine Partner, die diese Forschungen mittragen wollten. Zumindest die Sowjetunion mit ihrer beherrschenden Stellung beim Bau großer Transportflugzeuge und -hubschrauber sah wohl nach ihren eigenen unbefriedigenden Versuchen im Luftschiffbau auch kein Erfordernis, sich dieser möglicherweise technischen Seitenlinie erneut intensiv zu widmen.

## *Das Luftschiff – stets auf's Neue*

Da auch das 1999 von Cargolifter in Brand begonnene Projekt des Baus großer Transportluftschiffe mit traditionellem Propellerantrieb ebenfalls scheiterte, werden die kritischen Einschätzungen der Kollegen von Wilhelm Schmidt aus damaliger Zeit wohl auch berechtigt gewesen sein. Aber vielleicht ist einfach noch nicht die Zeit reif für die Ideen von Wilhelm Schmidt? Die Technikgeschichte kennt viele Fälle, in denen originelle Ideen erst Jahrzehnte später zur Realisierung gelangten.

Das Thema beschäftigt die Wissenschaftler jedoch stets auf's Neue. Das zeigte sich auch im Sommer 2002, als Design-Studenten der Kunsthochschule Berlin-Weißensee an einem Tag der Offenen Tür ihre Diplomarbeit vorstellten, die sich dem Thema „Reisen im Luftschiff – Studie zu einem Hybrid-Luftschiff" widmete. Die Arbeit ist das Ergebnis der Zusammenarbeit mit der Projektwerkstatt „Aerostatische Luftfahrt am Institut für Luft- und Raumfahrt" der TU Berlin. Ebenso wie beim Wellpropeller-Luftschiff handelt es sich hierbei um ein Luftfahrzeug, das in einer Kombination von statischem und dynamischem Auftrieb (hier im Verhältnis von 70 zu 30) seine Flughöhe erreicht.

Mit dieser Kombination sollen die bis zuletzt nicht ausgeräumten technischen Probleme des Cargolifter, der als ein Luftfahrzeug mit 100 % statischem Auftrieb geplant und inzwischen an einem waghalsigen Finanzie-

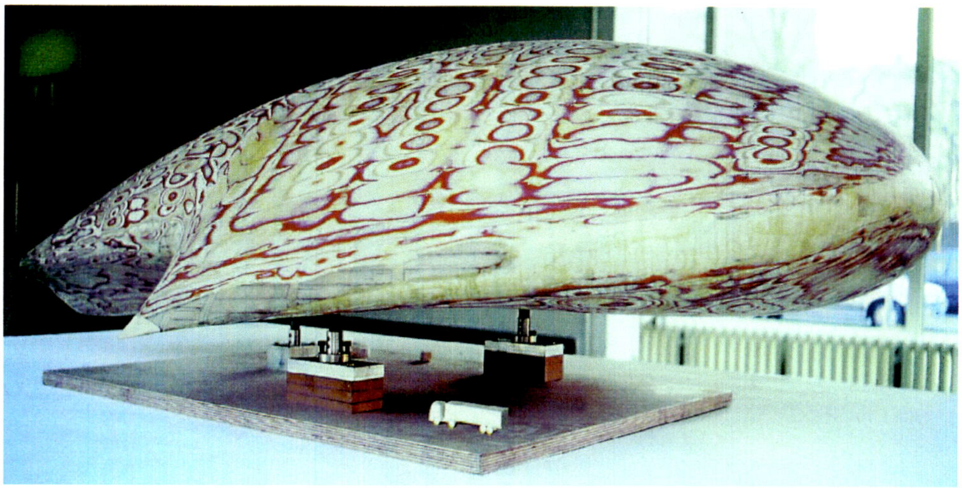

*Diesen Entwurf eines Hybrid-Luftschiffes schufen im Jahre 2002 die Design-Studenten Florian Breipohl und Christian Gebhardt unter fachlicher Anleitung der TU Berlin.*

*Foto: Bernd Havenstein*

rungskonzept gescheitert war, umgangen werden. Der neue Entwurf verfügt demzufolge über die notwendigen Antriebe, die so konzipiert sind, dass sich das Fahrzeug z.B. auch wie ein Luftkissenschiff knapp über der Wasseroberfläche (Hoovering) bewegen kann. Die räumliche Dimension des Entwurfes ist enorm, und sollte tatsächlich einmal daraus ein Projekt entstehen, dann würde die Cargolifter-Halle in Brand vollständig ausgefüllt sein.

Wilhelm Schmidt übersiedelte 1988 in die Bundesrepublik Deutschland, wo er 1991 in Nürnberg verstarb. Den Mitarbeitern des Otto-Lilienthal-Museums in Anklam ist es zu danken, dass sie noch im Juni 1988 seinen schriftlichen und gegenständlichen Nachlass, darunter die Mehrzahl seiner Versuchsmodelle, übernehmen und auf diese Weise bewahren konnten.

## *Das Sandmännchen-Luftschiff*

Nach damals „geheimen Plänen" entwarf und baute Harald Serowski 1974 etwas ganz Feines, ein merkwürdiges und kühnes Flugobjekt: Ein Luftfahrzeug, das im Osten Deutschlands entwickelt wurde und quasi ein später Nachkomme der früh verstorbenen DDR-Luftfahrtindustrie war. Das neuartige Luftschiff besaß einen Wellpropeller-Antrieb, bei dem der Vortrieb nicht mittels eines Propellers wie am Flugzeug, sondern eines Wellrotors erzeugt wurde. Mit einer Anfangsdrehzahl sollte sich sein Delphin-Luftschiff (dem aber bei Harald Serowski der bekannte Luftschiffkörper fehlte, aber das war den Kindern wohl völlig egal) auf der Straße in Bewegung setzen, um dann mit erhöhter Drehzahl des Wellrotors den nötigen Vortrieb zu entwickeln und wie ein Flugzeug abzuheben. Im Zuge einer sich zu Beginn der 1970er Jahre international anbahnenden Renaissance des Luftschiffbaus schien der Wellpropeller der geeignete Antrieb zu sein. Immerhin wurde in Dresden ein Modell dieses Gefährts erprobt; richtig geflogen (oder gefahren?) hat das „Delphin-Luftschiff" aber nur der Sandmann.

Da das Sandmännchen sein Luftschiff zum 25. Republikgeburtstag durch das Land steuerte, wirkte alles auch sehr feierlich, geschmückt und beflaggt. Selbst die Figuren wurden bereits im Drehbuch unmissverständlich als künftige sozialistische Persönlichkeiten charakterisiert: „Die Puppen verkörpern das phantasiebegabte, lebensfrohe, intelligente Kind unserer neuen Gesellschaft im Vorschulalter und des Schulanfangs." Allerdings sollte in dieser so deutlich ausgerichteten Folge auf Sandstreuen verzichtet werden, hätte doch – wie die Redakteurin auf dem Storyboard vermerkte – „Sand in die Augen streuen" als politische Symbolik missgedeutet werden können! Der Freund der Kleinen tat es dennoch, eine raffinierte Vorrichtung seines Luftschiffes nutzend.
FRANK-DIETER LEMKE NACH VOLKER PETZOLD:
„Das Sandmännchen – alles über unseren Filmstar"

Fotos: Bernd Havenstein

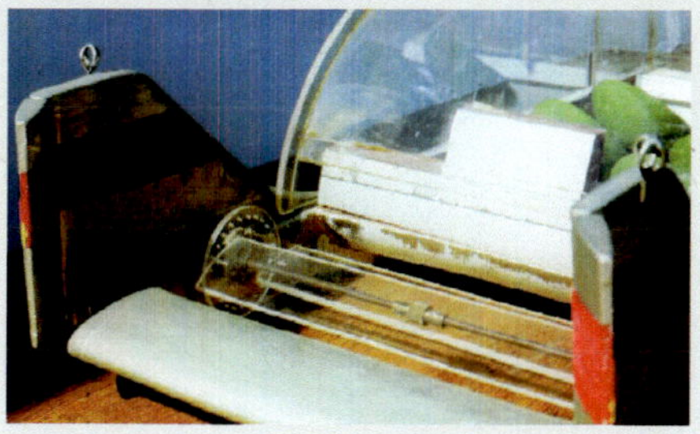

*Das Heck des Sandmännchen-Luftschiffes mit Doppelseitenleitwerk, Schlagrotor als Heckweller und Höhenruder als Entweller*

*Links: Zumindest eine praktische Umsetzung seiner Idee erfuhr Wilhelm Schmidt noch zu Lebzeiten: Im Fernsehfunk der DDR beglückte das Sandmännchen ab Oktober 1974 auf dem "Delphin-Luftschiff" mit Wellpropeller-Antrieb allabendlich die Kinder mit dem Gute-Nacht-Gruß.*

AUTORENKOLLEKTIV

# Fallschirme aus Seifhennersdorf

## FALLSCHIRME FÜR FLIEGER, SPORTSPRINGER UND FALLSCHIRMJÄGER

*Rettungsfallschirm RE-5 der GST-Segelflieger in Strausberg 1982. Die gleiche Kappe hat auch der BE-8.*

*Foto: Hartmut Buch*

MIT DEM AUFBAU DES FLUGSPORTS IN DER DDR KAM DIE FRAGE AUF, OB MAN DIE FALLSCHIRME IMPORTIEREN ODER SELBST EINE PRODUKTION AUFBAUEN SOLL. IN SEIFHENNERSDORF WAREN BIS 1945 FALLSCHIRME HERGESTELLT WORDEN. 1953 FIEL DIE ENTSCHEIDUNG, SICH VON NEUEM DER KONSTRUKTION UND FERTIGUNG VON FALLSCHIRMEN ZUZUWENDEN. DAS TAT DER SEIFHENNERSDORFER FALLSCHIRMHERSTELLER SO ERFOLGREICH, DASS ER ALS EINZIGER LUFTFAHRTHERSTELLER NICHT NUR DAS ENDE DER DDR-LUFTFAHRTINDUSTRIE ÜBERLEBTE, SONDERN EBENSO DAS ENDE DER DDR.

Zur Forschungs- und Entwicklungsstelle des VEB Bekleidungswerke Seifhennersdorf (BEWES) gehörten Entwicklungsingenieure, wissenschaftliche Mitarbeiter, Zeichnerinnen und Erprobungsspringer sowie die Produktion mit den Näherinnen und Sattlern. Sie alle trugen dazu bei, dass der kleine Ort im Zittauer Gebirge weltbekannt wurde.

Die Seifhennersdorfer Fallschirmhersteller deckten mit ihren Sprung- und Rettungsfallschirmen den Bedarf der Segelflieger, der Nationalen Volksarmee und teilweise der Motorflieger. Mit ihren Sportfallschirmen befriedigten sie den höchsten internationalen Ansprüchen genügenden Bedarf der Fallschirmspringer, die sowohl auf den Rundkappen als auch auf den Stauluft-Gleitfallschirmen aus Seifhennersdorf unzählige Erfolge erzielten.

*Ihren Anfang nahm die Geschichte der Fallschirmproduktion in Seifhennersdorf im Herbst 1938. In jenem Jahr pachteten die Textilwerke Henking aus Berlin-Tempelhof die noch heute für die Fallschirmfertigung genutzten Gebäude im Ort, und die Firma verlagerte ihren Sitz und die Produktionsstätte nach Seifhennersdorf. Einige Monate später gingen diese Gebäude durch Kauf in den Besitz der Textilwerke Henking über.*

Erbaut worden waren die Gebäude bereits zwischen 1880 und 1890, und bis zur Übernahme durch die Firma Henking erlebten sie eine wechselvolle Geschichte mit mehreren Besitzern. Der Inhaber der ersten Firma, die sich dort niederließ, war 1842 Heinrich Robert Marx, der Ende des 19. Jahrhunderts eine Weberei und Färberei betrieb. Er produzierte mit seinen Arbeitern und Angestellten zumeist Gewebe für die Tischtuch- und Bettwäschefertigung.

Nach dem Konkurs im Jahre 1911 übernahm der Zigarettenhersteller Yenidze, später eine Reemtsma-Tochter, die Liegenschaft und stellte bis 1918 Zigaretten und danach Kartonagen für Zigarettenverpackungen her. 1929 musste auch diese Firma Konkurs anmelden. Die Gemeinde Seifhennersdorf übernahm die Immobilie und nutzte sie bis 1938 für verschiedene Zwecke.

## *Fallschirmproduktion in Seifhennersdorf*

Im Herbst jenes Jahres pachtete schließlich die Berliner Firma Textilwerke Henking das Anwesen, und dies war die Geburtsstunde der Fallschirmherstellung in Seifhennersdorf – allerdings im Schatten der Kriegsvorbereitungen in Deutschland. Nicht ohne Grund sagte man den Textilwerken Henking enge Verbindungen zum Reichsluftfahrtministerium nach, das offensichtlich den Aufbau einer leistungsfähigen, aber nicht unbedingt im zentral gelegenen Berlin angesiedelten Fallschirmindustrie anstrebte.

Neben der schrittweisen Verlagerung der Produktion der Textilwerke Henking von Berlin nach Seifhennersdorf gründete man die Mitteldeutsche Spinnhütte mit Sitz in Plauen als Zulieferer für die textilen Komponenten Gewebe, Gurte, Bänder und Fangleinen. Die metallischen Beschlagteile kamen größtenteils aus der eigenen Werkstatt in Seifhennersdorf.

Zuerst wurden neben Rettungs- vor allem Lastenfallschirme gefertigt – 1939 beispielsweise 3625 Stück für

Autorenkollektiv unter der Leitung von Frank-Dieter Lemke: Horst Brändel, Hartmut Buch, Karl-Heinz Hardt, Ralf Homuth, Ulrich Jeschke, Jens Klaudtky, Gudrun Pistiak, Bianca Przewosnik, Dr. Jan Rudloff, Hans-Günter Seibt, Dr. Dieter Strüber, Peter Thalacker, Gert Waisze und Harald Wilhelm.

## *Fallschirme der Textilwerke Henking im Zweiten Weltkrieg*

Als Sprungfallschirme lieferten die Textilwerke Henking vornehmlich den 1933 entwickelten RZ 1 (Flächeninhalt 56 m²) und dessen Weiterentwicklungen RZ 16, RZ 20 (alles Rundkappen) und RZ 36 mit deltaförmiger Kappe, von dem man sich ein besseres Gleiten versprach. Verwendung fanden diese anfangs aus Naturseide und später aus Kunstseide (Perlon) hergestellten und für den Absprung bis 80 m Höhe geeigneten Fallschirme bei den deutschen Fallschirmjägern bzw. Spezialtruppen.

Foto: Sammlung Jürgen Scholz

*Der RZ 1 (Rückenfallschirm mit Zwangsauslösung; auch „Rücken-Zurr-Gerät") der deutschen Fallschirmjäger im Zweiten Weltkrieg hatte seinen direkten Vorgänger im Rettungsfallschirm 27IIS20 für Piloten. Anfangs wurde die Kappe aus Naturseide gefertigt, später aus Kunstseide (Perlon).*

Da fast alle RZ-Muster (außer der Dreiecksfallschirm RZ 36) eine Fallschirmkappe mit 20 Bahnen besaßen und sich nur im Detail und in der Werkstoffverwendung voneinander unterschieden, ist das eindeutige Bezeichnen von auf Bildern gezeigten Fallschirmen der RZ-Serie kaum möglich. Alle RZ-Fallschirme waren mit zehn Fangleinen ausgestattet, die – abgedeckt von einem Gewebetunnel – über die Kappe verliefen, so dass 20 Fangleinen an den D-Ringen verknotet waren.

FORTSETZUNG AUF SEITE 206

FORTSETZUNG VON SEITE 205

*Eine tarnfarbene Fallschirmkappe erhielt der 1940 bei den deutschen Fallschirmjägern eingeführte RZ 16 sowie ein Jahr später der RZ 20. Insgesamt sollen bis zum Ende des Zweiten Weltkrieges 120.000 Fallschirme der RZ-Serie gebaut worden sein.*

*Foto: Sammlung Jürgen Scholz*

Alle Fallschirme der RZ-Serie besaßen eine Zwangsauslösung mit Sollbruchstelle, einem definierten Gurtfaden. Nach dem Absprung zog die Reißleine den Fallschirm aus dem äußeren Verpackungssack und danach aus dem inneren Verpackungssack und ermöglichte auf diese Weise den Öffnungsvorgang. Mit dem Strecken der Reißleine riss die Verbindung mit dem Flugzeug und der Springer mit dem Fallschirm war frei. Die Reißleine und der innere Verpackungssack verblieben am Flugzeug – daher der Name Reißleine, die nicht mit der Aufzugseinrichtung von handausgelösten Fallschirmen zu verwechseln ist. Eine Zwangsauslösung besaßen außerdem jene Rettungsfallschirme, die bei der Ausbildung von Flugschülern verwendet wurden.

Bei allen RZ-Typen waren Kappe, Fangleinen und Gurtzeug zentral über einen zusätzlichen Gurt am Bauchgurt miteinander verbunden. Deshalb war es dem Springer nicht möglich, die Fangleinen zu erreichen und sie einzeln durch Ziehen zur Veränderung der Kappengeometrie für das Steuern zu nutzen. Der fehlenden Steuermöglichkeit dieser Fallschirme versuchte man durch Spreiz- und Pendelbewegungen zu begegnen. Da die Absetzhöhe selten über 100 bis 200 m über Grund hinaus ging, war die Abdrift bei gut berechnetem Absetzpunkt eher gering. Und weil man nie wusste, in welcher Körperlage man landen würde, gehörte bei der Ausbildung das Trainieren des Abrollens zum Muss.

An die Bezeichnung „Rücken-Zurr-Gerät" für das Kürzel RZ kann ich mich gut erinnern. Bereits der für die Firma Henking tätige österreichische Ingenieur Franz Lackner erklärte mir das RZ auf diese Weise. Auch Ingenieur Günter Wagner griff auf diese Erklärung zurück.

Die Flugzeugbesatzungen benutzten Rettungsfallschirme wie 27IIS, 30IS, 30IIS oder ähnliche Muster mit Handauslösung. Sie wurden als Sitz-, Rücken- oder Brustfallschirme gefertigt.

Der 1944 eingeführte Sitz-Bänderfallschirm (Gerätenummer 10-420) für hohe Geschwindigkeiten bis 700 km/h und Absprunghöhen über 8000 m besaß einen Höhenauslöser, der nach dem barometrischen Prinzip arbeitete und in der vorgesehenen Höhe von 6000 bis 3000 m den Rettungsfallschirm öffnete, der allerdings mit mehr als 7 m/s sehr schnell sank. Der in der DDR verwendete KAP-3 war übrigens ein sowjetischer Nachbau des deutschen Höhenauslösers.

Das S bei den damals verwendeten Typen stand für Fallschirmkappen aus Naturseide, das M für Mako, also Baumwolle. Der Grund für die Verwendung von Baumwolle war vermutlich Materialmangel. Auch der sowjetische PD-47 besaß anfangs eine Baumwollkappe.

PETER THALACKER

das RLM, das in jenem Jahr auch 20 Leuchtschirme sowie 18 Fallschirme verschiedener Muster erhielt. Ende 1939 zählte die Belegschaft 270 Mitarbeiter, aber schon ein halbes Jahr später, am 31. Juli 1940, war deren Zahl bereits auf 847 angestiegen. Während des Zweiten Weltkrieges arbeiteten zeitweise mehr als 2000 Beschäftigte in Seifhennersdorf, darunter viele sogenannte Ostarbeiter.

Enge Geschäftsverbindungen unterhielten die Textilwerke Henking übrigens auch zu anderen Fallschirmherstellern wie der Firma Kosteletzky in Weingarten und Autoflug in Berlin sowie zum Zweigwerk in Spremberg. Auch andere Betriebe aus der Region wurden, da der Bedarf an Fallschirmen ständig stieg, in die Produktion einbezogen.
Nach dem Zweiten Weltkrieg wurde der Besitzer der

Textilwerke Siegfried Henking wegen der Kriegsproduktion und des Einsatzes von Ostarbeitern als Kriegsverbrecher verhaftet und nach dem Volksentscheid zur Überführung in das Volkseigentum vom 30. Juni 1946 enteignet. Treuhänderisch der Landesregierung Sachsen unterstellt, erbrachte der Betrieb Reparationsleistungen in Form von Bett- und Leibwäsche für die Rote Armee.

## *Gründung der BEWES*

Am 1. Juli 1949 nahm der VEB Bekleidungswerke Seifhennersdorf – später weithin unter dem Kürzel BEWES bekannt – seine Geschäftstätigkeit auf. Neben der Weiterführung der Reparationsleistungen an die Sowjetunion wurde eine neue Produktpalette entwickelt, die sich aus Oberhemden, Berufsbekleidung und Tischwäsche zusammensetzte. Später kamen Uniformen für die NVA, die Kampfgruppen in den Betrieben oder die Zivilverteidigung der DDR hinzu, dann auch Wattekombinationen.

Von einer Fallschirmproduktion konnte in dieser Zeit natürlich nicht die Rede sein, weil das Potsdamer Abkommen jedweder fliegerischen Betätigung in Deutschland einen strikten Riegel vorschob. Allerdings war es auch wesentlich wichtiger, die Bedürfnisse der Bevölkerung nach Textilwaren aller Art zu befriedigen.

1953 erfolgte schließlich auf Veranlassung der SED und mit Duldung durch die Sowjetische Militäradministration (SMAD) der Aufbau einer Forschungs- und Entwicklungsstelle für Fallschirme in Seifhennersdorf. Damit kam eine schwierige Aufgabe auf die Mitarbeiter zu, denn in anderen Ländern hatten die Experten ohne Unterbrechung weiter entwickelt und produziert und damit einen gewaltigen Vorsprung erreicht. Es hieß also, nicht nur einen neuen Produktionszweig aufzubauen, sondern gleichzeitig den internationalen Vorsprung aufzuholen.

Erster Leiter dieser Abteilung war Textilingenieur Günter Wagner. 1957 kam Rudi Nietzold, ebenfalls ein Textilingenieur, hinzu. Der Dritte im Bunde war Ingenieur Franz Lackner, ein Österreicher, der als einziger bereits Erfahrungen in der Fallschirmherstellung für die deutschen Fallschirmjäger im Zweiten Weltkrieg besaß.

Der erste Fallschirm, der auf den Zeichenbrettern dieses Trios entstand, ging auf den deutschen 27IIS20 zurück und erhielt die Bezeichnung SE-27/2. Diesem Rettungsgerät in Sitz-Trageweise für Motorflieger folgten weitere Rettungsfallschirme für die verschiedenen in der DDR eingesetzten Flugzeugtypen, wie der aus dem SE-27/2 entwickelte S-27/II-52, ein Rettungsgerät für die Segelflieger.

Anfang der 1960er Jahre wandten sich die Fallschirmhersteller der Konstruktion und Fertigung von Sportfallschirmen zu, mit denen die DDR-Sportler später zahlreiche internationale Erfolge feiern konnten.

Foto: Herbert Hagen

*Eine Segelfliegerin in Eisenhüttenstadt vor ihrem Baby IIb und mit dem S-27/II-52 auf dem Rücken. Diese Weiterentwicklung des Rettungsfallschirms für Motorflieger SE-27/2 ging auf den 27IIS20 der deutschen Luftwaffe zurück.*

## *Sportfallschirme*

### RL-1

Die Federführung für das Projekt des ersten DDR-Sportfallschirms, dem eine ganze Reihe international erfolgreicher Schirme folgen sollte, übernahm Günter Wagner. Dieses Projekt, das 1960 ausgearbeitet wurde, erhielt die Bezeichnung RL-1. Allerdings war auch hier der Anfang sehr schwer, denn als erfahrene Sportspringer diesen Rundkappen-Fallschirm einer Reifeprüfung unterzogen, flochten diese Männer den Konstrukteuren keineswegs Lorbeerkränze. Die aus Dederon (Gerhard Leutert spricht allerdings von einer Kappe aus Naturseide) bestehende einschlitzige Kappe des RL-1 war, wie sich herausstellte, kaum mehr als eine Kopie ausländischer Typen. Die Springer aber brauchten einen Schirm, der eine höhere Vortriebskraft entwickelte, schneller drehte und sich dabei wenig versetzen ließ. Das bedeutete, etwas vollkommen Neues zu schaffen. Dieses Ziel aber war nur durch eine enge Zusammenarbeit zwischen den Fallschirmsportlern und Konstrukteuren zu erreichen.

### RL-2

Der RL-2 – gefertigt in ganz geringer Stückzahl – bestand angeblich erstmals aus Dederon. Er besaß wie der RL-1 nur einen Steuerschlitz, ließ sich leicht steuern, entwickelte aber nur 3 m/s Vorschub. Der Entfaltungsstoß bei der Öffnung war überaus hart; das Sinken betrug 5 m/s.

## PD-47

Der erste nach dem Zweiten Weltkrieg in der UdSSR entwickelte Fallschirm, der Truppenfallschirm für Fallschirmjäger PD-47 (PD – möglicherweise Parachut Desjantni) aus dem Jahre 1947, war auch der erste Sportfallschirm der GST. Im April 1957 schenkte die DOSAAF den jungen GST-Fallschirmspringern zwölf Sportfallschirme dieses Musters, das die BEWES später nachbaute. Zunächst aus Baumwollbatist, das regelmäßig gelüftet werden musste, um Stockungen zu verhindern, später viele Jahre als PD-47D aus Dederon ebenfalls in Lizenz. In der Sowjetunion und vielen Ländern Osteuropas wurde er teilweise bis in die 1970er Jahre hinein verwendet.
In der DDR war der PD-47 auch Ausbildungs- und Truppenfallschirm bei den Luftstreitkräften, den Fallschirmjägern, den Kampfschwimmern, den Fern- und Spezialaufklärern und im Ministerium für Staatssicherheit. Am PD-47 konnten ein Höhenauslöser sowie der Rettungsfallschirm angebracht werden. Die Mindestabsprunghöhe betrug aus horizontaler Fluglage 150 m. Abgelöst wurde der gemütliche PD-47, ein Fallschirm mit quadratischer Kappe, von der RS-Reihe. Auch der sowjetische Brustfallschirm PS-41a wurde in der Anfangszeit als Rettungsgerät für Fallschirmspringer in Lizenz gefertigt.

Foto: Archiv Frank-Dieter Lemke

*Absprung mit dem in Lizenz gefertigten PD-47 aus der Sowjetunion*

Foto: Archiv Frank-Dieter Lemke

*PD-47 mit geöffnetem Rettungsgerät Ps-41a (links), der ebenfalls bei BEWES in Lizenz produziert wurde.*

## RL-3

Es folgten Gespräche; die Springer formulierten bis ins Detail ihre Forderungen und die Eigenschaften, die sie von einem guten Schirm erwarteten. Neben der sicheren Öffnungsfunktion waren es in der Hauptsache drei Faktoren: die Sinkgeschwindigkeit, die Vortriebskraft und die Drehgeschwindigkeit des Fallschirmes. Diese drei Bewegungsmomente mussten die Konstrukteure durch die richtige Wahl des Kappenmaterials, der Kappenkonstruktion und des Steuersystems so aufeinander abstimmen, dass für jedes dieser Momente der höchste bzw. günstigste Wirkungsgrad erreicht wurde.

Allerdings bewährte sich die erste, noch aus Dederon gefertigte Variante des RL-3 nicht, weil die Entfaltungskräfte zu hoch und die Steuereigenschaften nur mäßig waren. Die Gespräche mit den Sportspringern und eigene Studien der Forschungs- und Entwicklungsstelle (FES) führten schließlich zu wichtigen Erkenntnissen – darunter jenen, die Kappenform zu verändern und das Schlitzsystem anders anzuordnen.

Besonderes Gewicht erlangten die Arbeiten am RL-3 durch die vorgesehene Teilnahme der DDR-Springer an den 6. Weltmeisterschaften 1962 in Orange/USA. Aber zuvor wollten die Konstrukteure und Sportspringer gemeinsam dem RL-3 die letzten Mucken austreiben. Dafür reisten an einem Sommertag im Jahre 1961 zahlreiche Springer-Asse zu einem Springen am Fliegerklub Zwickau. Allerdings hatten sie keine Fallschirme mitgebracht; denn am gleichen Tag traf ein LKW ein, aus dem eine Nähmaschine entladen wurde. Die Seifhennersdorfer waren gekommen und hatten die Produktion, sprich Nähmaschine, gleich mitgebracht. Ebenfalls vom LKW heruntergereicht wurden Fallschirmtragetaschen, deren Inhalt aus den neuen Sportschirmen RL-3 bestand.

Bei den Drehungen, die die Springer mit den geöffneten Fallschirmen vollführten, wurden von den Konstrukteuren die Zeit und die Versetzungsstrecke gemessen. Dann schnitten sie mit großen Scheren die unterschiedlichsten Muster in den Schirm; die Ränder wurden vernäht und wieder wurde getestet. Nach zwei Wochen harter Arbeit stand fest: Die Seifhennersdorfer hatten gemeinsam mit den Sportspringern einen Schirm aus Naturseide geschaffen, der zur Spitzenklasse gehörte.

Optimistisch gingen die Fallschirmsportler der Nationalmannschaft an die Vorbereitung der Welttitelkämpfe in den USA. Aber mitten in diese Arbeiten hinein platzte die Nachricht, dass die USA der DDR-Mannschaft, offenbar auf Drängen der BRD-Regierung, die Einreise verweigert. Doch die Antwort der DDR-Springer darauf war überzeugend: Schon wenig später gingen die Nachrichten von einer bis dahin in der Geschichte des Fallschirmsports einzigartigen Rekordserie um die Welt. An einem einzigen Tag errangen die DDR-Fallschirmsportler zehn Weltrekorde. Insgesamt kamen sie schließlich auf 35 Weltrekorde sowie zahlreiche DDR-Rekorde, die mit dem neuen RL-3 erzielt wurden.

Die DDR-Mannschaft durfte zwar nicht an den Welttitelkämpfen in Orange teilnehmen, aber im Gegenzug hatte sie erstmals international auf sich und ihren neuen Schirm aufmerksam gemacht, der seinerzeit zu den leistungsfähigsten Fallschirmen gehörte. Seine runde, dreischlitzige Kappe mit einer neuartigen Bahnenabwicklung ergab eine von anderen Fallschirmen kaum erreichte Pendelsicherheit beim Sinken. Die geringe Luftdurchlässigkeit des Materials aus Naturseide garantierte trotz der Vielzahl von Schlitzöffnungen eine Sinkgeschwindigkeit, die sich in einem sicheren Bereich bewegte.

Die hohe Drehgeschwindigkeit, die allerdings noch mit einer recht hohen Seitenversetzung verbunden war, wurde durch Einbeziehung des gesamten Schlitzsystems in die Steuerung erreicht. Übrigens machten das Schlitzsystem und die Steuerleinenführung diesen Fallschirm auch bremsbar, aber dieser Vorzug wurde von den Trainern und Sportlern damals nicht genutzt, weil das Bremsen noch gar nicht zum steuertechnischen Konzept gehörte. Den Begriff Bremsen kannte man seinerzeit nicht einmal.

Foto: Sammlung Dieter Strüber

*RL-3 (1961). Die Form seiner Kappe wurde seinerzeit patentiert.*

**RL-3/2**

Bei den Weltmeisterschaften 1964 in Leutkirch/BRD gelangte der RL-3/2 erstmals zu internationalem Einsatz. Dort drehte der Schirm zum Erstaunen der Konkurrenz fast auf der Stelle und mit der wohl höchsten Drehgeschwindigkeit aller eingesetzten Fallschirme. Die erstaunliche Pendelsicherheit verbesserte seine Leistungen noch und ließ dazu den Vortrieb des Schirmes nach der Drehung sofort in die neue Richtung wirken. Es gab bereits einen geraden finalen Endanflug aus 100 bis 120 m Höhe. Das Bremsen gehörte nun zum taktischen Konzept des Zielspringens, wofür sich der RL-3/2 recht gut eignete, vor allem bei geringen Windgeschwindigkeiten von 1 bis 4 m/s.

Die Erfolge bei der WM 1964 gaben diesem Konzept recht, denn in Leutkirch bestimmte der RL-3/2 gemeinsam mit dem sowjetischen T-4 und dem *Para-Commander* aus den USA die Spitze. Die DDR-Frauenmannschaft siegte mit ihm im Gruppenzielspringen (zwei Sprünge mit 2,03 m Abweichung) und Heinz Schaal entschied das Einzelzielspringen für sich (zwei Sprünge aus 1000 m mit 0,00 m Abweichung). Dafür gab es damals allerdings noch keine Weltmeistertitel.

Foto: Sammlung Helmut Bukowski

*Anita Storck (SV Dynamo, Bildmitte) gehört zu den ersten Weltrekordspringern der DDR. Hier gemeinsam mit Hans Wolf, Achim Heiser, Aljoscha Biehl und Heinz Schaal (v.l.).*

Foto: Sammlung Gudrun Pistiak

*RL-3/2 (1964). Seinen internationalen Einstand erlebte dieser Spitzenfallschirm, mit dem die meisten Erfolge von DDR-Sportlern in jenen Jahren verbunden waren, bei den Weltmeisterschaften 1964 in Leutkirch/BRD. Dort drehte der RL-3/2 zum Erstaunen der Konkurrenz fast auf der Stelle und mit der wohl höchsten Drehgeschwindigkeit aller Fallschirme.*

Foto: Sammlung Gudrun Pistiak

*RL-3/4 (1965). Dieser Schirm besaß ein sechsschlitziges Steuersystem zur Verbesserung der Leistungen als Antwort auf die ersten Rundkappen-Gleitfallschirme, die in Leutkirch von den US-Amerikanern an den Start gebracht worden waren.*

**RL-3/4**

Der RL-3/4 besaß die gleiche Kappenform wie der RL-3/2, aber darüber hinaus eine Vielzahl von Bahnöffnungen, Lenkschlitzen und Kielen. Sein insgesamt sechsschlitziges Steuersystem zur Verbesserung der Leistungen war die Antwort der Seifhennersdorfer auf die ersten Gleitfallschirme, die in Leutkirch von den US-Amerikanern an den Start gebracht worden waren. Die eigenwillige Kappengestaltung des RL-3/4 sorgte dafür, dass er wie sein Vorgänger bremsbar war. Allerdings besaß er eine etwas höhere Sinkgeschwindigkeit, weil die bei der Erprobung von den Sportspringern vorgeschlagenen technologischen Veränderungen nicht komplett umgesetzt worden waren. So wurden die tunnel- oder dachartigen Abdeckungen der „Löcher" in der Kappenrückfront nicht eingenäht. Der RL-3/4 stellte deshalb keinen Fortschritt dar und inzwischen gab es auch schon wieder neue Ideen. Das Sechs-Schlitzsystem des RL-3/4 wurde modifiziert, man verzichtete auf die „Löcher" und bereitete auf diese Weise einen neuen Schirm vor. Der RL-3/4 wurde von der Nationalmannschaft nicht gesprungen. Er stand den Sportspringern in den Bezirken für die Ausbildung zur Verfügung.

**RL-3/5**

Ein besonders markantes Merkmal dieser Konstruktion war die neue Kappenform. Unterhalb des Basisrandes hatte man zwei Stabilisierungsbahnen angebracht, die eine hohe Vorwärtsgeschwindigkeit ermöglichten.

Der RL-3/5 war noch weit besser bremsbar als sein Vorgänger. Die Leistungsparameter auch des RL-3/5 entsprachen dem internationalen Standard. Der Nachteil dieser Baureihe bis einschließlich RL-12/2, einem Stauluft-Gleiter, bestand aufgrund des verwendeten Materials im größeren Gewicht und Volumen.

## Aus der Geschichte der Fallschirmtechnik

Die ersten schriftlichen Mitteilungen über einen Fallschirm stammen von einer in Pekinger Archiven gefundenen Papyrusrolle, aus der hervorgeht, dass im Jahre 1306 anlässlich der Thronbesteigung des Kaisers Fo Kien chinesische Artisten von hohen Türmen sprangen, um die Menschen zu unterhalten. Technische Angaben zu den verwendeten Fallschirmen wurden nicht gemacht.

Die älteste Beschreibung eines Fallschirmes fand

*Abwurfbereite Puppe für die Fallschirmerprobung*

*Foto: Archiv Frank-Dieter Lemke*

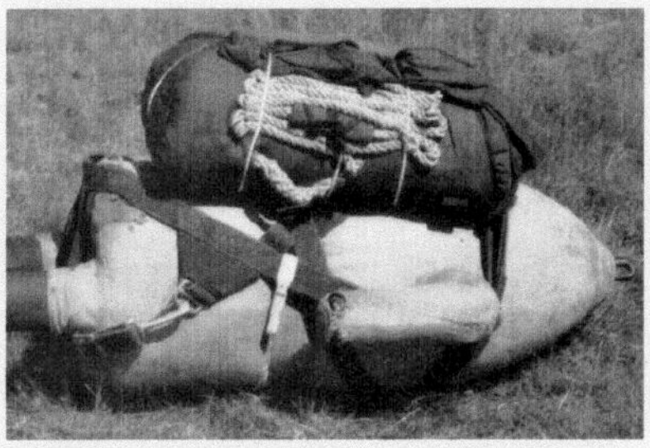

***Die „brutalen" Fallschirmleute***

Sie waren in den Verdacht geraten, hartherzige, pietätlose Rauhbeine zu sein. Viele hatten es gesehen, alle sprachen davon: Drei Fallschirme waren nicht aufgegangen. Augenzeugen hatten sogar beobachtet, wie die Fallschirmschneider mit vereinten Kräften und grölendem Hauruck die unglücklichen Springer, die tief in die Grasnarbe geschlagen waren, an Tauen herausgezogen und auf einen LKW geworfen hatten. Den Gipfel der Roheit erreichten sie, so schien es der Kellnerin des flugplatznahen Gasthauses, als die Fallschirmschneider am gleichen Abend, Witze erzählend, ihr Bier tranken. All die vielen Leute, die immer so gerne das Gras wachsen hören, waren über die Fallschirmschneider zutiefst entrüstet. Die Phantasie spielte den guten Leutchen den wohlverdienten Streich, dem meist die unausweichliche Blamage folgt. Als die Fallschirmschneider den Grund für die plötzliche Reserviertheit erfuhren, bekamen sie einen Lachanfall, wie ihn nicht mal der beste Witz hätte auslösen können. Und die so „feinfühlenden" Zeitgenossen, die von den brutalen Fallschirmleuten, den Todeskandidaten, dem gefährlichen Fallschirmsport faselten, mussten es sich gefallen lassen, dass sie ausgelacht wurden. Warum hatten sie auch nicht genauer hingeschaut, wenn sie sich schon ein Urteil über das Geschehen am Flugplatz erlauben wollten? Das ganze Geheimnis dieser Schauergeschichte war sehr schnell und einfach erklärbar: Die Seifhennersdorfer Fallschirmkonstrukteure hatten mit einem neuen Öffnungssystem experimentiert und drei sogenannte Mannequins, das sind stählerne Puppen, aus dem Flugzeug gekippt. Das Experiment war misslungen, und die eisernen Damen bis unter die Grasnarbe abgestürzt. Unglücklich waren die Damen deshalb jedoch nicht, ihr ganzes Leid bestand in ein paar Beulen.

KARL-HEINZ HARDT / HARTMUT BUCH

Mit dem RL-3/5, mit dem aus konstruktiver Sicht das wohl Maximale aus der klassischen Rundkappe herausgeholt worden war, startete die DDR-Mannschaft im Jahre 1966 bei den 8. Weltmeisterschaften in Leipzig. Günter Gerhardt gewann den Titel im Einzelzielspringen mit drei Nullsprüngen.

Erstmals führten die Seifhennersdorfer beim RL-3/5 die elastische Verbindungsleine zwischen Fallschirmkappe und Verzögerungssack ein, der vorher nicht selten verloren gegangen war. Diese Idee von Vincent Przybycin aus Karl-Marx-Stadt (Chemnitz) wurde patentiert und war bei keiner Rundkappe mehr wegzudenken.

Der RL-3/5 war der letzte in Naturseide als Kappenmaterial gefertigte Fallschirm. Mit den darauffolgenden Entwicklungen wurde der Übergang zur Chemiefaserseide vollzogen.

*Foto: Karl-Heinz Friedrich*

*Günter Gerhardt wurde im Jahre 1966 auf RL-3/5 in Leipzig mit drei Nullsprüngen Weltmeister im Einzelzielspringen.*

sich in einem Tagebuch des italienischen Universalgelehrten Leonardo da Vinci. Sein Entwurf aus dem Jahre 1495 bestand aus vier Segeltuchdreiecken von insgesamt 36 m² Flächeninhalt, die zu einer Pyramide vereinigt und mit vier Tragschnüren versehen waren. Da Vinci führte dazu aus: „Wenn ein Mensch ein Zeltdach aus abgedichteter Leinwand, das 12 Ellen breit und 12 hoch sein soll, über sich hat, so wird er sich aus jeder noch so großen Höhe herabstürzen können, ohne Schaden zu nehmen." Der Nachweis des praktischen Einsatzes dieses Fallschirmes fehlt jedoch... Mehr als 100 Jahre später griff Fauste Veranzio die Idee wieder auf und konstruierte einen Fallschirm, mit dem er sogar von einem Turm gesprungen sein soll. Diese Überlieferungen gelten als Beweis dafür, dass der Fallschirm gemeinsam mit dem Drachen zu den ältesten Luftfahrzeugen gehört.

Allerdings bestand in jener Zeit, als die Produktivkräfte ein niedriges Niveau hatten, noch kein gesellschaftlicher Verwendungszweck und damit nicht die Notwendigkeit zur Herstellung von Fallschirmen. Die Versuche mit ihnen förderten jedoch die wissenschaftliche Erkenntnis und den gesellschaftlichen Fortschritt.

DR. DIETER STRÜBER

Foto: Archiv Frank-Dieter Lemke

*RL-3/5 (1966). Ein markantes Merkmal war die neue Kappenform mit zwei Stabilisierungsbahnen unterhalb des Basisrandes, die eine hohe Vorwärtsgeschwindigkeit ermöglichten. Erstmals führten die Seifhennersdorfer Fallschirmkonstrukteure beim RL-3/5 auch die elastische Verbindungsleine zwischen Fallschirmkappe und Verzögerungssack ein. Die Idee von Vincent Przybycin aus Chemnitz wurde patentiert und war bei keiner Rundkappe mehr wegzudenken.*

## RL-5

Der RL-5 besaß eine kleinere Kappe aus Polyamid-Seide (PAS) als der RL-3/5 und gelangte 1969 bei den DDR-Meisterschaften in Görlitz zum Einsatz. Aus dem RL-5 entstand der RL-5/1. Während der Erprobung wurde eine Einzugsleine – dem *Para-Commander* aus den USA nachempfunden – am Pol befestigt und nach der Öffnung die obere Kappe durch Einzug verändert. Beim RL-3/2, der erstmals 1964 in Leutkirch zum Einsatz gelangte, war die Einzugsleine bereits Bestandteil der Serie.

Allerdings erreichte der RL-5 nicht mehr die erforderlichen Leistungen. Deshalb, so erzählte Peter Thalacker, entschied der Aeroklub der DDR, für die Nationalmannschaften der Frauen und Männer den sowjetischen UT-15 zu importieren.

Da aber die Rundkappen inzwischen ihr Leistungszenit erreicht hatten, beschaffte man über Beziehungen des Ministeriums für Staatssicherheit unter finanziellen und anderen Schwierigkeiten den US-amerikanischen *Strato-Star*, einen Stauluft-Gleitfallschirm – allerdings keine kompletten Fallschirme, sondern nur die Hauptbaugruppen.

Nach Ergänzung der fehlenden Teile durch BEWES wurden die Nationalmannschaftsmitglieder der GST und des SC Dynamo Hoppegarten mit diesem „modifizierten" *Strato-Star* ausgestattet, mit dem BEWES jene Erfahrungen sammelte, die wesentlich zur Entwicklung des RL-10, RL-12 und weiterer Typen beitrugen.

### *Fallschirmherstellung in den 1960er Jahren*

Verschiedene Zulieferbetriebe fertigten die für die Produktion erforderlichen Materialien, die bereits das Zertifikat „luftfahrttauglich" besaßen. Diese Materialien wurden im Lager der Fallschirmherstellung des Bekleidungswerkes zu den entsprechenden Posten zusammengestellt.

Die erste Station war die Näherei. Am Zuschnitttisch, einem Leuchttisch, schnitten Frauen nach Schablonen die Bahnen zu. Von Nähmaschine zu Nähmaschine wurden immer mehr Bahnen miteinander vernäht, bis die Kappe fertiggestellt war. An weiteren Nähmaschinen entstanden der Hilfsschirm, der Verzögerungssack und andere kleinere Teile. Nach dem Einziehen oder dem Vernähen der Fangleinen kamen die Schirme in die Sattlerei. Hier entstanden das Gurtzeug, der Verpackungssack und die Tragetasche. In der Sattlerei wurde auch die versandbereite Montage der Fallschirme vorgenommen.

### *Rettungsring der Luft*

Eine wesentliche Entwicklungsetappe der Fallschirmtechnik begann vor etwa 200 Jahren. Der Franzose Joseph-Michel Montgolfier (späterer Erfinder des Heißluftballons) konstruierte einen Fallschirm in Halbkugelform, Durchmesser 2,50 m, und sprang damit im Jahre 1777 von der Dachspitze seines Elternhauses herunter. Die Landung verlief glatt. Etwa gleichzeitig entwickelte sein Landsmann Sebastian Lenormand ein Fallschirmsystem, das er 1783 auch selbst erprobte. Dazu benutzte er zwei halbkugelförmige Fallschirme mit einem Durchmesser von je 1,50 m und sprang von einem hohen astlosen Baum herunter. Spätere Fallschirmmodelle Lenormands bestanden aus Leinwandkegeln von 6 Fuß Höhe (etwa 1,80 m) und 16 m² Flächeninhalt.

## RL-6

1967 versuchten die Seifhennersdorfer eine Etappe der Entwicklung von Sportfallschirmen zu überspringen. Während überall Rundkappen-Gleitfallschirme mit Zentralleine auf der Basis des *Para-Commander* (USA) erprobt wurden, gehörten die Seifhennersdorfer zu den ersten, die, ausgehend vom erfolglosen, weil mit Öffnungsproblemen behafteten *Barish-Wing* (USA), mit einem Flügelfallschirm experimentierten, dem RL-6. Er verfügte über eine Ober- und Unterkappe, die schräg übereinander lagen und den Schirm zum Vorwärtsgleiten brachten. Das war die Vorstufe zu den rund fünf Jahre später folgenden Gleitfallschirmen.

Der Öffnungsvorgang des RL-6 wurde von einem hilfsschirmgesteuerten Reffleinensystem gesichert. Ähnliche Systeme gab es auch schon an Lastenfallschirmen im Zweiten Weltkrieg, aber der Seifhennersdorfer Konstrukteur Helmut Hentschel entwickelte es weiter und verwendete es erstmals an Sportfallschirmen. Sein Reffleinensystem, das seiner Zeit weit voraus war, verringerte die außerordentlich hohen Entfaltungsstoßkräfte des RL-6 mit seinen Stabilisierungsbahnen und Steuerschlitzen und gestaltete den bis dato recht komplizierten Öffnungsvorgang wesentlich sicherer. Bisherige Öffnungssysteme waren zu dynamisch und führten zu Materialschäden und unnötig hohen Belastungen der Springer. Das Reffleinensystem, mit dem der Entfaltungsstoß beim RL-6 aber noch immer recht hoch war, benutzten die Seifhennersdorfer als Öffnungsvariante auch noch am RL-10/2 sowie am RL-12/2. Gleichzeitig wurde international an anderen Öffnungsvarianten gearbeitet. Schließlich setzte sich die schiebergesteuerte Variante durch. Ihr Vorteil war die enorme Einsparung von Material (Leinen und Metallringe) sowie die Verringerung von Masse und Packvolumen.

Foto: Sammlung Dieter Strüber

*RL-6 (1967). Dieser weltweit erste gesprungene Rechteckgleiter gelangte über das Experimentierstadium nicht hinaus. Dennoch verdanken ihm die Konstrukteure der späteren Stauluft-Gleitfallschirme die Anregung, wie der komplizierte Öffnungsprozess von Rechteckgleitern zu steuern war.*

### *Dreiecksschirm aus Karl-Marx-Stadt*

In einer Zeit des Stagnierens bei der Entwicklung von Leistungsfallschirmen (siehe auch RL-6) kam jeder Strohalm wie gerufen. So entwarf Vincent Przybyzin vom Bezirksausbildungszentrum Karl-Marx-Stadt (Chemnitz) einen dreieckigen Sprungfallschirm vorerst als Modell und führte mit ihm Abwürfe aus der An-2 aus. Die funktionierten gut, und so erhielt BEWES den Auftrag, aus dem Modell einen originalgroßen Fallschirm zu konstruieren. Allerdings überstand dieser Dreiecksschirm den darauffolgenden Puppenabwurf nicht.

PETER THALACKER

Ein gesellschaftliches Erfordernis wurde der Fallschirm in dem Moment, als sich der Mensch mit Luftfahrzeugen von der Erde erhob und ein Versagen dieser Geräte einkalkulieren musste. Gleich zu Beginn der Luftfahrtära, eingeleitet durch die Heißluftballons des Montgolfier und die Wasserstoffballons von Charles, erhielt auch der Fallschirm als Rettungsgerät eine überaus wichtige Bedeutung.

Bereits 1784 konstruierte der Franzose Blanchard einen Fallschirm mit flacher Kappe, der einen Durchmesser von sieben Metern hatte. Sein „Rettungsring der Luft“ wurde als eine Erfindung verspottet, „um von der Höhe eines Gebäudes ohne Treppen herunterzukommen“. Aber schon am 21. November 1785 geriet Blanchard bei einem Ballonaufstieg in Not und musste sich seinem Fallschirm anvertrauen. Dieser erste nachweisbare Rettungssprung verlief reibungslos. Den ersten freiwilligen Sprung unternahm der französische Luftschiffer André Jaques Garnerin am 22. Oktober 1797 in Paris. Auffallend war die große Aktivität französischer Ballonfahrer und Fallschirmkonstrukteure. Der Verfall der feudalen Ordnung in Frankreich, das Erstarken des Bürgertums und die damit einhergehende Bewegung der Aufklärung führten zu einem Aufblühen von Wissenschaft und Technik. So wurde Frankreich zum Geburtsland der Luftfahrt. Die Fallschirmtechnik entwickelte sich zusehends weiter, und ihr Einsatzspektrum konnte wesentlich breiter angelegt werden. Der Fallschirm war nicht mehr nur ein Rettungsgerät, er wurde ein Lastentransporteur, eine Bremshilfe für Flugzeuge und ein Sportgerät.

DR. DIETER STRÜBER

Auch wenn der RL-6, der weltweit erste Rechteckschirm, bei den Weltmeisterschaften in Graz 1968 eine Sensation darstellte, konnte er nicht zur Einsatzreife für das Sportspringen gebracht werden. Er blieb ein Prototyp, denn seine Steuerung blieb unsicher und die hohe Vorwärtsgeschwindigkeit ließ sich nicht stabil abbremsen.

Auf die Idee, diesen Fallschirm vor der Landung gegen den Wind einzudrehen, kam damals keiner. Die Sportspringer waren von der Rundkappe den Landeanflug mit dem Wind gewohnt. Dennoch bleibt das Verdienst, dass der erste gesprungene Rechteck-Gleitfallschirm der Welt aus Seifhennersdorf kam, auch wenn diese Entwicklung in einer Sackgasse endete.

**RL-8**

Mit dem RL-8, einem Rundkappen-Gleitfallschirm, der erstmals 1974 zum Einsatz gelangte, entwarfen die Seifhennersdorfer Fallschirmhersteller ihre letzte Rundkappe für das Sportspringen, während für die Fallschirmjäger die Entwicklung mit den RS-9-Rundkappen-Modifikationen noch weiterging. Ihr charakteristisches Merkmal war die dreieckige Polöffnung in der Kappe.

Während die Spitzensportler der DDR mit dem sowjetischen UT-15, einer Rundkappe, oder bereits mit dem Flügelschirm *Strato-Star* aus den USA sprangen, starteten die Komplexwettkämpfer des Landes mit dem RL-8 und errangen viele vordere Platzierungen. Der Schirm war sehr wendig und reagierte sofort auf jeden Steuervorgang. Das aber war zugleich sein Nachteil, seine Schnelligkeit machte ihn unberechenbar und provozierte in der Endphase der Zielannäherung ein risikoreiches Verhalten der Sportler und damit verbunden auch Verletzungen. Aber er war nicht gefährlicher als die heutigen Gleitersysteme. Das Kennen und zielgerichtete Anwenden der Technik- und Flugeigenschaften war auch hier die Voraussetzung für einen sicheren Fallschirmsport. Im Leistungssport stellte der RL-8, bedingt durch die rasante Entwicklung bei den Rechteckgleitern, nur eine kurze Episode dar.

### *Die Zulieferer*

Das Gewebe lieferte der VEB Greika (Greizer Kammgarn-Weberei), ein Kombinat mit Spinnereien und Konfektionsbetrieben in und um Greiz mit mehr als 3500 Mitarbeitern. 1990 wurde der VEB Greika von der Treuhand übernommen und aufgelöst.

Das Gurtband kam u.a. aus dem VEB Bandtex Pulsnitz, eine 1990 aufgelöste Bandweberei im Kombinat Baumwolle, sowie von der Band- und Gurtweberei F.J. RAMMER in Großröhrsdorf bei Pulsnitz.

Die Aufzugskabel stammten aus dem VEB Mechanische Werkstätten Quedlinburg im VEB Kombinat Feinmechanische Werke Halle.

Foto: Gudrun Pistiak

*RL-8 (1974). Mit diesem Rundkappen-Gleitfallschirm entwarfen die Seifhennersdorfer ihre letzte Rundkappe für das Sportspringen.*

### *Sportgerät Fallschirm*

Insbesondere die sportlichen Aktivitäten seit Anfang der 1950er Jahre führten zu einer raschen Entwicklung und Spezialisierung des Fallschirms. Als weiterer einflussnehmender Aspekt sei die Entwicklung der Raumfahrt genannt. Bei der Rückkehr bemannter und auch unbemannter Raumflugkörper zur Erde ist der Fallschirm eine unerlässliche Landehilfe.

Wie sahen nun die Fallschirme seit dem ersten Absprung aus einem Motorflugzeug im Jahre 1912 aus? Es begann mit halbkugelförmigen Fallschirmen, deren Fallschirmkappen aus Baumwolle oder Naturseide bestanden, einen Flächeninhalt von 40 bis 55 m² aufwiesen und nicht steuerbar waren. Die vertikale Sinkgeschwindigkeit betrug 4,5 bis 5,5 m/s. Solche steuerlosen Rundkappenfallschirme werden auch heute noch als Rettungsfallschirm für Motor- und Segelflieger verwendet. Die Sportler jedoch wollten nicht Passagier, sondern Pilot ihres Fallschirms sein und sich untereinander im Wettbewerb messen können. So kam es, dass allein zwischen 1965 und 1980 mehr Fortschritte bei der Konstruktion von Fallschirmen erzielt wurden als in der bisher überlieferten Geschichte insgesamt. Es folgte der Weg vom steuerbaren Rundkappenfallschirm bis zum modernen Stauluftgleiter

DR. DIETER STRÜBER

### *Verbündete aus der Forschung*

Der Seifhennersdorfer Fallschirmhersteller suchte über den Kreis der Fallschirmspringer hinaus Verbündete und Mitstreiter. So wurden Experten für Strömungstechnik von der TH, später TU Dresden, durch ständige Forschungsaufträge als Berater und Mitarbeiter mit dem Seifhennersdorfer Werk verbunden. Die Modelle neuer Fallschirmtypen wurden im Windkanal in Dresden sorgfältig getestet, ehe man die Prototypen für die ersten Belastungstests und dann für die ersten Probesprünge freigab. Textilforscher aus Rudolstadt und Dresden sowie Textiltechnologen aus Karl-Marx-Stadt (Chemnitz) erfüllten Aufträge aus Seifhennersdorf. Fangleinen, Fallschirmkappe, Gurtzeug und Metallteile mussten sich in verschiedenen Instituten lange Torturen gefallen lassen, um jeden Beginn von Materialermüdungen rechtzeitig zu offenbaren.

Foto: Hartmut Buch

*Rundkappen-Gleitfallschirm RL-8*

**RL-10**

Der RL-10 aus dem Jahre 1977 (erster Erprobungssprung durch Hans-Günter Seibt am 5. November 1976) war der erste druckaufgeblasene Rechteckgleiter (auch Stauluft-Gleitfallschirm) aus Seifhennersdorf. Er verfügte über sieben Doppelkammern und ein hilfsschirmgesteuertes Reffleinensystem. Der RL-10, der entgegen der Windrichtung gelandet wurde, besaß ein verbessertes aerodynamisches Bremssystem, das eine sichere

Foto: Gudrun Pistiak

*Druckaufgeblasener Stauluft-Gleiter RL-10 um 1982*

und stabile Steuerung auch im gebremsten Zustand erlaubte.

Bei den Weltmeisterschaften 1978 in Jugoslawien errangen die DDR-Sportler auf RL-10 drei WM-Titel, zwei davon im Zielspringen. Im Einzel siegte Andreas Partsch mit 0,00 m Abweichung, die Bronzemedaille errang Norbert Knappe, und im Gruppenzielsprung errangen die Männer mit 0,08 m Abweichung den Titel. Komplettiert wurden diese Erfolge durch den Titelgewinn der Männer in der Gesamtmannschaftswertung.

In den Jahren 1978 und 1979 entschieden die DDR-Männer alle internationalen Wettbewerbe im Gruppenzielspringen, an denen sie mit dem RL-10 teilnahmen, für sich. Unter dem Namen *Manta* wurde der RL-10 von der in der BRD ansässigen Firma Herbst auch in Westeuropa vertrieben.

**RL-10/2**

Der RL-10 Serie 2 unterschied sich von seinem Vorgänger RL-10 vor allem durch das neue Kappenmaterial, verbessertes Gurtzeug und neu entwickelte Schnelltrennverschlüsse. Die Verwendung neuer Materialien und

Foto: Sammlung Dieter Strüber

*RL-10 (1977). Der druckaufgeblasene Stauluft-Gleiter besaß ein verbessertes aerodynamisches Bremssystem, das eine sichere und stabile Steuerung auch im gebremsten Zustand erlaubte. Bei den Weltmeisterschaften 1978 errangen die DDR-Sportler mit dem RL-10 drei Titel, zwei davon im Zielspringen.*

ein konsequent verwirklichtes Leichtbauprinzip führten zu einem um 1,5 kg geringeren Gewicht.

Erstmals eingesetzt wurde das neuentwickelte TSS-System (Trenngurt-Schlaufe-Seil), eine hochwirksame Kappenschnelltrenneinrichtung, die im Gurtzeug integriert ist und zur Trennung zwischen Gurtzeug und der Kappe des Sprungfallschirmes im Falle einer Havarie oder nach der Landung dient. Dadurch konnte auf die bislang erforderlichen Importe von Schnelltrenneinrichtungen aus der CSSR verzichtet werden – das sparte sowohl Gewicht als auch Devisen.

1968 war eine neue Disziplin im Fallschirmsport eingeführt worden: das Figurenspringen. Die Fallschirmentwicklung ging unter diesen Umständen in Richtung einer geringeren Masse, kleinerer äußerer Abmessungen und besserer aerodynamischer Güte durch veränderte Trageweise. Dadurch verbesserten sich die sportlichen Leistungen der Aktiven im Figurenspringen. Aber selbst die Verwendung der anfangs schwereren und sperrigeren Fallschirme aus Seifhennersdorf konnte nicht verhindern, dass beispielsweise die DDR-Frauen im Figurenspringen die Weltspitze eroberten und jahrelang mitbestimmten:

| WM | Rang | Name |
|---|---|---|
| 1968 | 2 | Barbara Bürger |
| 1972 | 3 | Barbara Karkoschka |
| 1976 | 1 | Irina Klabuhn (später Walkhoff) |

Fortsetzung:

| WM | Rang | Name |
|---|---|---|
| 1978 | 2 | Irina Walkhoff |
| 1980 | 3 | Irina Walkhoff |
| 1982 | 1 | Irina Walkhoff |
| | 2 | Barbara Harzbecker |
| 1984 | 1 | Barbara Harzbecker |

Diese Aufzählung kann fortgesetzt werden.

Die Stauluft-Gleitfallschirme ab RL-10 erhielten teilweise auch Automaten (Höhenauslöser bis 300 m).

**RL-12 und RL-12/2**

Erstmals gelang es mit diesem druckaufgeblasenen Rechteck-Gleitfallschirm, durch Vorflügel und Grenzschichtbeeinflussung die aerodynamischen Eigenschaften, das Tragkraftverhalten, den Gleitwinkel und die Stabilität zu verbessern. Der Vorflügel verlieh dem Staulufttgleiter sehr gute Stabilität insbesondere im Zielanflug.

Der RL-12/2 erwarb ebenso wie sein Vorgänger RL-12 internationale Anerkennung und kam in mehreren Ländern erfolgreich zum Einsatz. Unter anderem in Ungarn, in Kuba und in den Vereinigten Arabischen Emiraten.

Nach dem erfolgreichen Einstand bei den Weltmeisterschaften 1980 in Kasanlyk/Bulgarien präsentierten sich die DDR-Sportler zwei Jahre darauf, bei den Weltmeisterschaften 1982 in Lucenec/CSSR, so erfolgreich wie nie zuvor. Sie errangen viermal Gold, zweimal Silber und dreimal Bronze. Bernd Wiesner siegte in der Kom-

### *Steuerbare Rundkappenfallschirme*

Es begann bei der III. Weltmeisterschaft 1956 in Moskau. Die Mannschaft der Sowjetunion setzte ihren Fallschirm T-2 ein. Auf der Rückseite der Fallschirmkappe „fehlte" eine Bahn. Diese Fehlbahn erlaubte dem Fallschirm einen Eigenvortrieb und gestattete gesteuerte Richtungsänderungen. Er wurde zum konstruktiven Vorbild für eine Serie von Sportfallschirmen in aller Welt. Aus der einen Fehlbahn entwickelten sich kunstvolle Schlitzsysteme. Besonders erwähnenswert sind die breite Palette der T-4 in der Sowjetunion, die Fallschirme der USA-Firma Pioneer, die RL-Typenreihe der DDR (RL-3 bis RL-3/5) und die der französischen Firma EFA. Diese Schirme wurden aus Naturseide und später aus Kunstfasergeweben gefertigt. Der Flächeninhalt der Kappen lag zwischen 50 und 65 m². Die mit 4,5 bis 5,5 m/s sinkenden Fallschirme erzielten Eigengeschwindigkeiten von 1,5 bis 4 m/s. Bei Drehungen um 360° wurden Zeiten zwischen 10 und 5 s erreicht.

### *Steuerbare Rundkappen-Gleitfallschirme*

Bei der VII. Weltmeisterschaft 1964 setzten die US-Amerikaner mit dem *Para-Commander* den ersten Gleitfallschirm ein. Erstmals war die horizontale Geschwindigkeitskomponente größer als die Sinkgeschwindigkeit. Charakteristisch ist die durch eine Zentralleine nach innen gezogene Polregion. Dadurch spreizte sich die Fallschirmkappe und der Widerstandsbeiwert erhöhte sich. Die angestaute Luft wurde durch 33 Schlitze und Löcher abgeleitet. Dieser Fallschirm war sehr gut steuerbar und revolutionierte die Weltrekordtabellen. Wenige Jahre später gab es in der ganzen Welt ähnliche Baumuster.

Während diese Gleitfallschirme ihrem technischen Höchststand zusteuerten, wurden in der DDR und in den USA neue technische Lösungswege gesucht und gefunden. Die Formen der Fallschirme und ihre Flächeninhalte änderten sich radikal.

### *Flügel-Gleitfallschirme*

Francis Rogallo ließ sich 1951 einen flexiblen Drachen patentieren. Auf dieser Grundlage entstand schon 1965 der dreieckige *Rogallo-Flexwing* für den Personenabsprung. Dieses Gerät zeigte hervorragende Gleiteigenschaften.

*RL-12 (oben und rechts). Mit diesem Schirm gelang es erstmals, durch Vorflügel und Grenzschichtbeeinflussung die aerodynamischen Eigenschaften wesentlich zu verbessern. Mit dem Nachfolger RL-12/2 starteten die DDR-Sportler zuerst bei den Weltmeisterschaften 1980 in Kasanlyk/Bulgarien, wo sie mehrere Titel errangen.*

*Fotos: Hartmut Buch, Manfred Uhlenhut*

In Seifhennersdorf erdachte man für den RL-6 ein Reffleinensystem und setzte es dann auch ein; es sollte die Kräfte beim Entfaltungsstoß in erträglichen Grenzen halten. Dieses System fand bei vielen Gleitertypen Verwendung.
Ein Teil der Flügel-Gleitfallschirme wurde nur in kleinen Serien gebaut bzw. kam über ein gewisses Experimentierstadium nicht hinaus. Die mit wohlklingenden Namen versehenen Vertreter dieser Gleitergeneration wie *Para-Wing*, *Delta-II-Wing*, *Sky-Hawk*, *Thunderbow* und *Bumble-Bee* hatten nicht den sportlichen Erfolg. In den vielen Experimenten wurden aber grundsätzliche Erkenntnisse für die aerodynamische Gestaltung künftiger Gleitfallschirme und das Beherrschen der hohen Eigengeschwindigkeiten gewonnen.

### *Stauluft-Gleitfallschirme*

1970 kam in den USA ein neuartiger Gleitfallschirm zum Einsatz. Der mit *Para-Plane* bezeichnete Typ ähnelte äußerlich einer fliegenden Luftmatratze, die aus einzelnen, vorn offenen Zellen aufgebaut war, die sich an der Hinterkante vereinigten. Im Querschnitt sieht der Gleiter wie das Profil eines Flugzeugflügels aus, der Auftriebskräfte erzeugt und die Sinkgeschwindigkeit stark reduziert. Gleichzeitig entwickelt dieses Profil eine hohe horizontale Geschwindigkeit. Mit dem sogenannten Reffleinensystem wurde ein sicheres und weiches Öffnen dieser Fallschirmkappe ermöglicht. Schrittweise verbesserte man auch die Steuer- und Bremsmöglichkeiten.
Aufgrund der besonderen aerodynamischen Eigenschaften ließ sich die Fläche auf etwa 20 m² reduzieren; entsprechend verringerte sich auch die Masse des Gerätes. Aus dem Widerstandskörper Fallschirm war ein Auftriebskörper geworden. Mit dieser Generation wurden alle bisher bekannten Maßstäbe gesprengt und die Weltmeisterschaftsrekordtabellen auf den Kopf gestellt. Neue Rekordbestimmungen mussten erarbeitet werden.
Sogar als Rettungsfallschirm findet das Stauluftprinzip inzwischen Anwendung.

Übrigens landet der Fallschirmsportler seinen Stauluft-Gleitfallschirm gegen den Wind. Dies kommt den aerodynamischen Prinzipien und Flugeigenschaften der Flugzeuge immer näher. Für die Sportler wurde über viele Etappen aus dem Fallschirmspringen ein Fallschirmfliegen.
DR. DIETER STRÜBER

Foto: Archiv Frank-Dieter Lemke

*RL-12/2, ein druckaufgeblasener Rechteck-Gleitfallschirm, hier mit Reffleine*

bination und im Einzelzielspringen mit 0,01 m Abweichung nach zehn Sprüngen. Irina Walkhoff entschied die Einzelwertung im Figurenspringen für sich, außerdem gewannen die Männer die Gesamtmannschaftswertung.

Der RL-12/2 wurde schließlich gemeinsam mit dem RL-10 zum wichtigsten Sprunggerät in den Bezirkssportmannschaften. Praktisch sprangen, von wenigen Ausnahmen abgesehen, bis zum Ende der DDR alle Fallschirmsprunglehrer und Fallschirmsportler, auch jene, die sich auf die Laufbahn Fallschirmjäger vorbereiteten, mit diesen beiden Flügelschirmen.

## RL-13

Offiziell gab es keinen RL-13. Aber einige Fallschirmsportler glauben, sich an ein nicht in Angriff genommenes Projekt mit dieser Bezeichnung zu erinnern.

Foto: Bianca Przewosnik

*RL-14. Er wurde nur in geringer Stückzahl gefertigt, besaß ein Reffleinensystem mit Optimus und die Kappe war aus anderem Material hergestellt. Der RL-14 fand keine weitere Verbreitung, weil er sich im Zielanflug als recht unberechenbar erwies.*

## RL-14 und RL-15

Diese beiden Gleitfallschirme wurden kaum bekannt, da von ihnen nur eine kleine Anzahl für experimentelle Zwecke als Zwischenschritt zum RL-16 entstand. Der RL-14 (um 1986) beispielsweise war ein Stauluft-Gleiter mit sieben Doppelkammern, Reffleinensystem und etwas kleinerem Vorflügel als beim RL-12/2. Zum Einsatz gelangte der RL-14 an der GST-Fallschirmsprungschule Halle-Oppin, wo er sich jedoch nicht bewährte. Die wenigen Schirme dieses Musters wurden schließlich an die Bezirksorganisationen verteilt.

## RL-16

Dieser Stauflügel-Gleitfallschirm löste im Hochleistungssport den RL-12/2 sowie die inzwischen aus den USA importierten Flügelschirme ab. Der RL-16 war das Ergebnis langwieriger Windkanaluntersuchungen, bei denen man herausfand, dass in der Endphase des Zielsprunges mit einem veränderten Flügelprofil mehr herauszuholen ist, als das bisher möglich war – vorausgesetzt es gelingt, den Flügel weitgehend verwindungssteif zu gestalten. Darüber hinaus führte die Anwendung einer konsequenten Leichtbauweise dazu, dass dieser Fallschirm gewichtsmäßig erheblich „abgemagert“ werden konnte.

Zum Einsatz kam der RL-16 erstmals 1987. Von da an sprangen die DDR-Spitzensportler entweder mit dem RL-16 (sieben Doppelkammern) oder mit dem *Para Foil* aus den USA. Das Gewebe F-111 für den RL-16 wurde und wird aus den USA bezogen. Das Rettungsgerät RG-2 (siehe Beschreibung dort) wird ebenso wie beim

Foto: Sammlung Dieter Strüber

*Der RL-16 war das Ergebnis langwieriger Windkanaluntersuchungen, bei denen man herausfand, dass in der Endphase des Zielsprunges mit einem veränderten Flügelprofil mehr herauszuholen ist, als das bisher möglich war – vorausgesetzt, es gelingt, den Flügel weitgehend verwindungssteif zu gestalten.*

Foto: Archiv Frank-Dieter Lemke

*Auf Flächenschieber anstelle der Reffleine umgebauter RL-16, hier im Tandem-Einsatz*

Seifhennersdorfer Tandemgleitfallschirm TD-2 im Rükkencontainer integriert. Letzteres prädestinierte den RL-16 nun auch für das Figurenspringen. Die Weiterentwicklung RL-16/3 besaß anstelle des Reffleinensystems einen Öffnungsschieber, eine größere Kappenfläche und bessere Leistungsparameter für das Zielspringen.

**Beispiele für den erfolgreichen Einsatz des RL-16/3:**

| WM | Disziplin | Rang | Teilnehmer |
|---|---|---|---|
| 1988 | Gruppenziel | 1 | Frauen |
| | Einzelziel | 2 | Gabi Bauer |
| 1990 | Gesamteinzel | 3 | Katrin Sperrschneider |
| | Gruppenziel | 3 | Frauen |
| | Einzelziel | 2 | Denise Bär |

| WM | Disziplin | Rang | Teilnehmer |
|---|---|---|---|
| 1990 | Einzelziel, Junioren | 2 | Evelin Artelt |

Diese Aufzählung ließe sich fortsetzen.

**RL-18**

Der Stauluftgleiter mit sieben Doppelkammern, eine Weiterentwicklung aus dem RL-16 mit größerem Flächeninhalt, entstand für die Schülerausbildung und wird noch heute im militärischen Bereich verwendet. Auch unser Mitautor Hans-Günter Seibt sprang 2019 noch damit.

*Erfolgreiche Frauen aus dem DDR-Fallschirmsport bei den Landesmeisterschaften 1989 – von links: Katrin Sperrschneider, Denise Bär, Gabi Bauer, Evelyn Artelt, Katja Schneider und Trainer Andreas Glasow (GST Halle-Oppin)*

*Foto: Zentralbild*

### *Dieter Strüber*
**15. Juli 1939 bis 3. August 2010**

In seinem Nachruf erinnerte der Luftsport-Landesverband Brandenburg e.V. mit folgenden treffenden Worten an Dr. Dieter Strüber: Ein erfülltes, vielseitiges, entschlossenes, energiegeladenes, ruheloses Leben… im Dialog, in der Diskussion, mit klaren Positionen, mit Differenzen, nie langweilig, immer kämpferisch, immer mit Resonanz und sozialem Engagement. Genau passend dazu seine Haltung zu sportlichen Wettbewerben: „Ohne Verlierer gibt es keine Sieger."

In einer Zeit, in der das Fallschirmspringen in der DDR noch in den Kinderschuhen steckte, erwarb Dieter Strüber die Sprunglizenz, wurde Fallschirmsprunglehrer und Inhaber mehrerer technischer Berechtigungen. Er erkämpfte sich einen Platz in der DDR-Auswahlmannschaft, errang fünf FAI-Weltrekorde und 16 DDR-Rekorde im Gruppenzielspringen und erlangte auch bald im internationalen Sportgeschehen einen ausgezeichneten Ruf.

Mit seinem DHfK-Diplom als Sportlehrer, seiner sportlichen Qualifikation und seinem Vermögen, Menschen zu motivieren und zu führen, startete er eine außergewöhnliche Trainerlaufbahn. Schon bei seiner ersten Weltmeisterschaft 1964 in Leutkirch erkämpften sich seine Schützlinge mehrere Medaillen. Ihnen folgten unzählige weitere. Heute kann man mit Fug und Recht behaupten, dass er als erfolgreichster DDR-Trainer die meisten internationalen Medaillen errang.

Der Fallschirmsport war Dieter Strübers Beruf und Berufung. Er erforschte als Verbandstrainer Fallschirmsport in der DDR neue Trainingsmethoden im Ziel- und Figurenspringen, gab sein Wissen für die Entwicklung besserer Fallschirmtechnik weiter, war international anerkannter Schiedsrichter und setzte Akzente in der Nachwuchsförderung. Weltweit promovierte er als erster Sportwissenschaftler auf dem Gebiet Fallschirmsport. Er veröffentlichte ein Buch und unzählige Beiträge in Fachzeitschriften.

Die FAI ehrte Dr. Dieter Strüber mit der Parachutin Gold Medal, der höchsten internationalen Auszeichnung im Fallschirmsport, und mit dem Paul-Tissandier-Diplom.
DAEC / FRANK-DIETER LEMKE

### *Die Erprobungsspringer*

Ab 1960 war Dieter Strüber ehrenamtlich als Testspringer für BEWES tätig. Ihm folgte 1967 Hans-Günter Seibt zunächst als ehrenamtlicher Erprobungsspringer für die GST und das Militär. Von 1970 bis 1985 gehörte er hauptamtlich zur Forschung und Entwicklung von BEWES. Zuletzt erprobte er im Dezember 1985 den RL-16. Er springt heute (2019), mit 72 Jahren, noch immer. Abgelöst wurde Hans-Günter Seibt von Ulrich Rieche, der bis 1990 bei BEWES tätig war. Ihm folgten Jens Klaudtky und 2018 Marco Pflüger bei der Nachfolgerin SPEKON.

*Dr. Dieter Strüber*

*Foto: Archiv Eckhard Peter*

### *Übungsfallschirme für Fallschirmsportler sowie Truppenfallschirme*

Mit der Herstellung neuer Sportfallschirme wurde die Leistungsdifferenz zwischen den Übungs- und Sportfallschirmen immer größer. Deshalb machte man sich über einen neuen Übungsfallschirm Gedanken, der eine hohe Sicherheit mit besseren Vortriebs- und Steuereigenschaften vereinigt. Die daraufhin entwickelten Rundkappenfallschirme der RS-Baureihe, die in der DDR den PD-47D ablöste, bewährte sich auch in vielen anderen Ländern und ist noch heute hoch geschätzt. Den Truppenfallschirm RS-9 ordnen viele Experten aufgrund seiner hervorragenden aerodynamischen Eigenschaften und seines großen Einsatzspektrums sogar als weltbeste Rundkappe ein.

**RS-1**
Der Sportfallschirm RS-1 war der erste, der aus Dederongewebe hergestellt wurde, einer synthetischen Faser, die in der DDR entwickelt worden war. Das vergleichbare Nylon war in den USA entstanden, das Perlon in Deutschland vor 1945 und das Kapron in der UdSSR. Alle Gewebe waren in ihren Ländern patentrechtlich geschützt.

Die Fallschirmkappe des RS-1 war wie beim PD-47 quadratisch und in ihrer Belastbarkeit bis 120 kg bei 250

*Fallschirmspringer mit RS-4/3C auf dem Weg zu ihrem Absetzflugzeug Antonow An-2T. Zwölf Fallschirmspringer fanden in diesem Anderthalbdecker Platz.*

*Foto: Sammlung Eckhard Peter*

*Foto: Bianca Przewosnik*

*RS-4/3C (1967), ein Übungsfallschirm für die Grundausbildung sowie für die Vorbereitung der Fallschirmjägerbewerber auf ihre militärische Laufbahn*

km/h maximaler Einsatzgeschwindigkeit ausgelegt. Die Fangleinen waren ebenfalls aus Dederon, hatten ein geringeres Volumen und ließen sich beim Packen leichter einschlaufen.

**RS-4/3**

Der RS-4/3 entstand aus den Ausgangsmustern RS-4 (Kappe aus Baumwollbatist – eine Mischung von Baumwolle und Seide zu je 50 %, nicht steuerbar) sowie RS-4/1 (Kappe aus Baumwollbatist mit Steuerschlitzen) und diente zur Grundausbildung sowie als Übungsfallschirm für die Vorbereitung der Fallschirmjäger-Bewerber auf ihre militärische Laufbahn.

Die Kappe des RS-4/3 bestand aus PAS-Gewebe unterschiedlicher Luftdurchlässigkeit und war bei den drei Varianten B, C und D gleich. Die Unterschiede fanden sich beim Gurtzeug, beim Verpackungssack und anderen Bauteilen. Aus dem RS-4/3C entstand neben dem RS-4/4 der RS-4/5, der sich durch die Art der Verpackung sowie durch die veränderte Öffnungseinrichtung von den Vorläufermustern unterschied. Ein mit dem Übersack des Stabilisators verbundenes spezielles Aufzugskabel leitete die eigentliche Öffnung des Fallschirmsystems ein. Der Stabilisator (auch Stabilisierungseinrichtung genannt) übernahm die Funktion des Hilfsschirmes.

**RS-8**

Der RS-8, eine spezielle, auf Leistung ausgerichtete Weiterentwicklung, ergänzte die Grundausbildung auf dem RS-4/3, indem er die Freifallausbildung unterstützte und die Qualität der Ziellandungen verbessern half.

Der RS-8 eignete sich nicht nur für die Anfängerschulung. Er diente auch für die Weiterbildung fortgeschrittener Sportler. Der ab 1970 eingesetzte RS-8 gehörte zu den leistungsfähigsten Vertretern der Kategorie der Ausbildungsfallschirme.

*Foto: Bianca Przewosnik*

*RS-8 (1970). Der Ausbildungsfallschirm ergänzte die Grundausbildung auf dem RS-4.*

**RS-9**

Der speziell für die Fallschirmjäger der Nationalen Volksarmee entwickelte und steuerbare RS-9, dessen Erprobung bis zum Endprodukt RS-9/2 am 23. April 1994 begann, ging aus dem Ausbildungsfallschirm RS-4/3C hervor und besitzt eine größere Kappe, darüber hinaus sechs anstelle der vier Schlitze. Über ein spezielles Leinensystem mit Knebeln an den Steuerleinen kann der

*Oben: RS-8/2*
*Linkes Bild: Vorn ein RS-8, dahinter eine Variante des RS-8, möglicherweise ein Erprobungsmuster*

Fotos: Detlev Grass

*RS-9 (1975). Speziell für die Fallschirmjäger der NVA (ab 1986 Luftsturmregiment) entwickelte und steuerbare Rundkappe.*

Foto: Gudrun Pistiak

***Mindestabsprunghöhe***

Die Mindestabsprunghöhe wird definiert als sichere Benutzungshöhe bei 100 km/h Horizontalgeschwindigkeit.

Springer wahlweise, entsprechend den Wetterbedingungen oder der Situation auf dem Landeplatz, einen konstanten Vor- oder Rückschub einstellen – und dies bei Windgeschwindig-keiten bis 15 m/s! Diese Eigenschaften sind für eine Rundkappe bis heute einzigartig.

Der RS-9/2 stellt mit seinen technischen Parametern alle bei den anderen Armeen verwendeten Rundkappenfallschirme in den Schatten. Als ebenso erfolgreich erwies sich auch der neuentwickelte Stabilisator – ein kleiner Schirm, der sich nach dem Absprung automatisch öffnet und auch weniger geübten Springern einen relativ problemlosen freien Fall ermöglicht. Dieses System bewährt sich insbesondere im militärischen Bereich, da die jungen Springer meist nur eine geringe Erfahrung mitbringen und darüber hinaus die zahlreichen Ausrüstungsgegenstände sich auch nicht gerade günstig auf die Stabilität im freien Fall auswirken. Ausgerüstet mit diesem Stabilisator wurde nicht nur der RS-9/2, sondern auch die militärische Variante des Stauluft-Gleiters RL-10.

Allerdings wurde die moderne Fallschirmtechnik der NVA mit ihrem RS-9/2 seinerzeit von der Bundeswehr nicht übernommen; sie springt noch immer mit ihren alten US-amerikanischen T-10 aus den 1950er Jahren, weil ihr der RS-9/2 steuertechnisch zu kompliziert war.

## *Reservefallschirme für Fallschirmsportler*

### BE-3 und BE-3D

Dieses Reservegerät für Fallschirmspringer (auch für Fallschirmjäger), ein Brustfallschirm, wurde aus dem sowjetischen Fallschirm Ps-41a entwickelt. Er besaß ein Zwischengurtwerk für die Befestigung am Sprungfallschirm. Die Fangleinen verliefen innerhalb der Nähte über die gesamte Kappe bis zur Gegenseite, um die Festigkeit zu erhöhen.

Durch den Verzicht auf Steuerschlitze und Steuerleinen, Verzögerungssack und andere Konstruktionselemente, wie sie für den Hauptschirm typisch sind, verringerten sich seine Abmessungen im gepackten Zustand gegenüber dem Sprungschirm etwa um die Hälfte. Der Abzugsgriff befand sich auf der oberen Klappe des Verpackungssackes und konnte sowohl mit der rechten als auch mit der linken Hand betätigt werden. Zum Einsatz gelangte der BE-3 ab 1961. Seine Betriebsdauer betrug sechs Jahre bei drei zugelassenen Rettungssprüngen in dieser Zeit.

Bei den folgenden Ausführungen wurde die Naturseide durch Dederon ersetzt. Der BE-3D (D für Dederon) besaß den Aufzugsgriff an der rechten Seite, der jedoch im Notfall nur mit der rechten Hand bedient werden konnte. Beim BE-3D/A wurde der Aufzugsgriff auf die obere Abdeckklappe gesetzt; er konnte nunmehr sowohl mit der rechten als auch mit der linken Hand bedient werden.

### BE-7

Die Erfahrungen aus der Sprungerprobung mit dem SE-4 für Motorflieger führten 1966 zur Entwicklung des BE-7. Die Fläche der Kappe war beibehalten und die Fes-

**_Die Abkürzungen von BE bis SF_**

Der erste Buchstabe benennt die Körperpartie, an der der Fallschirm getragen wird: **R** für Rücken, **B** für Brust und **S** für Sitzfläche.
Der zweite Buchstabe kategorisiert den Fallschirm und kennzeichnet das Einsatzprofil:
**E** für Ersatzfallschirm (Rettungs- oder Reservefallschirm), **KT** für **K**ontrollierende **T**ätigkeit, **L** für Leistung(ssport) und **S** für Schulung (Ausbildung) oder Sport.
Demnach bedeuten:
**BE** – Vor der Brust getragener Ersatz(Rettungs)-fallschirm.
**KT** – Rettungsfallschirm für Personal mit **K**ontrollierenden **T**ätigkeiten.
**RE** – Auf dem Rücken getragener Ersatz(Rettungs)-fallschirm.
**RG** – Rettungs-Gleitfallschirm
**RL** – Auf dem Rücken getragener Leistungsfallschirm.
**RS** – Auf dem Rücken getragener Sportfallschirm.
**SE** – Sitz-Ersatz(Rettungs)-fallschirm.
**SF** – Sitzfallschirm für schnellfliegende Flugzeuge.

tigkeit durch eine besondere Vernähung gesichert worden, indem man die nunmehr dünneren Fangleinen aus Dederon nicht mehr durch die Kappe hindurchführte, sondern an Schlaufen am Basisrand befestigte. Dadurch wurde an Gewicht, Material und Packvolumen gespart. Der BE-7 war gegenüber seinem Vorgänger BE-3 um 500 g leichter und im gepackten Zustand 40 mm kürzer sowie 50 mm niedriger.

**BE-8**
Der 1972 erstmals eingesetzte BE-8 entwickelte einen Vortrieb von 1 bis 2 m/s und war dadurch das erste steuerbare Rettungsgerät für Fallschirmspringer. Interessante konstruktive Details an der Kappe sind die Lufttaschen, der Baldachin über der Polöffnung, der horizontale Vortriebsschlitz und die aus unterschiedlich luftdurchlässigem Material bestehenden 24 Bahnen. Der BE-8/2 besaß einen etwas veränderten Verpackungssack sowie geänderte Innenklappen. Gegenüber dem Vorgänger BE-7 mit 100 kg Zuladung verfügte der BE-8 über 130 kg Zuladung. Nach einem problematischen Öffnungsvorgang beim siebenten Sprung mit RE-5 nebst BE-8 durch Erprobungsspringer Hans-Günter Seibt wurde die Öffnungseinleitung neu konstruiert und der BE-8 erhielt einen Hilfsschirm.

**RG-1/1**
Der Rettungsgleiter nach dem Teilkammer-Stauluftprinzip mit sieben Doppelkammern wurde ab 1985 in Serie gefertigt.

**RG-2**
1986 ging der Rettungsgleiter RG-2 für den RL-16 in Serie. Er funktionierte mit seinen sieben Doppelkammern ebenfalls nach dem Teilkammer-Stauluftprinzip, besaß ein Entfaltungsbremssystem und einen Flächenschieber. Dieser Flügelschirm war eine logische Anpassung an die Leistungsfähigkeit der Stauluft-Gleiter. Er ist voll steuerbar und entwickelt bei einem Sinken von 3 bis 5 m/s bis 10 m/s Vortrieb. In diesem Zusammenhang war auch das Trennsystem des RL-16 völlig neu entwickelt worden, das nun das komplikationslose Abwerfen des havarierten Hauptschirmes und eine gefahrlose Landung im Stile eines Zielspringers erlaubt. Letzteres hatte sich inzwischen als unumgänglich erwiesen, weil planmäßige „Außenlandungen" wie Stadionsprünge oder Landungen auf Volksfesten nichts Ungewöhnliches mehr für Fallschirmspringer darstellen. Aber gerade dafür werden Rettungsfallschirme benötigt, die ein sicheres Landen auch innerhalb bebauter Flächen ermöglichen.

**_Kritisierte Bezeichnung Ersatzfallschirm_**

Wir – die PfL-ZL, SLI, NVA, GST, das MfS mit dem Sportclub Dynamo Hoppegarten – unternahmen, z.B. auf SAF-Tagungen (SAF – Ständige Arbeitsgruppe Fallschirmtechnik im Aeroklub der DDR), mehrmals den Versuch, BEWES von der Bezeichnung "Ersatzfallschirm" abzubringen. Ohne Erfolg. In der Luftfahrt der DDR existierten lediglich die Bezeichnungen Sprung- und Rettungsfallschirm, auch Lastenfallschirm oder Bremsschirm. Letztere wurden ebenfalls von BEWES produziert.
PETER THALACKER

Foto: Gudrun Pistiak

*RG-2, der Rettungsgleiter für den Stauluftgleiter RL-16 aus dem Jahre 1987*

## *Rettungsfallschirme für Flugzeugführer*

### SE-1

Der Sitzfallschirm aus dem Jahre 1960, entwickelt aus dem sowjetischen MPLK-49, besaß eine quadratische Kappe mit sieben Bahnen aus geripptem Baumwollbatist, die mit Bändern und Fangleinen verstärkt worden waren. Die Ecken der Kappe waren abgeschrägt. In ihrem Aufbau, allerdings mit kleineren Abmessungen, ähnelte sie der Kappe des sowjetischen PD-47, der als erster Übungsfallschirm in die DDR-Fallschirmsportgeschichte einging. Die Konstruktion des SE-1 erlaubte den Anbau eines Sauerstoffgerätes und eines Schlauchbootes.

### SE-2

Der SE-2 glich im Aufbau seinem Vorläufer. Der Verpackungssack war jedoch kleiner, so dass die Mitnahme von Sauerstoffgerät und Schlauchboot nicht mehr möglich war.

### SE-4

Bei diesem aus dem Jahre 1967 stammenden und von der Sowjetunion übernommenen SE-4 aus gerippten PAS-Material liefen die Fangleinen nicht mehr durch die ganze Kappe, sondern wurden direkt am Basisrand angesetzt. Die Mindestabsprunghöhe betrug ebenso wie beim SE-1 und SE-2 immerhin 80 m, sofern das Flugzeug horizontal flog. Zum Einsatz gelangte der SE-4 auch in Schleudersitzen sowie mit Schlauchboot und Sauerstoffflasche. Aus den Erfahrungen der Sprungerprobung mit dem SE-4 wurde der Rettungsfallschirm BE-7 für Fallschirmspringer entwickelt.

### SF

Der SF (Sitzfallschirm) war speziell für den Einsatz aus schnellfliegenden Flugzeugen bis 600 km/h ausgelegt und wurde bei der Nationalen Volksarmee verwendet. Seine Mindestabsprunghöhe betrug 150 m. In seinem Aufbau ähnelte er den Mustern SE-1 bzw. SE-4. So besaß er ebenfalls eine quadratische Kappe aus geripptem Dederon-Gewebe. Die Ecken waren abgeschrägt.

Die acht Bahnen und der Basisrand wurden von aufgenähten Naturseide-Bändern verstärkt. Die hohe Festigkeit dieses Fallschirmes gestattete die Mitnahme eines Sauerstoffgerätes sowie Schlauchbootes. Außerdem war es bei ihm wie auch bei den anderen vorgestellten Rettungsfallschirmen möglich, einen Höhenauslöser zu verwenden. Die Betriebsdauer des SF betrug sechs Jahre; in dieser Zeit war er für drei Rettungssprünge zugelassen.

### *Ein Dreiecksfallschirm aus der CSSR*

Nach der Einführung des Motorkunstflugzeuges Zlin Z-526 AFS kritisierten die Piloten der DDR-Nationalmannschaft die zu große Bauhöhe des Rettungsfallschirmes SE-4/1A, auf dem sie bei einzelnen Flugfiguren mit dem Kopf an das Kabinendach stießen. Ich wurde daraufhin beauftragt, von der SVAZARM zwei Rettungsfallschirme abzuholen. Dieser Typ, die Bezeichnung ist mir leider entfallen, besaß eine geringere Packhöhe als der SE-4/1, doch entpuppte er sich als Dreiecksfallschirm. Nun war guter Rat teuer, denn eine dreieckige Kappe hatte ich noch nie gepackt. Ich wandte mich an Stfw. Herbert Regell vom Fallschirmdienst der NVA-Luftstreitkräfte, der als ehemaliger Fallschirmjäger der deutschen Luftwaffe den RZ 36 kannte. So gingen wir gemeinsam im Fallschirmlager der VS 14 (Verbindungsfliegerstaffel) in Strausberg an's Werk, prüften die beiden Rettungsfallschirme aus der CSSR und packten sie.

PETER THALACKER

## *Rettungsfallschirm für kontrollierendes Personal*

### KT-67

Der KT-67 diente als Rettungsfallschirm für Personal mit kontrollierenden Tätigkeiten und ähnelte dem S-27/III-53. Der für das Bordpersonal verwendete Brustfallschirm besaß trennbare Verbindungen, die zwischen dem Gurtzeug und dem Verpackungssack der Kappe und die Fangleinen mittels der am Gurtzeug befestigten Karabinerhaken und der Schraubverschlüsse an den Zwischengurten hergestellt wurden.

Auf diese Weise, allein mit angelegtem Gurtzeug, konnte sich das Personal besser im Flugzeug bewegen und legte den Rettungsfallschirm nur dann an, wenn ein Notfall eintrat. Im Falle der Luftnot erfasste das Besatzungsmitglied den Fallschirm und drückte die Bügel des Schraubverschlusses gegen die Zungen der Karabinerhaken, um die Verbindung zwischen Gurtzeug und Rettungsfallschirm herzustellen. Nach dem Notabsprung öffnete er den Fallschirm durch Ziehen des Abzugsgriffs, Spanngummis gaben die Verpackungssackklappen frei und der Hilfsschirm wurde herausgeschleudert, der sich mit Luft füllte und den Verzögerungssack mit der Kappe aus dem Verpackungssack, die Fangleinen aus den Schlaufen und den Verzögerungssack von der Kappe zog. Der Verzögerungssack mit dem Hilfsfallschirm fiel gesondert zur Erde.

Die maximal zulässige Fluggeschwindigkeit des Flugzeuges bei sofortiger Öffnung des Fallschirms betrug 360 km/h, die Mindestabsprunghöhe 80 m und die zulässige maximale Belastung einschließlich Ausrüstung 100 kg. Die Betriebsdauer betrug sechs Jahre; in dieser Zeit konnten drei Rettungssprünge absolviert werden. Vor seinem Einsatz durfte der KT-67 nicht länger als 30 Tage in gepacktem Zustand gelagert werden.

## *Rettungsfallschirme für Segel- und auch Motorflieger*

### S-27/III

Nach Peter Thalacker wurde die Baureihe S-27 aus den Rettungsfallschirmen der deutschen Luftwaffe entwickelt. Hier stand das Kürzel S für Naturseide. Im einzelnen handelte es sich um folgende Vorläufermuster:
30IS24 – ein Sitzfallschirm mit Handauslösung sowie Gurtzeug mit Schnellauslöseschloss.
30IIS24 – ein Brustfallschirm mit Handauslösung.
27IIS20 – ein Rückenfallschirm mit Zwangsauslösung per Aufzugsleine, Einsatz in Segelflugzeugen. Alle drei Muster waren vom Gurtzeug trennbar. Die Zahl hinter dem Buchstaben S gibt die Anzahl der Bahnen an.

Der Rückenfallschirm S-27/III aus dem Jahre 1956, eine Entwicklung aus dem SE-27/2 in Sitz-Trageweise für die Motorflieger, stellte eine interessante Weiterentwicklung des S-27/II-53 dar, indem von ihm ausgehend eine Reihe begründeter Forderungen der Segelflieger verwirklicht wurden – so die Schaffung eines Fallschirms, der zugleich für beide Öffnungsarten (automatisch und manuell) geeignet ist. Eine weitere Neuerung war die Hoch- und Tiefeinstellung des Fallschirms – je nach Sitzanordnung im Flugzeug und der Körpergröße des Piloten. Zugelassen war er für zehn Sprünge; seine Betriebsdauer betrug vier Jahre.

### RE-1

Der ebenfalls speziell für die Segelflieger entwickelte Rettungsfallschirm aus dem Jahre 1961 besaß eine runde Kappe aus Naturseide, wurde auf dem Rücken getragen und manuell geöffnet. Die maximal zulässige Fluggeschwindigkeit bei sofortiger Öffnung betrug 250 km/h, die Mindestabsprunghöhe 80 m; die Betriebsdauer neun Jahre mit drei zulässigen Sprüngen in dieser Zeit. Später wurde der RE-1 unter der Bezeichnung RE-1D aus Dederon gefertigt.

### RE-3

Die Weiterentwicklung aus dem RE-1 besaß eine runde Kappe ähnlich des BE-7. Die maximal zulässige Fluggeschwindigkeit bei sofortiger Öffnung betrug 230 km/h, die Mindestabsprunghöhe 80 m und die Betriebsdauer sechs Jahre mit drei zulässigen Sprüngen in dieser Zeit.

Foto: Sammlung Hans-Joachim Pöthko

*RE-4, einziger quadratischer Segelflieger-Rettungsfallschirm aus Seifhennersdorf. Auf dem Bild Hans-Joachim Pöthko vor einer Lom 58/I Libelle-Standard in Schwarzheide.*

### RE-4

Die quadratische, aus dem SE-4 entwickelte Fallschirmkappe besaß insgesamt 14 Lufttaschen am Basisrand. Der Rückenfallschirm war für Einsatzgeschwindigkeiten bis 350 km/h, drei Rettungssprünge bzw. sechs Einsatzjahre zugelassen und wurde ab 1964 (andere Quellen sprechen von Anfang der 1970er Jahre) bei der Gesellschaft für Sport und Technik eingeführt. Die Mindestabsprunghöhe bei sofortiger Öffnung betrug 80 m. Der RE-4 besaß einen Hilfsfallschirm mit Spiralfeder (Optimus 1), der alle zehn Tage geöffnet und gegen Verkleben mit Talkum bestreut werden musste.

### RE-5

Der Einsatz dieses ersten steuerbaren Rettungsfallschirms für Segel- und Motorflieger erfolgte ab 1975. Als Nachfolger des RE-4 wies der neue Rundkappenfallschirm aus Polyamidseide einige bemerkenswerte Verbesserungen auf. So besaß die Kappe über der Polöffnung einen Baldachin und an den neun vorderen Bahnen Lufttaschen, die ebenso wie der Hilfsfallschirm Optimus zu einer sicheren und raschen Öffnung beitrugen. Im hinteren Teil der Kappe befand sich ein Vortriebsschlitz, der dem Fallschirm einen Eigenvortrieb von 1 bis 2 m/s verlieh. Die Mindestabsprunghöhe betrug 60 m bei horizontalem Flug und sofortiger Öffnung sowie 125 m im senkrechten Fall.
Sechs Notabsprünge durften mit dem RE-5 absolviert werden; die Betriebsdauer betrug acht Jahre und konnte nach Ablauf mit einer Nachprüfung erhöht werden. Der RE-5 konnte sowohl automatisch (Aufzugsleine oder Automat) als auch manuell geöffnet werden.

### RE-5/3

Die Neuentwicklung aus der Serie 2 führte zu einem Westenschirm, der von der Schulter bis unter das Gesäß reicht. Die Veränderungen betrafen neben dem modernen Gurtzeug mit besseren Verstellmöglichkeiten vor allem den Verpackungssack, der in gepacktem Zustand lediglich 8 bis 10 cm stark ist. Die extrem flache Verpackung wurde durch eine besondere Legeweise erreicht, bei der man auf die üblichen S-Schläge verzichtete.

Die Kappe der Serie 3 ist mit der des Fallschirmspringer-Rettungsfallschirmes BE-8 identisch, besitzt aber einen zusätzlichen Hilfsschirm. Dafür wurde auf den Verzögerungssack verzichtet, mit dem der Vorgänger RE-5 noch ausgestattet war. Ökonomisch von Vorteil ist die hohe Lebensdauer von zwölf Jahren bei sechs zulässigen Rettungssprüngen.

## *Seifhennersdorfer Kappen*

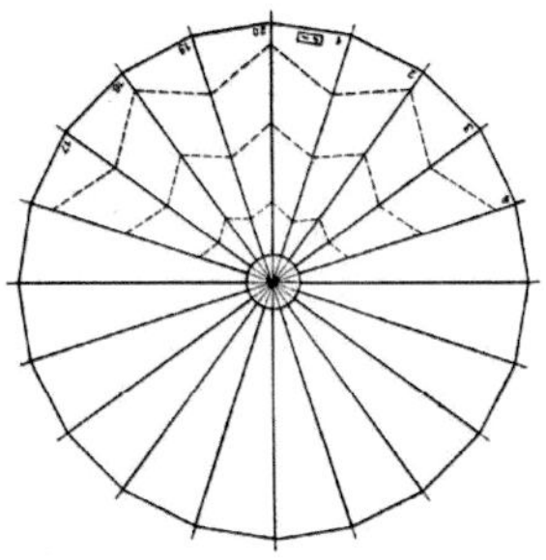

*Segelflieger-Rettungsgerät SE-27/III-53*

*Sportfallschirm RL-1*

*Sportfallschirm RL-3*

*Sportfallschirm RL-3/2. Die Grundform der Kappe der RL-3-Serie wurde patentiert.*

*Sportfallschirm RL-3/4*

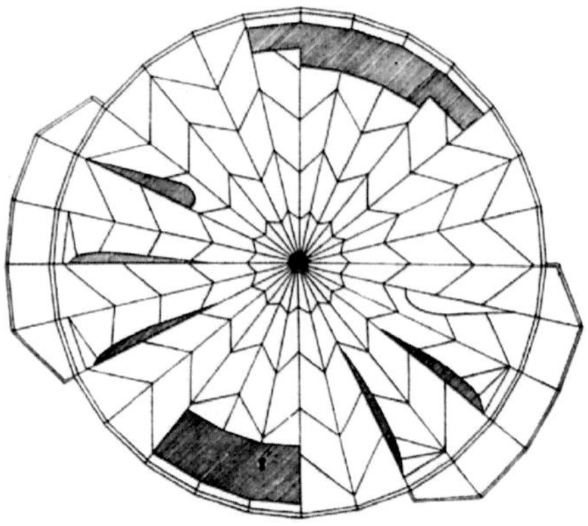

*Sportfallschirm RL-3/5 mit zwei seitlich anbrachten Stabilisierungsflächen*

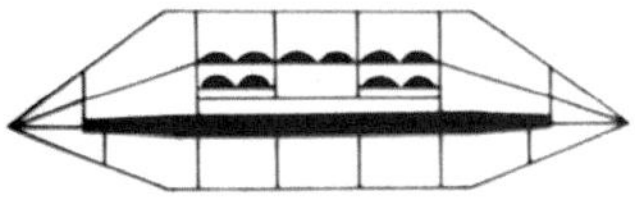

*Flügelschirm RL-6. Erster gesprungener Rechteck-Gleitfallschirm der Welt.*

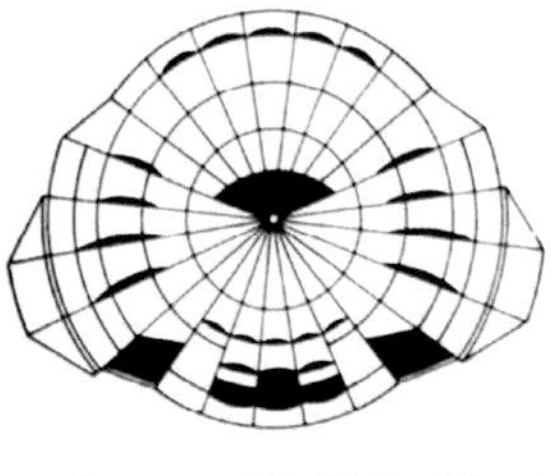

*Rundkappen-Gleitfallschirm RL-8*

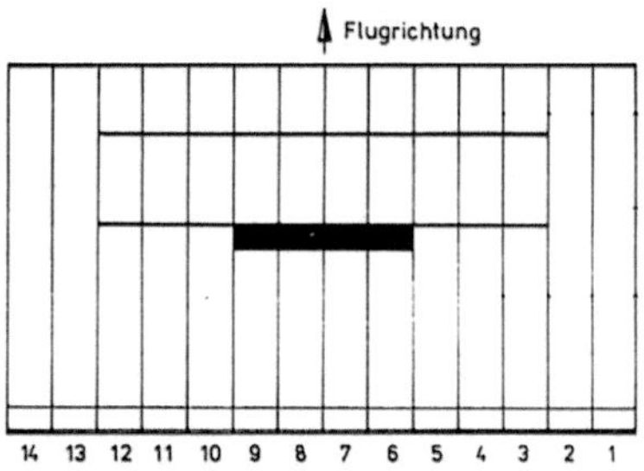


*Stauluft-Gleitfallschirm RL-12/2 (Skizze). Er besitzt einen Vorflügel.*

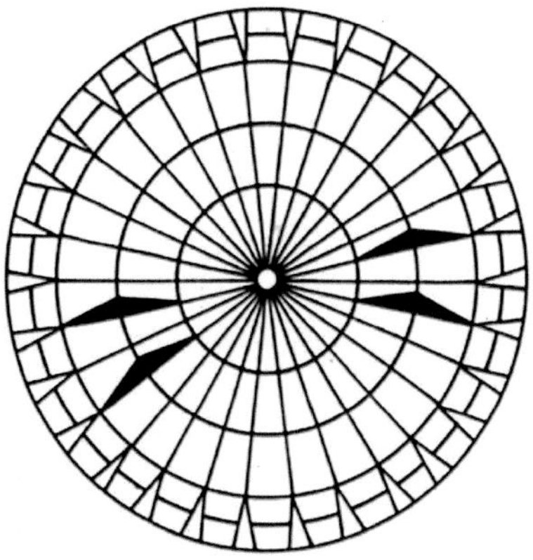

*Übungsfallschirm RS-4/3C*

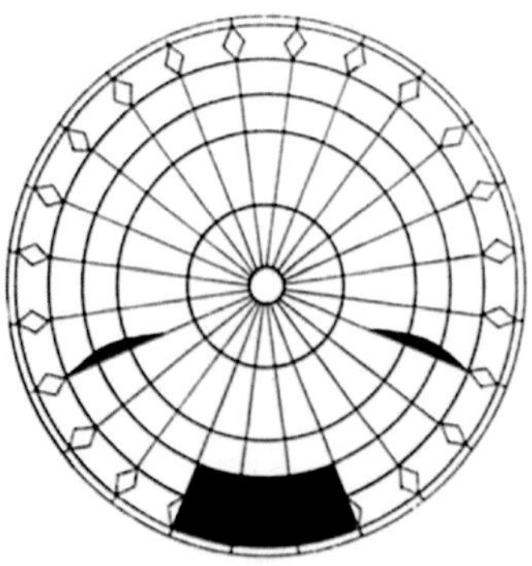

*Übungs- und Fortgeschrittenenfallschirm RS-8*

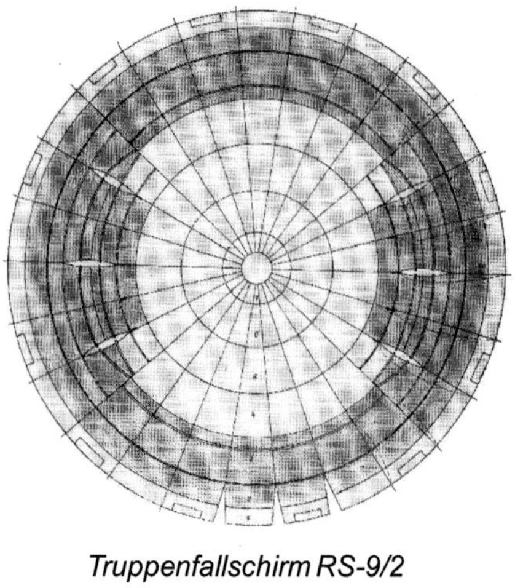

*Truppenfallschirm RS-9/2*

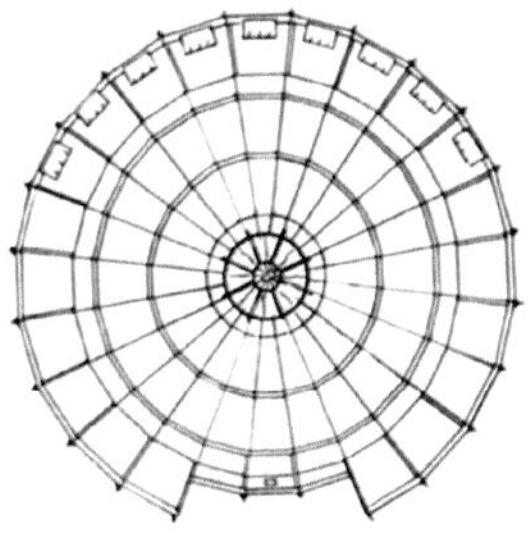

*Segelflieger-Rettungsgerät RE-5*

*Fallschirmspringer-Rettungsgerät BE-7*

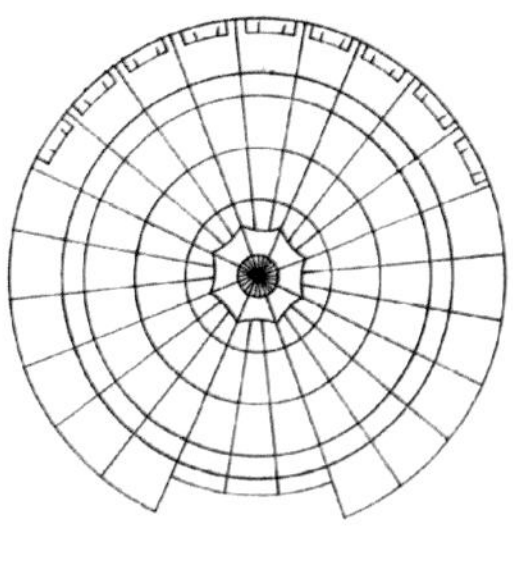

*Fallschirmspringer-Rettungsgerät BE-8/2*

### *Seifhennersdorf nach 1990*

Als die DDR zusammenbrach, gingen dem Seifhennersdorfer Fallschirmhersteller mit der GST und der NVA die wichtigsten Auftraggeber neben denen aus den Ostblockländern verloren. Daneben erwiesen sich die Verwaltungs- und Vertriebsstrukturen als wenig geeignet für die Marktwirtschaft. Der unumgängliche Personalabbau stellte eine bittere Pille für die industriell ohnehin schwach entwickelte Oberlausitz dar. Aber das fundierte fachliche Können der Mitarbeiter und das darauf fußende hohe Niveau der Produkte aus Seifhennersdorf sorgten dafür, dass die am 1. Juni 1990 gegründete Sächsische Spezialkonfektion GmbH, kurz SPEKON genannt, schließlich auch diese Hürde nahm. Die kritischste Zeit erlebte das junge Unternehmen 1991 bis 1993, als es mehrmals kurz vor der Liquidation durch die Treuhandanstalt stand. 1994 kaufte der Türke Senol Yegin das Unternehmen von der Treuhand, übernahm es als geschäftsführender Gesellschafter und investierte allein bis September 1998 rund 6 Mio DM in die SPEKON.

1992 beispielsweise bewegte sich der Marktanteil bei den Rettungsfallschirmen für Segelflieger noch gegen Null; sechs Jahre später hatten die Seifhennersdorfer mit dem neuen RE-5L schon wieder fast 25% Marktanteil allein im Inland erobert.

Heute fertigt die Firma erfolgreich Truppenfallschirme, Übungs- und Sportfallschirme von der Rundkappe bis zum Stauluft-Gleitfallschirm, Reservefallschirme für die Fallschirmspringer, Rettungsfallschirme für Motor- und Segelflieger und vieles andere mehr. Bereits 1998 verkaufte SPEKON ihre Produkte wieder in fünfzehn Ländern der Erde.

*Eine Variante des Übungsfallschirmes RS-4/3 mit Rettungsgerät BE-8 und Zwangsöffnung (Aufzugsleine) sowie (hier) mit zusätzlichem Öffnungsautomaten KAP-3 sowjetischer Produktion für den freien Fall.*

*Hilfsschirm für den RS-4/3B, C, D und RS-4/4 für die automatische Öffnung mittels Aufzugsleine. Für Sprünge mit verzögerter Öffnung war und ist der Umbau auf Optimus möglich.*

*Übungsfallschirm RS-4/3 mit BE-8*

*Unten: Der sogenannte Optimus, ein kleiner Schirm mit Feder, dient zur Verzögerung des Öffnungsvorganges.*

### *Nylon, Perlon oder Dederon?*

Der Chemiker William Hume Carothers bei Du Pont de Nemours (USA) entwickelte am 28. Februar 1935 das Polyamid 6.6, das zwei Jahre später unter dem Markennamen Nylon – die erste vollständig synthetisch hergestellte Faser – patentiert wurde.
1937 entdeckte der deutsche Chemiker Paul Schlack die Polymerisierbarkeit des markenrechtlich nicht geschützten Caprolactams und entwickelte daraus eine Polyamidfaser, die unter dem Codenamen Perluran patentiert, aber geheim gehalten und im Rahmen der Kriegsvorbereitungen der deutschen Nationalsozialisten zum militärisch wichtigen Material erklärt wurde. Später erhielt diese Kunstfaser den Namen Perlon und 1943 begann seine Großproduktion vor allem für Fallschirmkappen und Zeltschnüre.
Nylon und Perlon wurden – mit einander sehr ähnlichen Eigenschaften – auch unter anderen Namen bekannt – zum Beispiel Kapron aus der Sowjetunion oder Dederon, der Markenname für PA-6-Fasern aus der DDR. Dort wurde das Dederon später von der Polyamidseide (PAS) für das Kappengewebe abgelöst.

FRANK-DIETER LEMKE

### *Fallschirme aus Seifhennersdorf bis 1990*

| Typ | Jahr | Kappenform | Masse kg | Fläche m² | Sinken m/s | Vortrieb m/s | Gleitzahl | Bemerkungen |
|---|---|---|---|---|---|---|---|---|
| **Sprungfallschirme** | | | | | | | | |
| RL-1 | 1960 | Rundkappe | 13 | 64 | 6 | 1,5 | | Dederon; erstmals Eigenvortrieb; steuerbarer Schubschlitz |
| RL-1/4 | 1960 | Rundkappe | 13 | 64 | 6 | 1,5 | | Dederon; Eigenvortrieb; steuerbarer Schubschlitz |
| RL-3 | 1961 | Rundkappe | 11 | 64 | 5,5 | 4–4,5 | | Naturseide; bremsbar. Steuertaktik sah jedoch nicht das Bremsen vor! |
| RL-3/2 | 1964 | Rundkappe | 12,5 | 64 | 5,3 | 3 | | Naturseide; bremsbar +1 m/s; 360°-Drehung in 5 s |
| RL-3/4 | 1965 | Rundkappe | 12,5 | 64 | 5,3 | 3 | | Naturseide; bremsbar +0,5 m/s |
| RL-3/5 | 1966 | Rundkappe | 12,5 | 64 | 5 | 3,5 | | Naturseide; bremsbar +0,5 m/s; 360°-Drehung in 4,5 s |
| RL-6 | 1967 | Flügel | 11 | 28 | 3,5 | 6,5 | | Dederon; bremsbar +1,5 m/s; 360°-Drehung in 5 s; Reffleinen; kein Serienbau |
| RL-8 | 1973 | Rundkappe | 10,5 | 38 | 5 | 5 | 1 | PAS-Gewebe; 360°-Drehung in 3–4 s |
| RL-10 | 1977 | Stauluftgleiter | 11,1 | 21 | 4 | 9–10 | 2,7 | PAS-Gewebe; hilfsschirmgesteuertes Reffleinensystem |
| RL-10/2 | 1979 | Stauluftgleiter | 9,1 | 21 | 4 | 10–11 | 2,7 | PAS-Gewebe; hilfsschirmgesteuertes Reffleinensystem |
| RL-12/2 | 1980 | Stauluftgleiter | 9,7 | 22 | 3–3,5 | 9–10 | ~3 | PAS-Gewebe unterschiedlicher Porösität; hilfsschirmgesteuertes Reffleinensystem |
| RL-16/3 | 1987 | Stauluftgleiter | 6 | 26,5 | 3 | 10 | 3–3,2 | F-111-Gewebe (USA); Entfaltungsbremssystem: Schieber |
| RS-4 | 1967 | Rundkappe | 19,5 | 88,6 | 5,5–6 | 1,5 | | Baumwollbatist; nicht steuerbar |
| RS-4/1 | 1967 | Rundkappe | 19,5 | 88,6 | 5,5–6 | 1,5 | | Baumwollbatist; steuerbar durch Schlitzsystem |
| RS-4/3C | 1967 | Rundkappe | 16 | 73,4 | 4–4,5 | 3 | | PAS-Gewebe unterschiedlicher Porösität; 360°-Drehung in 8s, (B/D) steuerbar durch Schlitzsystem; maximale Nutzlast 130 kg |
| RS-8 | 1970 | Rundkappe | 10 | 52 | 4,5–6 | 3–4 | | PAS-Gewebe; 360°-Drehung in 6– 10 s |
| RS-9/2B | 1981 | Rundkappe | 15 | 66 | 4,8–5 | 3 | | PAS-Gewebe unterschiedlicher Porösität; Einsatz mit Stabilisator; maximale Nutzlast 130 kg |

| Typ | Jahr | Kappenform | Masse kg | Fläche m² | Sinken m/s | Vortrieb m/s | Bemerkungen |
|---|---|---|---|---|---|---|---|
| **Reservefallschirme für Fallschirmspringer** | | | | | | | |
| BE-3 | 1961 | Rundkappe | 7 | 43,3 | bis 6,6 | – | Naturseide, 24 Bahnen |
| BE-3D | 1965 | Rundkappe | 7 | 43,3 | bis 6,6 | – | Dederon, 24 Bahnen; Aufzugsgriff rechts |
| BE-3D/A | 1965 | Rundkappe | 7 | 43,3 | bis 6,6 | – | Dederon, 24 Bahnen; Aufzugsgriff oben |
| BE-7 | 1966 | Rundkappe | 5,5 | 43,3 | bis 6,6 | – | PAS-Gewebe, 24 Bahnen; Fangleinen führen nicht über die Fallschirmkappe |
| BE-8 | 1972 | Rundkappe | 5,5 | 41,5 | 4,6–7,2 | 1–2 | PAS-Gewebe, 24 Bahnen; Mindestabsprunghöhe 60 m; 360°-Drehung in 12 s; Einsatzgeschwindigkeit bis 250 km/h |
| BE-8/2 | 1976 | Rundkappe | 5,5 | 41,5 | 4,6–7,2 | 1–2 | PAS-Gewebe; 360°-Drehung in 12 s; Einsatzgeschwindigkeit bis 180 km/h |
| RG-2 | 1987 | Flügel | 3,5 | 20 | 4–5 | 8–9 | Rettungsgleiter für RL-16 in Teilkammerbauweise; Entfaltungsbremssystem: Flächenschieber |
| **Rettungsfallschirme für Flugzeugführer** | | | | | | | |
| SE-27/III | 1956 | Rundkappe | ? | 42,5 | 5,8 | – | Naturseide, Sitz-Trageweise |
| SE-1 | 1960 | Quadrat | 12,7 | 43,6 | bis 6,5 | – | Baumwollbatist mit Naturseide-Bändern, Sitz-Trageweise |
| SE-4 (4/1) | 1967 | Quadrat | 11 | 47 | bis 6,5 | – | Dederon, Sitz-Trageweise |
| SF | 1965 | Quadrat | 14 | 60 | 6–6,6 | – | Dederon, Sitz-Trageweise |
| **Rettungsfallschirme für kontrollierendes Personal (Lizenz aus der UdSSR)** | | | | | | | |
| KT | 1960 | Quadrat | 12,3 | 47 | 6,5 | – | Baumwollbatist mit Naturseide-Bändern; Brust-Trageweise |
| KT-67 | 1963 | Quadrat | 11,5 | 47 | 6,5 | – | Dederon; Brust-Trageweise |
| **Rettungsfallschirme für Segelflieger** | | | | | | | |
| S-27/II-52 | 1956 | ? | ? | ? | ? | – | Naturseide; Rücken-Trageweise |
| S-27/III | 1956 | ? | ? | ? | ? | – | Naturseide; Rücken-Trageweise |
| RE-1 | 1961 | Rundkappe | 10 | 43,3 | bis 6,6 | – | Naturseide; Rücken-Trageweise, RE-1D mit Dederon-Kappe |
| RE-3 | ? | Rundkappe | 10 | 43,3 | bis 6,6 | – | Dederon; Rücken-Trageweise |
| RE-4 | 1967 | Quadrat | 10 | 45,7 | 6,6 | – | PAS-Gewebe; Einsatzgeschwindigkeit bis 350 km/h |
| RE-5/3 | 1975 | Rundkappe | 6,8 | 41,5 | 4,6–6,5 | 1–2 | PAS-Gewebe; manuelle Öffnung der Verpackung |
| RE-5/4 | 1976 | Rundkappe | 6,8 | 41,5 | 4,6–6,5 | 1–2 | PAS-Gewebe; manuelle und automatische Öffnung der Verpackung. Diesen Rettungsfallschirm verwendeten auch die Motorflieger. |

**Erläuterungen:** Unter Kappenfläche versteht man die zur Herstellung des Schirmes benötigte Stoffmenge.

# Ein neues Gurtschloss

***Eine interessante Luftfahrthinterlassenschaft der DDR besteht aus kleinen Edelstahlteilen und wird feinsinnig zu einer Gurt-Steckverbindung unter anderem für Fallschirmgurtzeug zusammengebaut. 1987 wurden die ersten Fallschirme aus Seifhennersdorf mit diesen Gurtschlössern ausgeliefert und heute sind davon mehr als 30.000 Stück weltweit im Einsatz.***

*Das alte Pegauer Gurtschloss im Jahre 1985 – gut sichtbar an den Beingurten von Sybille Schwab. Hersteller dieses Gurtschlosses war der VEB Sächsische Schloßfabrik Pegau. Foto: Archiv GBSL*

Dem vorausgegangen waren allerdings zwei Katastrophen. In Ungarn stürzten zwei Fallschirmspringer in den Tod, nachdem sich bei ihnen Gurtschlösser geöffnet hatten. Das von ihnen verwendete Pegauer Steckschloss hatte Mängel, die allen bekannt waren. Deshalb galt vor jedem Sprung die Vorschrift der strengen Kontrolle der geschlossenen Stellung des Schlosses. Entwickelt und zertifiziert worden war dieses Schloss in den 1960er Jahren in der DDR.

Aber jetzt musste etwas passieren. Die Staatliche Luftfahrtinspektion der DDR (SLI) wurde aktiv und formulierte die Anforderungen für ein neues Schloss:

- Es darf „idiotensicher" nur zwei Stellungen einnehmen: offen oder geschlossen.
- Es darf sich im rauen Alltagsbetrieb niemals zufällig oder unbemerkt öffnen können.
- Es muss sich problemlos mit einer Hand öffnen lassen.

Der Fluglehrer und Fallschirmspringer Hans Klecha, zuletzt Inspekteur für Fallschirm- und Rettungstechnik in der SLI, ein bekannter Tüftler, wandte sich diesem Problem zu und fand schließlich eine interessante Lösung.

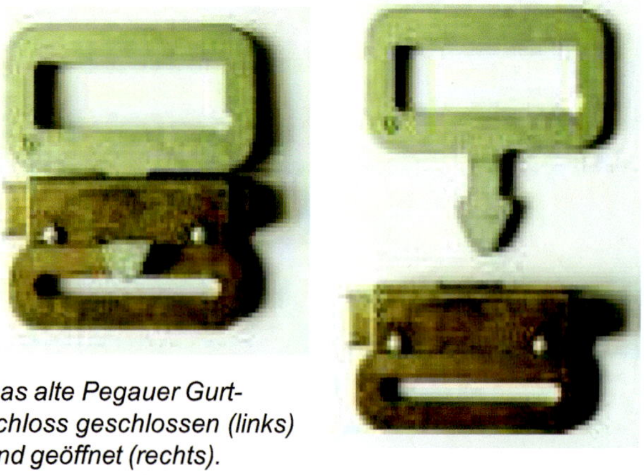

*Das alte Pegauer Gurtschloss geschlossen (links) und geöffnet (rechts). Im Fenster befand sich der Gurtsteg für das Gurtband, der durch die Nut rechts herausfallen konnte und danach, im hohen Gras, kaum noch auffindbar war. Fotos: Ulrich Unger*

Aber anfangs hatte er eine Menge Zweifler gegen sich: „Das schaffst du nie!" und „Die Zulassung kriegst du nie" waren die „Argumente". Doch Unterstützer und Helfer gab es auch, zu denen Werner Klinnert gehörte. Er gab unter anderem entscheidende Hinweise zur Oberflächengestaltung: Glatt und eben musste sie sein, damit sich keine Fangleinen darin verfangen können. Für Oberstleutnant Gerhard Leutert von den Fallschirmjägern war es wichtig, dass das Teil salzwasser- und oxidationsbeständig wird. Vornehmlich von den Fallschirmjägern kam auch die Forderung nach der Einhandbedienung. Maria Weber wiederum, als Maria Lange im Jahre 1964 Weltmeisterin in Leutkirch, machte auf ein weiteres Problem aufmerksam: Der Steg, um den sich der Gurt windet, konnte durch die Nut aus dem Pegauer Schloss (siehe Bild) herausfallen. Im Flugplatzgras war er dann kaum noch auffindbar. Also mussten die Stegfenster so gestaltet werden, dass das kleine Teil niemals herausfallen konnte, und auch hier wurde eine Lösung gefunden (siehe Bilder). Vom Seifhennersdorfer Werk war es schließlich Walter Runge, der mit Hans Klecha durch die DDR reiste, um ihn rundum zu unterstützen, denn einen Hersteller für das neue Gurtschloss zu finden, schien wegen der vergleichsweise geringen Stückzahl fast unmöglich.

Sein erstes Schloss, dem Pegauer Gurtschloss nicht unähnlich, aber mit neuen, besseren Eigenschaften, baute Hans Klecha eigenhändig für eine erste Begutachtung durch die Ständige Kommission Fallschirmtechnik. Das zweite Exemplar, ebenfalls ein Selbstbau, besaß erstmals die Abdeckklappe. Aber dieses Modell wurde noch abgelehnt, weil die Oberfläche nicht eben genug war. Die zweite Abdeckklappe hämmerte Hans Klecha aus V2A 0,8 mm. Das ist das Material, aus dem in den Auer Besteckwerken die Kaffeelöffel entstanden.

1987 wurden die ersten der neuen Steckschlösser in Gurtzeuge der Rettungsfallschirme RE-5/S eingebaut. Aber patentieren wollte man das neue Schloss in der DDR nicht, denn die sogenannten Experten konnten nicht das Neue in dem Teil erkennen. Hans Klecha erhielt jedoch für seinen Beitrag im damals allgegenwärtigen Neuererwesen immerhin 800 DDR-Mark für seine Leistung. Im Jahre 1988 sicherten sich die Seifhennersdorfer auf dieses selbsthemmende und doppelt wirkende einhandauslösbare Schloss dennoch ein Patent – und das in München! Als Erfinder sind Hans Klecha, Werner Klinnert und Walter Runge eingetragen.

Die Einweisung in das neue Steckschloss 500-04-34 erhielt am 28. Juni 1989 Steffen Weinrich vom GST-Fliegerklub Halle-Oppin. Er fungierte als Erprobungsspringer.

*Gefragter Rettungsfallschirm RE-5L mit dem neuen Gurtschloss im Jahre 2018 Foto: Frank-Dieter Lemke*

Anfangs stellte der VEB Solidor in Pulsnitz das Gurtschloss her. Dann, unter der Bezeichnung Sicherheits-Steckschloss 45 mm, lieferte es die HEUER Metallwaren GmbH am gleichen Standort aus. Bis 1996 waren 26.800 Schlösser produziert worden. Das Werk zog im Jahre 2004 in das drei Kilometer von Pulsnitz entfernte Gewerbegebiet Großröhrsdorf um.

*Das erste Serienexemplar des neuen Gurtschlosses: links geöffnet, im zweiten Bild geschlossen, aber noch nicht gesichert, im dritten Bild gesichert und rechts eine Ansicht der Rückseite.*
*Der Trick für die Sicherung des Gurtstegs vor dem Herausfallen aus dem Fenster war genial einfach. Die Schenkel des Fensters werden in ovaler Form gefertigt und erst nach dem Einführen des Gurtstegs in die rechtwinklige Form gepresst. Danach ist der Gurtsteg wirklich fest eingebaut und kann nicht mehr verloren gehen.*
*Fotos: Ulrich Unger*

Im Bereich Sicherheitsausrüstungen findet das Steckschloss mit seinen hervorragenden Eigenschaften ein umfangreiches Anwendungsgebiet. Zum Beispiel an Auffanggurten, Sicherheitskoppeln und selbstverständlich an Fallschirmgurten. Das Schloss besteht aus hochwertigem Edelstahl, ist bis 10 kN belastbar (Bruchlast 14 kN) und besitzt eine dreifache Sicherheit durch zwei separat wirkende Drehriegel und die zusätzliche Sicherungsklappe. Auch unter Last kann man das Schloss problemlos mit einer Hand öffnen.

FLUGKAPITÄN DR.-ING. ULRICH UNGER

## *Zeittafel*

*von Frank-Dieter Lemke, Johannes Höntsch, Klaus-Hermann Mewes und Ulrich Unger*

*Alle hier aufgeführten Segelflugereignisse sind detailliert im Buch „Segelflugzeugbau in der DDR" von Frank-Dieter Lemke beschrieben (ISBN 978-3-95966-303-8).*

**8. Mai 1945:**
Unterzeichnung der bedingungslosen Kapitulation Deutschlands, dessen faschistische Machthaber mit Unterstützung von Industrie und Militär mit dem Überfall auf Polen am 1. September 1939 den Zweiten Weltkrieg begonnen hatten.

**Mai bis Oktober 1945:**
Unter der Obhut des sowjetischen Stadtkommandanten fliegen Kamenzer Segelflieger mit SG 38 und Grunau *Baby* IIB nach Gummiseilstart am Hutberg. Der Flugbetrieb muss nach Inkrafttreten des Potsdamer Abkommens am 7. August 1945 eingestellt werden. Dennoch wird bis Oktober 1945 weitergeflogen.

Demontage von Maschinen und Anlagen der einstigen deutschen Luftrüstungsindustrie und Verfrachtung als Reparationsleistungen in die UdSSR (bis 1946).

**9. Juni 1945:**
Die sowjetische Militäradministration in Deutschland (SMAD) nimmt in der sowjetisch besetzten Zone ihre Tätigkeit auf.

**1. Juli 1945:**
Ende Juni 1945 müssen die US-Amerikaner die besetzten ostdeutschen Gebiete räumen, da nach dem Viermächte-Abkommen diese Territorien unter sowjetischer Militärhoheit stehen. Gezwungenermaßen ziehen sich die US-Amerikaner hinter die vereinbarte Demarkationslinie zurück.

**Oktober 1945:**
Betriebe der ehemaligen Luftrüstungsindustrie nehmen auf Befehl der SMAD in der sowjetischen Besatzungszone ihre Arbeit wieder auf. Aus einigen von ihnen werden sowjetische Aktiengesellschaften gebildet. Unter anderem repariert deutsches Fachpersonal in Schkeuditz Flugzeuge für die sowjetische Besatzungsmacht und die Hauptverwaltung Nordmeerweg beim Ministerrat der UdSSR.

Bis zum 22. Oktober 1946 arbeiten unter der Regie sowjetischer Aktiengesellschaften unter anderem folgende Organisations- und Konstruktionsbüros:
**OKB 1** in Dessau/Junkers (4247 Beschäftigte bis 1946)
**OKB 2** in Staßfurt/BMW (2107 Beschäftigte bis 1946)
**OKB 3** in Halle/Siebel (1151 Beschäftigte bis 1946)
**OKB 4** in Berlin/Askania (692 Beschäftigte bis 1946)
**OKB 1(F)** in Warnemünde/Heinkel (149 Beschäftigte bis 1946). Die ehemaligen Heinkel-Mitarbeiter des OKB 1(F) in Warnemünde entwickeln unter der Leitung von Ernst Zindel Katapultanlagen für Flugboote (bis 4 t) und auch einen Katapultsitz mit pulvergetriebenem Abschussmechanismus ähnlich dem des Nachtjagdflugzeuges He 219.

**1. Juli 1946:**
Die Hansa-Werkstätten GmbH in Schkeuditz beginnt mit der Reparatur und Umrüstung sowjetischer und deutscher Flugzeuge (darunter drei Fw 200 sowie eine unbekannte Anzahl Siebel Si 204) für die Hauptverwaltung Nordmeerweg beim Ministerrat der UdSSR.

Foto: Sammlung Helmut Bukowski

*Die Fw 200 Condor war ein gefragtes Flugzeug der Hauptverwaltung Nordmeerweg beim Ministerrat der UdSSR. Auf dem Bild eine Fw 200 als Navigationstrainer im Jahre 1940.*

**22. Oktober 1946:**
Deportation ausgewählter deutscher Ingenieure und ihrer Familien in die UdSSR, Demontage der Betriebe der ehemaligen Luftrüstungsindustrie und Verfrachtung von Maschinen und Anlagen in die UdSSR. Für die Zeit des Abtransportes waren der gesamte öffentliche Verkehr lahmgelegt und alle Telefonleitungen unterbrochen, die betroffenen Orte durch Militärposten abgeriegelt worden, so dass eine Warnung nach außen nicht möglich war. Insgesamt treten etwa 3500 Personen die Reise an, unter ihnen 1266 Luftfahrtspezialisten (520 Flugzeugbauer, 641 Strahltriebwerksbauer, 45 Dieselmotorenspezialisten und 60 Gerätebauer). Anfang November treffen sie in der UdSSR ein; in Podberesje entsteht das **Werk Nr. 1** (OKB 1 und 3), in Uprawlentscheski das **Werk Nr. 2** (OKB 1 und 2).

**Juli 1947:**
Erstflug des strahlgetriebenen Verkehrsflugzeuges De Havilland *Comet* aus Großbritannien für Mittel- und Langstrecken.

**30. September 1948:**
Erstflug des Versuchsbombers EF 140, entwickelt in der UdSSR von deutschen Konstrukteuren.

**1949**
Bau eines Segelflugzeuges mit Billigung und Unterstützung des sowjetischen Generaldirektors des Eisen- und Hüttenwerkes Thale; Fliegen bis zur Beschlagnahme des Flugzeuges durch deutsche Polizei.

**1. Juli 1949:**
Der VEB Bekleidungswerke Seifhennersdorf (BEWES) nimmt seine Geschäftstätigkeit auf.

**7. Oktober 1949:**
Offizieller Gründungstag der DDR. In Berlin konstituiert sich die Volkskammer und setzt die Verfassung der DDR in Kraft. Die sowjetischen Besatzungsorgane übergeben die bisher von ihnen ausgeübten Verwaltungsfunktionen an die DDR. Die BRD war bereits am 24. Mai 1949 gegründet worden.

**November 1949:**
Das Ministerium des Innern bildet die Hauptverwaltung Ausbildung. Zu ihr gehören Volkspolizeibereitschaften, die ab Mitte 1948 von der damaligen Deutschen Verwaltung des Innern aufgestellt worden waren. Die HV Ausbildung ist eine militärische gegliederte Formation, ohne jedoch nur annähernd die qualitativen Kennzeichen einer Armee zu erreichen.

**1950:**
Die DDR wird Mitglied des Rates für Gegenseitige Wirtschaftshilfe (RGW), der internationalen Wirtschaftsgemeinschaft sozialistischer Staaten.

Erste Überlegungen zum Aufbau einer eigenen Luftfahrtindustrie in der DDR mit Vorbereitungen zur Bildung der Hauptverwaltung 18.

**30. März 1950:**
Modellflug, Bau und Betrieb von Segelflugzeugen und Flugplätzen werden wieder zugelassen. Gründung von Interessengemeinschaften der Freien Deutschen Jugend (FDJ) für den Segel- und Modellflug in der DDR. Erste Flüge mit einer *Olympia-Meise* in Riesa-Canitz.

*Foto: Peter Korrell*

*1944 bei Schmetz in Herzogenaurath gebaute Olympia-Meise, auf der bereits 1950 in Riesa-Canitz geflogen wurde. Auf dem Bild trägt das Flugzeug die spätere Registrierung DDR-2015.*

**24. April 1950:**
Karl Liebeskind, vor 1933 Segelflieger im „Sturmvogel“ und danach beim NSFK, führt in Pütnitz bei Ribnitz-Damgarten auf einem Grunau *Baby* IIB mit Start am Gummiseil auf 10 m Höhe den ersten offiziellen Segelflugstart in der DDR aus. Unerklärlicherweise geht in der DDR-Geschichtsschreibung der 16. April 1950 als Beginn des Flugsports im Land ein.

**1. September 1950:**
Beginn der Rückkehr der Spezialisten aus der Sowjetunion; die letzten kehren 1954 zurück.

**31. Oktober 1950:**
Die Hauptverwaltung Ausbildung des Ministeriums des Innern bildet das Referat z.b.V. Luft für den Aufbau künftiger Fliegerkräfte.

**Oktober 1950:**
Staatslauf der von deutschen Spezialisten in der UdSSR aus dem Jumo 022 entwickelten Propellerturbine TW-2 (5000 PS).

**1951:**
Aufbau der Flugsportschule in Schönhagen.

*Foto: Archiv Frank-Dieter Lemke*

*Die Fliegerschule Schönhagen in der Hoch-Zeit des Flugsports der Gesellschaft für Sport und Technik*

**1. Mai 1951:**
Beginn der Segelflugzeugfertigung im VEB NAGEMA Schmiedeberg. Dieser Betrieb produziert bis zum 31. Juli 1953 Schulgleiter SG 38 sowie Segelflugzeuge vom Typ *Baby* IIb und baut den Doppelsitzer *Patriot* von Ernst Reinecke.

**Juni 1951:**
Offizielle Aufhebung des Verbots für den Segelflug in Westdeutschland (aber weiterhin Verbot des Motorfluges).

**1952:**
Aufnahme der Tätigkeit der Hauptverwaltung 18 in Pirna-Sonnenstein, einer Spezialabteilung des Ministeri-

ums für Maschinenbau, von der die ersten organisatorischen Schritte für den Aufbau einer DDR-Luftfahrtindustrie ausgehen. Die ersten Planentwürfe liegen im November 1953 vor.

Auslieferung der ersten in Meißen gefertigten Maybach-Winden.

Foto: Winfried Morgner

*Maybach-Winde aus Meißen*

**Februar 1952:**
Die führenden westeuropäischen Staaten und die BRD unterzeichnen das Abkommen über die Europäische Verteidigungsgemeinschaft. Das EVG-Abkommen sieht das Aufstellen, Bewaffnen und Einbeziehen westdeutscher Truppen in multilaterale Verbände vor.

**31. Mai 1952:**
Jungfernflug des ersten in der DDR konstruierten Segelflugzeuges *Patriot* aus dem VEB NAGEMA Schmiedeberg.

Foto: Sammlung Torsten Kiel

*Doppelsitzer Patriot aus dem VEB NAGEMA Schmiedeberg. Gut erkennbar ist die DFS-Störklappe.*

**2. Juli 1952:**
Umstrukturierung der mit dem SMAD-Befehl vom 3. Juli 1948 gebildeten Bereitschaften der Deutschen Volkspolizei zur Kasernierten Volkspolizei. Ihre militärischen Formationen zu Land, zur See und zur Luft stellen die Grundlage zur Bildung nationaler Streitkräfte im Jahre 1956 in der DDR dar.

**7. August 1952:**
Gründung der Gesellschaft für Sport und Technik „zur Erhöhung der Verteidigungsbereitschaft und zur Stärkung der Verteidigungskraft“, wie es seinerzeit in der Präambel hieß.

**13. August 1952:**
Gründung der Verwaltung Volkspolizei Luft mit der 1. Jagdfliegerdivision und drei Jagdfliegerregimentern (Cottbus, Kamenz, Bautzen).

**5. Oktober 1952:**
Erstflug des von deutschen Spezialisten in der Sowjetunion entwickelten Versuchsbombers Samoljot 150.

**1953:**
Der VEB Bekleidungswerke Seifhennersdorf (BEWES) baut eine Forschungs- und Entwicklungsstelle für Fallschirme auf.

**Mai 1953:**
Die DDR führt für die Kennzeichnung der Flugzeuge das Anfangskürzel DDR-... ein. Im Frühjahr 1956 Änderung in DM-... und ab 1982 wieder DDR-... mit Änderung des internationalen Funkrufnamens auf Y4. Die Umschreibung auf D-... erfolgt bis zum 30. Juni 1991.

**9. Mai 1953:**
Bruchlandung des Versuchsbombenflugzeuges Samoljot 150 in der UdSSR und Einstellung der Arbeiten an diesem Flugzeug.

**17. Juni 1953:**
Volksaufstand in der DDR. Danach werden erste Versuche zum Aufbau einer Luftfahrtindustrie in der DDR wieder eingestellt und 106 MiG-15 sowie neun Jak-11 wieder der Hoheit der sowjetischen Militärs überstellt.

**31. Juli 1953:**
Einstellung der Segelflugzeugfertigung im VEB NAGEMA Schmiedeberg.

**23. September 1953:**
Umstrukturierung der Verwaltung der Kasernierten Volkspolizei Luft in Verwaltung der Aeroklubs für das Training der Piloten, die den Grundstock für die zukünftigen Luftstreitkräfte der Nationalen Volksarmee der DDR bilden. Zur Ausrüstung der Aeroklubs gehören je 35 Jak-11 und Jak-18.

**1. Oktober 1953:**
Der VEB Lokomotiv- und Waggonbau (LOWA) Gotha nimmt in einer Segelflugzeugabteilung den Flugzeugbau auf.

**Oktober 1953:**
Staatliche Abnahme der von deutschen Spezialisten entwickelten Propellerturbine TW-12 (12.000 PS, zwei gegenläufige Luftschrauben) in Uprawlentscheski/

Foto: Archiv Frank-Dieter Lemke

Die Tupolew Tu-114 flog mit vier Propellerturbinen NK-12.

UdSSR. Im Serienbau erhält die stärkste jemals gebaute Propellerturbine die Bezeichnung NK-12.

**Dezember 1953:**
Verlegung aller noch in der Sowjetunion befindlichen deutschen Luftfahrtspezialisten nach Sawjelowo. Beginn der Projektarbeiten für das Exekutivflugzeug 15.2 und das „Dwigatjel (Triebwerk) 014".

**1954:**
In Meißen: Erprobung der Seil-Rückholwinde SRW I. In Dessau: Beginn der Instandsetzung von Maybach-Winden aus Meißen und der Auslieferung einer kleinen Stückzahl von eigenen Maybach-Winden.

**25. März 1954:**
Die Regierung der UdSSR veröffentlicht eine Erklärung über die Anerkennung der Souveränität der DDR. Sie erhält das Recht, nach eigenem Ermessen über ihre inneren und äußeren Angelegenheiten zu entscheiden. Somit sind die rechtlichen Grundlagen für den Aufbau einer zivilen Luftfahrt gegeben.

**1. April 1954:**
Die Reparationszahlungen an die Sowjetunion werden erlassen.

**7. April 1954:**
Die Bundesregierung und der Bundestag lehnen die Anerkennung der DDR ab und stellen den Alleinvertretungsanspruch der BRD fest.

**6. Mai 1954:**
Beginn der Versuchsflüge mit dem Schwingenflügler Vogel VO-X1.

Foto: Archiv Frank-Dieter Lemke

Vogel VO-X1

**24. Mai 1954:**
Der Aufsichtsrat der Lufttag (BRD) beschließt die Umbenennung in Deutsche Lufthansa AG. Für alle weiteren Schritte muss bei der alliierten Kontrollkommission eine Sondergenehmigung beantragt werden, und die USA, Großbritannien und Frankreich stimmen der Ausnahmeregelung zu: gewerblicher Luftverkehr innerhalb der BRD ab 1. April 1955, Luftverkehr innerhalb Europas ab 15. Mai 1955, Luftverkehr nach Übersee ab 1. Juni 1955.

**15. Juni 1954:**
Erstflug der Gotha Go 530, des späteren FES 530 *Lehrmeister*, in Bienstedt.

Foto: Kunisch

*Erstflug der Gotha Go 530 in Bienstedt*

**26. Juni 1954:**
Die letzten deutschen Luftfahrtspezialisten in der UdSSR, unter ihnen Dipl.-Ing. Brunolf Baade, treten die Heimreise an. Auf Transport gehen auch die ersten Ausrüstungen und Materialien für den Serienbau der Iljuschin IL-14P. 1956 folgt das Musterflugzeug für den Nachbau in der DDR, die sowjetische IL-14P (Werknummer 6341208), die das Kennzeichen DDR-AVI erhält.

Am 4. Juli treffen die Rückkehrer in Pirna auf dem Sonnenstein ein und werden von der HV 18 empfangen.

**September 1954:**
Beginn des Aufbaus des Entwicklungsbetriebes Pirna (Werk 802).

**November 1954:**
Die HV 18, die alle aus der UdSSR zurückgekehrten Spezialisten erfasst hat, plant zeitlich und schwerpunktmäßig den Aufbau der DDR-Luftfahrtindustrie.

**21. Dezember 1954:**
Erstflug der im Selbstbau entstandenen Wismut-*Meise* aus Großrückerswalde.

*Bei der Wismut selbstgebaute Meise aus Großrückerswalde*

**1955:**
In der DDR und BRD dürfen offiziell wieder Motorflugzeuge betrieben werden.

**1. Januar 1955:**
Aus dem Materialamt in Pirna entsteht die Verwaltung für Industriebedarf.

**1. Januar 1955:**
Gründung des Segelflugzeugwerkes in Lommatzsch unter der Bezeichnung „Verwaltung für Industriebedarf, Werk 806“. Heinz Roessing, künftiger Technischer Leiter, übernimmt das Betriebsgelände am 19. Januar.

**1. März 1955:**
Beginn der Verlagerung der Forschungs- und Entwicklungsstelle (FES) Gotha und eines Teils der Produktionsmittel für den Segelflugzeugbau nach Lommatzsch.

Offizielle Gründung der Volkseigenen Betriebe (VEB) der Verwaltung für Industriebedarf (VfI). Die Betriebe mit Code-Nummern (801 bis 806) werden offizielle Volkseigene Betriebe.

Einstellung des Segelflugzeugbaus in Gotha.

**14. Mai 1955:**
Die DDR wird Mitglied im Warschauer Vertrag. Dem Verteidigungsbündnis gehören auch die sozialistischen Staaten UdSSR, Polen, CSR (später CSSR), Bulgarien, Ungarn, Rumänien und Albanien an. Die BRD war am 5. Mai 1955 Mitglied der NATO geworden

**27. Mai 1955:**
Erstflug des strahlgetriebenen Kurz- und Mittelstrekkenverkehrsflugzeuges SNIAS *Caravelle* aus Frankreich.

**1. Juni 1955:**
Erste Direktionssitzung der Deutschen Lufthansa (der DDR). Das Zurückdatieren im betreffenden Gesetzblatt der DDR (27. Februar 1956) auf Mai 1954 war wohl ein bewusster Schritt für das Sichern des Namens. Der Kranich als geschütztes Warenzeichen der DLH wird am 17. März 1956 beim Amt für Erfindungen und Patentwesen der DDR eingetragen.

**17. Juni 1955:**
Erstflug der Tupolew Tu-104 aus der UdSSR, des ersten erfolgreich im Liniendienst eingesetzten Strahlverkehrsflugzeuges.

**1. Juli 1955:**
Aufnahme der Serienfertigung des *Baby* IIb in Lommatzsch.

**Spätsommer 1955:**
Die UdSSR liefert die ersten vier (eher fünf) Mittelstreckenverkehrsflugzeuge IL-14P als Großbauteile, die in Dresden endmontiert werden. 1956 wird eine IL-14P flugbereit als Musterflugzeug für den Seriennachbau geliefert.

**16. September 1955:**
Eine IL-14P (DDR-ABA) der Deutschen Lufthansa der DDR fliegt mit sowjetischer Besatzung (Kommandant Uwarow) und einer DDR-Regierungsdelegation zur Unterzeichnung des Staatsvertrages zwischen der UdSSR und der DDR nach Moskau. Einziges deutsches Crew-Mitglied ist die Stewardess Renate Müller. 1955 hat die Deutsche Lufthansa noch keine deutschen Piloten.

*IL-14P, DDR-ABA, mit Ministerpräsident Otto Grotewohl am Rednerpult*

*Foto: Archiv Horst Materna*

**20. September 1955:**
Unterzeichnung des Staatsvertrages mit der UdSSR. Mit diesem Vertrag wird der Flugzeugbau in der DDR möglich.

**26. April 1956:**
Die erste vom VEB Flugzeugwerke Dresden gebaute IL-14P (DDR-AVF) absolviert ihren Jungfernflug.

**Dezember 1955:**
Erstflug der Landmann La 16 V-1 *Lerche*.

Foto: Archiv Frank-Dieter Lemke

*Motorsegler Landmann La 16 V-1 Lerche, die in der Segelflugkonfiguration ihren Jungfernflug absolvierte.*

**1956:**
In Dessau: Entwicklung der Seil-Rückholwinde SRW II; die Serienfertigung wird im Jahr darauf aufgenommen.

**1. Januar 1956:**
Umbenennung des Werkes 806 der Verwaltung für Industriebedarf in VEB Apparatebau Lommatzsch.

**18. Januar 1956:**
Gesetz über die Schaffung der Nationalen Volksarmee und des Ministeriums für Nationale Verteidigung. Die Gründung der Bundeswehr erfolgte mit dem Überreichen der Ernennungsurkunde an die ersten freiwilligen Soldaten am 12. November 1955. Ihren offiziellen Namen erhielten die Streitkräfte der BRD erst im April 1956.

**4. Februar 1956:**
Die Deutsche Lufthansa (DLH) der DDR nimmt den planmäßigen Luftverkehr auf.

**1. März 1956:**
Umstrukturierung der Verwaltung für Industriebedarf (VfI) zur Verwaltung der Luftfahrtindustrie (VLI).

Gründung der Nationalen Volksarmee; sie geht aus der Kasernierten Volkspolizei (KVP) hervor.

**1. Mai 1956:**
Gründung der Fakultät für Luftfahrtwesen an der TH Dresden.

Über Dresden fliegt während der Maidemonstration die erste in der DDR gebaute IL-14P DDR-AVF. Sie trägt den Namen „3. PARTEIKONFERENZ".

**26. Juli 1956:**
Absturz der Landmann La 16 V-1 *Lerche*. Testpilot Karl Treuter rettet sich mit dem Fallschirm.

**5. September 1956:**
Jungfernflug der ersten in Lommatzsch gebauten *Meise* in Riesa-Canitz mit Karl Treuter am Steuer. Beginn der Serienproduktion, die bis 1958 läuft.

**Oktober 1956:**
21 ehemalige Piloten der Deutschen Luftwaffe mit Flugerfahrungen auf mehrmotorigen Flugzeugen und Blindflugausbildung werden in Uljanowsk an der Wolga auf dem Passagierflugzeug IL-14P ausgebildet.

**12. Oktober 1956:**
Erster Probelauf des Strahltriebwerkes Pirna 014.

**31. Dezember 1956:**
Die KVP wird aufgelöst.

**1. Januar 1957:**
Eingliederung des VEB Industriewerke Ludwigsfelde als Werk 807 (Serienwerk für Strahltriebwerke) in die VLI.

**13. Februar 1957:**
Erstflug der Lom 55 V-1 *Libelle* in Dresden-Klotzsche mit Karl Treuter am Steuer.

Foto: Rudi Obst

*Lom 55 V-1 Libelle vor ihrem Jungfernflug*

**21. Februar 1957:**
Beschluss des Präsidiums des Ministerrates der DDR über die Zivile Luftfahrt. Bildung der HAZL, darunter einer Abteilung Luftrecht und Luftgesetzgebung beim Ministerium für Verkehrswesen. Beim Ministerrat entsteht ein ehrenamtlicher Ausschuss für Zivile Luftfahrt. Aufgebaut wird eine Unfallkommission.

Beginn der Arbeiten zum Neubau einer SLB sowie von Rollbahnen und Vorfeld für den Werksflughafen des VEB MAB Schkeuditz (2500 m Länge und 60 m Breite). Der navigatorische Ausbau wird mit der Einstellung der DDR-Luftfahrtindustrie abgebrochen.

**März 1957:**
Verlagerung des Entwicklungskollektivs Heinz Roessing aus dem VEB Apparatebau Lommatzsch zum VEB Maschinen- und Apparatebau nach Schkeuditz.

**31. März 1957:**
Inbetriebnahme der neuen SLB in Dresden-Klotzsche (2500 m Länge und 80 m Breite). Der Ausbau begann am 3. März 1955.

**30. April 1957:**
Beginn der Serienfertigung des FES 530 *Lehrmeister*.

**21. Juni 1957:**
Erstflug der Lom 57 V-3 *Libelle* mit Karl Treuter am Steuer.

Foto: Archiv Frank-Dieter Lemke

*Lom 57 V-3 Libelle in einer späteren Bemalung*

**August 1957:**
Beginn der Breitenerprobung der Lom 57 *Libelle*.

**1. Januar 1958:**
Gründung des VEB Flugzeugwerke Dresden.

**März 1958:**
Ausstellung der Lom 57 V-3 *Libelle* und des FES 530 *Lehrmeister* auf der Leipziger Frühjahrsmesse.

**30. April 1958:**
Roll-out der 152 V-1 (DM-ZYA).

**1. Mai 1958:**
Gründung der Vereinigung Volkseigener Betriebe (VVB) Flugzeugbau. Auflösung der VLI.

Zusammenlegung der Werke 801 und 803 sowie der Aufbauleitung in Dresden zum VEB Flugzeugwerke Dresden.

**9. August 1958:**
Beginn des Ausbaus des Flughafens Berlin-Schönefeld für den strahlgetriebenen Luftverkehr.

**8. September 1958:**
Gründung der INTERFLUG als Gesellschaft für den internationalen Flugverkehr mbH mit Sitz in Berlin.

**4. Dezember 1958:**
Erstflug der 152 V-1 (DM-ZYA) mit sowjetischen Triebwerken RD-9B. Im Cockpit Willi Lehmann, Kurt Bemme und Paul Heerling.

Foto: Archiv Jochen Werner

*Versuchsmuster des erstes deutschen strahlgetriebenen Verkehrsflugzeuges 152 V-1*

Foto: Frank-Dieter Lemke

*Tumanski RD-9B, das erste vollständig in der Sowjetunion entwickelte Strahltriebwerk, das die Serienreife erreichte. Vier Turbinen dieses Musters trieben die 152 V-1 an.*

**Dezember 1958:**
Auslieferung der letzten in Lommatzsch gebauten *Meisen*.

**März 1959:**
Ausstellung einer 152-Rumpfattrappe mit Innenausstattung auf der Leipziger Frühjahrsmesse.

**4. März 1959:**
Absturz der 152 V-1 (DM-ZYA) mit Willi Lehmann, Kurt Bemme, Gerhard Eismann und Paul Heerling bei Ottendorf-Okrilla.

**7. März 1959:**
Beisetzung der verunglückten Besatzung der 152 V-1 auf dem Friedhof in Dresden-Klotzsche.

*Das Grabmal für die 152 V-1-Crew auf dem Friedhof in Dresden-Klotzsche*

Foto: Rudolf Gallus

**Mai 1959:**
Erster Probelauf einer Serien-Turbine Pirna 014 im VEB Industriewerke Ludwigsfelde.

Foto: Frank-Dieter Lemke

*Pirna 014 A-0 im Verkehrsmuseum Dresden (2018)*

**5. Juni 1959:**
Abschlussberatung der Regierungsdelegationen der UdSSR und DDR in Moskau: Die Sowjetunion ist nicht bereit, DDR-Verkehrsflugzeuge zu kaufen.

**Herbst 1959:**
Erstflug des zweisitzigen Motorgleiters Landmann La 17.

Foto: Sammlung Dietrich Habermehl

**11. September 1959:**
Beginn der Flugerprobung des Strahltriebwerkes Pirna 014 unter einer zum Erprobungsträger umgebauten IL-28R.

**28. Oktober 1959:**
Jungfernflug der Lom 58/II *V-5 Libelle-Laminar* (DM-2599) mit Kurt Götze am Steuer.

Foto: Hans Hartung

*Prototyp der Lom 58/II* V-5 Libelle-Laminar *(DM-2599) mit Kurt Götze*

**31. Oktober 1959:**
Der Minister für Verkehrswesen erlässt die Änderung der Vorläufigen Ordnung über die Zulassung von Luftfahrzeugen. Sie betrifft das Anbringen der Staatsflagge mit dem Staatswappen (Hammer-Zirkel-Ährenkranz) an allen Luftfahrzeugen der DDR.

**11. November 1959:**
Auslieferung der 80. und letzten IL-14P aus dem VEB Flugzeugwerke Dresden.

**1960**
Die INTERFLUG beginnt mit dem Einsatz des PTL-Verkehrsflugzeuges Iljuschin IL-18.

Erstflug der Landmann La 16 V-2 *Heidelerche* als Motorsegler.

Foto: Sammlung Wolfgang Herbich

*Motorsegler La 16 V-2 Heidelerche*

**26. Januar 1960:**
Beschluss des Ministerrates der DDR zur Bildung der Hauptverwaltung der Zivilen Luftfahrt (HVZL) im Ministerium für Verkehrswesen.

**März 1960:**
Auf der Leipziger Frühjahrsmesse gibt es keine ernsthaften Interessenten für das Strahlverkehrsflugzeug 152.

**Mai 1960:**
Die GST erhält die ersten beiden Lom 58/II *Libelle-Laminar*.

Beginn der Nullserienproduktion des Strahlturbine Pirna 014 im VEB Industriewerke Ludwigsfelde.

**18. Juni 1960:**
Die Staatliche Plankommission (SPK) stellt die Einstellung von Entwicklung und Serienproduktion von Verkehrsflugzeugen in der DDR zur Diskussion.

**29. Juni 1960:**
Walter Ulbricht wird über die hoffnungslose Lage der DDR-Luftfahrtindustrie informiert.

**5. Juli 1960:**
Erstflug der Lom 59 *Lo-Meise* mit Kurt Götze am Steuer.

*Foto: Sammlung Reinhardt Grocholl*

*Lom 59 Lo-Meise*

**26. August 1960:**
Jungfernflug des zweiten Prototyps 152/II V-4 (DM-ZYB) mit Heinz Lehmann, Gerhard Güttel und Bernhard Jendrusch im Cockpit. Dabei Ersteinsatz der Strahlturbine Pirna 014 aus Ludwigsfelde.

*Foto: Archiv Jochen Werner*

*152 /II V-4 (DM-ZYB)*

**4. September 1960:**
Zweiter und letzter Flug der 152/II V-4 (DM-ZYB) mit Heinz Lehmann, Gerhard Güttel und Bernhard Jendrusch im Cockpit.

**7. September 1960:**
Ursprünglich vorgesehener Erstflug der 152/II V-5 (DM-ZYC) mit Gerhard Puhlmann als Kommandant und Rolf Heinig als Co-Pilot.

*Foto: Archiv Jochen Werner*

*152/II V-5 (DM-ZYC) vor der Rollerprobung*

**29. November 1960:**
Erste Maßnahmen zur Einschränkung des Flugzeugbaus in der DDR.

**Dezember 1960:**
Rollerprobung der 152/II V-5 (DM-ZYC) mit Strahlturbinen aus Pirna/Ludwigsfelde.

**1. Januar 1961:**
Die HVZL nimmt unter Leitung von Arthur Pieck die Arbeit auf. Der HVZL werden zugeordnet: die Deutsche Lufthansa der DDR, Staatliche Flughafenverwaltung, Zivile Flugsicherung und technische Prüforgane.

*Arthur Pieck*

*Foto: Archiv Frank-Dieter Lemke*

**28. Februar 1961:**
Das Politbüro des ZK der SED beschließt die Einstellung des Flugzeugbaus in der DDR.

**17. März 1961:**
Offizielle Bekanntgabe der Abbruchentscheidung.

**20. Juni 1961:**
Abschluss der Flugerprobung des Triebwerkes Pirna 014 A-1 mit dem Erprobungsträger IL-28R.

**13. Juli 1961:**
Der Ministerrat der DDR beschließt die Auflösung der DDR-Luftfahrtindustrie.

**13. August 1961:**
Errichtung der „Mauer“ (antifaschistischer Schutzwall) zu Westberlin und Grenzschließung zur BRD, um das wirtschaftliche Ausbluten der DDR zu verhindern. Wirtschaftlich geteilt hatten die Westalliierten Deutschland bereits am 20. Juni 1948 mit der Einführung der D-Mark in Westdeutschland.

**31. August 1961:**
Schließung der Fakultät für Luftfahrtwesen an der TH Dresden.

### *Hinter der Berliner Mauer*

Es ist wie so oft bei bedeutenden Prozessen, dass im Nachhinein allgemeine Pauschalurteile gefällt werden, ohne die historische Situation zur Zeit des Geschehens zu bedenken. Es mag heute seltsam erscheinen. Doch abgesehen von den Menschen, denen dadurch Schlimmes widerfuhr, wie wegen zerrissener Familienbande, herrschte bei vielen eine recht zufriedene Stimmung.
Die DDR war zuvor einem ziemlichen Ausblutungsprozess ausgesetzt gewesen. Und das nicht nur wegen der weggegangenen Fachkräfte. Mit Hilfe des Währungskurses in den Wechselstuben wurde besonders Ostberlin regelrecht ausgeplündert. Die Friseursalons saßen voller Westberlinerinnen, die mit dem fünffachen Ertrag aus den Wechselstuben auch noch reichlich Trinkgeld geben konnten, ohne dass sie das belastete. In den Gaststätten war kaum Platz zu bekommen. Außerdem schickten Westberliner Gaststättenbesitzer Arbeitslose in den Osten, die hier billig Fleisch einkauften. In einem Jahr wurden fünfmal mehr Kinderwagen verkauft, als Kinder geboren wurden. Ein besonders schwerwiegendes Problem waren die Grenzgänger: Im Osten wohnen, im Westen arbeiten. Sie tauschten ihr Westgeld um, hatten dafür viel höhere Einkünfte als ihre östlichen Kollegen, nahmen aber auch die hiesigen sozialen Leistungen in Anspruch, ohne einen Handschlag dazu beigetragen zu haben. Das schuf viel böses Blut.
Es war dann geradezu wohltuend, wie sich (mit der Berliner Mauer, d.A.) das Warenangebot verbesserte, wie man zum Friseur oder Schneider gehen konnte, ohne ewige Wartezeiten in Kauf nehmen zu müssen. Das Leben wurde ruhiger, die allgemeine Atmosphäre viel entspannter. Dass diese Mauer, das Eingeschlossensein der DDR-Bürger, eigentlich schon das Ende der DDR einläutete, habe ich damals noch nicht so empfunden. Das zeichnete sich dann immer deutlicher mit den Mauertoten ab.
PETER SPACEK

**1. Oktober 1961:**
Gründung des VEB Flugzeugwerft Dresden als Rechtsnachfolger des VEB Flugzeugwerke Dresden.

**9. Oktober 1961:**
Erstflug der FSS-100 *Tourist* in Schönhagen mit Fritz Fliegauf am Steuer.

**31. Dezember 1961:**
Offizielle Auflösung der VVB Flugzeugbau.

**1. Januar 1962:**
Der VEB Apparatebau Lommatzsch wird unter der Bezeichnung Betriebsteil Lommatzsch (bis zum 31. Dezember 1962) dem VEB Flugzeugwerft Dresden angegliedert und die Forschungs- und Entwicklungsstelle aufgelöst.

**20. April 1962:**
Die Lom 61 *Favorit* (DM-2700) absolviert mit Kurt Götze am Steuer ihren Erstflug.

**13. Juni 1962:**
Adolf Daumann umrundet während des Wettkampfes der sozialistischen Länder in Leszno/Polen auf Lom 61 *Favorit* als erster Deutscher ein 508-km-Dreieck.

**29. Juni 1962:**
Adolf Daumann bewältigt auf Lom 61 *Favorit* als erster Deutscher auf deutschem Territorium ein 535-km-Dreieck.

Foto: Archiv Frank-Dieter Lemke

*Lom 61 Favorit (DM-2700), dahinter eine Lom 59 Lo-Meise*

**21. Dezember 1962:**
Offizielle Mitteilung an den VEB Apparatebau Lommatzsch: Der Segelflugzeughersteller soll weiter Segelflugzeuge bauen.

**1. Januar 1963:**
Der Betriebsteil Lommatzsch des VEB Flugzeugwerft Dresden wird wieder zum VEB Apparatebau Lommatzsch, aber auch das nur bis zum 31. Dezember 1963.

**31. August 1963:**
Die Deutsche Lufthansa der DDR wird im Zusammenhang mit Streitigkeiten sowie einem Warenzeichnungsprozess vor dem Höheren Wirtschaftsgericht der Volksrepublik Serbien aufgelöst und liquidiert. Das ZK der SED hatte dies bereits am 6. Juli 1963 beschlossen. Der Flugbetrieb wird nun ausschließlich durch die INTERFLUG, der Gesellschaft für internationalen Flugverkehr mbH, weitergeführt.

**1. Januar 1964:**
Der VEB Apparatebau Lommatzsch verliert für immer seine Eigenständigkeit und gehört nunmehr (bis zum 31. Dezember 1991) als Betrieb Lommatzsch zum Kombinat VEB Carl Zeiss Jena.

**29. April 1964:**
Der Schulgleiter SG 38 wird auf Weisung des Zentralvorstandes der GST offiziell aus dem Schulbetrieb genommen.

**31. Dezember 1965:**
Planmäßiger Auslauf der Produktion des Doppelsternmotors ASch-82T im VEB Industriewerke Karl-Marx-Stadt (Chemnitz).

**1967:**
Die INTERFLUG setzt sechs PTL-getriebene Antonow An-24 im Inland sowie auf Kurzstrecken im Auslandsflugverkehr ein.

Foto: Detlev Grass

*Antonow An-24W (DM-SBG) der INTERFLUG*

**31. August 1968:**
Bei den V. Weltmeisterschaften im Motorkunstflug in Magdeburg platzieren sich die DDR-Piloten hervorragend: Weltmeister Erwin Bläske, Vizeweltmeister Peter Kahle und Vizeweltmeisterin Monika Fleck-Schösser (alle in der Pflicht). Mannschaftsweltmeister wird die DDR mit Kahle, Bläske und Dieter Kapphahn. Leider blieb die WM aus Witterungsgründen unvollendet.

**1. Oktober 1968:**
Die INTERFLUG erwirbt mit der Tupolew Tu-134 ihr erstes strahlgetriebenes Verkehrsflugzeug.

Foto: Detlev Grass

*Tupolew Tu-134A (DDR-SDI) der INTERFLUG*

**5. November 1969:**
Brunolf Baade verstirbt im Alter von 65 Jahren.

**21. April 1970:**
Die INTERFLUG erhält ihr erstes interkontinentales strahlgetriebenes Verkehrsflugzeug, die IL-62.

Foto: Detlev Grass

*Iljuschin IL-62M (DDR-SEI) der INTERLUG im Jahre 1989 auf dem Flughafen Berlin-Schönefeld*

**1972:**
Das einstige Segelflugzeugwerk in Lommatzsch liefert die beiden letzten grundüberholten Lom 58/II *Libelle-Laminar* aus.

Foto: Monika Warstat

*Die Lom 58/II Libelle-Laminar, DM-2651 (hier in Orjol 1966, rechts), gehört zu den beiden letzten im Jahre 1972 in Lommatzsch grundüberholten Libellen.*

**5. August 1979:**
Monika Warstat erringt als erste Europameisterin der Damen den einzigen internationalen Titel für den DDR-Segelflug.

*Monika Warstat im Bild*

*Foto: Rolf Peter*

**24. August 1979:**
Absolutes Startverbot für alle 78 GST-Flugplätze nach mehreren Republikfluchten mit Sportflugzeugen. Im Spätherbst 1979 Aufhebung des Startverbots für drei Flugplätze, ab Mai 1980 darf auf 32 weiteren Plätzen wieder geflogen werden. 43 Flugplätze werden stillgelegt. NVA-Offiziere übernehmen wichtige GST-Funktionen und der Flugbetrieb wird fortan strikt nach militärischen Regeln organisiert. In Erinnerung bleibt diese Zeit als „Militärputsch“.

**1984:**
Ausmusterung der zu Gaserzeugern umgebauten Pirna-014-Turbinen nach 23jähriger Einsatzzeit.

**1987:**
Gründung des FFSV, des Flug- und Fallschirmsportverbandes der DDR, für Reformen der Gesellschaft für Sport und Technik. Ziel ist eine höhere Attraktivität durch kontinuierliche Loslösung des Flug- und Fallschirmsports von absoluter militärischer Führung sowie das Bestreben nach Demokratie und mehr Mitbestimmung bei gleichzeitiger politischer Öffnung.

Der Fliegerschule in Schönhagen zum Beispiel obliegt neben der Ausbildung künftiger Piloten für die Luftstreitkräfte der DDR weiterhin der Auftrag zur Ausbildung von Motor- und Segelfluglehrern sowie Technikern für die Bezirksflugplätze. Im Auftrag des Aeroklubs der DDR werden auch ausländische Piloten in diese Ausbildung eingebunden.

**Mai 1987:**
Wilfried Arlt eröffnet in Finsterwalde-Heinrichsruh das einzige Flugsportmuseum in der DDR.

**26. Juni 1989:**
Die INTERFLUG erhält den ersten Airbus A310 – registriert mit der Traditionskennung DDR-ABA.

**23. Oktober 1989:**
Die IL-62M, DDR-SEG, der INTERFLUG landet auf dem Segelflugplatz Stölln-Rhinow. Die Besatzung dieser fliegerischen Glanzleistung: Kommandant Heinz-Dieter Kallbach, Co-Pilot Peter Bley, Bordingenieur Ullrich Müller und Navigator Rudolf Döge.

Foto: Archiv Frank-Dieter Lemke

*Landung der IL-62M, DDR-SEG, am 23. Oktober 1989 auf dem Segelflugplatz in Stölln-Rhinow*

**9. November 1989:**
In Berlin werden die Grenzkontrollpunkte zu Westberlin geöffnet.

**16. November 1989:**
Die IL-18V, DDR-STE, wird auf dem Luftweg nach Borkheide nahe Potsdam überführt und beherbergt heute das Hans-Grade-Museum. Die Besatzung dieser außergewöhnlichen Landung: Kapitän Peter Schulze, Co-Pilot Günter Erhart, Navigator Wilfried Noack und Bordingenieur Hubert Hoffer.

Foto: Hans-Jörg Schurig

*Landung der IL-18V, DDR-STE, am 16. November 1989 in Borkheide nahe Potsdam*

**Frühjahr 1990:**
Die Gesellschaft für Sport und Technik wird aufgelöst.

**1. Juni 1990:**
Gründung der Sächsischen Spezialkonfektion GmbH (SPEKON) aus dem VEB Bekleidungswerke Seifhennersdorf (BEWES). SPEKON setzt erfolgreich die Produktion unter anderem von Fallschirmen fort.

**2. Oktober 1990:**
Beitritt der DDR zur Bundesrepublik Deutschland.

**Februar 1991:**
Ausstellung eines Schnittmodells der Strahlturbine Pirna 014 V-05 in der Luftfahrtabteilung des Deutschen Museums in München.

**9. August 1995:**
Überführung des einzigen erhalten gebliebenen Rumpfes der 152 vom ehemaligen Militärflugplatz Rothenburg/Oberlausitz in die Elbe Flugzeugwerke nach Dresden-Klotzsche und Beginn der Restaurierung dieses Rumpfes der 152/II mit der Werknummer 011.

*Restaurierter Rumpf der 152/II mit der Werknummer 011 in einer Halle auf dem Flughafen in Dresden-Klotzsche.*
*Bei Veranstaltungen auf dem Flughafen kann der Rumpf auch besichtigt werden.*

*Foto: Bildarchiv Verkehrsmuseum Dresden gGmbH*

# Abkürzungen

ABF Arbeiter- und Bauernfakultät
AfT Amt für Technik
AG Arbeitsgemeinschaft
An Antonow (Oleg Konstantinowitsch)
Ar Arado
ASch Schwezow (Arkadij Dimitrijewitsch)

B Boeing Aircraft Corporation
BEWES Bekleidungswerke Seifhennersdorf
BCAR British Civil Airworthiness Requirements (Britische zivile Lufttüchtigkeitsforderungen)
BFW Bayerische Flugzeug-Werke
BfW Büro für Wirtschaftsfragen
BGL Betriebsgewerkschaftsleitung
BMW Bayerische Motorenwerke
BPO Betriebsparteiorganisation
BRD Bundesrepublik Deutschland

CAAC Civil Aviation Administration of China (Verwaltung der zivilen Luftfahrt der Volksrepublik China)
CSA Ceskoslovenské Aerolinie (Tschechoslowakische Luftverkehrsgesellschaft)
CSSR Ceskoslovenská Socialistická Republika (Tschechoslowakische Sozialistische Republik)
CSR Ceska Socialisticka Republika (Tschechische Sozialistische Republik)

d.A. der Autor/die Autoren
DB Daimler Benz
DC Douglas Corporation
DDR Deutsche Demokratische Republik
DEFA Deutsche Film AG
DEWAG Deutsche Werbeagentur (der DDR)
d.Hrsg. der/die Herausgeber
DLH Deutsche Lufthansa
DM Deutsche Mark (hier: Währung der DDR; dagegen Valuta-DM als Währung der BRD)
Do Dornier (Claude)
DOSAAF Dobrowolnoje obschectwo cobeictwija armii, awiacii i flotu (Freiwillige Gesellschaft zur Unterstützung der Armee, Luftstreitkräfte und Flotte in der Sowjetunion)
d.R. der Reserve
DSF Deutsch-Sowjetische Freundschaft (Organisation in der DDR)
DVL Deutsche Versuchsanstalt für Luftfahrt e.V.

EF Entwicklungsflugzeug
EiV Eigenverständigungsanlage (Bordsprechanlage)
EPZL Entwicklungs- und Prüfstelle der Zivilen Luftfahrt
EVG Europäische Verteidigungsgemeinschaft

FAI Fédération Aéronautique Internationale (Internationale Organisation für Luftfahrt und Flugwesen)
FAW Fliegerische Aus- und Weiterbildung
FAZ Frankfurter Allgemeine Zeitung
FDGB Freier Deutscher Gewerkschaftsbund (in der DDR)
FDJ Freie Deutsche Jugend
FE Flugerprobung
FES Forschungs- und Entwicklungsstelle
FF Flugzeugführer
FFSV Flug- und Fallschirmsportverband
FIF Forschungs- und Industrieflug
FuE Forschung und Entwicklung
Fw Focke (Henrich) und Wulf (Georg)
FW Fahrwerk
FWD Flugzeugwerke Dresden (ab 1. Oktober 1961 Flugzeugwerft Dresden)

GBSL Gesellschaft zur Bewahrung von Stätten deutscher Luftfahrtgeschichte e.V.
GFK Glasfaserverstärkter Kunststoff
GFP Glasfaserverstärkte Plaste (in der DDR übliche Bezeichnung für GFK)
GmbH Gesellschaft mit beschränkter Haftung
GÜ Grundüberholung
GST Gesellschaft für Sport und Technik
GVS Geheime Verschlusssache

HAZL Hauptabteilung der Zivilen Luftfahrt
He Heinkel (Ernst)
Hs Henschel (Oscar)
HO Handelsorganisation
Hptm. Hauptmann
HV Hauptverwaltung
HVA Hauptverwaltung Ausbildung
HVT Hauptverwaltung Technik
HVZL Hauptverwaltung der Zivilen Luftfahrt

ICAO International Civil Aviation Organisation (Internationale Zivilluftfahrt-Organisation)
IFA Industrieverwaltung Fahrzeugbau (später Industrieverband)
IF INTERFLUG
IF/FAW INTERFLUG/Fliegerische Aus- und Weiterbildung
IF/FIF INTERFLUG/Forschungs- und Industrieflug
IfL Institut für Leichtbau und ökonomische Verwendung von Werkstoffen
IL Iljuschin (Sergej Wladimirowitsch)
ILS Instrumenten-Lande-System
IWD Industriewerke Dresden-Nord
IWL Industriewerke Ludwigsfelde

Jak Jakowlew (Alexander Sergejewitsch)
Ju Junkers (Hugo)
Jumo Junkers Motorenbau

KdT Kammer der Technik
KfdF Kooperationszentrale für die Flugzeugindustrie
Kfz Kraftfahrzeug
KPD Kommunistische Partei Deutschland
KVP Kasernierte Volkspolizei

LBA Luftfahrt-Bundesamt
Li Lisunow (Boris)
LKL Landeklappe
LKW Lastkraftwagen
LOT Polskie Linie Lotnicze (Staatliches Luftverkehrsunternehmen in Polen)
LOWA Lokomotiv- und Waggonbau (Gotha)
LPG Landwirtschaftliche Produktionsgenossenschaft
LTB Luftfahrttechnischer Betrieb
LSK/LV Luftstreitkräfte/Luftverteidigung

M Mach
MAB Maschinen- und Apparatebau (auch Maschinen- und Anlagenbau)
MALEV Magyar Légiközlekedési Vállalat (Staatliches Luftverkehrsunternehmen in Ungarn)
MdI Ministerium des Innern (DDR)
MDN Mark der Deutschen Notenbank (DDR-Mark)
Me Messerschmitt (Ernst)
MfS Ministerium für Staatssicherheit
Mi Mil (Michail Leontjewitsch)
MiG Mikojan (Artjom Iwanowitsch) und Gurewitsch (Michail Jossipowitsch)
Mio. Million/-en
Mrd. Milliarde/-n

| | |
|---|---|
| MTU | Motoren- und Turbinen-Union |
| NACA | National Advisory Committee for Aeronautics |
| NAGEMA | Nahrungs-, Genuss- und Verpackungsmittelmaschinenbau |
| NK | Nikolai Kusnezow |
| NN | Normal-Null (Höhe in Meeresspiegel – MSL) |
| Nr. | Nummer |
| NSDAP | Nationalsozialistische deutsche Arbeiterpartei |
| NSFK | Nationalsozialistisches Fliegerkorps |
| NVA | Nationale Volksarmee |
| OHS | Offiziershochschule |
| Oltn. | Oberleutnant |
| OKB | Otdelnoje Konstruktorskoje Bjuro, selbständiges (unabhängiges) Konstruktionsbüro |
| OSTIV | Organisation Scientifique et Technique Internationale du Vol a Voile |
| PfL/ZL | Prüfstelle für Luftfahrtgerät der Zivilen Luftfahrt |
| PTL | Propellerturbinenluftstrahltriebwerk |
| Po | Polikarpow (Nikolai Nikolajewitsch) |
| RGW | Rat für Gegenseitige Wirtschaftshilfe |
| RLM | Reichsluftfahrtministerium |
| RM | Reichsmark |
| SAG | Sowjetische Aktiengesellschaft |
| SAM | Strukturanpassungsmaßnahme (Ost) |
| SAF | Ständige Arbeitsgruppe Fallschirmtechnik |
| SBZ | Sowjetische Besatzungszone |
| SDAG | Sowjetische-Deutsche Aktiengesellschaft |
| SED | Sozialistische Einheitspartei Deutschland |
| SLB | Start- und Landebahn |
| SLI | Staatliche Luftfahrtinspektion |
| SMAD | Sowjetische Militäradministration in Deutschland |
| SP | Studienprojekt |
| SPEKON | Sächsische Spezialkonfektion |
| SPK | Staatliche Plankommission |
| STS | Selbständige Transportfliegerstaffel |
| SU | Sowjetunion (informelle Abkürzung) |
| TAK | Technische Abnahmekommission |
| TAROM | Transporturile Aeriene Romine (Staatlicher Luftverkehrsbetrieb in Rumänien) |
| TDM | Tausend Deutsche Mark |
| TFS | Transportfliegerschule |
| TH | Technische Hochschule |
| TKO | Technische Kontrollorganisation |
| TL | Turbinenluftstrahltriebwerk |
| TS | Transportfliegerstaffel |
| TU | Technische Universität |
| Tu | Tupolew (Andrej Nikolajewitsch) |
| UdSSR | Union der Sozialistischen Sowjetrepubliken |
| Uffz. | Unteroffizier |
| Ultn. | Unterleutnant |
| U/min | Umdrehungen je Minute |
| USA | United States of America |
| usw. | und so weiter |
| UV | ultraviolett |
| V | Versuchsausführung/-flugzeug/-muster |
| VAR | Vereinigte Arabische Republik |
| VD | Vertrauliche Dienstsache |
| VdAK | Verwaltung der Aeroklubs |
| VEB | Volkseigener Betrieb |
| VfI | Verwaltung für Industriebedarf |
| VLI | Verwaltung der Luftfahrtindustrie |
| VP | Volkspolizei |
| VR | Volksrepublik |
| VVB | Vereinigung Volkseigener Betriebe |
| VVS | Vertrauliche Verschlusssache |
| VVZ | Vorläufige Verkehrszulassung |
| ZAGI | Zentralny Aero Gidrodinamitscheski Institut (Zentrales Aero- und Hydrodynamisches Institut) |
| z.B. | zum Beispiel |
| z.b.V. | zur besonderen Verwendung |
| ZERB | Zentrale Entwicklungs- und Reparaturbasis |
| ZK | Zentralkomitee |
| ZRLiLK | Verwaltung für Luftverkehr und Flughäfen (in Polen) |
| z.T. | zum Teil |
| ZV | Zentralvorstand |

*Flugtage fanden in der DDR begeisterten Zuspruch bei Jung und Alt.* *Foto: Archiv Frank-Dieter Lemke*

# Typenregister

# Personenregister

## *Fortsetzung Personenregister*



---

## *Quellenverzeichnis*


Archiv Klaus-Hermann Mewes via Karsten Mewes
Archiv Hans Ramm
Archiv Verkehrsmuseum Dresden: Untersuchungsprotokolle des MfS

Autorenkollektiv: Chronik zur Geschichte der GST 1952–1984. Berlin 1987

Autorenkollektiv: Luftfahrt im Raum Dresden. Dresden 1998

Barz, Johannes: Zur Untersuchung von Flugunfällen...; Vortrag vor der Interessengemeinschaft 152 in Dresden

Bergholz, W./Unger U.: Flugkapitän Gerhard Güttel. Schriftenreihe zur Luftfahrtgeschichte, Heft 11

Bericht der staatlichen Untersuchungskommission über den Absturz der 152 V-1 vom 12. März 1959

Billig, Detlef, Meyer, Manfred: Flugzeuge der DDR. I. Band bis 1962. Friedland 2002

Brehmer, Lothar (Hrsg.): Luftfahrt in Sachsen – ein historischer Abriss. Leipzig 1998

Buch, Hartmut: Zum Sprung bereit. Planegg 1993

Cerný, Jochen (Hrsg.): Wer war wer – DDR. Ein bibliographisches Lexikon. Berlin 1992

Franke, Werner: Der Triebwerksbau in Ludwigsfelde nach dem 2. Weltkrieg. DGLR. Ludwigsfelde 1996

Grass, Detlef/Meyer, Manfred: DDR-Zivilluftfahrtregister 1953–1990. Berlin 1990

Dr. Grenzdörfer, Jochen: Bedarfsforschung für den Flugzeugbau der DDR. Dresden 1959
Griesbach, Werner: SPEKON – Chronik einer Firma. Seifhennersdorf 2006

Prof. Dr. Hartlepp, Heinz: Entwicklung des Turbostrahltriebwerks Pirna 014 und des Verkehrsflugzeugs 152. München 1991

Herbst, Andreas/Ranke, Winfried/Winkler, Jürgen: So funktionierte die DDR. Band 1 und 2. Hamburg 1994

Kien, Eberhard: Die Entwicklung und Erprobung der 152 V-1 – unveröffentlichte Ausarbeitung (Stand August 2014)

Dr. Kieselbach, Andreas: Aspekte zur Unternehmensgeschichte im DDR-Segelflugzeugbau, unveröffentlichtes Manuskript. Dresden 1990

Kurze, Gottfried: Leichter als Luft. Leipzig/Jena/Berlin 1980

Leutert, Gerhard: Fallschirmjäger der NVA. Friedland 2012
Lorenz, Holger: Die Absturzursachen des DDR-Jets Baade 152.

Materna, Horst: Flughafen Berlin-Schönefeld – Heimatbasis der INTERFLUG. Mehrbändige Ausgabe 1945–1963 und 1963–1977 sowie 1977–1988 und 1988–2000. Bad Langensalza

Mewes, Klaus-Hermann: Pirna 014 – Flugtriebwerke der DDR. Oberhaching 1997

Meyer, Manfred: Die Flugzeuge der DDR – alle Typen, alle Daten, alle Fakten in 300 Zeichnungen. Reichenbach 2013

Michels, Jürgen/Werner, Jochen: Luftfahrt Ost 1945–1990. Die deutsche Luftfahrt, Band 22. Bonn 1994

Müller, Reinhard: Brunolf Baade und die Luftfahrtindustrie der DDR. Die wahre Geschichte des Strahlverkehrsflugzeuges 152

Schubert, Peter: Geschichte der Luft- und Raumfahrt in Mecklenburg-Vorpommern. Rostock 1999

Sobolew, Dimitri Alexejewitsch: Deutsche Spuren in der sowjetischen Luftfahrtgeschichte. Hamburg, Berlin, Bonn 2000

Stache, Peter/Lemke, Frank-Dieter/Pistiak, Gudrun: DDR-Flugzeugbau – Aufstieg und Fall. Fliegerrevue-Extra. Berlin 1991

**Periodika:**
Aerokurier/BRD
Aerorevue/Schweiz
Aerosport/DDR
Airport-Journal/BRD
Armeerundschau/DDR
Austroflug/Österreich
Der Flieger/BRD
Deutsche Flugtechnik/DDR
Fliegerjahrbuch/DDR
Fliegerrevue/DDR
Flügel der Heimat/DDR
Flug Revue/BRD
Flugzeug/BRD
Flyv/Dänemark
Jahrbücher der deutschen Luftfahrtforschung
Letectvi+Kosmonautika/CSSR
Luftfahrt International/BRD
Klassiker der Luftfahrt/BRD
Schriftenreihe Schifffahrt/DDR
Skrzydlata Polska/Polen
Sport und Technik – Ausgabe Flugsport/DDR
Technika Lotnicza i Astronautyczna/Polen
Technische Gemeinschaft/DDR
Technisch-ökonomische Informationen der Zivilen Luftfahrt/DDR
Wissenschaft und Fortschritt/DDR
Zeitschrift für Flugtechnik und Motorluftschiffahrt

## *Interessantes nach Redaktionsschluss*

Es ist wirklich spannend, schrieb Dietrich Habermehl, wie viele Ideen es damals gab, um zur Verschrottung vorgesehene Segelflugzeuge unerkannt zu „vergessen". „Mir persönlich an's Herz gewachsen war damals die Lom *Meise* DM-2112. Auf dieser *Meise* flog ich meine Silber-C-Strecke Dresden-Elbwiese – Bautzen-Klix. Auch dieser Einsitzer sollte schließlich verschrottet werden, aber ich „entsorgte" das Flugzeug auf einer Segelfliegerhochzeit. Mit der Spritzpistole ‚malte' ich einen Gruß an das Brautpaar auf die Tragflächen und wir lehnten die *Meise* senkrecht an die Wand eines Hauses und kündeten auf diese Weise weithin vom Polterabend. Die Feier war in vollem Gange, als plötzlich die Polizei erschien. Schon damals gab es ‚aufmerksame Bürger', die einen Flugzeugabsturz meldeten. Aber wir konnten das Rätsel schnell aufklären und weiter feiern."

*Lom Meise DM-2112 auf dem Flugplatz Dresden-Elbwiese am Oststart.*

Die DM-2112 gelangte zu tiefsten DDR-Zeiten nach ihrer Abschreibung unter das Dach einer Scheune auf einem Bauernhof. Dort lag sie auch nach der deutschen Vereinigung. Allerdings hatten die Mäuse schon zu viel vernichtet, so dass ein Wiederaufbau sinnlos war. Das Flugzeug wurde schließlich verfeuert.

## *Das Signet der IfF*

Das Signet der IfF, der Ingenieurschule für Flugzeugbau Dresden, gehört zu den Raritäten im Besitz von Dietrich Habermehl. Das kleine Zeugnis der DDR-Luftfahrtindustrie, ein Stück Sperrholz, hütet Dietrich heute in seiner „Asservatenkammer" wie einen Schatz. Übrigens hat sein Vater Martin als Gründer von Klix damals dafür gesorgt, dass die Sommerlehrgänge der IfF in Klix stattfanden.

*Signet der Ingenieurschule für Flugzeugbau Dresden*

*LG-125 Sohaj 2 mit Seitenwandkupplung auf dem Flugplatz Dresden-Elbwiese am Weststart. Gut erkennbar ist auch das Signet der Ingenieurschule für Flugzeugbau Dresden am Rumpfbug.*

*Fotos: Sammlung Dietrich Habermehl*

# Dank

Unser Dank für die Unterstützung mit Informationen, Bildmaterial, Ratschlägen und zahlreichen anderen Hilfestellungen gilt:

Archiv der TU Dresden
Calibris Marketing+Design/Jena
Interessengemeinschaft 152 in Dresden
SPEKON/Seifhennersdorf
Verkehrsmuseum Dresden

Hans Ahner/Dresden
Gerhard Albold/Sömmerda
Wilfried Arlt/Finsterwalde

Claus Backmann/Leipzig
Rudolf Bahr/Lommatzsch
Gerald Baier/Bernau
Sandra Ballerstedt/Berlin
Siegfried Barnack/Dresden
Johannes Barz/Dresden
Gerhard Berndt/Lommatzsch
Christiane Bernhard/Lengenfeld
Detlef Billig/Berlin
Arno Bock/Kamenz
Claus Bolze-Ludwig/Klinke
Sven Brandhorst/Strausberg
Christian Bujack/Königswalde
Klaus Burkhard/Bad Füssing
Lars Burmeister/Zwickau
Helmut Butter/Dresden

Christian Dahms/Rüdersdorf
Steffen Dienst/Bad Berka
Ricardo Döge/Großräschen
Hans-Jürgen Dressler/Sömmerda

Wolfgang Eilhardt/Meißen
Helmut Ende/Schönhagen
Gunter Eisold/Ludwigsfelde

Gerd Fiedler/Jahnsdorf
Cornelia Fischer/Dresden
Matthias Fischer/Königs Wusterhausen
Dieter Flohr/Rostock

Rudolf Gallus/Dresden
Hubertus Gollnow/Berlin
Alexander Görnitz/Hoyerswerda
Franz Gottschlich/Dresden
Dieter Gottschling/Weinböhla
Kurt Götze/Meißen
Detlev Grass/Berlin
Joachim Grenzdörfer/Berlin
Thomas Grimm/Berlin
Leonhard Gruhn/Jena
Philipp Grundke/Finsterwalde
Gerhard Güttel/Dresden

Claus-Dieter Haasler/Kolkwitz
Dietrich Habermehl/Dresden
Heinz Hartlepp/Dresden
Heinrich Hartmann/Dessau
Hans Hartung/Meißen
Kurt Häschel/Mühlbach
Rolf Heinig/Eichwalde
Hans-Joachim Henning/Bohnsdorf
Dieter Henze/Schwarzheide
Gudrun und Wolfgang Herbich/Dresden
Jörg Herhold/Eilenburg
Ove B. Hillersborg/Silkeborg
Ralf Homuth/Dresden
Ulrike Hoppe/Bautzen-Klix
Ines und Ullrich Hötling/Gardelegen
Erich Hunger/Schkeuditz
Christian Hynek/Wien

Manfred Iltzsche/Dresden

Kurt-Reiner Jantke/Neuzelle
Adolf Jensen/Dresden
Jorgen O. Jorgensen/Silkeborg
Manfred Jurleit/Chemnitz

Gert Kalisch/Leipzig
Ulf Kannenberg/Berlin
Reginald Kasubeck/Bartow
Lutz-Peter Kern/Dresden
Torsten Kiel/Leinefelde
Werner Kießling/Breddin
Carsten Kiese/Schwarzheide
Werner Klinnert/Berlin
Horst Kny/Weimar
Wilfried Kopenhagen/Strausberg
Klaus „Theo" Körner/Strausberg
Peter Korrell/Potsdam
Udo Krause/Strausberg
Manfred Krieg/Erfurt
Andreas Kühl/Neuhaus a.d. Pegnitz
Dietmar Kunitz/Lutherstadt Wittenberg
Hans-Joachim Künzelmann/Dresden

Kurt Lamm/Berlin
Christian Lange/Neustadt-Glewe
Eckhard Lange/Berlin
Jochen Lange/Berlin
Heinz Lehmann/Dresden
Rouven Lehmann/Berlin
Walter Lehmann/Dresden
Beate und Marie-Kristin Lemke/Berlin
Gerhard Leutert/Potsdam

Heinz Maiwald/Zeuthen
Horst Materna/Berlin
Manfred Materne/Bad Berka
Stephan Melzig/Kamenz
Karsten Mewes/Lampertheim
Hans Möde/Cottbus
Winfried Morgner/Eichenbarleben
Jörg Mückler/Berlin
Walter Mudraschk/Schwarzheide
Lutz Müller/Kurort Hartha

Joachim Oelschlägel/Leipzig
Brigitte Otto/Dresden

Götz-Ulrich Penzel/Dresden
Jens Pirzkall/Kamenz
Hans-Joachim Pöthko/Berlin
Egbert Poy/Schönhagen
Siegfried Prokop/Berlin

Heinz Rösler/Meißen
Gerd Rossow/Heidenau
Renate Rudloff/Wandlitz
Sandro Rutz/Gießen

Jutta und Otto Sachtleben/Rangsdorf
Karl-Georg Scheimann/Berlin
Egon Schesky/Dresden
Christopher Schiese/Schönhagen
Heinz Schleinhege/Papenburg
Bernd Schmehl/Rodgau
Martin Schmidt/Dresden
Roland Schmidt/Sömmerda
Michael Schneider/Gersdorf
Günter Schulz/Berlin
Mario Sells/München
Mathias Simon/Berlin
Max Skuppin/Boizenburg
Werner Sosna/Schkeuditz
Manfred Stenger/Darmstadt-Griesheim
Roland Sturm/Dresden

Karl Treuter/Schkeuditz

Heinz Vater/Potsdam

Detlef Walter/Burg
Gerold Weber/Leipzig
Maria Weber/Taura
Günther Wegener/Dresden
Bernd Wegerich/Hamburg
Hans Wegerich/Dresden
Anton Wildberger/Wien
Jürgen Willisch/Potsdam
Richard Wimmer
Peer Wittig/Anklam
Klaus Wonneberger/Senftenberg
Manfred Wonneberger/Leipzig
Eberhard Wötzel/Jena
Siegfried Wriecz/Dresden
Martina Wünsch/RBB

Reinhard Zeese/Rostock
Claudia Zscheile/Berlin

## *Der Herausgeber und Autor*

### Frank-Dieter Lemke

*Foto: Klaus-Peter Matte*

Frank-Dieter Lemke wurde 1956 in Stalinstadt (heute Eisenhüttenstadt) geboren und besuchte von 1962 bis 1972 die Polytechnische Oberschule. 1975 schloss er seine Lehre als Elektronikfacharbeiter einschließlich der Fachgebiete Betriebsmess-, Steuer- und Regeltechnik sowie Elektrotechnik ab.

Der Wehrdienst sah ihn von 1975 bis 1979 als Unteroffizier auf Zeit (KC-Aufklärer der Chemischen Dienste) bei den Luftstreitkräften der NVA. In dieser Zeit erwarb er in der Abendschule in Strausberg das Abitur. Nach seiner Entlassung vom Armeedienst arbeitete er als Redakteur im Militärverlag der DDR bei der militärischen Fachzeitschrift „Ausbilder". Dort begann er 1981 ein Fernstudium für Journalistik an der Karl-Marx-Universität Leipzig, das er 1986 als Diplom-Journalist erfolgreich abschloss. Kurz darauf folgte die erfolgreiche Bewerbung als Redakteur bei der Luftfahrtzeitschift „Fliegerrevue", bei der er bis 1994 tätig war.

Nach seiner Ausbildung zum Computergrafik-Fachmann schreibt er heute für verschiedene Zeitschriften, lektoriert und gestaltet Prospekte und Bücher zu Luftfahrtthemen.

Die Segelflugausbildung begann Frank-Dieter Lemke 1969 in Eisenhüttenstadt. Der Segelfluglehrer im Flieger-Club Strausberg fliegt am liebsten historische Flugzeuge und restauriert eine Lom 57/I *Libelle*.

Er ist Werkstattleiter für Holz-, Gemischt- und GFK-Bauweise sowie Motorenwart für Motorsegler- und UL-Motoren.

Als Ehrenmitglied der Akaflieg Dresden arbeitet er im Arbeitskreis Idaflieggeschichte mit. Er ist Mitglied der Traditionsgemeinschaft Alte Adler.

Sein erstes Buch „Segelflugzeugbau in der DDR" erschien im Jahre 2018 im Verlag Rockstuhl.

---

**Der besondere Dank des Herausgebers gilt allen Mitarbeitern:**

Horst Brändel/Hennickendorf
Hartmut Buch/Berlin

Christian Emrich/Neunkirchen-Seelscheid

Detlev Graupner/Strausberg

Karl-Heinz Hardt/Berlin
Bernd Havenstein/Berlin
Ralf Homuth/Dresden
Johannes Höntsch/Schönhagen

Ulrich Jeschke/Chorin

Eberhard Kien/Dresden
Andreas Kieselbach/Dresden
Jens Klaudtky/Magdeburg

Klaus-Hermann Mewes/Joachimsthal
Manfred Meyer/Berlin

Rolf Peter/Schönhagen
Gudrun Pistiak/Wildau
Bianca Przewosnik/Berlin

Hans Ramm/Berlin
Gert Rolle/Cunewalde

Hans-Günter Seibt/Spitzkunnersdorf
Peter Stache/Berlin
Dieter Strüber/Blankensee

Hans-Dieter Tack/Berlin
Peter Thalacker/Strausberg

Ulrich Unger/Berlin

Gert Waisze/Muldestausee
Jochen Werner/Radebeul
Harald Wilhelm/Seifhennersdorf.

Und nicht zuletzt Jan Rudloff aus Schirnewitz sowie Niels Tiebel aus Oberschöna, Ulrich Unger aus Berlin und Monika Warstat aus Ullersdorf für treffliche Kontrolllesen.